高等职业教育教学改革与创新系列教材

电工与电子技术

第2版

主　编　孙立坤　靳　越
副主编　孙胜华　佟海侠　闫华莉　孟然平
参　编　俞佳萍　李俊珍　郁　杰　陈志华　崔培雪　张国平
　　　　张金刚　吴俊芹　曹芳菊　韩会山　汪　红
主　审　陈菊红

机 械 工 业 出 版 社

本书根据教育部《关于深化职业教育教学改革 全面提高人才培养质量的若干意见》精神，以落实“课程思政”为指导思想，全面介绍了电工电子技术的基本知识、理论以及与之相关的基础技能，以及与课程知识体系相关的国家新政策、行业新动态、专业新知识。

全书主要内容包括电路与电路分析基础、正弦交流电路分析、电力系统与三相交流电路、磁路与变压器、电动机、低压电器与控制电路、半导体器件基础、基本放大电路、集成运算放大器与功率放大器、直流稳压电源、数字电路基础、组合逻辑电路分析、时序逻辑电路分析、现代光电子与通信技术。书后精选了与教材内容相关的 11 个实验和 3 个实训项目。

本书可作为高等职业院校、职业本科院校机电设备类、智能制造类、自动化类等专业及其他各工科专业电工电子课程的教材，也可作为企业工作岗位培训教材。

为了方便教学，本书配有电子课件、习题答案、模拟试卷及答案、仿真软件、教学视频（以二维码形式穿插于书中）等。凡选用本书作为授课教材的老师，均可登录机械工业出版社教育服务网（www. cmpedu. com），注册后免费下载。

图书在版编目（CIP）数据

电工与电子技术 / 孙立坤，靳越主编．—2 版．—北京：机械工业出版社，2021. 10（2025. 4 重印）

高等职业教育教学改革与创新系列教材

ISBN 978-7-111-69724-4

Ⅰ. ①电… Ⅱ. ①孙… ②靳… Ⅲ. ①电工技术-高等职业教育-教材 ②电子技术-高等职业教育-教材 Ⅳ. ①TM ②TN

中国版本图书馆 CIP 数据核字（2021）第 245017 号

机械工业出版社（北京市百万庄大街 22 号 邮政编码 100037）

策划编辑：于 宁 责任编辑：于 宁 张 丽

责任校对：陈 越 张 薇 封面设计：陈 沛

责任印制：单爱军

北京虎彩文化传播有限公司印刷

2025 年 4 月第 2 版第 5 次印刷

184mm×260mm · 19. 5 印张 · 482 千字

标准书号：ISBN 978-7-111-69724-4

定价：55. 00 元

电话服务	网络服务
客服电话：010-88361066	机 工 官 网：www. cmpbook. com
010-88379833	机 工 官 博：weibo. com/cmp1952
010-68326294	金 书 网：www. golden-book. com
封底无防伪标均为盗版	机工教育服务网：www. cmpedu. com

前 言

本书为贯彻落实全国职业教育大会和全国教材工作会议精神在第 1 版的基础上修订而成。本书以“教学情境”的模式来组织教学内容和结构。

本书涵盖了电工电子技术领域的基本知识，突出对知识与技能的掌握，内容丰富，体现了现代高等职业技术教育的特点。本书可作为高等职业院校、职业本科院校机电设备类、智能制造类、自动化类等专业及其他各工科专业电工电子课程的教材，也可以作为岗位培训教材。

本书的编写特色如下：

1. 本书为新形态一体化教材，在保持第 1 版风格的基础上，引入了许多新颖的、前沿的、实用的知识点。

2. 在“教学情境”中的适当位置插入“情境链接”和“知识拓展”版块，增加了思政元素，介绍了与课程知识体系相关的国家新政策、行业新动态、专业新知识，以拓展学生的知识面。

3. 较多地引入实用电路和实物拆解图，强调对实践技能的掌握。

4. 适度避开了烦琐的参数、公式和数理推导，同时精选了例题和习题，内容简洁，让学生掌握最需要、最有用的知识。

5. 可读性强、图文并茂、版面生动美观。

本书由孙立坤、靳越任主编，孙胜华、佟海侠、闫华莉、孟然平任副主编。俞佳萍、李俊珍、郁杰、陈志华、崔培雪、张国平、张金刚、吴俊芹、曹芳菊、韩会山、汪红参与编写。中国三峡新能源（集团）股份有限公司高级工程师高东星、北京天诚同创电气有限公司高级工程师李金龙对本书的修订工作和课程建设提出了很多合理化建议。

本书由陈菊红教授任主审，陈老师在百忙中对全书进行了认真、细致的全面审阅，提出了许多宝贵的意见，编者在此表示衷心的感谢。

由于编者水平有限，书中难免会出现疏漏和不妥之处，欢迎广大读者提出宝贵意见。

编 者

二维码清单

名称	图形	页码
变压器的结构		70 页 (4. 4. 1/4. 4. 2)
低压断路器的工作原理		98 页 (6. 1. 2)
PN 结的形成		120 页 (7. 1. 3)
PN 结的单向导电性		121 页 (7. 1. 3)
共发射极基本放大电路的组成		133 页 (8. 1. 1)
发光二极管		247 页 (14. 1. 1)

目　录

教学情境 1

电路与电路分析基础

教学目标： 本章从工程技术的角度出发，以直流电路为分析对象，着重讨论电路的基本概念、基本定律以及电路的分析计算方法。通过对本章的学习，要着重理解电路的基本概念，了解电源的输出特性、电路的工作状态、电路电阻的特点和电能传输的功率损耗，掌握分析复杂电路的基本理论依据和常用方法。这些原理和方法稍加扩展，还可适用于交流电路及其他线性电路。

情境链接

电路设计与未来智慧生活

电路是由电源、负载、电气元器件和金属导线组成的导电回路。按照流过的电流性质，一般把它分为直流电路和交流电路。根据所处理信号的不同，电子电路可以分为模拟电路和数字电路。

电路是电力系统、控制系统、通信系统、计算机硬件等电系统的主要组成部分，起着电能和电信号的产生、传输、转换、控制、处理和储存等作用。电路的规模相差很大，小到硅片上的集成电路，大到高低压输电网，如图 1-1 所示。

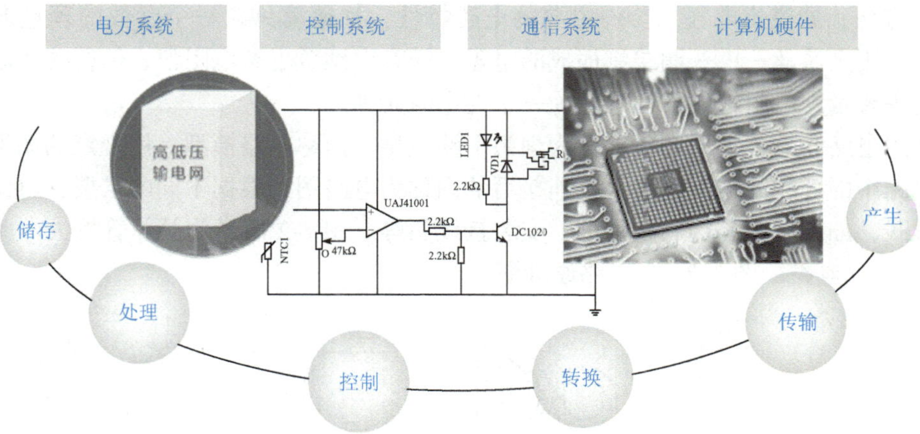

图 1-1　电路的规模与作用

电路设计及规模大小极大的影响着集成电路产业的发展，影响着未来智慧生活。

国家相关政策及规划发布后，智慧生产和智慧生活的建设已然成为一种趋势。在这种大环境之下，集成电路也必将会迎来产业大爆发。在技术层面，智慧生产和智慧生活与大数据技术关系密切，与大数据相比，未来智慧生活的关键技术在于集成电路和控制系统。

中国集成电路市场在2016年占全球市场的53%，已经成为全球第一大集成电路市场，2020年上升至60%，而到2030年将占全球市场的70%。

集成电路产业是关系国民经济和社会发展全局的基础性、先导性和战略性产业，是信息产业的核心和基础。

1.1 电路及电路模型

1.1.1 电路及组成

把一些元器件或电气设备按一定的方式，通过中间线路连接起来构成的电流的通路称为电路。从结构上看，电路基本由电源、负载、中间电气元器件、导线四部分组成。

电源是将其他形式的能量转换为电能的装置。例如，电池是把化学能转变成电能；发电机是把机械能转变成电能。由于非电能的种类很多，转变成电能的方式也很多。电源分为电压源与电流源两种，只允许同等大小的电压源并联，同样也只允许同等大小的电流源串联，电压源不能短路，电流源不能断路。

在电路中使用电能的各种设备统称为负载。负载的功能是把电能转变为其他形式能。例如，电炉把电能转变为热能，电动机把电能转变为机械能等。通常使用的照明器具、家用电器、机床等都可称为负载。

中间电气元器件是连接电源和负载的部分，用来传输、分配、控制电能或处理信号，对电路进行有效控制，如熔断器、放大器、开关等。

导线将各部分连接起来，构成闭合电路。

1.1.2 电路模型

电路中的元器件所表现的电磁特性和能量转换特征一般比较复杂，工程上常采用“理想化”的方法，即突出电气元器件主要的电磁特性，抽象为只含一个参数的理想电路元器件。例如，用金属丝一圈一圈绕制而成的电阻，既有电感量也有电阻值，但往往忽略其电感性质，而主要考虑电阻性质，理想化为一个纯电阻元件。

由理想电路元器件组成的电路称为理想电路模型，简称电路模型。用规定的图形符号代表实际电路中的各种元器件，并将其连接后的图称为电路图。根据不同的需要，电路图具有不同的形式，如原理图、印制电路图、安装接线图等。图1-2所示为晶体管放大电路，其中图1-2a为实际电路，图1-2b为电路原理图。

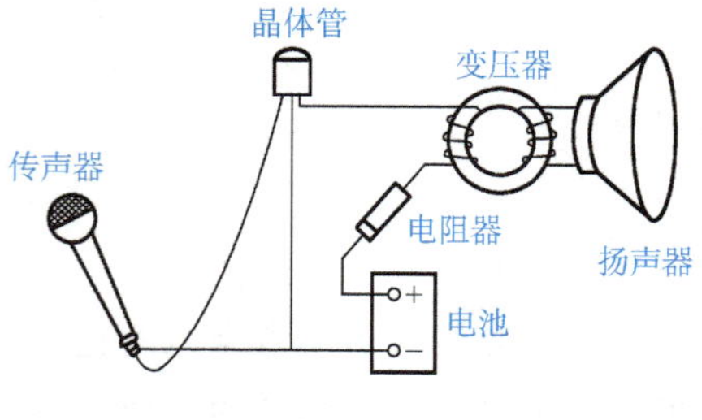

a) 实际电路

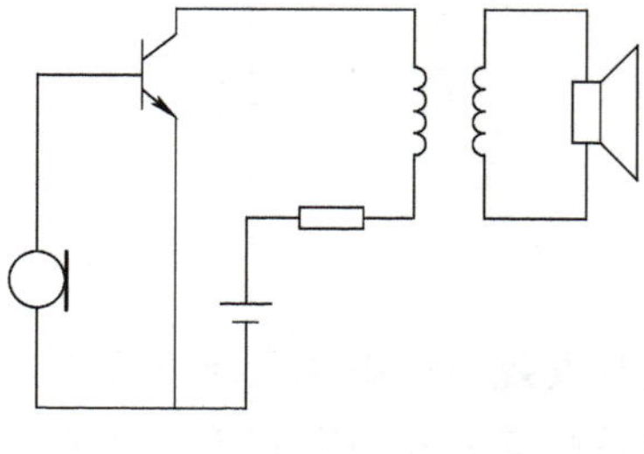

b) 电路原理图

图1-2 晶体管放大电路

1.2　电路的基本物理量

1.2.1　电流

在电场力的作用下，电荷有规则地定向移动形成了电流。习惯上规定正电荷移动的方向为电流的实际方向。电流的定义是：单位时间内流过导体横截面的电荷量。在国际单位制（SI）中，电流的单位为安［培］（A）。随时间而变化的电流用 i 表示，随时间 t 变化的电荷量用 q 表示，则有

$$i=\frac{\mathrm{d}q}{\mathrm{d}t} \tag{1-1}$$

式(1-1) 表明电流是电荷量随时间的变化率。当变化率为常数时，电流的大小和方向都不随时间变化，称作直流电流，简称直流，用大写字母“I”表示。

电流的方向可用箭头表示，如图 1-3 所示，也可用双下角标字母的顺序表示，如 i_{ab}。

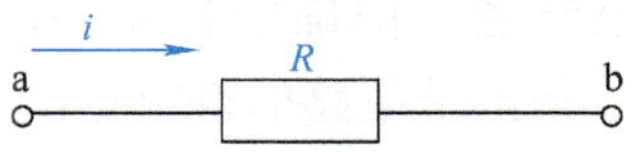

图 1-3　电流的方向

知识拓展

电流的效应

热效应、磁效应、化学效应称为电流的三大效应。

电阻是导体本身的一种性质，不同的导体，其电阻一般不同。导体的电阻越大，表示导体对电流的阻碍作用越大。当电流通过电阻时，消耗电能产生了热，这种现象称为电流的热效应。通电导线周围产生磁场的现象，称为电流的磁效应。电流的化学效应主要是电流中的带电粒子（电子或离子）参与而使物质发生了化学变化。例如电镀，就是利用电极通过电流，使金属的电离子沉积附着在物体表面上。

1.2.2　电压

电压是反映电场力做功能力的物理量。电场力把单位正电荷从电场中的 a 点移到 b 点所做的功称为 a、b 间的电压，用 u_{ab} 表示。在国际单位制（SI）中，电压的单位为伏［特］（V）。

$$u_{ab}=\frac{\mathrm{d}w}{\mathrm{d}q} \tag{1-2}$$

分析电路时，常将电路中某点与参考点之间的电压称为该点的电位。参考点可以是电路中的任意一点。参考点也称零电位点，如选 b 点为参考点，则 $U_b=0$。电位的单位为伏［特］（V）。

原则上，参考点任意选取，但实际应用中，电力电路习惯上选大地为参考点，用符号“⏚”表示，在电子电路中常以多数支路汇集的公共点为参考点，也称为“地”，用符号“⊥”表示。

电路中某点的电位随参考点选择的不同而不同。但任意两点之间的电压是不变的。由

此，电路中两点之间的电压也可用两点间的电位差来表示。即

$$U_{ab}=U_a-U_b \tag{1-3}$$

由定义可知，电压的实际方向是电位降低的方向，即由高电位点指向低电位点，可用双下角标字母的顺序表示，如 U_{ab} 表示电压的实际方向是由高电位点 a 指向低电位点 b。在电路图中，电压的实际方向可用箭头表示；也可以用正负极性（+，-）表示，“+”表示高电位点，“-”表示低电位点，如图 1-4 所示。

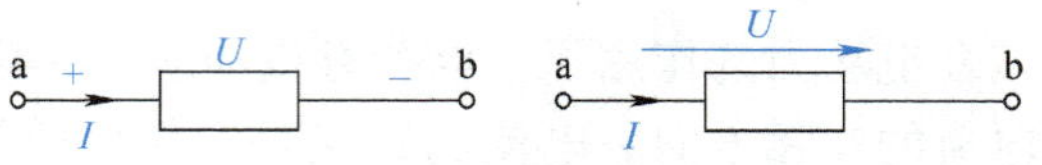

a) 用极性表示　b) 用箭头表示

图 1-4 电压的方向

确定电路中某一点的电位一般遵循下列步骤：首先标明电路各元件中电流的方向，然后根据电流的方向确定各元件两端的极性，电位高的一端记为“+”，电位低的一端记为“-”，最后从电路的待求点出发，沿任何路径到参考点，沿途遇电位降记为正，遇电位升记为负，累计其代数和即为该点的电位。

从待求点到参考点的路径往往不止一条，但对同一参考点而言，某一点的电位值具有唯一性。一般尽量选择简单的路径进行计算。

1.2.3 电动势

电动势反映了电源把其他形式的能量转换为电能本领的大小。在数值上等于把单位正电荷由电源负极经电源内部移到正极时非静电力所做的功，用符号 E 或 U_S 表示，单位是伏（V）。习惯上规定电动势的实际方向为由电源负极经电源内部到电源正极，即电源内部电位升高的方向。

电源可以提供电能，维持电路中稳定的电流。从不同的角度，可以将电源分为电压源和电流源、直流电源和交流电源。电压源向电路提供电压；电流源向电路提供电流；常用的电源一般为电压源。

直流电源（DC power）是维持电路中形成稳恒电流的装置，主要向各种电子仪器以及电解、电镀、直流电力拖动等方面的设备提供能量，具体设备的类型很多，如直流发电机、直流稳压电源、电池等，不同类型的直流电源，非静电力的性质不同，能量转换的过程也不同，应用范围因而存在差异。

情境链接

锂电池与燃料电池

新型电池作为直流电源的一种，正日渐受到人们的青睐。现在新型电池一般包括锂电池、燃料电池等。

锂电池是一类由锂金属或锂合金为负极材料、使用非水电解质溶液的电池。习惯上，人们把锂离子电池也称为锂电池。锂电池通常有圆柱形和方形两种外形，如图 1-5 所示。

锂电池优点很多，如高储存能量密度、重量轻、使用寿命长、自放电率很低、高低温适应型强，尤其绿色环保，不论生产、使用和报废，都不含有、也不产生任何铅、汞、镉等有毒、有害重金属元素和物质，而且生产基本不消耗水，对缺水的我国来说，十分有利。随着微电子技

术的发展，锂电池正广泛应用在手机、计算器、手表、计算机、电动车、路灯备用电源等方面。

燃料电池是通过氢和氧的化学反应产生电能和热能。因为是通过化学反应而产生电能，所以称为“电池”，实际是一种发电装置。图 1-6 是一种典型的质子交换膜结构燃料电池。燃料电池由燃料电极（正极）、电解液、空气/氧气电极（负极）三个主要部分组成。燃料电池不会燃烧出火焰，也没有旋转发电机，可以将能源利用效率由单纯发电系统的 30% ~ 40% 提高到 70% 甚至 80% 以上。

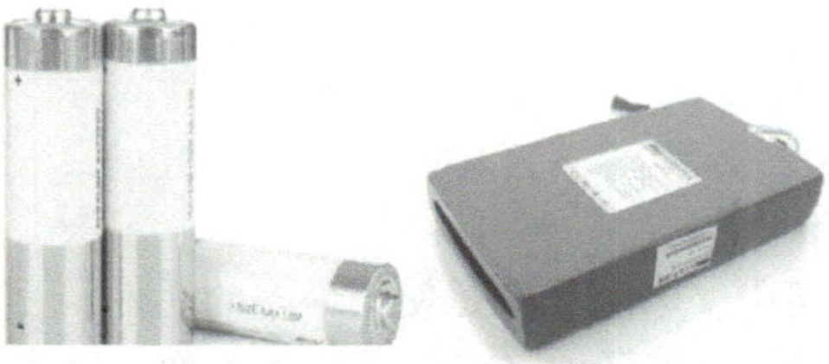

图 1-5 锂电池

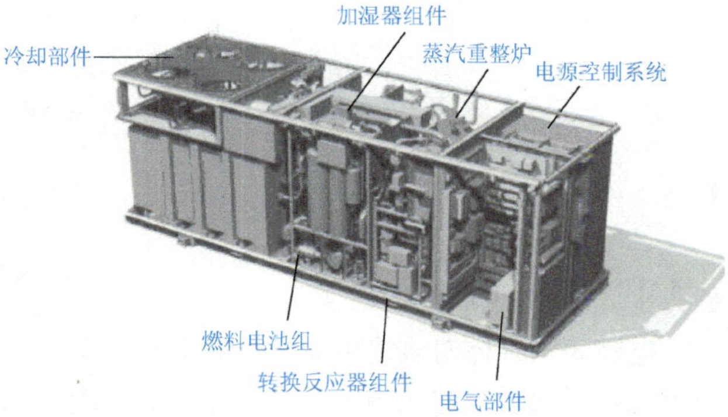

图 1-6 质子交换膜结构燃料电池

1.2.4 电流、电压的参考方向

在分析和计算较复杂的电路时，对于某一段电路或某一元件，流过其中的电流的实际方向或其两端电压的实际方向往往很难判断，因此引入了参考方向。电压、电流的参考方向是任意假定的，可能与实际方向一致，也可能与实际方向相反。

若计算结果为 $I>0$（或已知 $I>0$），则电流的实际方向与参考方向一致；若 $I<0$，则电流的实际方向与参考方向相反，如图 1-7 所示。

同样，如果 $U>0$，则电压的实际方向与参考方向一致；若 $U<0$，则电压的实际方向与参考方向相反，如图 1-8 所示。

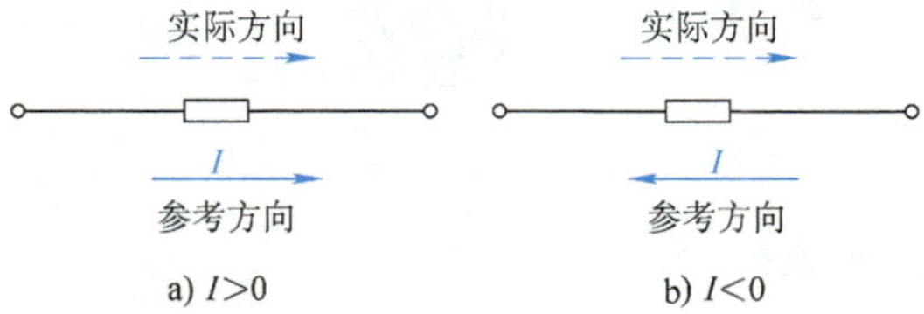

图 1-7 电流的实际方向与参考方向

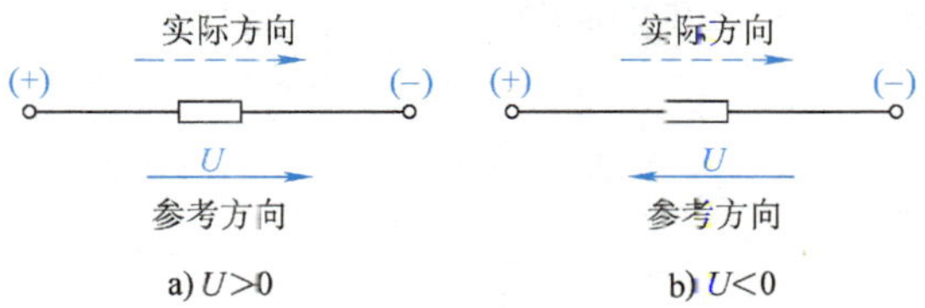

图 1-8 电压的实际方向与参考方向

一般电流、电压的参考方向可以任意选定，一经选定，在整个分析过程中保持不变。在对电路进行分析计算的电路图中如不做说明，一般都是指参考方向。为了分析方便，通常选电压的参考方向与电流的参考方向一致。

例 1-1 电路如图 1-9 所示，已知 $E_1=6\text{V}$，$E_2=4\text{V}$，$R_1=4\Omega$，$R_2=2\Omega$。如果以 B 点为参考点，求 A、C 点电位。

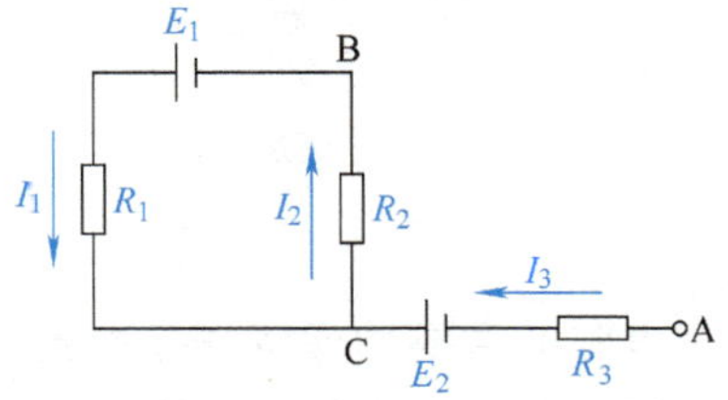

图 1-9 例 1-1 图

解： 各电阻中电流的参考方向如图 1-9 所示。通过观察，R_1、R_2、E_1 形成一个简单的串联回路，R_3 没有形成回路。以 B 点为参考点，则有

$$U_B = 0, I_3 = 0$$

$$I_1 = I_2 = \frac{E_1}{R_1 + R_2} = \frac{6V}{4\Omega + 2\Omega} = 1A$$

从 C 点到 B 点有两条路径

$$U_C = I_2 R_2 = 1A \times 2\Omega = 2V$$

或

$$U_C = -I_1 R_1 + E_1 = (-1A) \times 4\Omega + 6V = 2V$$

$$U_A = I_3 R_3 - E_2 + U_C = 0V - 4V + 2V = -2V$$

1.3 电路中的电阻

1.3.1 电阻元件

电阻表示导体对电流阻碍作用的大小。在电子电路中，电阻元件是使用最多的元件，习惯上把电阻元件（电阻器）简称为电阻，“电阻”既表示电路元件又表示元件的参数，通常用 R 表示，单位有欧姆（Ω）、千欧（kΩ）、兆欧（MΩ）等。

电阻的倒数称为电导，用 G 表示，单位是西［门子］（S），即

$$G = \frac{1}{R} \tag{1-4}$$

电阻按制造材料不同可分为碳膜电阻、金属电阻、线绕电阻、薄膜电阻等，按阻值特性可分为固定电阻、可调电阻、特种电阻（敏感电阻）等，图 1-10 所示为常用电阻实物图。

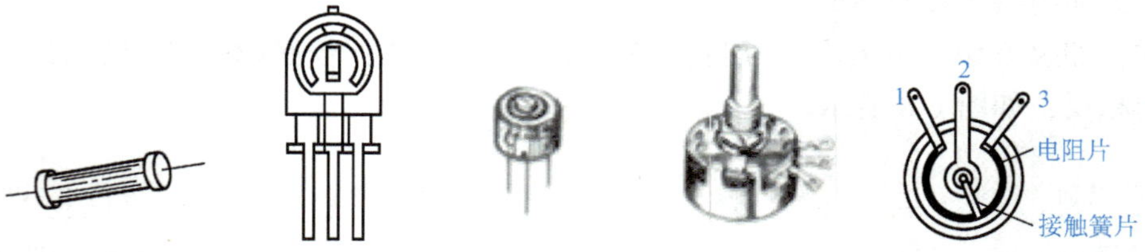

固定电阻　　可调电阻　　电位器(带滑动触点的可变电阻)

图 1-10　常用电阻实物图

不同种类的电阻在电路图中的图形符号也不同。图 1-11 所示是常用电阻的图形符号。

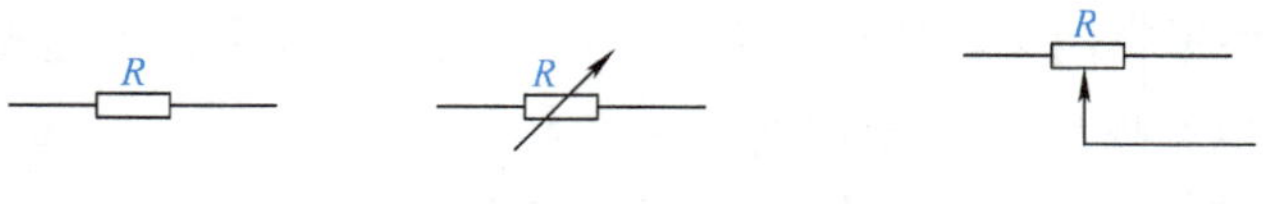

固定电阻　　可变电阻　　电位器(带滑动触点的可变电阻)

图 1-11　常用电阻的图形符号

电阻的主要物理特征是电流的热效应。可以利用此特点，制成电炉、电饭煲、电烙铁等，但此效应会引起电气设备温度的升高，加速绝缘材料的老化，降低使用寿命。

知识拓展

NTC 功率热敏电阻

热敏电阻的特点是对温度极为敏感。NTC 功率热敏电阻是一种通过强电流时会产生负温度系数的热敏元件，当通过大电流（一般为 1 ~ 10A）时，电阻发热，电阻值迅速减少，其外形如图 1-12 所示。

NTC 功率热敏电阻广泛应用于电视机、音响设备、显示器等家用电器，以及仪器仪表等。这些电子设备电源电路中大容量的电解电容在开机瞬间，几乎呈短路状态，冲击电流很大，容易造成熔断器、整流管等电子元件的瞬时烧毁，如果有 NTC 功率热敏电阻在整流电路中串联，即可实现安全启动。

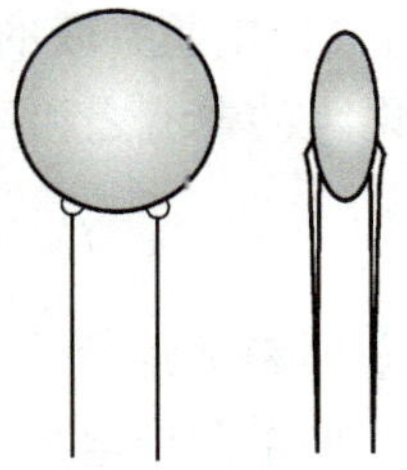

图 1-12　热敏电阻外形

1.3.2　欧姆定律与电阻的串并联

1. 一段电路的欧姆定律

图 1-13 是一段含有电阻的电路。欧姆定律数学表达式为

$$I=\frac{U}{R}$$

引入电导后，欧姆定律还可以写成：

$$I=GU \tag{1-5}$$

通常所说的欧姆定律是指一段电路的欧姆定律。元件的电压与电流的关系曲线称为伏安特性曲线。线性电阻的伏安特性曲线是一条过原点的直线，如图 1-14 所示。由线性元件构成的电路称为线性电路，含有非线性元件的电路称为非线性电路。

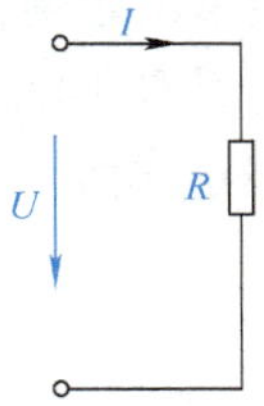

图 1-13　一段含有电阻的电路

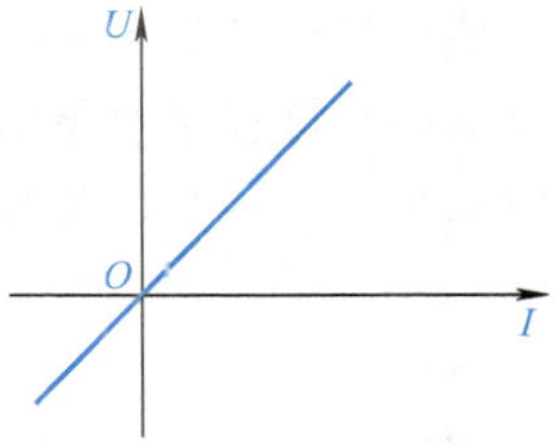

图 1-14　线性元件的伏安特性曲线

2. 全电路欧姆定律

电源的内电路与带有负载的外电路共同组成的闭合电路，称为全电路。全电路欧姆定律表述为：闭合电路中的电流等于电源的电动势与电路总电阻之比。数学表达式为

$$I=\frac{E}{R+R_0}$$

还可以改写为

$$E=IR+IR_0=U+IR_0$$

式中，R 为外电路电阻；R_0 为电源内阻。

3. 电阻的串联、并联

在电路中，电阻可根据不同的需要按不同的方式连接起来。一般有串联、并联和混联。

1）电阻串联的基本特点：电路中流经各电阻的电流都相等；电路两端的总电压等于各电阻两端的电压之和；电阻串联后的总电阻等于各串联电阻的阻值之和。数学表达式为

$$I=I_1=I_2=\cdots=I_n,U=U_1+U_2+\cdots+U_n,R=R_1+R_2+\cdots+R_n$$

如果两个电阻串联，所分配的电压与电阻的关系为

$$U_1=R_1I=\frac{R_1}{R_1+R_2}U \qquad U_2=R_2I=\frac{R_2}{R_1+R_2}U \tag{1-6}$$

2）电阻并联的基本特点：电路中各并联电阻的电压相等；电路中的总电流等于流经各并联电阻的电流之和；电阻并联后总电阻的倒数等于各并联电阻阻值的倒数之和。数学表达式为

$$U_1=U_2=\cdots=U_n=U,I=I_1+I_2+\cdots+I_n,\frac{1}{R}=\frac{1}{R_1}+\frac{1}{R_2}+\cdots+\frac{1}{R_n}$$

用电导表示则为

$$G=G_1+G_2+\cdots+G_n \tag{1-7}$$

如果两个电阻并联，则电流与电阻的关系为

$$I_1=\frac{U}{R_1}=\frac{R_2}{R_1+R_2}I \qquad I_2=\frac{U}{R_2}=\frac{R_1}{R_1+R_2}I \tag{1-8}$$

用电导表示则为

$$I_1=UG_1,\quad I_2=UG_2 \tag{1-9}$$

1.3.3 导体材料及电阻

在一定的温度下，导体材料本身的性质决定了导体的电阻值的大小，电阻定律反映了这个特点，即

$$R=\rho\frac{L}{A} \tag{1-10}$$

式中，L 是导线长度，单位为 m；A 是导线横截面积，单位为 mm^2；ρ 是导线所用材料的电阻率，单位为 $\Omega\cdot mm^2/m$；R 是导线的电阻，单位为 Ω。

实际上，一段金属电阻线的电阻由长度、横截面积、材料和温度四个因素决定。在温度变化不大时，其阻值可近似认为不变。电阻定律反映了三个自身因素的影响，温度是影响电阻的外界因素，其影响程度通过电阻率温度系数来反映。当温度每升高 1℃时，导体电阻的增加值与原来电阻的比值，称为电阻温度系数，用 α 表示，数学表达式为

$$\alpha=\frac{R_2-R_1}{R_1(t_2-t_1)} \tag{1-11}$$

式中，R_1 是起始温度 t_1 时的导体电阻；R_2 是温度增加到 t_2 时的导体电阻。式(1-11）还可以改写为

$$R_2=R_1[1+\alpha(t_2-t_1)] \tag{1-12}$$

实验证明，绝大多数金属材料的电阻率温度系数都约等于千分之四，少数金属材料如康铜、锰铜等，电阻率温度系数极小，这就成为制造精密电阻的选材；具有较大的温度系数的金属铂、铜等，常用于制作电阻温度计，测量电动机、变压器内部温度的变化。

1.3.4 远距离输电及线路功率损耗

我国的远距离输电一般采用铝线，长距离架空线路用强度高、质量轻的钢芯铝绞线。导线规格以其横截面积（mm^2）作为标称值，规格不同，允许通过的额定电流值（又称安全载流量）不同。在线路很短时，连接导线常被看成电阻为零的理想导体，不会产生很大的

线路电压降和造成很大的功率损耗，但是只要线路稍微加长，为了降低电阻，导线横截面积就需要增大，尽管如此，线路电压降和功率损耗依然很大。

例 1-2 一组额定电压为 220V 的照明负载，额定总功率为 10kW，负载距电源 1km。考虑距离较远，线路电压降增大，应适当增大导线横截面积，所以选用了横截面积为 50mm^2 的铝芯双芯电缆，求线路电压降和功率损耗（铝的电阻率是 $0.0265\Omega\cdot\text{mm}^2/\text{m}$）。

解： 线路电阻为 $$R_L = 2\rho\frac{L}{A} = 2\times0.0265\times\frac{1000}{50}\Omega = 1.06\Omega$$

负载电阻为 $$R = \frac{U_N^2}{P_N} = \frac{220^2}{10\times10^3}\Omega = 4.84\Omega$$

若电源端电压为 220V，那么负载端电压为

$$U_{负载} = \frac{R}{R+R_L}U = \frac{4.84}{4.84+1.06}\times220\text{V} = 180.5\text{V}$$

线路的电压降为 $$\Delta U = U - U_{负载} = 220\text{V} - 180.5\text{V} = 39.5\text{V}$$

线路的功率损耗为

$$\Delta P = \Delta U\times I = \Delta U\times\frac{U}{R_{总}} = 39.5\times\frac{220}{4.84\times1.06}\text{W} = 1.47\text{kW}$$

通过以上计算说明，线路长度仅仅为 1km，导线横截面积已增大到 50mm^2，线路上仍然有 39.5V 的电压降，功率损耗达到 1.47kW，造成了电能的大量浪费。同时，负载端电压降低到 180.5V，若不相应提高电源电压，负载将无法正常工作，如图 1-15 所示。

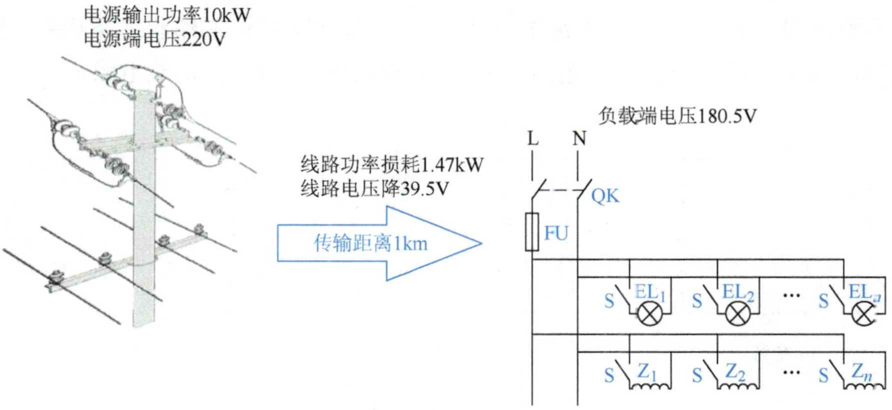

图 1-15 线路的功率损耗

据统计，目前的铜或铝导线输电系统，约有 15% 的电能损耗在输电线路上，仅在我国，每年的电力损失超过 1000 亿千瓦时。超导材料的研究和应用有望解决困扰人类的能源问题。

情境链接

超导现象及超导材料研发

实验研究中发现，金属的电阻率随温度的降低而减小。有些物质当温度降低到临界零度时，电阻率会突然减小到零，这种现象称为超导现象，能够发生超导现象的物质称为超导

体。材料由正常状态转变为超导状态的温度，称为超导材料的转变温度或临界温度。

最早发现超导现象的是荷兰物理学家卡末林·昂内斯（Kamerlingh Onnes），昂内斯因此获得了1913年度的诺贝尔物理学奖。超导材料有着优异的特性，零电阻意味着节能、高效和环保，这使得超导材料从被发现之日起，就向人类展示了诱人的应用前景。

超导材料诱人的应用是发电、输电和储能。由于超导材料在超导状态下具有零电阻，因此只需消耗极少的电能，就可获得发电所需的10T以上稳态强磁场，而用常规导体做磁体，要产生同样强度的磁场，需要消耗3.5MW的电能及大量的冷却水，投资巨大。若改为超导输电，节省的电能相当于新建数十个大型发电厂，同时将会显著地提高电力设备的效率，减小设备体积和重量，减少燃烧对自然环境的破坏。

革命性新材料的发明、应用一直引领全球的技术革新，推动着高新技术制造业的转型升级。在发挥前沿新材料引领产业发展方面，我国迫切需要在超导材料等新材料前沿方向加大创新力度，掌握强磁场用高性能超导线材结构设计及批量化加工控制技术。掌握高电压等级超导限流器等应用产品的电磁设计、超高压绝缘、装配结构与挂网运行等关键技术。加快布局自主知识产权，抢占发展先机和战略制高点。

我们期望着，通过科研人员坚持不懈的努力，高温超导材料必将改变全球的能源、环保和生活等各个方面的现状，创造一个全新的世界。

1.4 电路的工作状态

当导线将电源、负载、中间电气元件连接成电路后，电路的工作状态有开路、有载、短路三种。下面以图1-16所示简单直流电路为例，分别讨论三种工作状态下电路的特征。图中E为电源电动势，U为电源输出电压，R_0为电源的内阻，R_L为负载电阻。

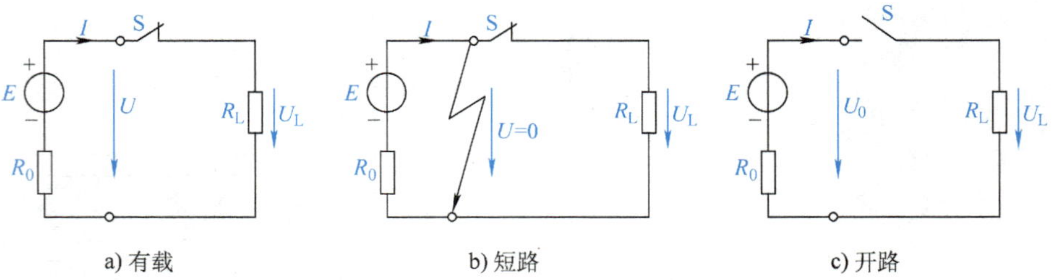

图1-16 简单直流电路的工作状态

1.4.1 有载

在图1-16a中，当开关S闭合时，电源与负载形成通路，负载中有电流流过，电源向负载提供能量，此时就称电路处于有载工作状态，简称有载。根据全电路欧姆定律，有

$$E = U + IR_0 = IR_L + IR_0 \tag{1-13}$$

电流为

$$I = \frac{E}{R_0 + R_L} \tag{1-14}$$

式(1-13)两端同乘以I，即 $IU = IU_L = IE - I^2R_0$

$$P_E = P_L + P_{R_0} = P + P_{R_0} \tag{1-15}$$

因此，在电路有载状态下，电源电动势等于负载的端电压与电源的内压降之和；负载消

耗的功率就是电源的输出功率；电源向电路提供的总功率等于负载消耗的功率与电源内部消耗的功率之和，它符合能量守恒定律。

1.4.2　短路

在图 1-16b 中，由于某种原因，电源两端或负载两端出现了直接接触，负载电阻为零，此时就称电路处于短路工作状态，简称短路。此时电路中的电流又称为短路电流。

短路电流为
$$I_S = \frac{E}{R_0} \tag{1-16}$$

电源输出电压为
$$U = 0 \tag{1-17}$$

由于导线电阻很小，电源的电动势全部降在内阻上，短路电流远大于电源的额定电流（$I_S \gg I_N$），过大的电流会损坏甚至烧毁电源及电路中的电气设备，所以常在电路中接入熔断器或其他保护设备，一旦发生短路，即刻切断电路起到保护作用。

电源短路是一种危险的事故状态，严格来讲，不能称为工作状态。在实际工作中，为了某种需要，常人为地将电路的某一部分或某一元件的两端用导线连接起来，称为“短接”，如用万用表欧姆调零时，将红、黑两表笔短接。因此，要把短路与短接严格区分。

1.4.3　开路

在图 1-16c 中，当开关 S 断开时，负载中没有电流流过，电源不向负载提供能量，此时就称电路处于开路工作状态，简称开路，也称断路或空载。电源的输出电压 U 称为开路电压或空载电压（U_0）。

开路电流为
$$I = 0 \tag{1-18}$$

开路电压等于电源的电动势，即
$$U = E = U_0 \tag{1-19}$$

实际应用中，常用实验方法测定电源的电动势，如图 1-17 所示。将开关 S 断开，用内阻很大的电压表直接测量电路的开路电压，所测结果可以近似表示电源的电动势。

如果开关 S 闭合，电路处于有载状态，当电路电流增大时，内阻上的压降增大，电源的端电压反而会随着电流的增大而减小。电源的端电压随电路中电流变化的规律称为电源的外特性，也称电源的伏安特性，如图 1-18 所示。

实际上，电源的端电压 $U = E - R_0 I$，内阻 R_0 越小，外特性越平坦，电源的质量也越好。

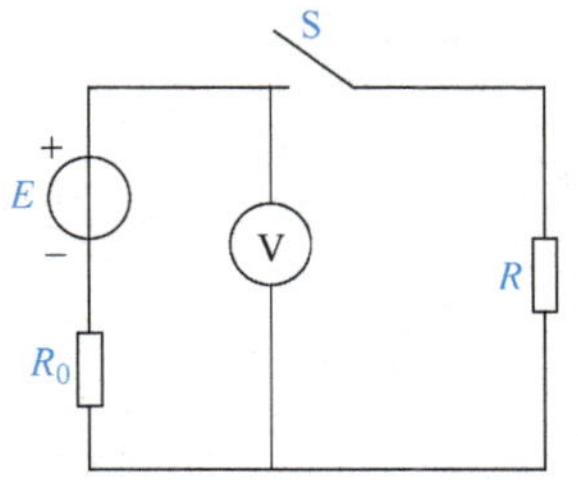

图 1-17　实验方法测定电源电动势

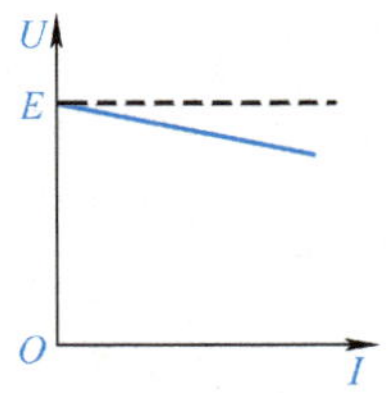

图 1-18　电源的外特性

例 1-3　如图 1-19 所示，电源的电动势 $E = 6V$，电源的内阻 $R_0 = 0.2\Omega$，闭合开关 S，当负载电阻分别为 $R_L = 11.8\Omega$、$R_L = 0$、$R_L = \infty$时，求电流表的电流 I、负载电阻两端的电压 U、电源的内压降 U_0 各为多大？

解： 根据全电路欧姆定律可知：

（1）当 $R_L=11.8\Omega$ 时，电路处于有载状态，此时有：

$$I=\frac{E}{R_L+R_0}=\frac{6V}{11.8\Omega+0.2\Omega}=0.5A$$

$$U=IR_L=0.5A\times11.8\Omega=5.9V$$

$$U_0=IR_0=0.5A\times0.2\Omega=0.1V$$

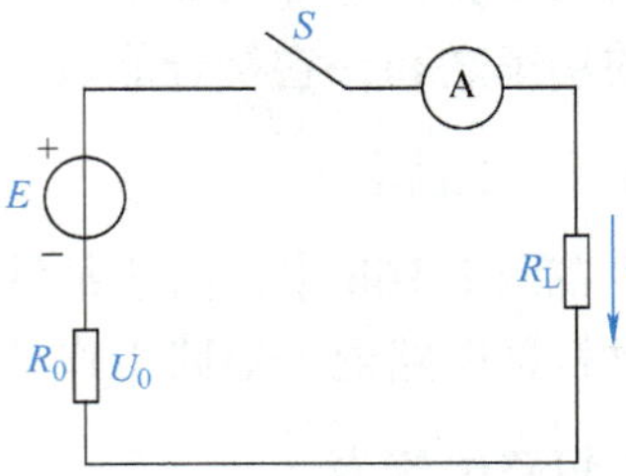

图 1-19 例 1-3 图

（2）当 $R_L=0$ 时，电源内阻一般比较小，电路处于短路状态，此时有：

$$I=\frac{E}{R_L+R_0}=\frac{E}{R_0}=\frac{6V}{0.2\Omega}=30A$$

$$U=IR_L=0$$

$$U_0=IR_0=30A\times0.2\Omega=6V$$

（3）当 $R_L=\infty$时，电路处于开路状态，此时有：

$$I=0$$

$$U=E=6V$$

$$U_0=0$$

1.5 电流源和电压源及其等效变换

1.5.1 电压源与电流源

一个实际的电源可以建立不同的电源模型。不考虑电源的内阻而建立的模型，称为理想电流源和理想电压源。理想电压源输出恒定的电压，又称为恒压源，即 $U=U_S$ 或 $U=E$，其外特性如图 1-20a 所示；理想电流源输出幅值固定的电流，又称为恒流源，即 $I=I_S$，其端电压的大小取决于外电路，其外特性如图 1-20b 所示。

如果考虑电源的内阻而建立的模型与实际电源更为接近，称为实际电压源和实际电流源，简称电压源和电流源。可以用一个理想电压源 U_S 与内阻的串联来表示电压源，如图 1-21a点画线框所示；可以用一个理想电流源 I_S 与内阻的并联来表示电流源，如图 1-21b 点画线框所示。

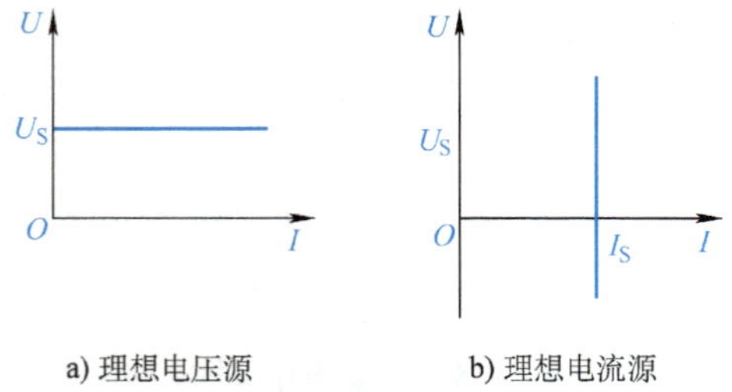

图 1-20 理想电压源和理想电流源的外特性

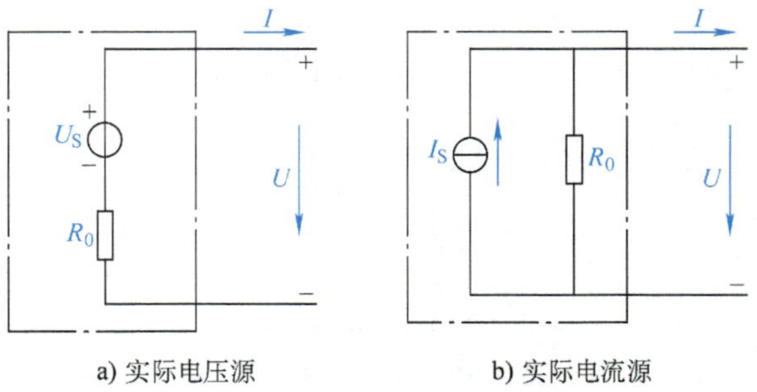

图 1-21 实际电源的电压源模型和电流源模型

电压源的外特性可以表示为

$$U=U_S-IR_0 \tag{1-20}$$

电压源的外特性曲线如图 1-22a 所示。当电路处于开路状态时，负载电阻可以视为无穷（即 $R_L=\infty$），电路电流 $I=0$，电压源的端电压 $U=U_S$；当电路处于短路状态时，负载电阻可以视为零（$R_L=0$），电路电流 $I=\frac{E}{R_0}$；当电路处于有载状态且负载中电流增大时，电压源内阻 R_0 上的压降也随之增大，电源的端电压会有所下降。电压源内阻 R_0 越小，内阻上的压降越小，电压源就越接近于理想电压源。

电流源的外特性可以表示为

$$I=I_S-\frac{U}{R_0} \tag{1-21}$$

电流源的外特性曲线如图 1-22b 所示。当电路处于开路状态时，负载电阻 $R_L=\infty$，电路电流 $I=0$，电流源的端电压 $U=I_SR_0$；当电路处于短路状态时，负载电阻 $R_L=0$，电路电流 $I=I_S$，电流源的端电压 $U=0$；当电路处于有载状态，随着负载电阻的增大，负载电阻和内阻并联的电阻值（$R_L/\!/R_0$）增大，电流源的端电压 U 会随之增大。电流源内阻 R_0 越大（电导 G 越小），内阻 R_0 的分流越小，电流源的输出电流 I 越大，越接近理想电流源。

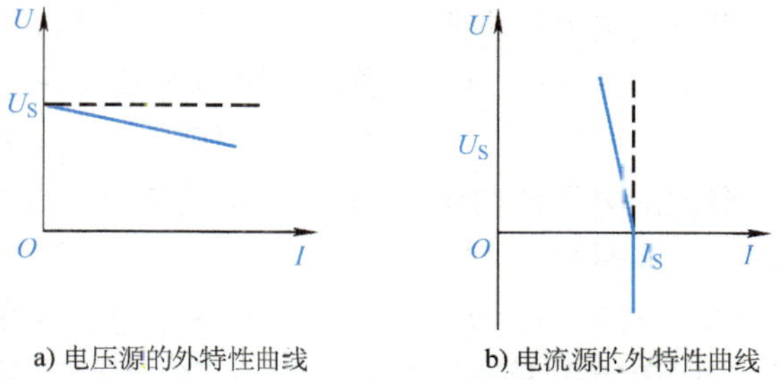

图 1-22　电压源和电流源的外特性曲线

1.5.2　电压源与电流源的等效变换

一个实际电源可以用电压源或电流源表示，对于同一个负载而言，如果提供的电压、电流和能量都相同，则两种电源模型对此负载的作用是等效的，电压源和电流源互为等效电源。

为了便于研究，不妨设电压源的内阻为 R_0'，式(1-20) 可以改写为

$$U=U_S-IR_0' \tag{1-22}$$

式(1-21) 可以改写为

$$U=I_SR_0-IR_0 \tag{1-23}$$

比较式(1-22) 和式(1-23)，显然，如果满足条件：

$$I_S=\frac{U_S}{R_0},R_0'=R_0 \tag{1-24}$$

则两式相等，两种电源模型等效。

知识拓展

电压源与电流源的等效变换只对外电路而言，内部是不等效的；在变换前后，电压源的极性与电流源电流的方向应使外电路的工作状态保持不变；与恒流源相串联的电阻或电压源，因不影响电流源输出稳定的电流，而视为短路；与恒压源相并联的电阻或电流源，因不影响电压源输出恒定的电压，而视为断路。

例 1-4　画出图 1-23 所示电路的等效电源模型。

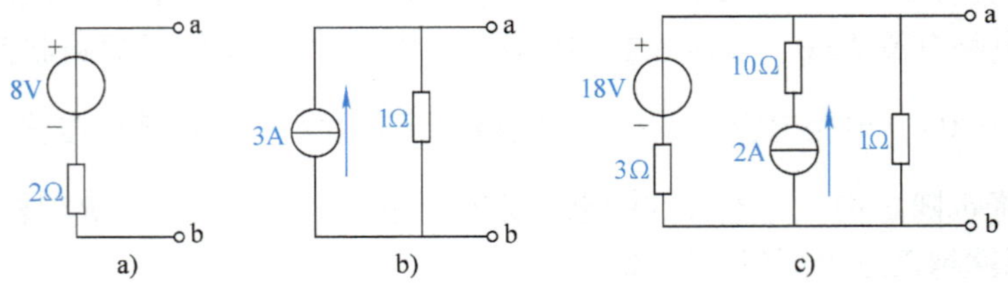

图 1-23 例 1-4 图

解：（1）图 1-23a 为一电压源，可以等效为一电流源。由式(1-24) 可得

$$R_0 = R_0' = 2\Omega \qquad I_S = \frac{U_S}{R_S} = \frac{8V}{2\Omega} = 4A$$

等效的电流源内阻 $R_0 = 2\Omega$，输出的恒流 $I_S = 4A$，电路如图 1-24a 所示。

（2）图 1-23b 为一电流源，可以等效为一电压源。由式(1-24) 可得

$$R_0' = R_0 = 1\Omega \qquad U_S = I_S R_0 = 3A \times 1\Omega = 3V$$

等效的电压源内阻 $R_0 = 1\Omega$，电动势 $U_S = 3V$，电路如图 1-24b 所示。

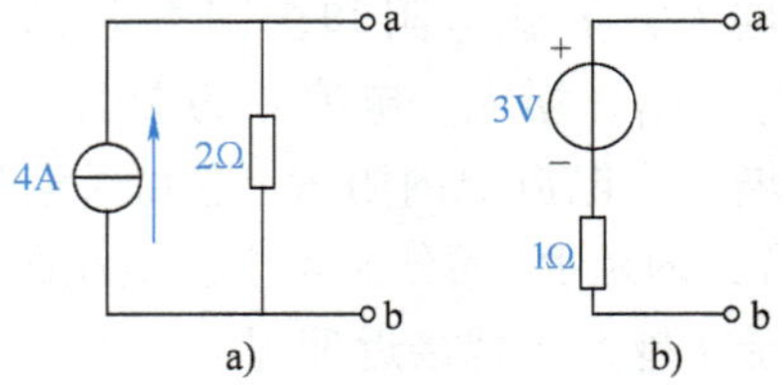

图 1-24 图 1-23a、b 题解图

（3）图 1-23c 为一个电压源和一个电流源的并联。可以先将电压源变换为电流源，与 2A 恒流源相串联的 10Ω 电阻视为短路，如图 1-25b 所示；两个并联的电流源，可以等效为一个电流源，如果电流方向一致，则电流相加；如果电流方向相反，则电流相减，如图 1-25c 所示。还可以将电流源变换为电压源，如图 1-25d 所示。

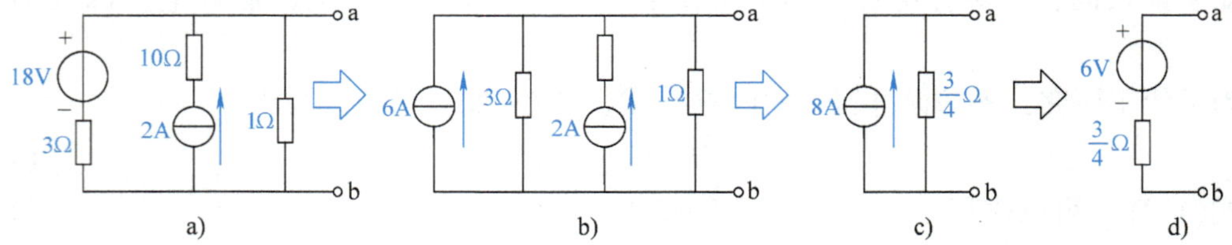

图 1-25 图 1-23c 的等效变换过程

例 1-5 用电压源与电流源的等效变换，求图 1-26a 中负载电阻 R_L 中的电流。

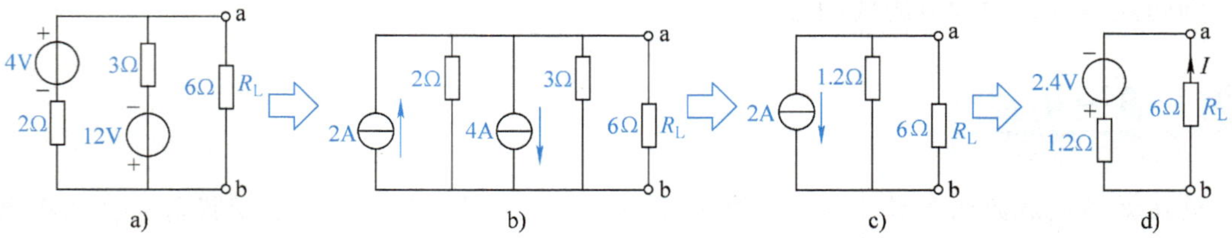

图 1-26 例 1-5 图

解：经过电压源与电流源的多次变换，图 1-26a 可以简化为图 1-26d，根据全电路欧姆定律，R_L 中的电流为

$$I=\frac{2.4\text{V}}{1.2\Omega+6\Omega}=0.33\text{A}$$

一般情况下，如果有多个电压源并联，等效变换为电流源后再进行简化比较方便，如果有多个电流源串联，等效变换为电压源后再进行简化比较方便。

1.6 基尔霍夫定律

电路分析过程中一般先用电阻的串、并联把电路简化，然后应用欧姆定律解决问题。通常把不能用上述方法解决问题的电路称为复杂电路。复杂电路又称网络。分析复杂电路最基本的定律是基尔霍夫定律，该定律对于线性电路和非线性电路同样适用。

1.6.1 几个基本概念

支路：电路中的每一个分支都叫支路。一条支路中只流过同一个电流，称为支路电流。图 1-27 所示电路有 acb、adb 和 ab 三条支路，I_1、I_2、I_3 为三个支路电流。

节点：电路中三条或三条以上支路的连接点称为节点，图 1-27 所示电路有 a、b 两节点。

回路：电路中任一闭合路径称为回路。图 1-27 所示电路有 abca、adba、cbdac 三个回路。

网孔：内部不含有其他支路的回路称为网孔。图 1-27 所示电路有 abca、adba 两个网孔。

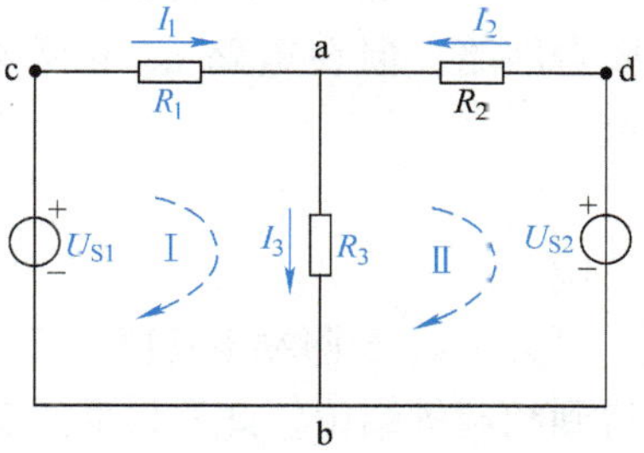

图 1-27 电路结构举例

1.6.2 基尔霍夫电流定律

基尔霍夫电流定律（KCL）反映的是与任一节点相关联的所有支路电流之间的关系。表述为：任一时刻，电路中任一节点上，所有支路电流的代数和等于零。即在任一时刻流入该节点的电流总和等于流出该节点的电流总和，其数学表达式为

$$\sum I=0 \tag{1-25}$$

假设流入节点的电流为正值，流出节点的电流为负值，对图 1-27 所示电路的节点 a 列节点电流方程，有

$$I_1+I_2-I_3=0 \quad 或 \quad I_1+I_2=I_3$$

KCL 不仅适用于电路中的节点，也可推广应用于电路中任意假设的封闭面，如图 1-28 所示，对闭合面内 A、B、C 三个节点应用 KCL，则对节点 A 有 $I_1=I_{AB}-I_{CA}$；对节点 B 有 $I_2=I_{BC}-I_{AB}$；对节点 C 有 $I_3=I_{CA}-I_{BC}$。

将三式相加可得

$$I_1+I_2+I_3=0 \tag{1-26}$$

可见，流入该封闭面的电流等于流出该封闭面的电流，该封闭面就称为广义节点，体现了电流的连续性原理。

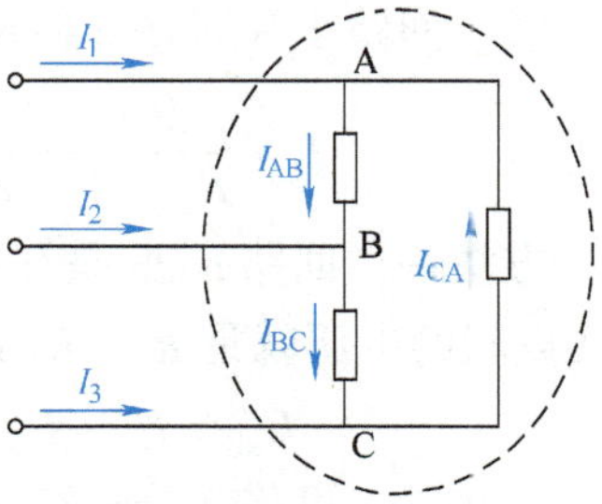

图 1-28 KCL 的推广应用——广义节点

1.6.3 基尔霍夫电压定律

基尔霍夫电压定律（KVL）反映的是电路回路中的各部分电压之间的关系。表述为：任一时刻，从任一点以顺时针或逆时针方向沿回路绕行一周，回路中各部分电压的代数和等于零。即整个回路升高的电压总和等于降低的电压总和，其数学表达式为

$$\sum U = 0 \tag{1-27}$$

应用KVL时，首先要选定回路的绕行方向。如果某部分电压的参考方向与绕行方向一致，该部分电压取“+”号，否则取“-”号；如果回路中有电动势，则按它的端电压方向来考虑。这样规定的实质是规定绕行方向为电位降落的方向。

图1-27中所示回路cadbc，顺时针绕行回路，可列出回路电压方程：

$$U_{bc} + U_{ca} + U_{ad} + U_{db} = 0$$

$$-U_{S1} + I_1R_1 - I_2R_2 + U_{S2} = 0$$

KVL不仅适用于闭合回路，也可推广应用于某一开口电路。如图1-29所示，该电路不是闭合回路，但在电路a、b两端存在电压U_{ab}，如按顺时针方向绕行该假想回路一周，则有

$$-U_{ab} + IR + U_S = 0$$

则

$$U_{ab} = IR + U_S \tag{1-28}$$

可见，a、b两端电压降等于a、b两端之间支路上的各段电压之和。逆时针方向绕行可以得到相同的结论。此开口回路就称为广义回路。

例1-6 如图1-30所示，已知$R_1=2\Omega$，$R_2=4\Omega$，$R_3=3\Omega$，$R_4=6\Omega$，$U_{S1}=12V$，$U_{S2}=18V$，求回路acdb的开路电压U_{ab}。

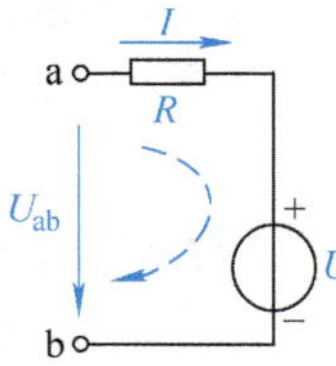

图1-29 KVL的推广应用——广义回路

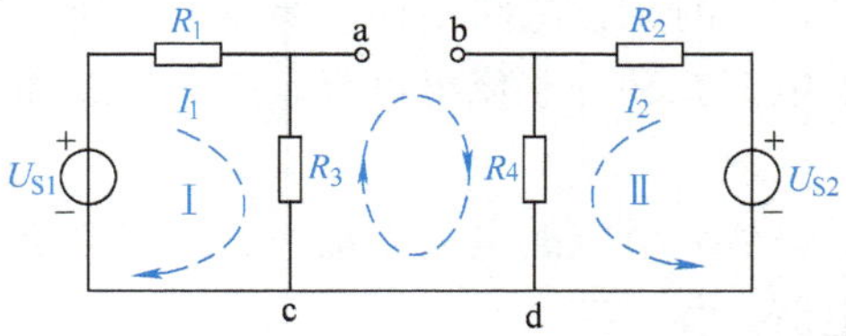

图1-30 例1-6图

解： 回路Ⅰ和回路Ⅱ各自形成回路，设回路电流分别为I_1、I_2。

$$I_1 = \frac{U_{S1}}{R_1+R_2} = \frac{12V}{2\Omega+3\Omega} = 2.4A \qquad I_2 = \frac{U_{S2}}{R_2+R_4} = \frac{18V}{4\Omega+6\Omega} = 1.8A$$

方法一：回路acdb是开路，因而电路的cd段内没有电流流过，c、d两点电位相同，a、b两点间的电压就是R_3、R_4两电阻的端电压之差。

$$U_{ab} = U_a - U_b = I_1R_3 - I_2R_4 = 2.4A\times3\Omega - 1.8A\times6\Omega = -3.6V$$

方法二：可将部分电路acdb看成广义回路，直接应用基尔霍夫电压定律求回路的开路电压U_{ab}。

$$U_{ab} + I_2R_4 - I_1R_3 = 0$$

$$U_{ab} = I_1R_3 - I_2R_4 = 2.4A\times3\Omega - 1.8A\times6\Omega = -3.6V$$

1.7　电路的基本分析方法

1.7.1　支路电流法

支路电流法以电路的各支路电流为未知量，根据基尔霍夫定律列出方程，然后求解各支路电流。下面以图 1-31 所示电路为例，介绍应用支路电流法的具体步骤。

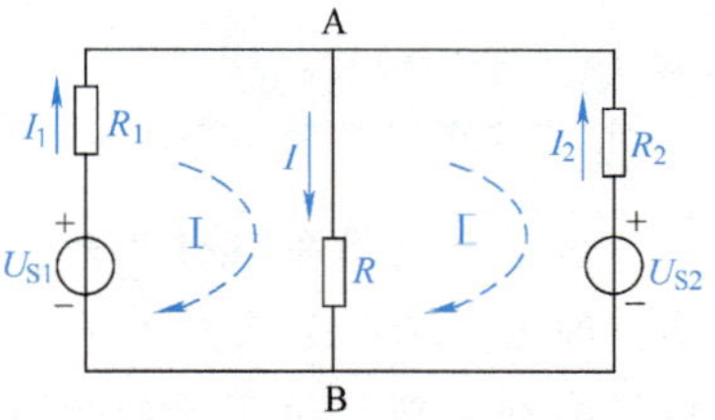

图 1-31　支路电流法

该电路有三条支路，两个节点。求三个支路电流，需要列出三个独立的方程并联立求解。设 R_1、R_2、R、U_{S1}、U_{S2} 均为已知。

1）假设各支路电流为 I_1、I_2、I，参考方向如图 1-31 所示。

2）根据 KCL 列出节点电流方程。

对节点 A 有　$$I_1 + I_2 - I = 0 \tag{1-29}$$

对节点 B 有　$$I - I_1 - I_2 = 0 \tag{1-30}$$

可以看出，式(1-29）与式(1-30）等价，联立方程组只能选其中之一，所选方程称为独立的节点电流方程，另外的方程称为非独立的节点电流方程。可以证明：如果电路有 n 个节点，可以列出（$n-1$）个独立的节点电流方程。

3）根据 KVL 列出回路电压方程。如果电路有 b 条支路，n 个节点，可以列出$[b-(n-1)]$个独立的回路电压方程。为了保证电压方程的独立性，一般平面电路选网孔作为回路，列网孔的回路电压方程。所谓平面电路是指将电路画成一个平面图时，不出现任何交叉支路的电路。图 1-31 所示平面电路有 3 条支路，2 个节点，$b-(n-1)=2$，与网孔数相等。

回路Ⅰ有　$$R_1I_1 + IR - U_{S1} = 0 \tag{1-31}$$

回路Ⅱ有　$$-R_2I_2 + U_{S2} - IR = 0 \tag{1-32}$$

4）将式(1-29）、式(1-31)、式(1-32）组成方程组，联立求解即可得各支路电流。

例 1-7　电路如图 1-32 所示，已知 $U_{S1}=6\text{V}$，$U_{S2}=16\text{V}$，$I_S=2\text{A}$，$R_1=R_2=R_3=2\Omega$，试求各支路电流 I_1、I_2、I_3、I_4 和 I_5。

解： 由 KCL 和 KVL 列出节点电流方程和回路电压方程：

$$I_S + I_1 + I_3 = 0$$
$$I_2 = I_3 + I_4$$
$$I_4 + I_5 = I_S$$
$$U_{S1} - I_3R_2 - I_2R_1 = 0$$
$$U_{S2} - I_5R_3 + I_2R_1 = 0$$

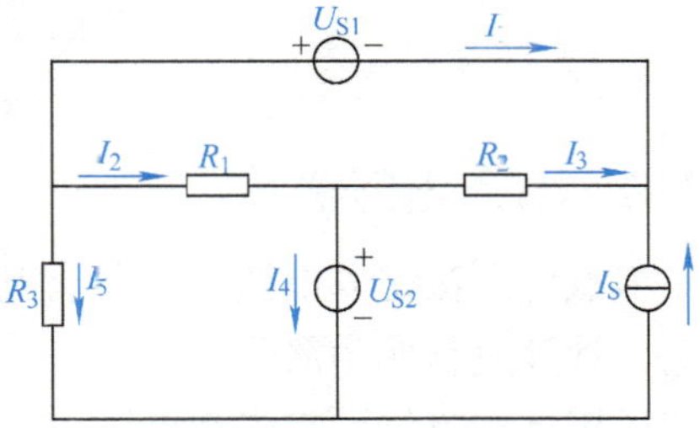

图 1-32　例 1-7 图

代入已知数据得：

$$2\text{A} + I_1 + I_3 = 0$$
$$I_2 = I_3 + I_4$$
$$I_4 + I_5 = 2\text{A}$$
$$6\text{V} = 2\Omega \times I_3 + 2\Omega \times I_2$$
$$16\text{V} - 2\Omega \times I_5 + 2\Omega \times I_2 = 0$$

解方程得：$I_1=-6\text{A}$，$I_2=-1\text{A}$，$I_3=4\text{A}$，$I_4=-5\text{A}$，$I_5=7\text{A}$

1.7.2　叠加定理

叠加定理是反映线性电路基本性质的一条重要原理，可以表述为：在线性电路中，如果有多个电源同时作用，那么任何一条支路的电流或电压，等于电路中各个电源单独作用时对该支路所产生的电流或电压的代数和。

知识拓展

当某个电源单独作用时，其他电源不起作用，即输出值为零。如果是电压源，可视为短路，即 $U_S=0$；如果是电流源，可视为开路，即 $I_S=0$，但要保留实际电压源和电流源的内阻。叠加定理只适用于线性电路中电流或电压的叠加，不能对功率进行叠加。

例1-8　已知 $U_S=12V$，$I_S=6A$，$R_1=R_3=1\Omega$，$R_2=R_4=2\Omega$，应用叠加定理，求图1-33所示电路中支路电流 I。

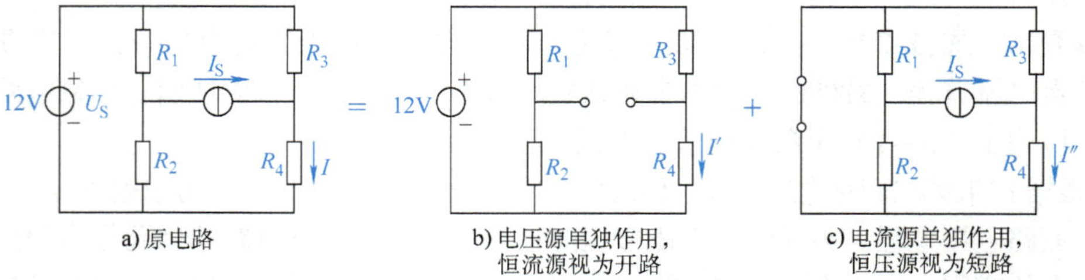

图1-33　例1-8图

解： 图1-33a、b、c中支路电流 I 的总量和分量参考方向一致，求分量代数和时各分量均取正值。根据叠加定理分别求出 I_1' 和 I_1''。

$$I'=\frac{U_S}{(R_1+R_2)/\!/(R_3+R_4)}\times\frac{R_1+R_2}{R_1+R_2+R_3+R_4}$$

$$=\frac{12V}{(1\Omega+2\Omega)/\!/(1\Omega+2\Omega)}\times\frac{1\Omega+2\Omega}{1\Omega+2\Omega+1\Omega+2\Omega}=4A$$

$$I''=\frac{R_3}{R_3+R_4}\times I_S=\frac{1\Omega}{1\Omega+2\Omega}\times 6A=2A$$

$$I=I'+I''=4A+2A=6A$$

1.7.3　节点电压法

节点电压法是以电路中的节点电压为未知量求解支路电流的方法，对支路多、节点少的电路，计算过程尤为简便。

应用这种方法，首先在电路中选定某个节点为参考点，即零电位点，其次根据一段电路的欧姆定律，写出用节点电压表示的各支路电流表达式，再根据KCL，写出除参考点外各节点的节点电流方程，这组方程的未知量为节点电压。解方程即可求出节点电压，并代入各支路电流的表达式中，就可求出各支路电流。下面以图1-34所示电路，进

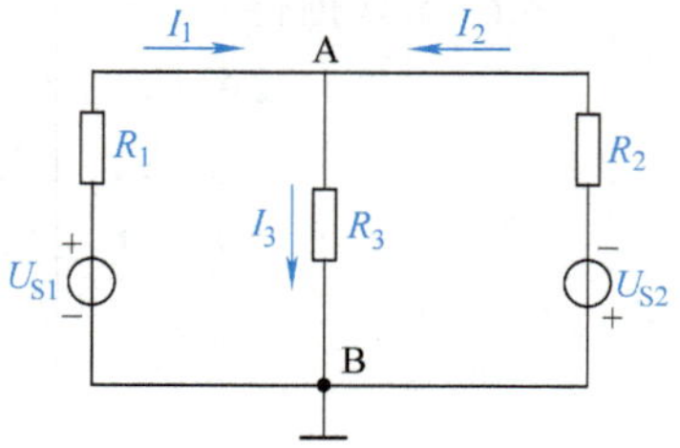

图1-34　节点电压法

行具体讨论。

选节点 B 为参考点，各支路电流参考方向如图 1-34 所示。

节点 A 的电压 U_A 即 A 点相对于参考点 B 的电位，假设 U_A 已知，则各支路电流为

$$I_1 = \frac{U_{S1} - U_A}{R_1} \qquad (U_A = -I_1R_1 + U_{S1})$$

$$I_3 = \frac{U_A}{R_3} \qquad (U_A = I_3R_3)$$

$$I_2 = \frac{-U_{S2} - U_A}{R_2} \qquad (U_A = -I_2R_2 - U_{S2})$$

根据 KCL，对节点 A 有 $I_1 + I_2 = I_3$

$$\frac{U_{S1} - U_A}{R_1} + \frac{-U_{S2} - U_A}{R_2} = \frac{U_A}{R_3}$$

整理后得到节点 A 的电压为

$$U_A = \frac{\dfrac{U_{S1}}{R_1} - \dfrac{U_{S2}}{R_2}}{\dfrac{1}{R_1} + \dfrac{1}{R_2} + \dfrac{1}{R_3}} \tag{1-33}$$

式中，分母是两节点之间各支路的恒压源为零输出后，各支路所得电阻的倒数和；分子是各支路的恒压源与本支路电阻相除后的代数和。当恒压源电动势方向指向节点时，电动势取正值，背离节点时取负值。例如图 1-34 中，U_{S1} 的电动势方向指向节点 A，U_{S1} 取正值；U_{S2} 的电动势方向背离节点 A，U_{S2} 取负值。

两节点电路的节点电压公式一般形式可写成

$$U_A = \frac{\Sigma \dfrac{U_S}{R}}{\Sigma \dfrac{1}{R}} \tag{1-34}$$

注意： 如果两节点电路的支路中有一条支路是恒压源，就以恒压源的一端为参考点，另一端则为另一节点，所求节点电压即为恒压源的电压值，不必再进行计算。如果两节点之间有恒流源支路，或有恒流源与电阻串联的支路，则两节点的节点电压公式一般形式可写成

$$U_A = \frac{\Sigma \dfrac{U_S}{R} + \Sigma I_S}{\Sigma \dfrac{1}{R}} \tag{1-35}$$

式中，分子增加了恒流源的代数和。当恒流源电流流入节点时，恒流源 I_S 取正值；流出节点时 I_S 取负值。因为与恒流源串联的电阻不影响恒流源的输出，所以分母中不包含与恒流源串联的电阻。

例 1-9 已知 $U_{S1} = 12V$，$U_{S2} = 18V$，$I_S = 1A$，$R_1 = 1\Omega$，$R_2 = 3\Omega$，$R_3 = 6\Omega$，$R_4 = 15\Omega$。用节点电压法，求图 1-35 所示电路的各支路电流 I_1、I_2、I_4。

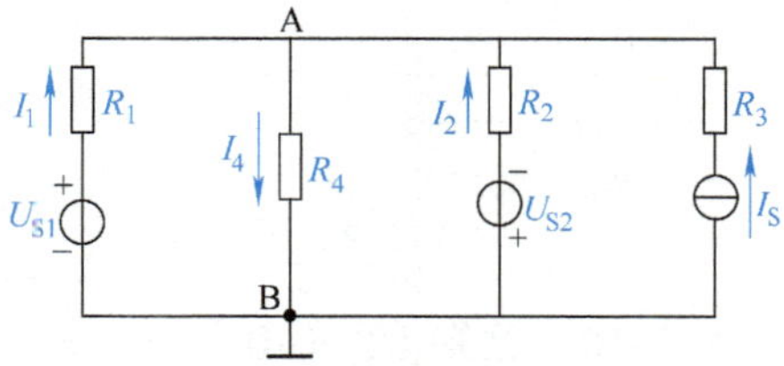

图 1-35 例 1-9 图

解： 选取节点 B 为参考点，由式(1-34) 可得

$$U_A=\frac{\frac{U_{S1}}{R_1}-\frac{U_{S2}}{R_2}+I_S}{\frac{1}{R_1}+\frac{1}{R_2}+\frac{1}{R_4}}=\frac{\frac{12V}{1\Omega}-\frac{18V}{3\Omega}+1A}{\frac{1}{1\Omega}+\frac{1}{3\Omega}+\frac{1}{15\Omega}}=5V$$

各支路电流为

$$I_1=\frac{U_{S1}-U_A}{R_1}=\frac{12V-5V}{1\Omega}=7A \qquad I_2=\frac{-U_{S2}-U_A}{R_2}=\frac{-18V-5V}{3\Omega}=-7.67A$$

$$I_4=\frac{U_A}{R_4}=\frac{5V}{15\Omega}=0.33A$$

根据 KCL 可得

$$I_1+I_2+I_S-I_4=7A+(-7.67A)+1A-0.33A=0$$

由此可知结果正确。

1.7.4 戴维南定理

在电路分析中，经常遇到只需要计算电路中某一支路的电流，如果用支路电流法或节点电压法，列方程就会引出不必求解的电流，使计算过程反而变得很麻烦。因而引入了有源二端网络的概念，应用戴维南定理能简便解决此问题。下面以图 1-36a 所示复杂电路为例，进行具体讨论。

图 1-36a 所示电路要求计算支路电流 I。将所求支路从电路中取出，其余部分有两个出线端钮，因而称为二端网络。如果二端网络内部含有电源，就称为有源二端网络，如图 1-36b所示。

戴维南定理可以表述为：任何一个线性有源二端网络，可以用电压源来等效替换。电压源的电动势 U_S 等于有源二端网络的开路电压 U_0；内阻 R_0 等于有源二端网络包含的所有电源输出为零后的等效电阻。由电动势 U_S 和内阻 R_0 串联组成的等效电压源称为戴维南等效电路，如图 1-37 中点画线框内所示。

应用戴维南定理解题的一般步骤为：①首先断开待求支路，将电路分为待求支路和有源二端网络两部分；②画出有源二端网络，求出有源二端网络的开路电压 U_0；③画出有源二端网络包含的所有电源输出为零后的电路，求出等效电阻 R_0；④画出戴维南等效电路，求出待求量。

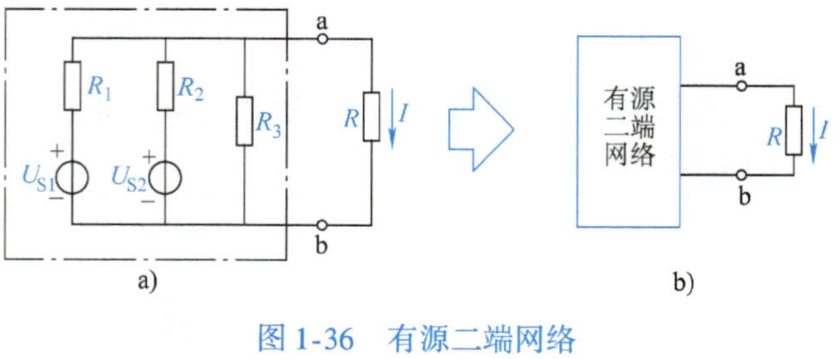

图 1-36 有源二端网络

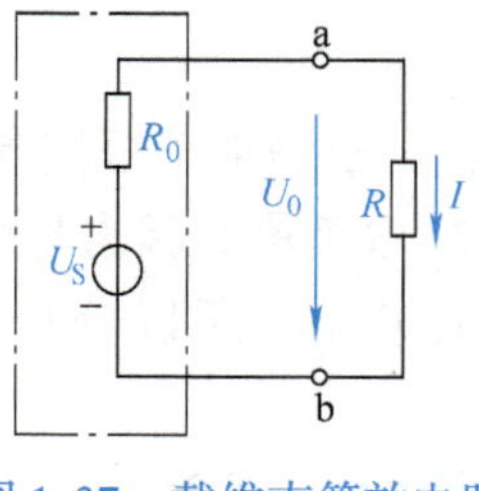

图 1-37 戴维南等效电路

例 1-10 已知 $U_{S1}=10V$，$U_{S2}=6V$，$R_1=1\Omega$，$R_2=3\Omega$，$R_3=6\Omega$，$R=16\Omega$。应用戴维南定理，求图 1-36a 中的支路电流 I。

解： 只要求出戴维南等效电路的电动势 U_S 和内阻 R_0，就能求出任意负载中的电流。

图 1-36a 所示的有源二端网络如图 1-38a 所示，开路电压 U_0 就是所包含的三条支路的端电压 U_{ab}，用节点电压法求 U_{ab}，设 b 端电位为零，则有

$$U_{ab}=U_a=\frac{\dfrac{U_{S1}}{R_1}+\dfrac{U_{S2}}{R_2}}{\dfrac{1}{R_1}+\dfrac{1}{R_2}+\dfrac{1}{R_3}}=\frac{\dfrac{10}{1}+\dfrac{6}{3}}{1+\dfrac{1}{3}+\dfrac{1}{6}}\text{V}=8\text{V}$$

戴维南等效电路的电动势为 $U_S=U_0=U_{ab}=8\text{V}$

求有源二端网络的等效电阻 R_0，此时电压源输出为零，将 U_{S1}、U_{S2}短路，如图 1-38b 所示，则有

$$R_0=R_1/\!/R_2/\!/R_3=\frac{1}{\dfrac{1}{R_1}+\dfrac{1}{R_2}+\dfrac{1}{R_3}}=\frac{1}{1+\dfrac{1}{3}+\dfrac{1}{6}}\Omega=\frac{2}{3}\Omega$$

将电路变换为戴维南等效电路，如图 1-38c 所示，求出 R 所在支路的电流 I 为

$$I=\frac{U_S}{R_0+R}=\frac{8}{\dfrac{2}{3}+16}\text{A}=0.48\text{A}$$

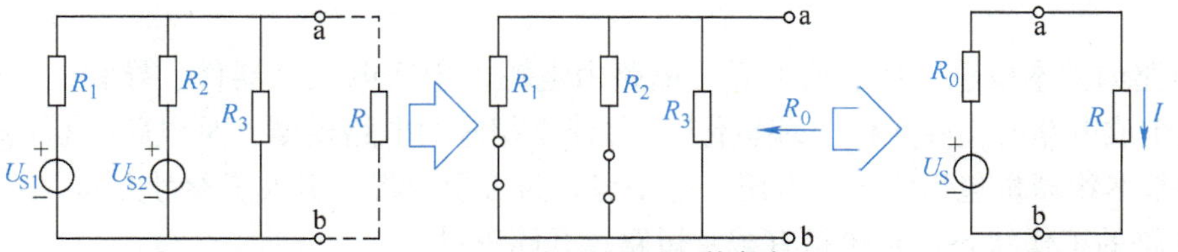

a) 有源二端网络　b) 求等效电阻R_0的电路　c) 戴维南定理

图 1-38　例 1-10 图

例 1-11　用戴维南定理计算图 1-39 中的电流 I。

解： 将待求支路取出，得到图 1-39b 所示有源二端网络，开路电压 U_0 就是 4Ω 电阻的端电压，即

$$U_0=2\text{A}\times4\Omega=8\text{V}$$

即戴维南等效电路的电动势为 $U_S=U_0=8\text{V}$

将电路中 4V 电压源短路，2A 电流源开路，得到图 1-39c 所示电路，有源二端网络的等效电阻 R_0 就是 4Ω 电阻，其他两个电阻开路，即

$$R_0=4\Omega$$

由戴维南等效电路，如图 1-39d 所示，可求得电流 I，即

$$I=\frac{8\text{V}}{4\Omega+16\Omega}=0.4\text{A}$$

在实际应用中，有源二端网络的内部电路十分复杂或没必要了解，可以用实验的方法来测定电动势 U_S 和内阻 R_0。

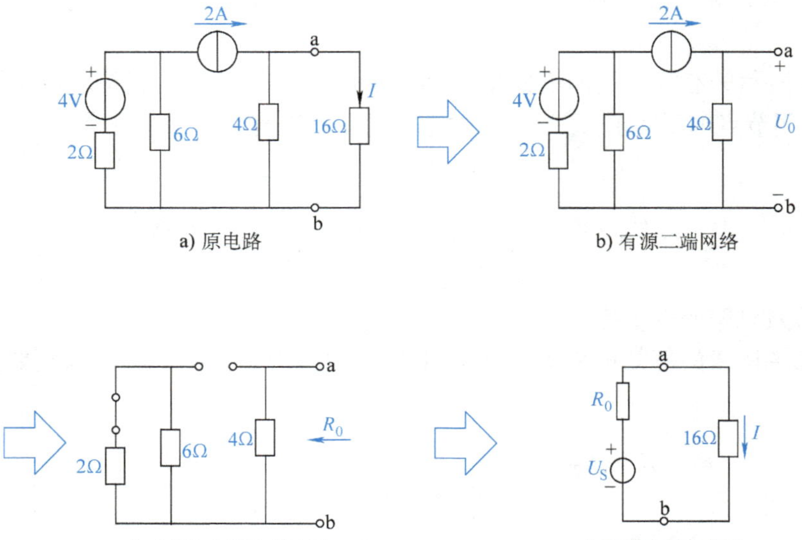

a) 原电路 b) 有源二端网络

c) 求等效电阻R_0的电路 d) 戴维南等效电路

图 1-39 例 1-11 图

情境总结

1. 电路的基本概念：从结构上看，电路由电源、中间电气元器件、导线、负载四部分组成。将组成电路的实际元件“理想化”，并建立相应的电路模型，是电路分析的基础。描述电路的基本物理量包括电流、电压、电动势。为方便分析，引入了参考方向。

2. 电路的工作状态：它包括有载、短路、开路三种。

3. 电路中的电阻：导体电阻的客观存在，使电能的线路损耗成为不容忽视的问题，减小线路损耗的方法有增大导线截面、减小线路电流、运用新型材料等。

4. 电路的基本定律：一段电路欧姆定律为 $I=U/R$；全电路欧姆定律为 $I=E/(R+R_0)$；基尔霍夫定律为 $\sum I=0$，$\sum U=0$。

5. 电路分析的基本方法：

1）电压源与电流源等效变换。其变换关系为 R_0 保持不变，$I_S=U_S/R_0$。等效变换时，与恒流源相串联的电阻或电压源视为短路，与恒压源相并联的电阻或电流源视为断路。

2）支路电流法。以各支路电流为未知量，根据 KCL 列出（$n-1$）个独立的节点电流方程，根据 KVL 列出$[b-(n-1)]$个独立的回路电压方程，然后解联立方程组即可求出各支路电流。

3）叠加定理。它在多个电源作用的线性电路中，任一支路电流或电压等于由各个电源单独作用时对该支路所产生的电流或电压的代数和。

4）节点电压法。它是以节点电压为未知量求解支路电流，适用于多支路少节点的电路。

5）戴维南定理。任何一个线性有源二端网络，可以用电压源来等效替换——开路电压等于电动势 U_S、内阻 R_0 等于有源二端网络内部包含的所有电源输出为零后的等效电阻。由 U_S 和 R_0 串联组成了戴维南等效电路。

习题与思考题

1-1　一节干电池($U_S=1.5V$)使用一段时间后，为什么其两端电压在电路工作时会下降，而在电路断开时又趋于正常？

1-2　有一电阻炉，额定功率为1800W，额定电压为220V，求其额定电流及其电阻值。

1-3　已知 $I_1=3A$、$I_2=-5A$、$I_3=6A$、$I_5=-4A$，试确定图1-40所示电路中 I_4、I_6 的大小和方向。

1-4　电路如图1-41所示，U_5 的正方向已经选定，若该电路有两个回路的KVL方程为 $-U_2-U_4-U_5=0$，$U_1-U_2+U_4-U_6=0$。

(1) 试确定其他各元件的正方向。

(2) 若 $U_2=6V$、$U_3=-8V$、$U_4=-12V$，确定其他各元件的端电压。

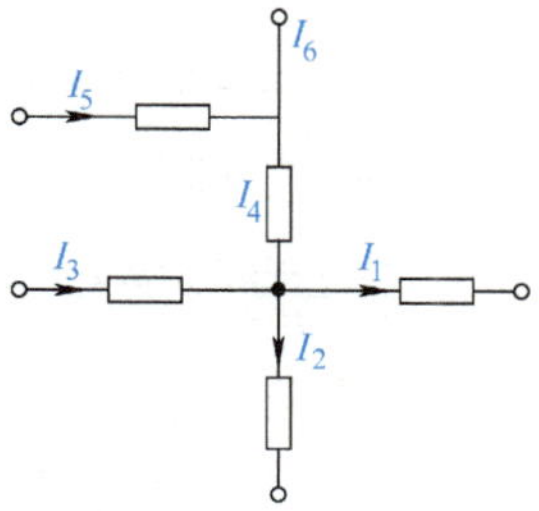

图1-40　题1-3图

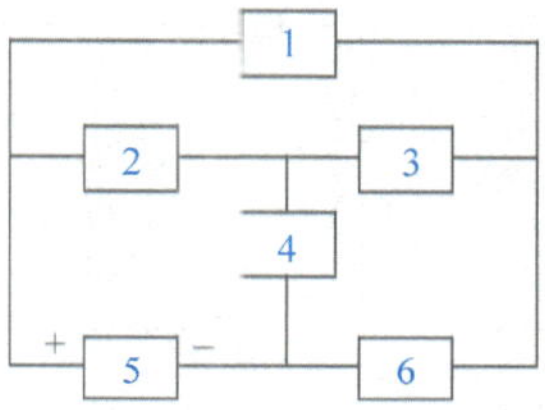

图1-41　题1-4图

1-5　在图1-42所示电路中，以B点为参考点，求A、C两点的电位。

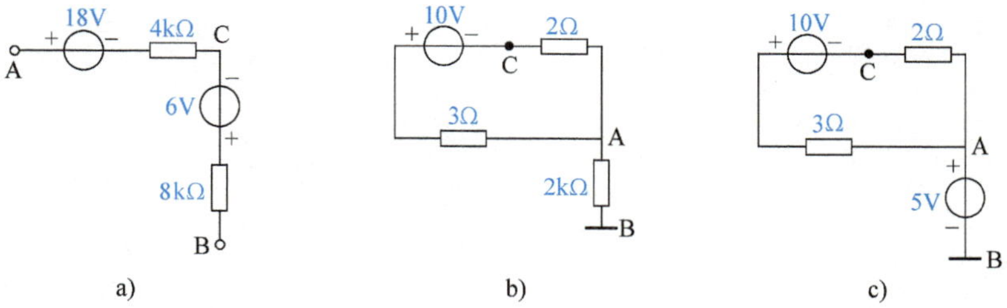

图1-42　题1-5图

1-6　将图1-43所示各电路等效为一个电压源，并求a、b两端的等效电阻 R_{ab}。

1-7　分别用支路电流法、叠加定理、节点电位法，求图1-44所示电路中的各支路电流。

1-8　电路如图1-45所示，用节点电压法，求负载电阻 R_L 中的电流。

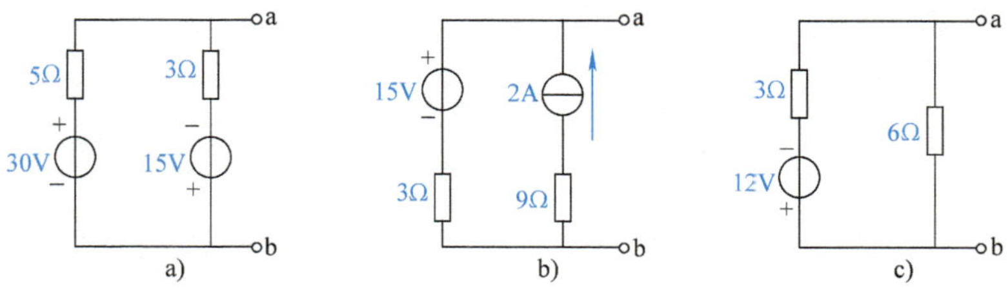

图1-43　题1-6图

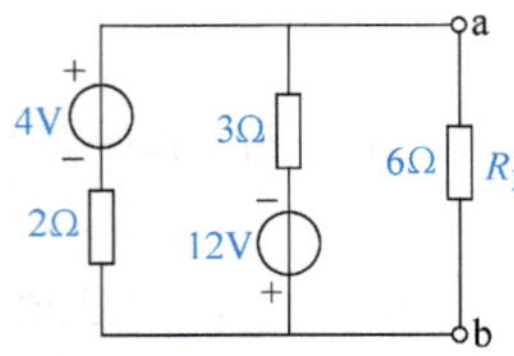

图 1-44 题 1-7 图

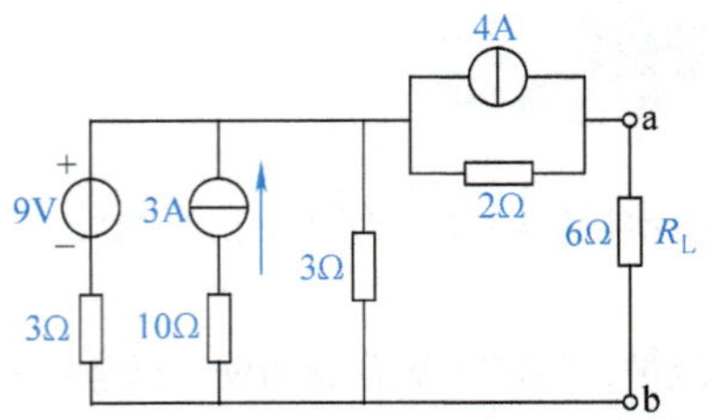

图 1-45 题 1-8 图

1-9 电路如图 1-46 所示，已知 $U_{S1}=20V$，$U_{S2}=12V$，$R_1=R_2=2\Omega$，$R_3=6\Omega$，$I_S=5A$，$R_4=30\Omega$，$R_5=3\Omega$，$R_6=16\Omega$。用电压源与电流源的等效变换和戴维南定理两种方法，求电阻 R_6 中的电流。

1-10 电路如图 1-47 所示，已知 $U_{S1}=150V$，$U_{S2}=U_{S3}=120V$，$R_1=R_2=R_4=10\Omega$，$R_3=4\Omega$，用戴维南定理求 R_4 中的电流 I。

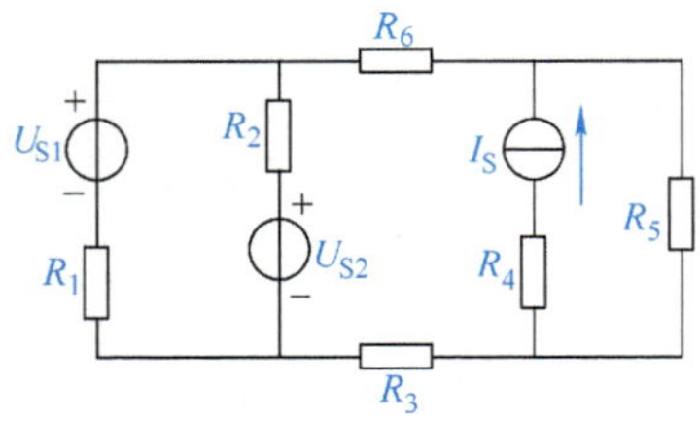

图 1-46 题 1-9 图

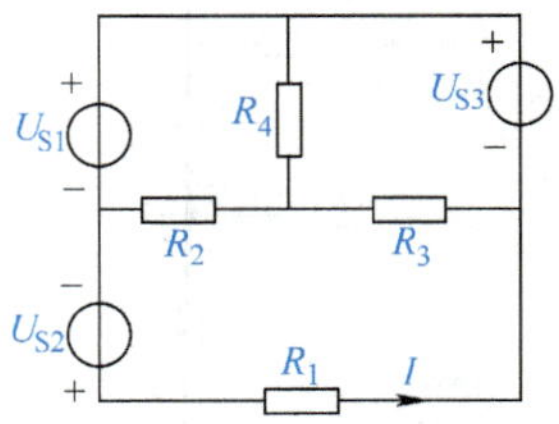

图 1-47 题 1-10 图

教学情境 2

正弦交流电路分析

教学目标：通过对本章的学习，要着重理解正弦量及其三要素、相位、相位差、相量、功率因数等基本概念；理解交流和直流电路中电阻、电感、电容的不同特点；掌握单一元件 R、L、C 交流电路、典型的 RLC 串联电路和电路功率因数的提高方法；掌握串联谐振电路。

情境链接

交流电与直流电

交流电（简称 AC）是指电流方向随时间作周期性变化的电流，在一个周期内的平均电流为零。不同于直流电，它的方向是会随着时间发生改变的，而直流电没有周期性变化。

通常交流电波形为正弦曲线，但实际上还有应用其他的波形，例如三角形波、正方形波。生活中使用的是具有正弦波形的交流电。

当发现了电磁感应后，产生交流电流的方法就被知晓。早期的发电机是由英国的麦可·法拉第、法国的波利特·皮克西等人发明的。

直流电（简称 DC），又称“恒流电”，恒定电流是直流电的一种，是大小和方向都不变的直流电，它是由爱迪生发现的。

交流电被广泛运用于电力的传输，交流输电比直流输电更有效率。

2.1 正弦交流电基础

2.1.1 正弦交流电的基本概念

交流电是指大小和方向随时间作周期性变化的电压、电流和电动势。通常所说的交流电，一般均指正弦交流电，随时间按正弦函数规律变化的电压 $u(t)$、电流 $i(t)$ 和电动势 $e(t)$ 统称为正弦量，以电压为例，波形如图 2-1 所示。

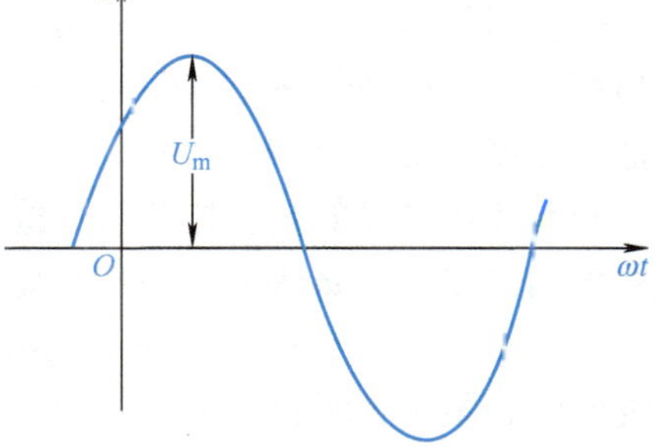

图 2-1 正弦交流电压波形

2.1.2 正弦量的三要素

正弦量可以写成时间 t 的正弦函数形式，即

$$u(t) = U_m \sin(\omega t + \phi_u) \tag{2-1}$$

$$i(t) = I_m \sin(\omega t + \phi_i) \tag{2-2}$$

$$e(t) = E_m \sin(\omega t + \phi_e) \tag{2-3}$$

这些表达式中的 U_m、I_m、E_m 称为最大值，ω 称为角频率，ϕ_u、ϕ_i、ϕ_e 称为初相位。如果已知了最大值、角频率和初相位，上述正弦量就能唯一地确定下来，所以称这三个量为正弦量的三要素。

1. 周期、频率、角频率

正弦量变化一次所需要的时间称为周期，用 T 表示，单位是秒（s），还有毫秒（ms，10^{-3}s）、微秒（μs，10^{-6}s）等。正弦量 1s 内重复变化的次数称为频率，用 f 表示，单位是赫［兹］（Hz），还有千赫（kHz，10^3Hz）、兆赫（MHz，10^6Hz）等。由定义可知，周期与频率互为倒数，即 $f=\frac{1}{T}$。我国和其他大多数国家规定电力标准频率（工频）为 50Hz，日本、美国等少数国家采用 60Hz。

正弦量每秒内变化的角度称为角频率，又称角速度，用 ω 表示，单位是弧度每秒（rad/s）。由周期定义可知，正弦量经过一个周期变化的角度为 2π 弧度（360°），故角频率与频率、周期之间的关系为

$$\omega = 2\pi f = \frac{2\pi}{T} \tag{2-4}$$

若 $f=50$Hz，则 $\omega = 2\pi f = 100\pi$rad/s $=314$rad/s。

2. 瞬时值、最大值、有效值

正弦量在某一时刻的大小称为瞬时值，体现了正弦量随时间变化的规律，用小写字母 i、u、e 表示。正弦量瞬时值中的最大值称为幅值或最大值，反映了正弦量变化的幅度，用大写英文字母加下脚标表示，如 I_m、U_m、E_m。瞬时值和最大值只能表示某一时刻的大小，为了确切地衡量正弦交流电的电压、电流的大小，引入了有效值的概念。

交流电流的有效值是从电流热效应的角度来定义的。在相同时间内，交流电流 i 通过电阻 R 产生的热量 Q_i，与直流电流 I 通过相同电阻 R 产生的热量 Q_i 相等，则称这一直流电流 I 的数值就是交流电流 i 的有效值。正弦量的有效值用大写英文字母 I、U、E 表示。

理论和实验都表明，正弦量的最大值是有效值的$\sqrt{2}$倍。以电压为例，即

$$U = \frac{u_m}{\sqrt{2}} \approx 0.707U_m \tag{2-5}$$

通常所说的交流电流或电压的大小指有效值，如交流电压 220V 或 380V 等。各种交流电气设备铭牌上标注的额定值、常用交流测量仪表所指示的读数均为有效值。

3. 相位和初相位

正弦量的瞬时值表达式，如 $u=U_m\sin(\omega t+\phi_u)$，式中的（$\omega t+\phi_u$）称为正弦量的相位，也称相位角，反映了正弦量的变化进程。开始计时时刻的相位称为初相位或初相角，简称初相，即 $t=0$ 时的相位 $\omega t+\phi_u=\phi_u$，ϕ_u 为初相位，一般规定 $\phi_u \leqslant \pi$。相位和初相位的单位都是弧度（rad）或度（°）。

同频率正弦量的初相位和最大值不一定相同，在任一瞬时，两个同频率正弦量的相位之差称为相位差，用 φ 表示，一般规定 $|\varphi| \leqslant \pi$。例如

$$u=U_m\sin(\omega t+\phi_u),\ i=I_m\sin(\omega t+\phi_i)$$

其波形图如图 2-2 所示，相位差为

$$\varphi = (\omega t+\phi_u)-(\omega t+\phi_i) = \phi_u - \phi_i \tag{2-6}$$

可见，两个同频率正弦量的相位差就是初相位之差，反映了两正弦量随时间变化的不同进程。下面通过图 2-2 和图 2-3 中电压 u 和电流 i 的波形图，介绍同频率正弦量的相位关系。

(1) 超前和滞后　在图 2-2 中，随着时间的变化，电压 u 的波形比电流 i 的波形先到达零点或正向最大值，初相位 $\phi_u > \phi_i$，相位差 $\varphi = (\phi_u - \phi_i) > 0$ 或者 $\varphi = (\phi_i - \phi_u) < 0$，就称电压超前电流的角度为 φ 或电流滞后于电压的角度为 φ。可见，超前与滞后是相对而言的。

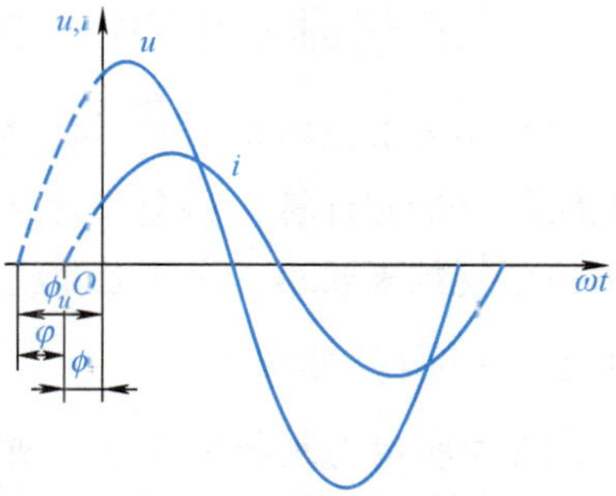

图 2-2　不同相位同频率正弦量的波形图

(2) 同相　在图 2-3a 中，电压 u 与电流 i 的波形同时过零点，同时到达正向最大值和负向最大值，初相位 $\phi_u = \phi_i$，相位差 $\varphi = \phi_u - \phi_i = 0$，就称电压与电流同相。

(3) 反相　在图 2-3b 中，电压 u 和电流 i 的波形同时过零点，当电压 u 到达正向最大值时，电流 i 的波形到达负向最大值，初相位 $\phi_u = 0$，$\phi_i = -\pi$，相位差 $\varphi = \phi_u - \phi_i = \pi$ 或 $\varphi = \phi_i - \phi_u = -\pi$，就称电压与电流反相。

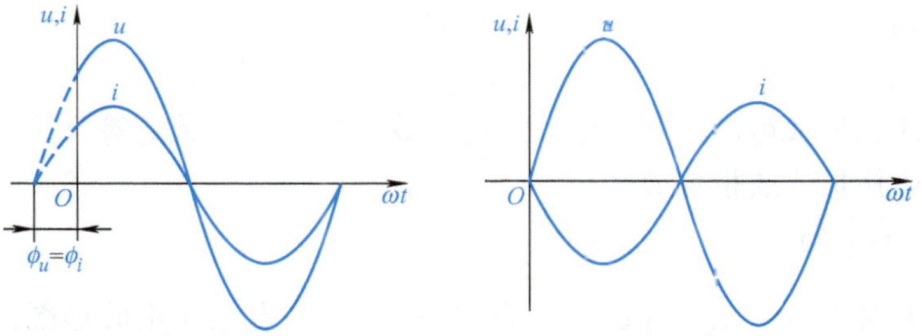

a) u与i同相　　b) u与i反相

图 2-3　同频率正弦量的相位关系

注意： 只有同频率正弦量，比较相位关系和相位差才有意义。

例 2-1　在交流电路中，流过某一支路的电流为 $i_1 = 10\sin(200\pi t - 45°)\text{A}$，试求：

(1) i_1 的角频率、频率、周期；最大值、有效值；相位、初相位。

(2) 若该电路的另一支路电流 i_2 的初相位为60°，有效值是 i_1 的 1/2，写出 i_2 的瞬时值表达式(三角函数式)，并求两支路电流的相位差，说明相位关系。

解： (1) i_1 的角频率、频率、周期分别为

$$\omega = 200\pi\text{rad/s} \qquad f = \frac{\omega}{2\pi} = \frac{200\pi\text{rad/s}}{2\pi} = 100\text{Hz} \qquad T = \frac{1}{100} = 0.01\text{s}$$

最大值为 $I_{1m} = 10\text{A}$，有效值为 $I_1 = 10/\sqrt{2}\text{A} = 7.07\text{A}$，相位为 $200\pi t - 45°$，初相位 $\phi_1 = -45°$。

(2) i_2 的有效值是 i_1 的 1/2，即 $I_{2m} = I_{1m}/2 = 5\text{A}$，同一交流电路中的正弦量频率相同，$i_2$ 的瞬时值表达式为

$$i_2 = 5\sin(200\pi t + 60°)\text{A}$$

相位差为

$$\varphi = \phi_1 - \phi_2 = (-45°) - 60° = -105°$$

两支路电流的相位关系是：i_1 滞后于 i_2 的角度是 105°或 i_2 超前 i_1 的角度是 105°。

2.2 正弦交流电的相量表示

正弦交流电可以用正弦三角函数式和波形图来表示，这两种方法比较直观，但对正弦交流电路的分析和计算，将会非常烦琐。在电工技术中，正弦量常用相量表示。所谓相量，就是用一个复数来表示一个正弦量。

2.2.1 复数基本知识

图2-4所示为复数坐标系，横轴为实轴，单位长度为+1，纵轴是虚轴，单位长度为+j（数学中用i表示，在电工技术中，i表示电流，故改为j)。其中a为实部，b为虚部，r为复数的模，ϕ为复数的辐角，并且有

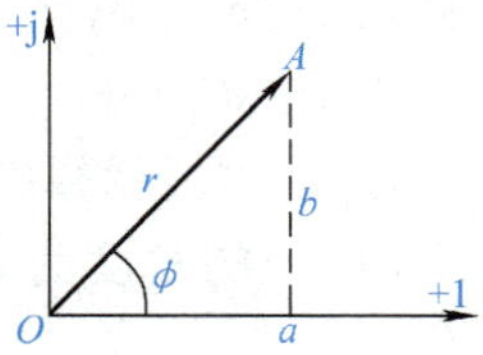

图2-4 复数坐标系

$$r=\sqrt{a^2+b^2},\phi=\arctan\frac{b}{a} \tag{2-7}$$

任何一个复数A可以表示为如下形式：

1）代数形式： $A=a+\mathrm{j}b$ (2-8)

2）三角函数形式： $A=r(\cos\phi+\mathrm{j}\sin\phi)$ (2-9)

3）指数形式： $A=r\mathrm{e}^{\mathrm{j}\phi}$ (2-10)

4）极坐标形式： $A=r\angle\phi$ (2-11)

复数的几种表示形式可以相互转化以方便运算，进行加、减运算常采用代数形式，乘、除运算常采用极坐标形式或指数形式。

2.2.2 相量和相量图

对于任意正弦量$i=I_{\mathrm{m}}\sin(\omega t+\phi_i)$，可以通过旋转矢量法作出波形图。在$x-y$坐标系内，矢量$I_{\mathrm{m}}$长度等于正弦量$i$的最大值，以角速度$\omega$逆时针方向旋转，初始位置（$t=0$时）与$x$轴的夹角等于初相$\phi_i$，每一时刻，旋转矢量在纵轴上的投影为该正弦量$i$的瞬时值，如图2-5所示。

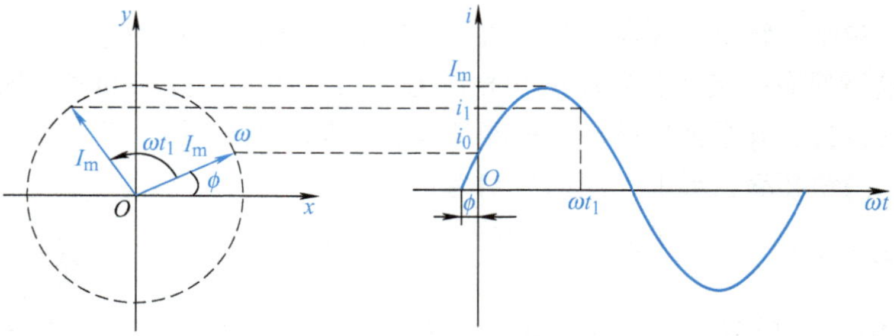

图2-5 用旋转矢量表示正弦量

将此旋转矢量放在复数坐标系中，得到的该正弦量的复数形式，称为相量，得到的几何图形就是该正弦量的相量图。相量用大写字母上加点“·”表示，如电压的有效值相量写为$\dot{U}$，电流的最大值相量写为$\dot{I}_{\mathrm{m}}$等。作相量图时，取消两个坐标轴，选某一初相为零（$\phi=0$）的相量作为参考相量，初始位置与参考相量之间的夹角是正弦量的初相ϕ，在ϕ角

方向按一定比例作有向线段，长度表示正弦量的有效值（或最大值），如图 2-6 所示。实际应用最多的是有效值的相量图。

同频率的正弦量由于相位差保持不变，可以在同一相量图中表示。

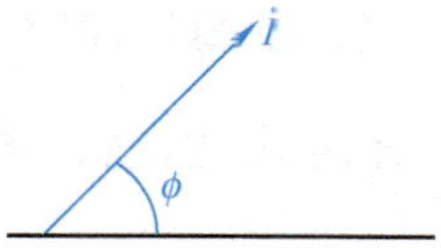

图 2-6 正弦量的相量图

例 2-2 根据正弦量的三角函数式，写出相应的有效值相量，作出相量图，并求出 $i=i_1+i_2$。其中 $i_1=3\sqrt{2}\sin(100\pi t+60°)$A

$$i_2=4\sqrt{2}\sin(100\pi t-30°)\text{A}$$

$$u=220\sqrt{2}\sin(100\pi t+45°)\text{V}$$

解： 三个正弦量的角频率相同，可以在同一相量图中表示；电流 i_1、i_2 的有向线段的比例应相同，电流 i_1、i_2 与电压 u 的有向线段长度不具有可比性；i_1+i_2 可以利用相量图来求解，也可以用相量形式进行计算，分别用 $\dot{I}_1$、$\dot{I}_2$、$\dot{U}$ 表示 i_1、i_2、u 的有效值相量。

$$\dot{I}_1=3\angle 60°=3(\cos60°+\text{j}\sin60°)=3\left(\frac{1}{2}+\text{j}\frac{\sqrt{3}}{2}\right)\text{A}$$

$$\dot{I}_2=4\angle -30°=4[\cos(-30°)+\text{j}\sin(-30°)]=4\left(\frac{1}{2}-\text{j}\frac{\sqrt{3}}{2}\right)\text{A}$$

$$\dot{U}=220\angle 45°=220(\cos45°+\text{j}\sin45°)=220\left(\frac{\sqrt{2}}{2}-\text{j}\frac{\sqrt{2}}{2}\right)\text{V}$$

相量图如图 2-7 所示，求 $i=i_1+i_2$ 可用两种方法。

方法一：利用相量图及平行四边形法，可得

$$I=\sqrt{I_1^2+I_2^2}=\sqrt{3^2+4^2}=5\text{A}$$

$$\tan^{-1}(\phi+30°)=\frac{I_1}{I_2}=\frac{3}{4},\ \phi+30°=36.9°,\ \phi=6.9°$$

$$\dot{I}=5\angle 6.9°\ \text{A},\ i=i_1+i_2=5\sqrt{2}\sin(\omega t+6.9°)\text{A}$$

方法二：利用相量法，可得

$$\begin{aligned}\dot{I}&=\dot{I}_1+\dot{I}_2=(3\angle 60°+4\angle -30°)\text{A}\\&=(1.5+\text{j}2.6+3.46-\text{j}2)\text{A}=(4.96+\text{j}0.6)\text{A}\\ i&=i_1+i_2=5\sqrt{2}\sin(\omega t+6.9°)\text{A}\end{aligned}$$

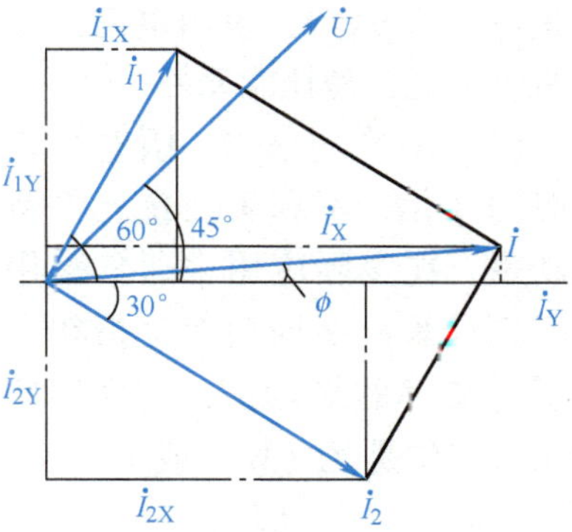

图 2-7 例 2-2 图

运用相量法可以把相量的几何分析转化为代数计算，分析比较复杂的正弦交流电路时，显得更为方便。

2.3 单一元件交流电路

2.3.1 纯电阻电路

实际的交流负载，如白炽灯、卤钨灯、家用电阻炉、工业电阻炉等用电设备，都可看作纯电阻。纯电阻电路以及电压、电流的参考方向，如图 2-8a 所示。

1. 电压、电流的关系

以电阻的端电压为参考正弦量，设

$$u=U_m\sin\omega t \tag{2-12}$$

根据欧姆定律有
$$i=\frac{u}{R}=\frac{U_{\mathrm{m}}}{R}\sin\omega t=I_{\mathrm{m}}\sin\omega t \tag{2-13}$$

比较式(2-12) 和式(2-13) 可知：电压与电流同相，并且满足
$$U=IR \quad 或 \quad I=\frac{U}{R} \tag{2-14}$$

用相量表示以上电压、电流的关系，即

若
$$\dot{U}=U\angle 0^{\circ} \tag{2-15}$$

则有
$$\dot{I}=\frac{\dot{U}}{R}=\frac{U}{R}\angle 0^{\circ} \quad 或 \quad \dot{U}=\dot{I}R \tag{2-16}$$

电压、电流的相量图和波形图如图 2-8b、c 所示。对波形图逐点分析，可以看出每一瞬时电流 i 都与电压 u 成正比，i 的波形与 u 同相，相位差 $\varphi=\phi_u-\phi_i=0$。

2. 功率

（1）瞬时功率 p
$$p=ui=U_{\mathrm{m}}\sin\omega t I_{\mathrm{m}}\sin\omega t=\frac{U_{\mathrm{m}}I_{\mathrm{m}}}{2}-\frac{U_{\mathrm{m}}I_{\mathrm{m}}}{2}\cos 2\omega t \tag{2-17}$$

图 2-8d 是与式(2-17) 相对应的瞬时功率变化曲线，可以从 u 和 i 的波形逐点相乘得出。在一个周期内始终是正值，即 $p\geqslant 0$，表明电阻总是从电源吸收电能，是耗能元件。

（2）平均功率 P　瞬时功率总是随时间变化，不利于衡量元件所消耗的功率，在实际应用中通常采用平均功率来计量。平均功率是指在一周期内瞬时功率的平均值，用大写字母 P 表示，单位是瓦（W）或千瓦（kW）。

$$P=\frac{1}{T}\int_0^T p\mathrm{d}t=\frac{UI}{T}\int_0^T(1-\cos 2\omega t)\mathrm{d}t$$
$$=UI=I^2R=\frac{U^2}{R} \tag{2-18}$$

式(2-18) 表明，交流电路中电阻消耗的平均功率等于电压、电流有效值的乘积。

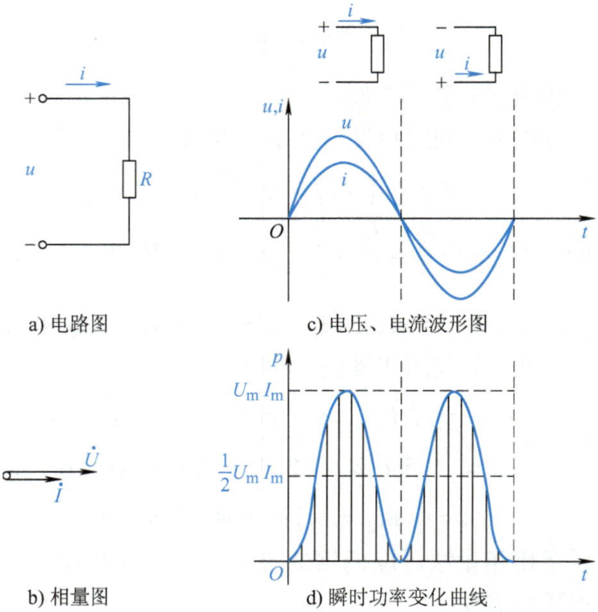

图 2-8　电阻元件交流电路

例 2-3　在 C616 型车床电气控制电路中，照明用白炽灯电阻为 216Ω，用 36V 交流电供电，求电路电流 I 和白炽灯的平均功率 P。

解： 已知 $U=36\mathrm{V}$，$R=216\Omega$，可得
$$I=\frac{U}{R}=\frac{36\mathrm{V}}{216\Omega}=0.167\mathrm{A}$$
$$P=UI=36\mathrm{V}\times 0.167\mathrm{A}=6\mathrm{W} \quad 或 \quad P=I^2R=0.167^2\times 216\mathrm{W}=6\mathrm{W}$$

2.3.2 纯电感电路

电感存在于各种线圈之中，大小用自感系数（也称电感系数，简称电感）L 表示，单位是亨［利］(H)。根据电磁感应原理制成的电感线圈，当流过其中的电流变化时，会产生自感电动势 e_L，根据楞次定律，自感电动势 e_L 与电流的变化率$\frac{\mathrm{d}i}{\mathrm{d}t}$总是相反，用负号“－”表示，因此满足 $e_L=-L\frac{\mathrm{d}i}{\mathrm{d}t}$。例如当电流增大时，电流变化率$\frac{\mathrm{d}i}{\mathrm{d}t}>0$，产生的自感电动势 $e_L<0$。

纯电感电路，其电压、电流和自感电动势 e_L 的参考方向，如图 2-9a 所示。

1. 电压、电流的关系

根据基尔霍夫电压定律有 $u+e_L=0$

电路电压为
$$u=L\frac{\mathrm{d}i}{\mathrm{d}t} \tag{2-19}$$

设流过电感线圈的电流为
$$i=I_{\mathrm{m}}\sin\omega t \tag{2-20}$$

将式(2-20)代入式(2-19)可得
$$u=L\frac{\mathrm{d}}{\mathrm{d}t}(I_{\mathrm{m}}\sin\omega t)=\omega LI_{\mathrm{m}}\cos\omega t=U_{\mathrm{m}}\sin\left(\omega t+\frac{\pi}{2}\right) \tag{2-21}$$

比较式(2-20)和式(2-21)可知，电压超前电流$\frac{\pi}{2}$，并且满足
$$U=IX_L \quad 或 \quad I=\frac{U}{X_L} \tag{2-22}$$

式中，$X_L=\omega L=2\pi fL$，称为电感电抗，简称感抗，国际单位制 X_L 的单位是欧［姆］(Ω)。

用相量表示以上电压、电流的关系：

若
$$\dot{I}=I\angle 0° \tag{2-23}$$

则有
$$\dot{U}=\mathrm{j}\dot{I}X_L \tag{2-24}$$

电压、电流的相量图和波形图如图 2-9b、c 所示。对波形图逐点分析，可以看出电压总是超前电流 90°，相位差 $\varphi=\phi_u-\phi_i=90°$。

在交流电路中，感抗 X_L 反映了电感线圈对电流的阻碍作用。电源频率 f 越高，X_L 越大，f 越低，X_L 越小。在直流电路中，电源频率 $f=0$，$X_L=0$，纯电感线圈相当于短路。因此，电感元件具有通低频、阻高频的作用，常被称为“低通”元件。

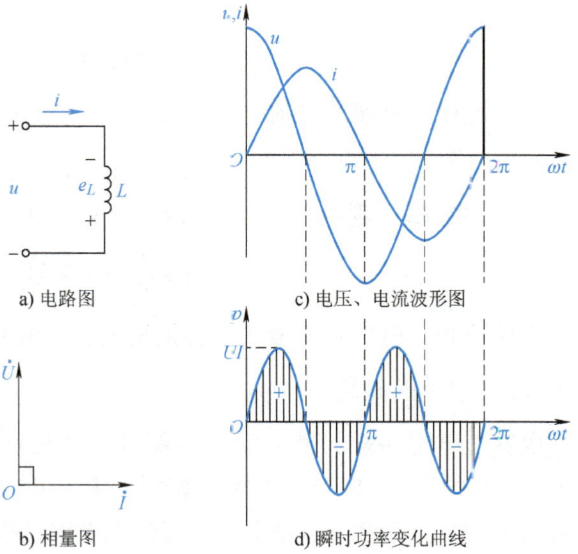

图 2-9 电感元件交流电路

2. 功率

(1) 瞬时功率 p

$$p=ui=U_{\mathrm{m}}\sin\left(\omega t+\frac{\pi}{2}\right)I_{\mathrm{m}}\sin\omega t=UI\sin 2\omega t \tag{2-25}$$

图 2-9d 是与式(2-25) 相对应的瞬时功率变化曲线，可以从 u 和 i 的波形逐点相乘得出，瞬时功率在一周期内有时为正有时为负。P 为正值表明电感元件正从电源吸收电能转换为磁场能；P 为负值表明电感元件的磁场能正在转换为电能还给电源。

（2）平均功率 P

$$P = \frac{1}{T}\int_0^T p\mathrm{d}t = \frac{1}{T}\int_0^T UI\sin 2\omega t\mathrm{d}t = 0 \tag{2-26}$$

式(2-26) 表明纯电感不消耗电能，是储能元件。

（3）无功功率 Q 把瞬时功率的最大值定义为无功功率，用字母 Q 表示，单位是乏（var）或千乏（kvar）。

$$Q = UI = X_L I^2 = \frac{U^2}{X_L} \tag{2-27}$$

无功功率反映了储能元件与电源之间能量相互转换的规模，是储能元件正常工作必需的。在电工技术中，常把元件实际消耗的平均功率又称为有功功率。

实际交流电路中，电感元件对电流有阻碍作用，而自身又不消耗能量，被广泛用为限流装置。例如荧光灯的镇流器，收音机电路中的高频扼流圈，滤波电路中的滤波电感等。因为绕制线圈的导线总有电阻，很难制成纯电感元件，所以经常将线圈视为纯电阻与纯电感的串联，只有在电阻很小时，才视为纯电感。

例 2-4 假设滤波电路中线圈的电感为 80mH，接在 $u = 220\sqrt{2}\sin 100\pi t\text{V}$ 的电源上，求流过线圈的电流 i 和无功功率 Q。若电源频率变为 500Hz（其他值不变），流过线圈的电流值将如何变化？

解： 从电压解析式可知：$U = 220\text{V}$，$f = 50\text{Hz}$

$$X_L = 2\pi fL = 2\times 3.14\times 50\times 80\times 10^{-3}\Omega = 25.12\Omega$$

$$I = \frac{U}{X_L} = \frac{220\text{V}}{25.12\Omega} = 8.76\text{A}$$

因为电压总是超前电流$\frac{\pi}{2}$，所以 $i = 8.76\sqrt{2}\sin\left(100\pi t - \frac{\pi}{2}\right)\text{A}$

$$Q = UI = 220\text{V}\times 8.76\text{A} = 1927.2\text{var}$$

若 $f = 500\text{Hz}$，则有 $X_L = 2\pi fL = 2\times 3.14\times 500\times 80\times 10^{-3}\Omega = 251.2\Omega$

$$I = \frac{U}{X_L} = \frac{220\text{V}}{251.2\Omega} = 0.876\text{A}$$

由此可知，电源频率增高，感抗增大，电流减小。

2.3.3 纯电容电路

电容与电阻一样，既表示电容器件，又表示元件的参数，用 C 表示，单位是法［拉］（F），还有微法（μF，10^{-6}F）、皮法（pF，10^{-12}F）。电容两极储存的电量与极间电压的关系满足 $q = Cu$。在交流电路中，电容的充放电过程周而复始地进行，电路电流随极间电压的变化而变化，即

$$i = \frac{\mathrm{d}q}{\mathrm{d}t} = C\frac{\mathrm{d}u}{\mathrm{d}t} \tag{2-28}$$

纯电容电路，其电压和电流的参考方向，如图 2-10a 所示。

1. 电压、电流的关系

设电容的端电压为
$$u = U_{\mathrm{m}} \sin\omega t \tag{2-29}$$

电流为
$$i = C\frac{\mathrm{d}u}{\mathrm{d}t} = C\omega U_{\mathrm{m}} \sin\left(\omega t + \frac{\pi}{2}\right) = I_{\mathrm{m}} \sin\left(\omega t + \frac{\pi}{2}\right) \tag{2-30}$$

比较式(2-29)和式(2-30)可知，电流超前电压$\frac{\pi}{2}$，并且满足

$$I_{\mathrm{m}} = C\omega U_{\mathrm{m}} = \frac{U_{\mathrm{m}}}{\frac{1}{C\omega}} \quad 或 \quad U = IX_C \tag{2-31}$$

式中，$X_C = \frac{1}{C\omega} = \frac{1}{2\pi fC}$，称为电容电抗，简称容抗，国际单位制 X_C 的单位是欧［姆］（Ω）。

用相量表示以上电压、电流的关系：

若
$$\dot{U} = U\angle 0° \tag{2-32}$$

则
$$\dot{I} = \frac{U}{X_C}\angle 90° \quad 或 \quad \dot{U} = -\mathrm{j}\dot{I}X_C \tag{2-33}$$

电压、电流的相量图和波形图如图 2-10b、c 所示。对波形图逐点分析，可以看出电流总是超前电压 90°，相位差 $\varphi = \phi_i - \phi_u = 90°$。

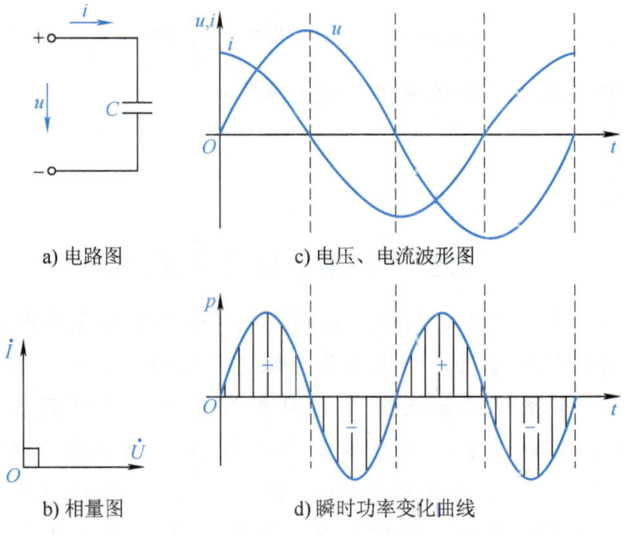

图 2-10　电容元件交流电路

在交流电路中，容抗 X_C 反映了电容对电流的阻碍作用。电源的频率 f 越高，X_C 越小；f 越低，X_C 越大。在直流电路中，电源的频率 $f=0$，$X_C \to \infty$，纯电容相当于开路。因此，电容元件具有通高频、阻低频的作用，常被称为“高通”元件。

2. 功率

（1）瞬时功率 p

$$p = ui = U_{\mathrm{m}} \sin\omega t I_{\mathrm{m}} \sin\left(\omega t + \frac{\pi}{2}\right) = UI\sin 2\omega t \tag{2-34}$$

图 2-10d 是与式(2-34)相对应的瞬时功率变化曲线，可以看出电容与电感两元件的瞬时

功率变化曲线相同，表明纯电容也是储能元件，电容的电场能与电源电能之间存在能量交换。

(2) 平均功率 P

$$P=\frac{1}{T}\int_0^T p\mathrm{d}t=\frac{1}{T}\int_0^T UI\sin 2\omega t\mathrm{d}t=0 \tag{2-35}$$

(3) 无功功率 Q

$$Q=UI=X_C I^2=\frac{U^2}{X_C} \tag{2-36}$$

例 2-5 容量为 50μF 的电容器，接在 $u=220\sqrt{2}\sin 100\pi t\mathrm{V}$ 的电源上，求电路中电流 i 的解析式。若电源频率变为 500Hz，电路中的电流有什么变化？

解： 从电压表达式可知：$U=220\mathrm{V}$，$f=50\mathrm{Hz}$

$$X_C=\frac{1}{C\omega}=\frac{1}{2\pi fC}=\frac{1}{2\pi\times 50\times 50\times 10^{-6}}\Omega=63.7\Omega,\ I=\frac{U}{X_C}=\frac{220\mathrm{V}}{63.7\Omega}=3.45\mathrm{A}$$

因为电流总是超前电压 π/2，所以 $i=3.45\sqrt{2}\sin\left(100\pi t+\frac{\pi}{2}\right)\mathrm{A}$

若 $f=500\mathrm{Hz}$，则有 $X_C=\frac{1}{C\omega}=\frac{1}{2\pi fC}=\frac{1}{2\pi\times 500\times 50\times 10^{-6}}\Omega=6.37\Omega$

$$I=\frac{U}{X_C}=\frac{220\mathrm{V}}{6.37\Omega}=34.5\mathrm{A}$$

$$i=34.5\sqrt{2}\sin\left(100\pi t+\frac{\pi}{2}\right)\mathrm{A}$$

可以看出，电源频率增大，容抗减小，电流增大。

情境链接

微型大容量记忆电容器

在小型计算机及计数器、手机、MP3、数码相机等新型数字电子电路中，有一种微型超大容量的电容器，称为记忆电容器。它主要作为记忆体的后备电源，用于停机保护。

例如在计算机使用过程中，如果交流电网突然停电，可利用记忆电容器存储的电能，继续给动态存储器刷新供电，使存储器中的数据和程序能保持一段时间，不至于因突然停电而丢失。因此，记忆电容器的功能类似于小型不间断电源，工作电压有 1.8V、2.3V、2.4V、5.5V 四档，标称容量为 0.22～22F 及 0.022～0.47F 等多种，外形呈圆柱形、纽扣形及片形，可以是单只电容器，也可以是组合电容器，体积很小，容量却大得惊人。

2.4 *R*、*L*、*C* 串联电路

1. 电压与电流的关系

R、*L*、*C* 串联电路的电流、电压及各元件端电压的参考方向，如图 2-11 所示。

设电路电流为参考正弦量，即

$$i=I_{\mathrm{m}}\sin\omega t \tag{2-37}$$

根据单一元件电压与电流的关系，可以写出 R、L、C 的端电压解析式，即

$$u_R = U_{Rm}\sin\omega t = RI_m\sin\omega t \tag{2-38}$$

$$u_L = U_{Lm}\sin(\omega t + 90°) = X_L I_m \sin(\omega t + 90°) \tag{2-39}$$

$$u_C = U_{Cm}\sin(\omega t - 90°) = X_C I_m \sin(\omega t - 90°) \tag{2-40}$$

根据基尔霍夫电压定律可得

$$u = u_R + u_L + u_C = U_m \sin(\omega t + \phi) \tag{2-41}$$

假设该电路 $X_L > X_C$，根据电流和 R、L、C 端电压的解析式作出相量图，如图 2-12 所示。可以看出，$\dot{U}$、$\dot{U}_R$、$(\dot{U}_L + \dot{U}_C)$ 组成一个直角三角形，该直角三角形称为电压三角形，如图 2-13 所示。

由电压三角形可以确定：

$$U = \sqrt{U_R^2 + (U_L - U_C)^2} = \sqrt{(RI)^2 + (X_L I - X_C I)^2} = I\sqrt{R^2 + (X_L - X_C)^2}$$

令

$$|Z| = \frac{U}{I} = \sqrt{R^2 + (X_L - X_C)^2} = \sqrt{R^2 + X^2} \tag{2-42}$$

式中，$|Z|$ 称为阻抗，$X = X_L - X_C$ 称为电抗，阻抗和电抗的单位都是欧［姆］（Ω）。

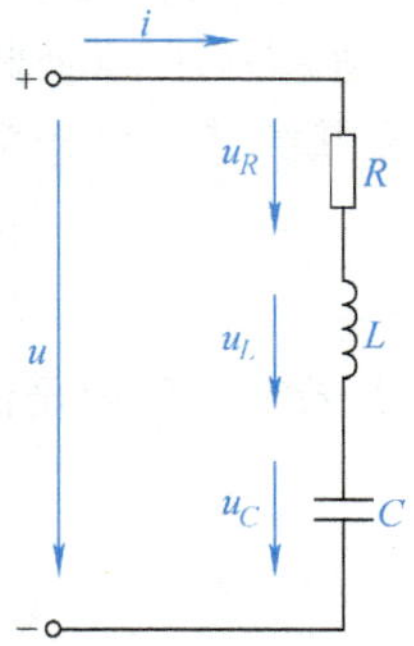

图 2-11 R、L、C 串联电路

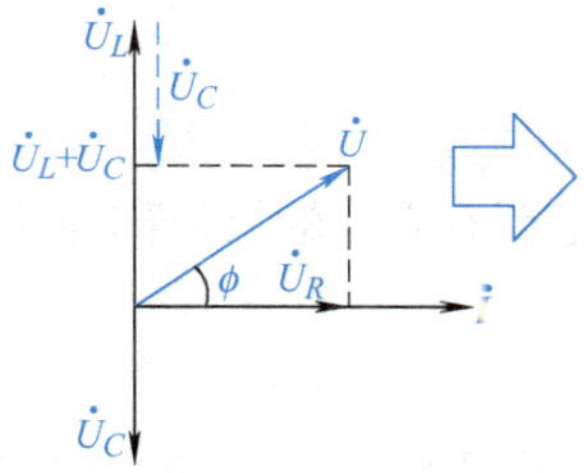

图 2-12 相量图

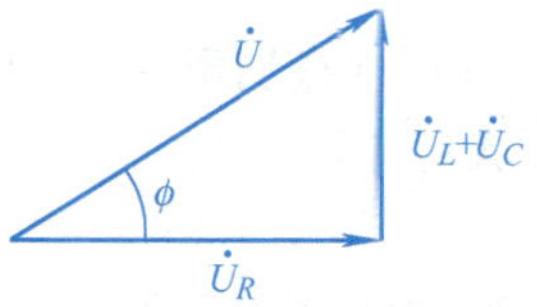

图 2-13 电压三角形

由图 2-12 所示相量图可以看出，电源电压 u 的初相位 ϕ，就是电源电压与电流的相位差角 φ，并且可得

$$\phi = \tan^{-1}\frac{U_L - U_C}{U_R} = \tan^{-1}\frac{(X_L - X_C)I}{RI} = \tan^{-1}\frac{X}{R} \tag{2-43}$$

电路电流为

$$\dot{I} = I\angle 0°$$

电源电压为

$$\dot{U} = \dot{U}_R + \dot{U}_L + \dot{U}_C = R\dot{I} + jX_L\dot{I} + (-jX_C)\dot{I} = [R + j(X_L - X_C)]\dot{I} \tag{2-44}$$

令

$$Z = \frac{\dot{U}}{\dot{I}} = R + j(X_L - X_C) = R + jX \tag{2-45}$$

式中，Z 称为电路的复阻抗，阻抗 $|Z|$ 是复阻抗的模，辐角 ϕ 也称阻抗角，与电压电流的相位差角 φ 相同。将电压三角形的每边同时除以 I，得到由 R、X、$|Z|$ 组成的直角三角形，该直角三角形称为阻抗三角形，如图 2-14 所示。复阻抗不是相量，没有相对应的正弦量。

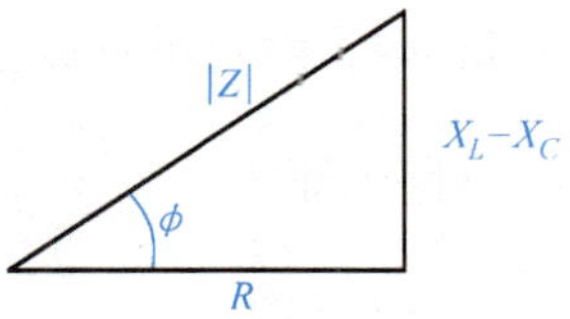

图 2-14 阻抗三角形

下面通过 R、L、C 串联电路，讨论交流电路的性质。

由阻抗三角形和电压三角形可以看出，当 $X_L > X_C$ 时，$U_L > U_C$，电压超前电流 ϕ，此时称电路呈电感性，简称感性电路；当 $X_L < X_C$ 时，$U_L < U_C$，电压滞后于电流 ϕ，电路呈电容性，简称容性电路；当 $X_L = X_C$ 时，$U_L = U_C$，电压与电流同相，电路呈电阻性，简称阻性电路。

2. 功率

（1）瞬时功率 p

$$p = ui = U_{\mathrm{m}}\sin(\omega t + \phi)I_{\mathrm{m}}\sin\omega t = UI[\cos\phi - \cos(2\omega t + \phi)] \tag{2-46}$$

（2）平均功率 P

$$P = \frac{1}{T}\int_0^T ui\mathrm{d}t = \frac{2}{T}\int_0^T UI[\cos\phi - \cos(2\omega t + \phi)]\mathrm{d}t = UI\cos\phi \tag{2-47}$$

由电压三角形可知：

$$U\cos\phi = U_R = IR \tag{2-48}$$

$$P = UI\cos\phi = \dot{U}_R I = I^2 R \tag{2-49}$$

式中，$\cos\phi$ 为电路的功率因数，ϕ 也称为功率因数角。式(2-49) 表明，R、L、C 串联电路中，只有电阻消耗功率。

（3）无功功率 Q　R、L、C 串联电路中电感、电容的端电压反相，两元件的瞬时功率总是相反，当电感从电源吸收能量时，电容正把电场能还给电源；当电容从电源吸收能量时，电感正把磁场能还给电源，两元件首先进行能量的相互补偿，只有其差值才跟电源进行能量交换，因此电路的无功功率为

$$Q = Q_L - Q_C = I(U_L - U_C) = UI\sin\phi \tag{2-50}$$

（4）视在功率 S　电路电压与电流有效值的乘积称为视在功率，用 S 表示，单位是伏·安(V·A)，即

$$S = UI \tag{2-51}$$

视在功率表示电源设备能提供的最大功率。如交流发电机、变压器等，其额定电压 U_{N} 与额定电流 I_{N} 的乘积称为额定视在功率 S_{N}，又称为额定容量，简称容量，即 $S_{\mathrm{N}} = U_{\mathrm{N}} I_{\mathrm{N}}$。

将电压三角形的每边同时乘以 I，得到由 P、Q、S 组成的直角三角形，该直角三角形称为功率三角形，如图 2-15 所示。由功率三角形可知：

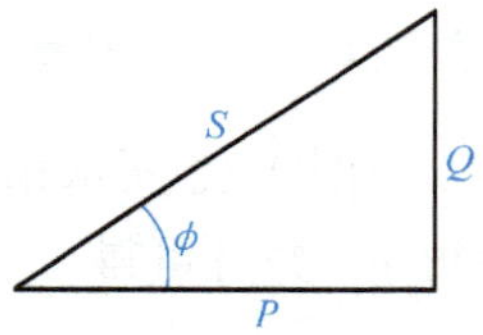

图 2-15　功率三角形

$$\cos\phi = \frac{P}{S},\ S = \sqrt{P^2 + Q^2}$$

例 2-6　电路如图 2-16 所示，已知 $R_1 = 1\mathrm{k\Omega}$，$R_2 = 300\Omega$，$L = 0.4\mathrm{H}$，$\omega = 1000\mathrm{rad/s}$，电压表 V_1 的读数为 2V，作出相量图并求其余电压表的读数。

解： 该电路是电阻与电感的串联，相量图如图 2-16b 所示。电阻元件的端电压与电流同相。

设 u_1 为参考正弦量，则　$\dot{U}_1 = U\angle 0° = 2\mathrm{V}$

电路电流为　$I = \dfrac{U_1}{R_1} = \dfrac{2\mathrm{V}}{1000\Omega} = 2\times10^{-3}\mathrm{A}$

电流相量为　$\dot{I} = I\angle 0° = 2\times10^{-3}\mathrm{A}$

R_2 与 L 串联的阻抗为　$Z = R_2 + \mathrm{j}X_L = (300 + \mathrm{j}400)\Omega$

R_2 与 L 的端电压为

$$\dot{U}_2 = \dot{I}Z = 2\times10^{-3}\times(300+\text{j}400)\text{V} = 2\times10^{-3}\times500\angle 53.2^\circ\ \text{V} = 1\angle 53.2^\circ\ \text{V}$$

电路电压为 $\dot{U} = \dot{U}_1 + \dot{U}_2 = (2 + 1\angle 53.2^\circ)\ \text{V} = 2.72\angle 17.1^\circ\ \text{V}$

所以电压表 V 的读数为 2.72V，电压表 V_2 的读数 1V。

例 2-7 在电子线路中，常用电阻与电容串联组成 RC 移相器，使输出电压与输入电压相比，向前或向后移动一定的角度。电路如图 2-17a 所示，总阻抗 $|Z| = 2000\Omega$，接在 $f = 2000\text{Hz}$的电源上，输入电压 u_i 与电容端电压 u_C 的夹角为 30°，试求 R、C 的参数。

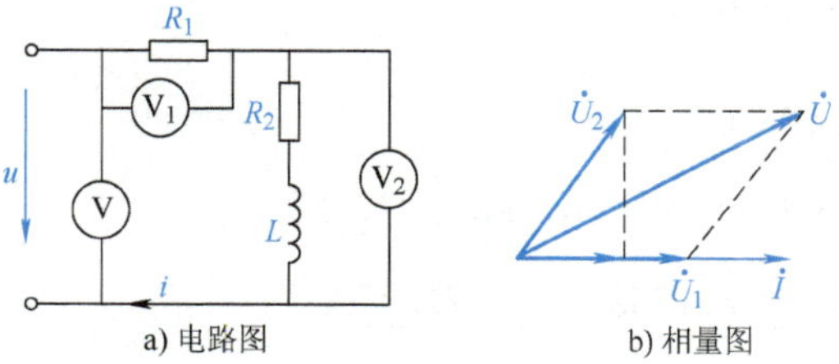

图 2-16 例 2-6 图

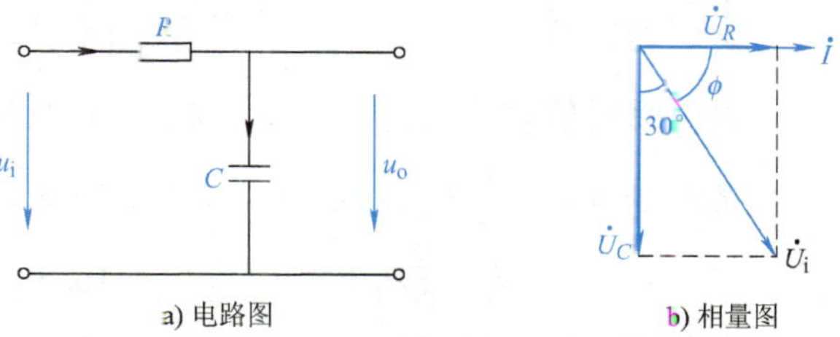

图 2-17 例 2-7 图

解： 设 i 为参考正弦量，则 $\dot{I} = I\angle 0^\circ$

由相量图可以看出：输入电压与电流的夹角为 $\phi = 60^\circ$

U_R、U_C、U_i 满足电压三角形，对应的 R、X_C、$|Z|$满足阻抗三角形，则有

$$R = |Z|\cos\phi = 2000\times\frac{1}{2}\Omega = 1000\Omega$$

$$X_C = |Z|\sin\phi = 2000\times\frac{\sqrt{3}}{2}\Omega = 1732\Omega$$

$$C = \frac{1}{\omega} = \frac{1}{2\pi fX_C} = \frac{1}{2\pi\times2000\text{Hz}\times1732\Omega} = 0.1\mu\text{F}$$

2.5 阻抗的串联与并联

利用相量图分析简单的交流电路比较直观，对实际复杂的交流电路，阻抗的连接方式多种多样，最简单的是阻抗的串联与并联。下面通过例题具体分析两种连接方式下阻抗计算的特点，了解等效复阻抗的概念。

例 2-8 两个参数为 $R_1 = 3\Omega$，$X_{L1} = 8\Omega$，$R_2 = 3\Omega$，$X_{C2} = 16\Omega$ 的负载，接在电源电压为 $u = 220\sqrt{2}\sin(314t - 45^\circ)\text{V}$ 电路中。1）如果负载串联，求各负载的复阻抗，等效复阻抗及阻抗角，电路电流 i 和各负载端电压 u_1、u_2 的瞬时值表达式；2）如果负载并联，求等效复阻抗，各支路电流 i_1、i_2 和总电流 i 的瞬时值表达式。

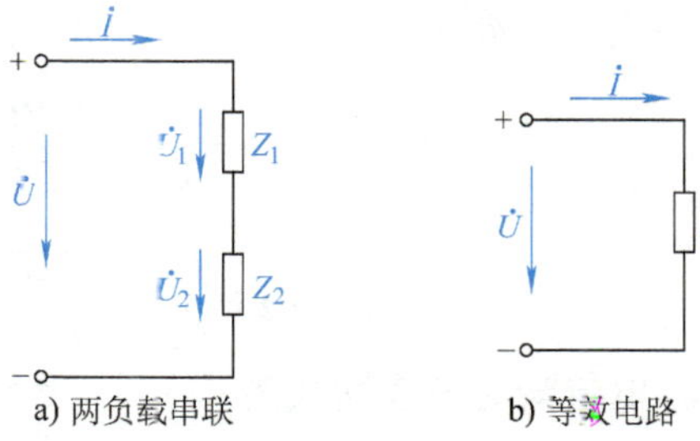

图 2-18 阻抗的串联及等效电路

解： 1）阻抗的串联。两负载串联的电路如图 2-18a 所示。两负载串联的复阻抗可以用一个等效复阻抗 Z 代替，等效电路图如图 2-18b 所示。根

据基尔霍夫电压定律可得

$$\dot{U}=\dot{U}_1+\dot{U}_2=\dot{I}Z_1+\dot{I}Z_2=\dot{I}(Z_1+Z_2)=\dot{I}Z$$

各负载的复阻抗为 $Z_1=R_1+\mathrm{j}X_{L1}=(3+\mathrm{j}8)\Omega=8.54\angle 69.4^\circ\ \Omega$

$$Z_2=R_2-\mathrm{j}X_{C2}=(3-\mathrm{j}16)\Omega=16.3\angle -79.4^\circ\ \Omega$$

等效复阻抗为 $Z=Z_1+Z_2=(3+\mathrm{j}8)\Omega+(3-\mathrm{j}16)\Omega=(6-\mathrm{j}8)\Omega=10\angle -53.1^\circ\ \Omega$

阻抗角为 $$\phi=\tan^{-1}\frac{X_{L1}+X_{C2}}{R_1+R_2}=\tan^{-1}\frac{-8}{6}=53.1^\circ$$

电路电流为 $$\dot{I}=\frac{\dot{U}}{Z}=\frac{220\angle -45^\circ}{10\angle -53.1^\circ}\mathrm{A}=9.8\mathrm{A}$$

电流瞬时值表达式为 $i=9.8\sqrt{2}\sin(314t+8.1^\circ)\mathrm{A}$

负载端电压为 $\dot{U}_1=\dot{I}Z_1=22\angle 8.1^\circ\times 8.54\angle 69.4^\circ\ \mathrm{V}=187.88\angle 77.5^\circ\ \mathrm{V}$

$$\dot{U}_2=\dot{I}Z_2=22\angle 8.1^\circ\times 16.3\angle -79.4^\circ\mathrm{V}=358.6\angle -71.3^\circ\mathrm{V}$$

负载端电压瞬时值表达式为 $u_1=187.88\sqrt{2}\sin(314t+77.5^\circ)\mathrm{V}$

$$u_2=358.6\sqrt{2}\sin(314t-71.3^\circ)\mathrm{V}$$

2）阻抗的并联。两负载的并联电路及等效电路如图 2-19 所示。根据基尔霍夫电流定律可得

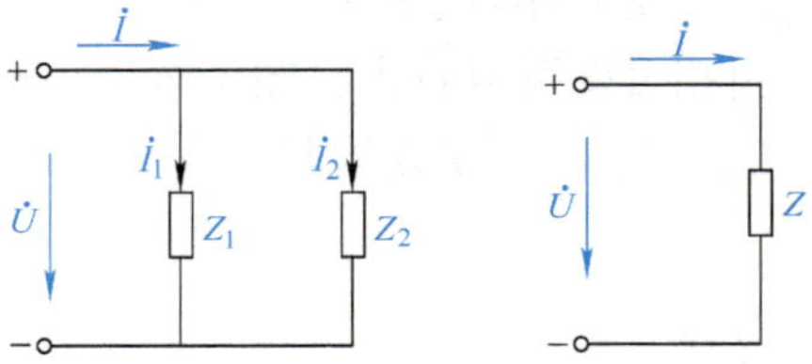

a) 负载的并联　　b) 等效电路

图 2-19　负载的并联及等效电路

$$\dot{I}=\dot{I}_1+\dot{I}_2=\frac{\dot{U}}{Z_1}+\frac{\dot{U}}{Z_2}=\dot{U}\left(\frac{1}{Z_1}+\frac{1}{Z_2}\right)=\frac{\dot{U}}{Z}$$

等效复阻抗为

$$Z=\frac{1}{\frac{1}{Z_1}+\frac{1}{Z_2}}=\frac{Z_1Z_2}{Z_1+Z_2}$$

$$=\frac{(8.54\angle 69.4^\circ)\times(16.3\angle -79.4^\circ)}{10\angle -53.1^\circ}\Omega$$

$$=\frac{139.2\angle -10^\circ}{10\angle -53.1^\circ}\Omega=13.92\angle 43.1^\circ\ \Omega$$

电路电流为

$$\dot{I}=\frac{\dot{U}}{Z}=\frac{220\angle -45^\circ}{13.92\angle 43.1^\circ}\mathrm{A}=15.8\angle -88.1^\circ\mathrm{A}$$

各支路电流为

$$\dot{I}_1=\frac{\dot{U}}{Z_1}=\frac{220\angle -45^\circ}{8.54\angle 69.4^\circ}\mathrm{A}=23.1\angle -114^\circ\ \mathrm{A}$$

$$\dot{I}_2=\frac{\dot{U}}{Z_2}=\frac{220\angle -45^\circ}{16.3\angle -79.4^\circ}\mathrm{A}=13.5\angle 34.4^\circ\ \mathrm{A}$$

各电流瞬时值表达式为

$$i_1=15.8\sqrt{2}\sin(314t-114^\circ)\mathrm{A}$$

$$i_2 = 13.5\sqrt{2}\sin(314t + 34.4°)\text{A}$$

$$i = 15.8\sqrt{2}\sin(314t - 88.1°)\text{A}$$

综上所述，阻抗的串联、并联与电阻的串联和并联具有相似的形式，只是阻抗要进行复数计算。串联的分压公式和并联的分流公式也与电阻的形式相似，不再赘述。

2.6 功率因数的提高

工农业生产和生活中，大量的用电设备是电感性负载，阻抗角较大，功率因数比较低。如三相异步电动机的功率因数 $\cos\phi$ 一般为 0.6～0.9，荧光灯的功率因数约为 0.5。通常供电系统所带负载的功率因数 $\cos\phi < 1$，只有阻性负载才有 $\cos\phi = 1$。这就意味着整个供电电路存在着无功功率，负载与电源之间存在着能量交换。

功率因数低对电路的影响主要表现在以下两方面：

1）电源设备的容量不能得到充分利用。在额定状态下，电源设备的额定容量 $S_N = U_N I_N$，电源向负载输出的有功功率 $P = S_N\cos\phi$，功率因数 $\cos\phi$ 取决于负载的参数。功率因数越低，电源输出的有功功率越小，造成电源的部分能量以无功功率的形式在电源和负载之间进行转换。如果采取措施提高了整个电路的功率因数，电源就可以向更多负载输出功率，充分利用电源设备的容量，其效果就好像扩建了电厂。

2）在供电线路上的损耗增加。在电源的供电电压和输出功率一定的情况下，供电线路上的电流与用户所带负载的功率因数 $\cos\phi$ 成反比，即 $\cos\phi = \dfrac{P}{UI}$，功率因数 $\cos\phi$ 越低，线路损耗就越大，在线路上的电压降也越大。

可见，提高用户负载的功率因数，不仅可以提高企业本身的经济效益，还可以节约电能，节省资源。提高负载功率因数的前提是不能影响负载原有的工作状态，而是减小无功功率。常用的方法是在电感性负载两端并联电容器，其电路及相量图如图 2-20 所示。

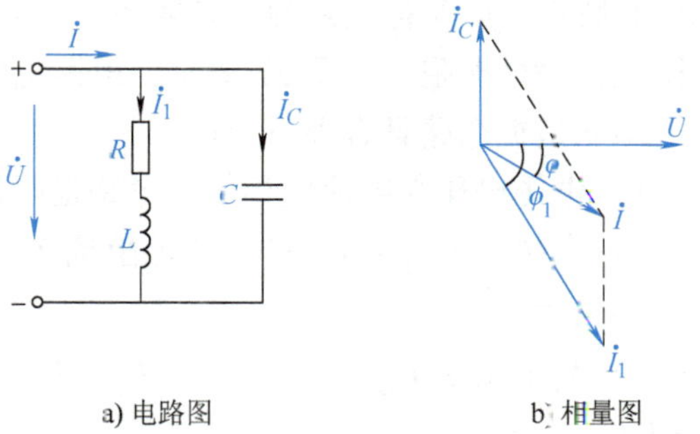

图 2-20 感性负载并联电容电路及相量图

由相量图可以看出，在没有并联电容之前，电路的总电流 $\dot{I} = \dot{I}_1$，功率因数为 $\cos\phi_1$，负载的有功功率 $P = UI_1\cos\phi_1$；并联电容之后，电路的总电流 $\dot{I} = \dot{I}_1 + \dot{I}_C$，且 $I < I_1$，总电流 I 减小了，在线路上的损耗就会下降，电压与电流的相位差角由 ϕ_1 变为 ϕ，且 $\phi < \phi_1$，所以 $\cos\phi > \cos\phi_1$，说明电路的功率因数提高了。

电容是储能元件，并联的电容对感性负载的无功功率进行补偿，能量互换主要在电容器与感性负载之间进行，感性负载与电源之间能量转换的规模减小，使电源的容量得到充分的利用，而且没有影响负载的有功功率，即

$$P = UI_1\cos\phi_1 = UI\cos\phi \tag{2-52}$$

并联电容的参数 C 应适当选择，如果电容值过大，就会增大投资。如果 $\cos\phi > 0.9$ 以后

再增大电容值，对线路电流的减小作用就不再明显。在功率因数补偿的过程中，感性负载的有功功率 P、无功功率 Q 和功率因数仍保持不变，改变的是整个电路总的无功功率和总的功率因数。

2.7 谐振电路

由电阻、电感、电容组成的正弦交流电路，通常电路的端电压与电流相位不同。如果改变电感、电容的参数或改变电源的频率，使电压与电流同相，工程应用中将电路的这种状态称为谐振。根据元件不同的连接形式，通常分为串联谐振与并联谐振。

在图 2-21a 所示 R、L、C 串联电路中，当 $X_L = X_C$ 时，电路呈阻性，电压与电流同相，此时称电路处于串联谐振状态，相量图如图 2-21b 所示。

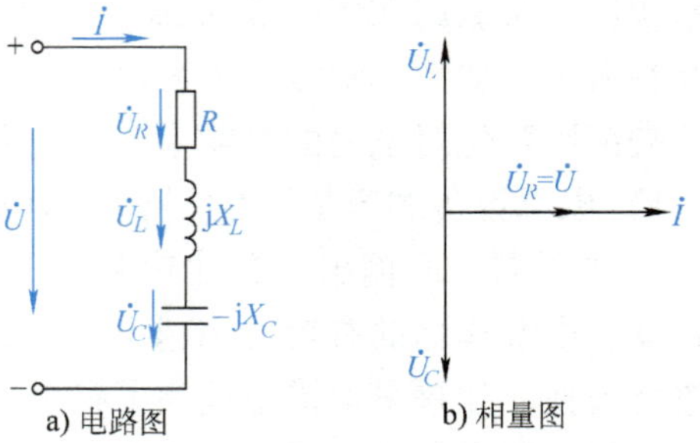

图 2-21 串联谐振电路及相量图

电路谐振时的角频率称为谐振角频率，用 ω_0 表示，相应的 f_0 称为电路的谐振频率，故

$$\omega_0 L = \frac{1}{\omega_0 C}$$

$$\omega_0 = \frac{1}{\sqrt{LC}} \quad 或 \quad f_0 = \frac{1}{2\pi\sqrt{LC}} \tag{2-53}$$

式(2-53) 表明，谐振频率 f_0 与电阻 R 无关，由元件参数 L、C 决定，反映了串联谐振电路的固有特性，f_0 又称电路的固有频率。当电源频率 $f = f_0$ 时，电路产生谐振现象，此时电路的阻抗称为谐振阻抗，用 Z_0 表示，电路电流称为谐振电流，用 I_0 表示。

串联谐振电路具有以下特点：

1）电源电压与电流同相位，电路呈阻性。

2）电抗 $X = X_L - X_C = 0$，谐振阻抗 $Z = R + \mathrm{j}(X_L - X_C) = R$，谐振阻抗值最小，谐振电流 I_0 达到最大。

3）$X_L = X_C$，$U_L = U_C$，并且 U_L、U_C 相位相反，因此电源电压等于电阻端电压，即 $U = U_R$。

4）如果 $X_L = X_C \gg R$，则 $U_L = U_C \gg U$，因此串联谐振又称为电压谐振。

U_L 或 U_C 与电源电压 U 的比值，称为串联谐振电路的品质因数或谐振系数，用 Q 表示，即

$$Q = \frac{U_L}{U} = \frac{U_C}{U} = \frac{X_L}{R} = \frac{X_C}{R} = \frac{\omega_0 R}{R} = \frac{1}{\omega_0 RC} \tag{2-54}$$

Q 值一般可达几十至几百，此时，$U_L = U_C = UQ$，电感电压和电容电压不能忽视。在电力系统中，往往要避免谐振的发生。如果出现串联谐振现象，会使电感线圈和电容器的端电压过高、回路电流过大，导致元件过热、击穿绝缘等事故发生。在电子和无线电工程中，如果改变电源频率 f 或电路参数 L 与 C 的值，可使电路发生谐振或消除谐振。

情境链接

谐振现象与无线电波的接收

应用“谐振现象”选择信号是电子技术中经常采用的方法。日常生活中我们听广播、看电视能选择不同的电台、电视台，就是借助能选择信号的谐振电路。

半导体收音机的输入电路采用的就是这样的串联谐振电路。收音机的磁棒线圈是天线线圈，它与空气可变电容器共同组成输入回路，如图 2-22 所示。

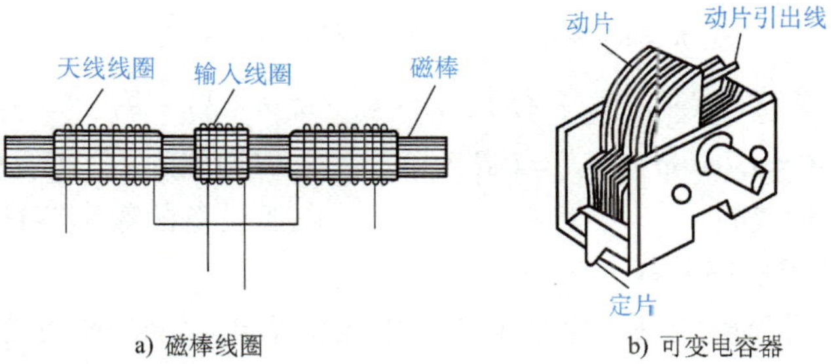

图 2-22 收音机的磁棒线圈和可变电容器

收音机通过天线线圈 L_1，接收众多电台发出的各种频率的电磁波，经过感应耦合，在线圈 L_2 中产生相应的感应电动势 e_1、e_2、e_3…，这些感应电动势可等效为频率是 f_1、f_2、f_3…的交流电压源，如图 2-23 所示。线圈 L_2 可以看作 R、L 的串联，可变电容 C 与 L_2 组成 RLC 串联谐振电路。如果改变电容 C 或电感 L_2，使电路的谐振频率与电台发射电磁波的频率相同，该频率的电磁波信号在串联谐振电路中的电流最大，在可变电容器两端获得较高的输出电压，从而收听到该电台的广播。

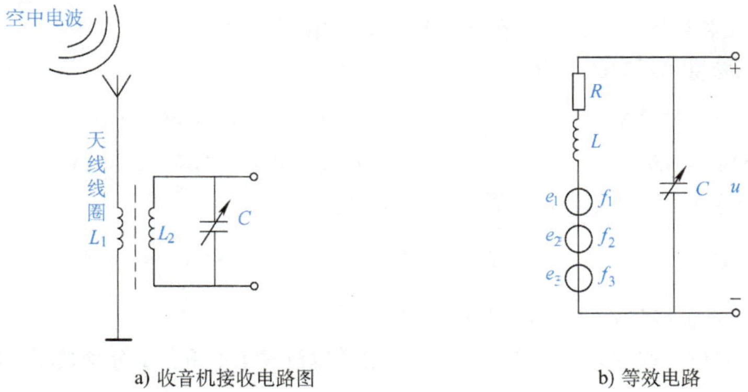

图 2-23 收音机输入电路

例如，中国之声发射固定频率 540kHz 的电磁波信号，调节收音机的调台旋钮，其实就是改变可调电容器的电容，当电容改变到使电路谐振频率正好是 540kHz 时，电路就产生了谐振，于是就能选听到中央人民广播电台的节目。

情境总结

1. 正弦交流电的基础：正弦量的三要素即最大值、角频率和初相。最大值是有效值的$\sqrt{2}$倍。同频率正弦量的相位关系包括超前、滞后、同相、反相。

2. 正弦交流电的表示：有三角函数式、波形图、相量图和相量等多种表示形式。

3. 单一元件交流电路：交流电路的电压与电流的关系都可以统一为$\dot{U}=\dot{I}Z$。

4. R、L、C 串联电路中有

电压为 $u=u_R+u_L+u_C$，$\dot{U}=\dot{U}_R+\dot{U}_L+\dot{U}_C$

阻抗为 $Z=R+\mathrm{j}(X_L-X_C)$，$|Z|=\sqrt{R^2+(X_L-X_C)^2}$

有功功率为 $P=UI\cos\phi=U_RI=I^2R$ 无功功率为 $Q=Q_L-Q_C=UI\sin\phi$

视在功率为 $S=UI$ 电源设备的额定容量为 $S_N=U_NI_N$

5. 电路的性质及阻抗串并联

感性电路：电压超前电流 ϕ。容性电路：电压滞后电流 ϕ。阻性电路：电压与电流同相。阻抗的串联：$Z=Z_1+Z_2+\cdots+Z_i$；阻抗的并联：$\frac{1}{z}=\frac{1}{z_1}+\frac{1}{z_2}+\cdots+\frac{1}{z_i}$。

6. 功率因数的提高：其常用方法是在感性负载两端并联电容器，感性负载的 P、Q 和 $\cos\phi$ 保持不变，整个电路的总电流和总无功功率减小，总的功率因数提高了。

7. 谐振是电路电压与电流同相的状态，有串联谐振和并联谐振两种形式。

习题与思考题

2-1 已知正弦交流电压和电流分别为 $u=220\sqrt{2}\sin314t\mathrm{V}$，$i=5\sin(628t-60°)\mathrm{A}$。(1) 求电压和电流的最大值、有效值、相位和初相；(2) 能否确定两正弦量的相位关系？

2-2 写出下列正弦量相对应的相量。

(1) $i_1=20\sin(314t-30°)\mathrm{A}$ (2) $i_2=6\sqrt{2}\sin(314t+60°)\mathrm{A}$

(3) $e=311\sin(314t-120°)\mathrm{V}$ (4) $u=380\sqrt{2}\sin(314t+120°)\mathrm{V}$

2-3 写出下列相量相对应的正弦量（设角频率为 ω）。

(1) $\dot{U}=60\angle 53.1°$ (2) $\dot{I}=6+\mathrm{j}8$ (3) $\dot{I}=6-\mathrm{j}8$

(4) $\dot{U}=6(\cos45°+\mathrm{j}\sin45°)$ (5) $\dot{I}=12\mathrm{e}^{\mathrm{j}90°}$

2-4 正弦交流电路中某线性元件，其端电压和通过的电流表示如下，试分别判断元件的性质。

(1) $\dot{U}=6(\cos45°-\mathrm{j}\sin45°)\mathrm{V}$，$\dot{I}=2[\cos(-45°)+\mathrm{j}\sin(-45°)]\mathrm{A}$

(2) $u=18\cos2\pi t$，$i=-6\sin2\pi t$

2-5 一个电阻可以忽略的线圈，其电感为 275mH，接到 $u=220\sqrt{2}\sin314t\mathrm{V}$ 的电源上，试求通过线圈的电流最大值。

2-6 一只参数为 0.1μF 的电容，工作电压 $u_C=10\sqrt{2}\sin(200\pi t+30°)\mathrm{V}$，试求该电容的容抗 X_C 和工作电流的相量 $\dot{I}$。

2-7　一个线圈接在9V的直流电源上，通过线圈的电流是3A，如果接在工频有效值为12V的交流电源上，通过线圈的电流是2.4A，试求这个线圈的参数R、L的值。

2-8　电路如图2-24所示，电压表V_1的示数为60V，V_2的示数为80V，试求电压表V的示数。

2-9　电路如图2-24a所示，电压表V的示数保持不变。若增大R的数值，电压表V_1、V_2的示数将如何改变？如果改变电源频率呢？

2-10　电路如图2-25所示，电流表A_1的示数为3A，A_2的示数为4A，试求电流表A的示数。

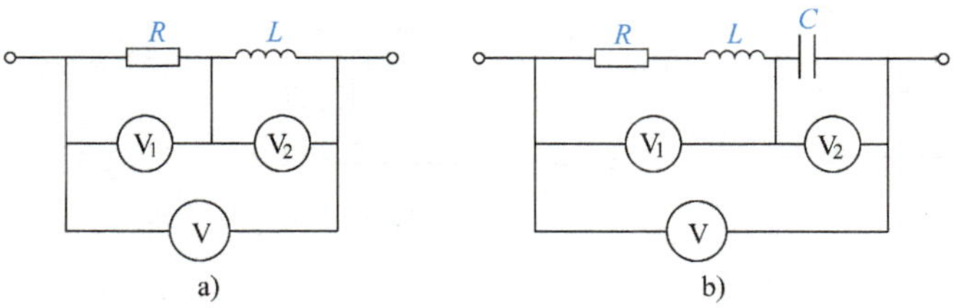

图2-24　题2-8、题2-9图

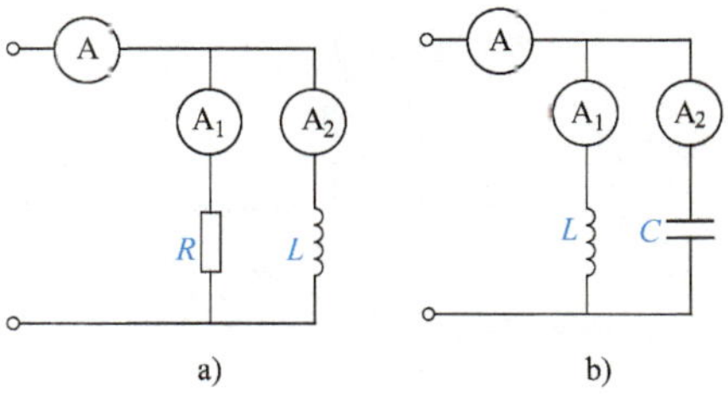

图2-25　题2-10、题2-11图

2-11　电路如图2-25a所示，电源电压有效值不变的情况下，若增大L的数值，电流表A_1、A_2的示数将如何改变？如果改变电源频率呢？

2-12　R、L、C串联后负载呈容性，已知电源电压有效值为50V，电阻端电压为40V，电感端电压为60V，试求电容的端电压。

2-13　R、L、C串联接到$u=220\sqrt{2}\sin(314t+30°)$V的电源上，$R=50\Omega$，$L=275$mH，$C=0.1\mu$F。试求：(1) 电路的复阻抗、阻抗和阻抗角；(2) 电流的有效值；(3) 整个电路的有功功率、无功功率和视在功率。

2-14　如图2-26所示，已知电源电压为$u=100\sqrt{2}\sin314t$V，$I=I_C=I_L$，电路消耗功率$P=866$W，试求各支路电流和总电流的瞬时值表达式(提示：$\dot{I}=\dot{I}_C=\dot{I}_L$组成等边三角形)。

2-15　实验室测定电感线圈的参数，常采用图2-27所示电路。P为功率表，内部有与负载串联的电流线圈和与负载并联的电压线圈，可以测量负载消耗的功率。测量数据为：电压表的示数为220V，电流表的示数为5A，功率表的示数为880W，求此线圈的参数R、L。

2-16　如图2-28所示RC移相器，已知$C=0.04\mu$F，$R=10$kΩ，输入电压$U_i=2.4$V，$f=40$kHz，输出电压u_o与输入电压u_i之间的相位角为ϕ。求输出电压u_o和相位角ϕ。

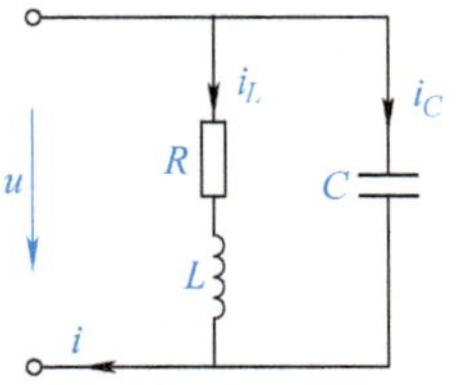

图2-26　题2-14图

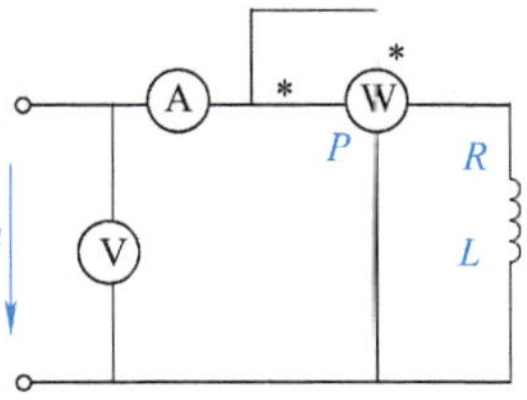

图2-27　题2-15图

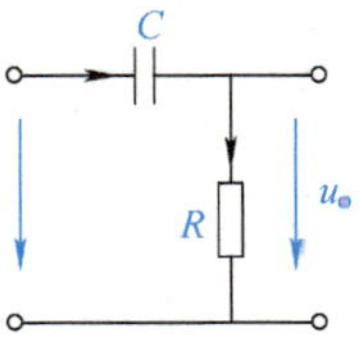

图2-28　题2-16图

2-17　如图2-29所示交流电路，电源电压为u，从a到g的每条支路中，均有一盏电阻为R的白炽灯，与单一元件R、L、C及其串联组合相连接，并且满足关系$R=X_L=X_C$，试比较每条支路白炽灯的亮度。如果将电源改为直流电，再比较一次。

2-18 荧光灯电路可以看作灯管与镇流器的串联，如图2-30所示。某实验小组测得电源电压为225V，镇流器电阻$R_{镇}=35\Omega$，镇流器端电压为205V，灯管的端电压为65V，工作电流为0.4A。试求：(1) 荧光灯管的电阻$R_{灯}$，镇流器的电感L，电路总的有功功率P和功率因数；(2) 如果将功率因数提高到0.9，应并联多大的电容？

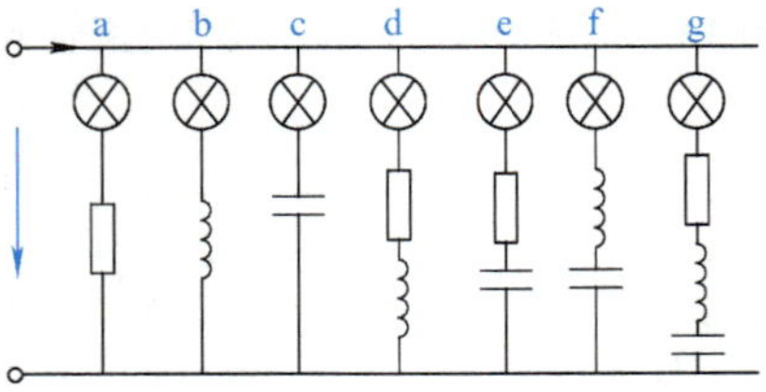

图2-29 题2-17图

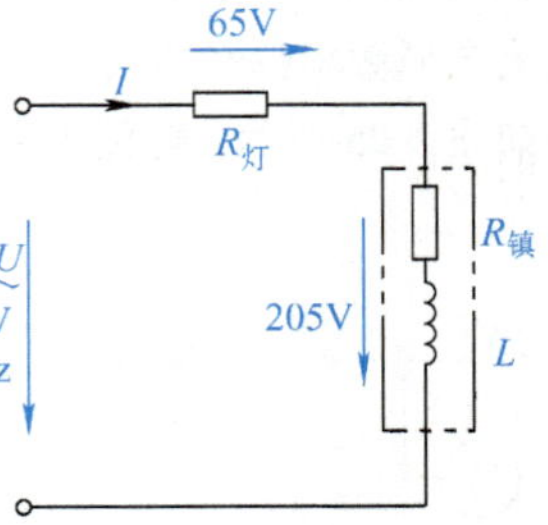

图2-30 题2-18图

教学情境 3

电力系统与三相交流电路

教学目标： 了解电力系统的组成、电力网与电力传输和工业企业配电；了解三相交流电、相电压、线电压、相电流、线电流的基本概念，了解安全用电的基本常识；理解三相电源和三相负载的两种连接方式、中线的作用以及与连接方式相对应的线、相电压，线、相电流之间的关系；掌握三相电路功率的计算方法。

情境链接

举世瞩目的大型水利电力工程——三峡水电站

电力系统的建设规模和技术高低已经成为一个国家经济发展水平的标志之一。我国电力建设日新月异，繁荣昌盛。

三峡水电站，即长江三峡水利枢纽工程，又称三峡工程，位于中国湖北省宜昌市境内的长江西陵峡段，与下游的葛洲坝水电站构成梯级电站。

三峡水电站是世界上规模最大的水电站，也是中国有史以来建设规模最大的工程项目（如图 3-1 所示）。三峡水电站有航运、发电、汛期防洪等功能。三峡水电站 1992 年获得中国全国人民代表大会批准建设，1994 年正式动工兴建，2003 年 6 月 1 日下午开始蓄水发电，于 2009 年全部完工。

三峡水电站的输变电系统由中国国家电网公司负责建设和管理，安装的高压输电线路连接至各区域电网。

图 3-1 中国大型工程建设项目——三峡水电站

三峡水电站大坝高 185m，蓄水高 175m，水库长 2335m，安装 32 台单机容量为 70 万千瓦的水电机组。三峡电站最后一台水电机组，2012 年 7 月 4 日投产，这意味着，装机容量达到 2240 万千瓦的三峡水电站，已成为全世界最大的水力发电站和清洁能源生产基地。

3.1 电力系统概述

3.1.1 电力系统的组成

电力系统的功能是将自然界的一次能源通过发电动力装置转化成电能，再经输电、变电和配电将电能供应到各用户。为实现这一功能，电力系统在各个环节和不同层次还具有相应的信息与控制系统，对电能的生产过程进行测量、调节、控制、保护、通信和调度，以保证用户获得安全、优质的电能。

电力系统的主体结构有电源（水电站、火电厂、核电站等发电厂）、变电所（升压变电所、负荷中心变电所等）、输电、配电线路和负荷中心。各电源点还互相连接以实现不同地区之间的电能交换和调节，从而提高供电的安全性和经济性。输电线路与变电所构成的网络通常称电力网络。电力系统的信息与控制系统由各种检测设备、通信设备、安全保护装置、自动控制装置以及监控自动化、调度自动化系统组成。电力系统的结构应保证在先进的技术装备和高经济效益的基础上，实现电能生产与消费的合理协调。

1. 发电

电能是自然界中应用最为广泛的一种能源，在工农业生产、科学研究和日常生活中被广泛应用。

电能可以从自然界中的许多种能量（如热能、机械能、核能、风能、化学能等）转化而来。通过变压器升压，由高压输电线路输送到各地区的变电、配电装置，然后送到各工业企业和千家万户，用电设备又可以将电能转换成其他形式的能（如光能、热能、声能、机械能等）并加以利用。电能的转化、传输和分配过程如图 3-2 所示。

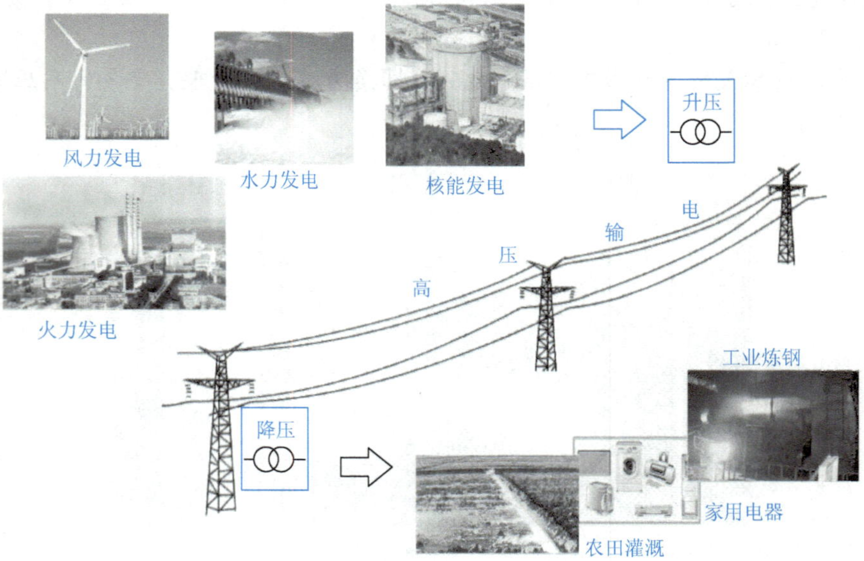

图 3-2 电能的转化、传输和分配过程

火力发电　利用煤、石油、天然气或其他燃料的化学能（燃烧后转变为热能）来生产电能。多数国家的火电厂以燃煤为主，由汽轮机实现蒸汽热能向旋转机械能的转换。高速旋转的汽轮机转子拖动发电机发出电能，电能由发电厂电气系统升压送入电网。

水力发电　利用水流的动能和势能来生产电能。中国第一座水电站为始建于 1910 年 7 月的云南省石龙坝水电站，1950 年以后水电建设有了较大发展，建设了一批大型骨干水电站，如葛洲坝水利枢纽和三峡水电站。

核能发电　利用铀、钚、钍等核燃料在核反应堆中核裂变所释放出的热能，将水加热成高温高压蒸汽以驱动汽轮发电机组发电。

情境链接

国家新能源发展战略

国家关于加快培育和发展战略性新兴产业的相关政策确定了七大战略性新兴产业，核心内容包括：新能源、节能环保、新一代信息技术、生物、高端装备制造、新材料和新能源汽车。新能源作为新兴产业的一个重要领域，已经上升为国家发展战略的重要组成部分。

太阳能和风能是人类理想中清洁的可再生新能源。太阳能发电和风力发电正在世界范围内形成一股热潮。

我国风能资源丰富，可开发利用的风能储量约 10 亿千瓦，其中，陆地上风能储量约 2.53 亿千瓦，海上风能储量约 7.5 亿千瓦。中国新能源战略已把发展风电列为重点项目。

风力发电所需要的装置，称作风力发电机组。依目前的风车技术，大约是每秒三公尺的微风速度，便可以开始发电。采用水平轴风力发电和太阳能光伏发电可以构成独立的电源系统来供应电力，发电系统组成如图 3-3 所示。

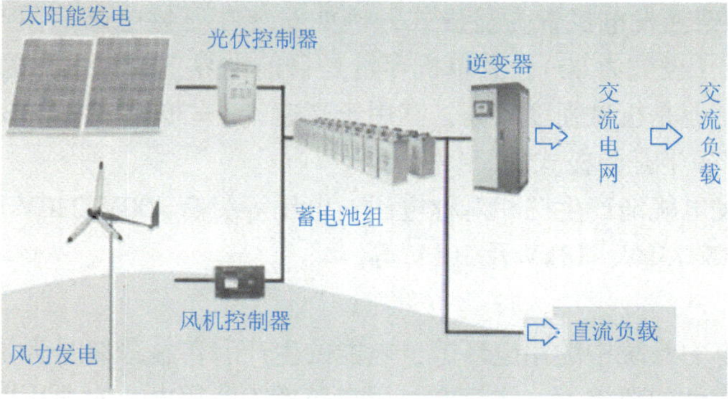

图 3-3　太阳能与风力发电系统

太阳能作为一种清洁的可再生能源，越来越受到人们的青睐。照射在地球上的太阳能大约 40min，便足以供全球人类一年能量的消费。可以说，太阳能是真正取之不尽、用之不竭的理想能源。

发电厂是生产电能的工厂，它把非电形式的能量转换成电能，它是电力系统的核心。根据所利用能源的不同，发电厂分为水力发电厂、火力发电厂、核能发电厂、风力发电厂、太阳能发电厂等。发电厂中的发电机几乎都是三相同步发电机，它分为定子和转子两个基本组成部分。定子由机座、铁心和三相绕组等组成，与三相异步电动机或三相同步电动机的定子基本一样。同步发电机的定子常称为电枢。同步发电机的转子是磁极，有显极和隐极两种。显极式转子具有凸出的磁极，显而易见，励磁绕组绕在磁极上，如图3-4所示。隐极式转子呈圆柱形，励磁绕组分布在转子大半个表面的槽中，如图3-5所示。和同步电动机一样，励磁电流也是经电刷和滑环流入励磁绕组的。目前已采用半导体励磁系统，即将交流励磁机（也是一台三相发电机）的三相交流经三相半导体整流器变换为直流，供励磁用。

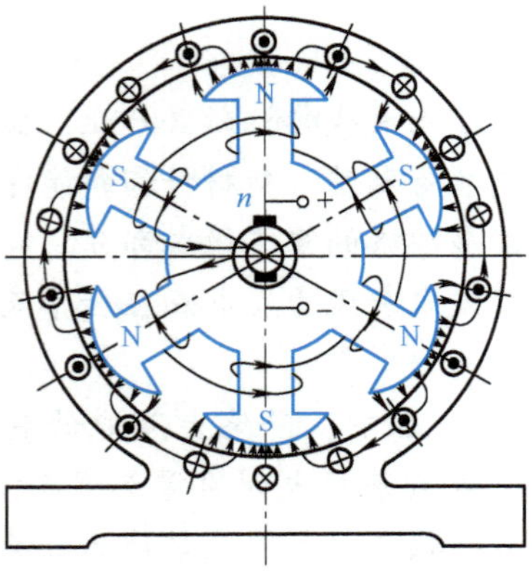

图3-4 显极式同步发电机

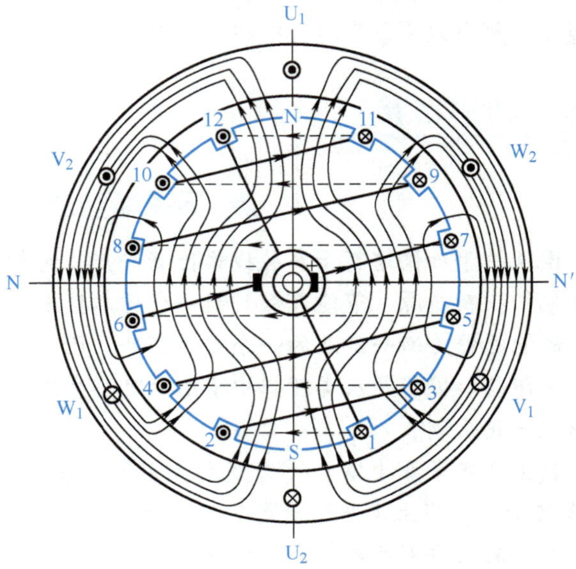

图3-5 隐极式同步发电机

显极式同步发电机的结构较为简单，但是机械强度较低，宜用于低速（1000r/min以下）。水轮发电机和柴油发电机皆为显极式，例如安装在三峡电站的国产700MW水轮发电机的转速为75r/min（极数为80），其单机容量是目前世界上最大的。隐极式同步发电机的制造工艺较为复杂，但是机械强度较高，宜用于高速（$n=3000$或1500r/min）。汽轮发电机（原动机为汽轮机）多半是隐极式的。

国产三相同步发电机能产生三相对称电压，电压等级有400V/230V和3.15kV，6.3kV，10.5kV，13.8kV，15.75kV，18kV及20kV等。

2. 电力用户

电力用户是指电力系统中的用电环节，电能的生产和传输最终是为了供用户使用。不同的用户，对供电可靠性的要求不一样。电力用户包括工业用电、农业用电、商业用电与居民生活用电等。根据用户对供电可靠性的要求及中断供电造成的危害或影响的程度，我们把电力用户分为三级。

一级用户：是指突然中断供电将会造成社会秩序严重混乱或在政治上产生严重影响、将会造成经济上巨大损失、将会造成人身伤害或会引起周围环境严重污染的用户。

二级用户：是指突然中断供电会造成经济上较大损失的、将会造成社会秩序混乱或政治上产生较大影响的用户。

三级用户：是指不属于上述一类和二类用户的其他用户。

一级用户一般应采用两个独立电源系统供电，其中一个系统为备用电源。对特别重要的一级用户，除采用两个独力电源系统外，还应增设应急电源系统。对于二级用户，一般由两个回路供电，两个回路的电源线应尽量引自不同的变压器或两段母线。对于三级用户无特殊要求，采用单电源供电即可。

电力用户的这种分类方法，其主要目的是为确定供电工程设计和建设标准，保证使建成投入运行的供电工程的供电可靠性能满足生产、安全、社会安定的需要。

3.1.2　电力网与电力传输

电力网是连接发电厂和电力用户的中间环节，由变电所和各种不同电压等级的电力线路组成。电力网的任务是将发电厂生产的电能输送、变换和分配到电力用户。

电力线路是输送电能的通道，是电力系统中实施电能远距离传输的环节，是将发电厂、变电所和电力用户联系起来的纽带。变电所是接受电能、变换电压和分配电能的场所，一般可分为升压变电所和降压变电所两大类。升压变电所是将低电压变换为高电压，一般建在发电厂；降压变电所是将高电压变换为一个合理、规范的低电压，一般建在靠近用户中心的地区。

大中型发电厂大多建在产煤地区或水力资源丰富的地区附近，距离用电地区往往是几十到几千千米。所以，为了降低输电线路的电能损耗和提高传输效率，由发电厂发出的电能，要经过升压变压器升压后，再经输电线路传输，这就是所谓的高压输电。电能经高压输电线路送到距用户较近的降压变电所，经降压后分配给用户应用。这样，就完成一个发电、变电输电、配电和用电的全过程。电力系统与电力网的示意图如图 3-6 所示。

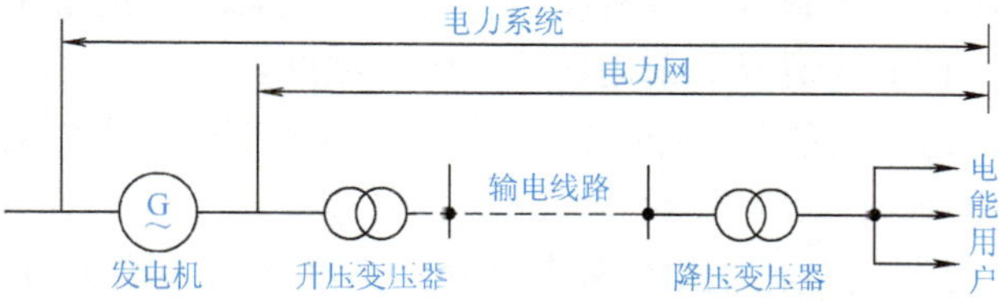

图 3-6　电力系统与电力网示意图

现在常常将同一地区的各种发电厂联合起来而组成一个强大的电力系统。这样可以提高各发电厂的设备利用率，合理调配各发电厂的负载。以提高供电的可靠性和经济性。

输电距离越远，要求输电线的电压越高。我国国家标准中规定输电线的额定电压为 35kV，110kV，220kV，330kV，500kV，750kV 等。

图 3-7　直流输电结构原理图

直流输电的能耗较小，无线电干扰较小，输电线路造价也较低，但逆变和整流部分较为复杂。整流是将交流变换为直流，逆变则反之，直流输电的结构原理如图 3-7 所示。我国从三峡到华东、华南地区已建有 5 条 500kV 的直流输电线路。

建立结构合理的大型电力系统不仅便于电能生产与消费的集中管理、统一调度和分配，减少总装机容量，节省动力设施投资，且有利于地区能源资源的合理开发利用，更大限度地满足地区国民经济日益增长的用电需要。电力系统建设往往是国家及地区国民经济发展规划的重要组成部分。

3.1.3　电力系统的发展历程

在电能应用的初期，电力通常是经过小容量发电机单独向灯塔、轮船、车间等供电。这已经可以把其看作是一种简单的住户式供电系统。直到白炽灯发明后，才出现了中心电站式供电系统，如1882年T. A. 托马斯·阿尔瓦·爱迪生在纽约主持建造的珍珠街电站。它装有6台发电机（总容量约670kW），用110V电压供1300盏电灯照明。19世纪90年代，三相交流供电系统研制成功，并很快取代了直流输电，成为电力系统大发展的里程碑。

20世纪以后，人们普遍认识到扩大电力系统的规模可以在能源开发、工业布局、负荷调整、系统安全与经济运行等方面带来明显的社会经济效益。于是，电力系统的规模迅速增长。世界上覆盖面积最大的电力系统是苏联的统一电力系统。它东西横越7000km，南北纵贯3000km，覆盖了约1000万平方千米的土地。

我国的电力系统从20世纪50年代开始迅速发展。到2020年底，全国电力系统装机容量已高达20亿千瓦，均居世界前列。

3.1.4 工业企业配电

电能通过变电所传输到各工业企业。工业企业设有中央变电所和车间变电所（小规模的企业往往只有一个变电所）。中央变电所接收送来的电能，然后分配到各车间，再由车间变电所或配电箱（配电屏）将电能分配给各用电设备。高压配电线的额定电压有3kV，6kV和10kV三种。低压配电线的额定电压是380V/220V。用电设备的额定电压大多是220V和380V，大功率电动机的电压是3kV和6kV，机床局部照明的电压是36V。

从车间变电所或配电箱（配电屏）到用电设备的线路属于低压配电线路。低压配电线路的连接方式主要是放射式和树干式两种。放射式配电线路如图3-8所示。当负载点比较分散而各个负载点又具有相当大的集中负载时，则采用这种线路较为合适。

在下述情况下采用树干式配电线路：

1）负载集中，同时各个负载点位于变电所或配电箱的同一侧，其间距离较短，如图3-9a所示。

2）负载比较均匀地分布在一条线上，如图3-9b所示。

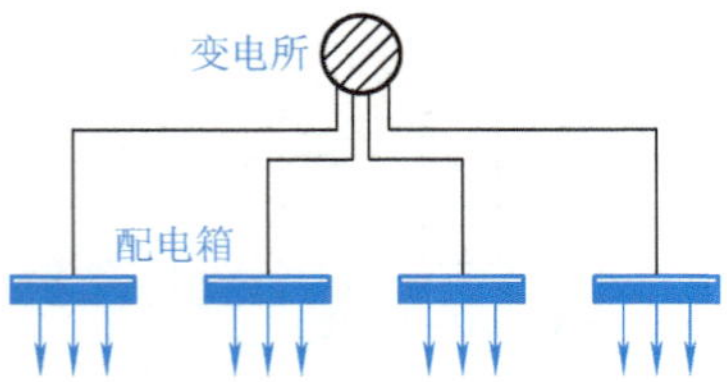

图3-8 放射式配电线路

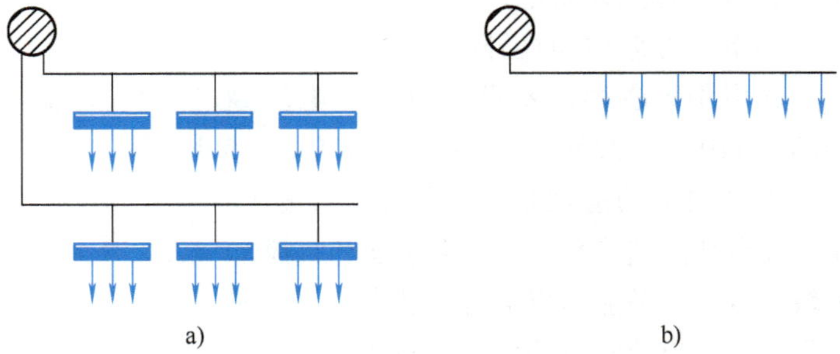

图3-9 树干式配电线路

采用放射式或图3-9a的树干式配电线路时，各组用电设备常通过总配电箱或分配电箱连接。用电设备既可独立地接到配电箱上，也可连成链状接到配电箱上，如图3-10所示。距配电箱较远，但彼此距离很近的小型用电设备宜接成链状，这样能节省导线。但是，同一链条上的用电设备一般不得超过三个。

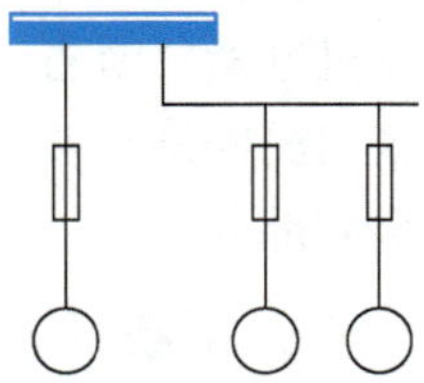

图3-10 用电设备接到配电箱上

车间配电箱是放在地面上（靠墙或靠柱）的一个金属柜，其中装有刀开关和管状熔断器，配出线路有 4 ~ 8 个不等。

采用图 3-9b 的树干式配电线路时，干线一般采用母线槽。这种母线槽直接从变电所经开关引到车间，不经配电箱。支线再从干线经出线盒引到用电设备。

放射式和树干式这两种配电线路现在都被采用。放射式供电可靠，但敷设投资较高。树干式供电可靠性较低，因为一旦干线损坏或需要修理时，就会影响连在同一干线上的负载；但是树干式灵活性较大。另外，放射式与树干式比较，前者导线细，但总线路长，而后者则正好相反。

在工厂内，照明线路与电力线路一般是分开的，可采用 220V/380V 三相四线制电源供电。

3.2 三相交流电源

现代电力系统中，电能的产生、输送和分配，普遍采用三相正弦交流电路。三相交流电路之所以获得广泛应用，是因为它和单相交流电路相比具有下列优点：

1）三相交流发电机比同容量的单相交流发电机节省材料、体积小、效率高。

2）远距离输电更为经济，电能损耗小，节约了导线的使用量。在输送功率、电压、距离和线损相同的情况下，三相输电用铝仅是单相的 75%。

3）三相电机和电器在结构和制造上工艺简单，工作性能优良，使用可靠。

三相交流电源是由三相交流发电机利用电磁感应原理，将机械能转变为电能产生的一个对称的三相电源。三相交流发电机主要由定子（电枢）和转子（磁极）组成。定子上装有三个几何形状、尺寸和匝数都相同，并且在空间上彼此间隔 120° 的绕组 U、V、W，其中 U_1、V_1、W_1 称为始端，U_2、V_2、W_2 称为末端，如图 3-11 所示。

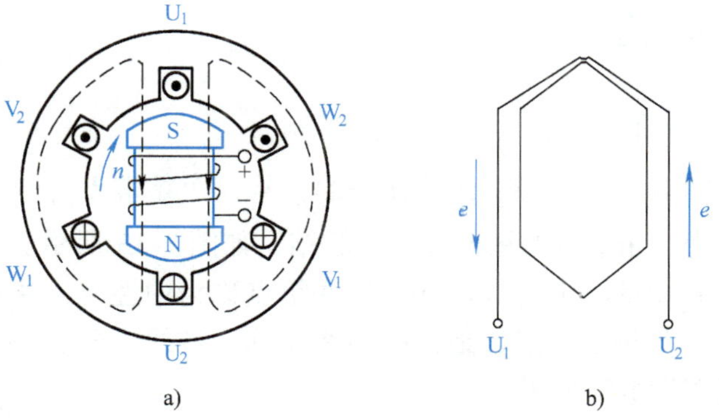

图 3-11 三相交流发电机结构原理图

由原动机拖动的转子磁极以角速度 ω 匀速旋转时，三相绕组切割磁感线，感应出随时间按正弦规律变化的电动势，并且频率相同，幅值相等，彼此间的相位差是 120°。如果以 U 相的电动势为参考正弦量，则三相电动势分别为

$$e_U = E_m \sin\omega t \tag{3-1}$$

$$e_V = E_m \sin(\omega t - 120°) \tag{3-2}$$

$$e_W = E_m \sin(\omega t + 120°) \tag{3-3}$$

相量形式表示为

$$\dot{E}_U = E_U \angle 0° \tag{3-4}$$

$$\dot{E}_V = E_V \angle -120° \tag{3-5}$$

$$\dot{E}_W = E_W \angle +120° \tag{3-6}$$

波形图和相量图如图 3-12 所示。

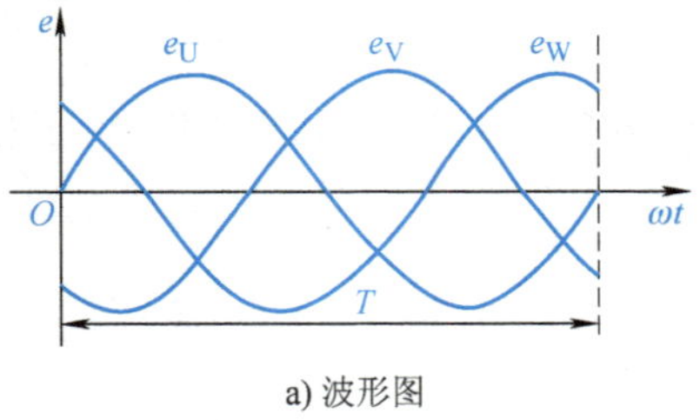

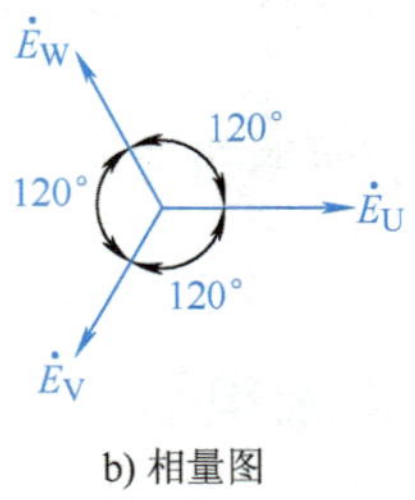

图 3-12 三相对称电动势波形图和相量图

可以看出，三相对称电动势的瞬时值之和或相量之和均为零，即

$$e_U + e_V + e_W = 0 \text{ 或 } \dot{E}_U + \dot{E}_V + \dot{E}_W = 0 \tag{3-7}$$

由于发电机绕组的阻抗很小，可以略去在绕组上的电压降，所以一般认为三相电源的各相电压与各相的电动势大小相等、方向相反。三相电动势是对称的，因此三个相电压也对称，即频率相同、大小相等、相位互差 120°，瞬时值及相量的关系满足

$$u_U + u_V + u_W = 0 \text{ 或 } \dot{U}_U + \dot{U}_V + \dot{U}_W = 0 \tag{3-8}$$

通常把三相交流电源产生的三个相电压依次达到最大值的先后次序称为相序。相序为 U-V-W 称为顺相序，而 U-W-V 称为逆相序。图 3-11 中所示绕组为顺相序。

3.3 三相电源的连接

3.3.1 三相电源的星形联结

将三相电源的末端 U_2、V_2、W_2 连接在一起，从三个始端 U_1、V_1、W_1 引出三条输电线，这种连接方式称为三相电源的星形（Y）联结，如图 3-13 所示。三条输电线称为相线或端线，用 L_1、L_2、L_3 表示；U_2、V_2、W_2 的联结点称为中性点，从中性点引出的导线称为中性线，用 N 表示。如果中性点接地，中性线又称为零线。电源的这种供电方式称为三相四线制，通常在低压供电网采用。

相线与中性线之间的电压称为相电压，如 u_U、u_V、u_W。相线与相线之间的电压称为线电压，如 u_{UV}、u_{VW}、u_{WU}。根据基尔霍夫电压定律，相电压与线电压的相量关系为

$$\dot{U}_{UV} = \dot{U}_U - \dot{U}_V \tag{3-9}$$

$$\dot{U}_{VW} = \dot{U}_V - \dot{U}_W \tag{3-10}$$

$$\dot{U}_{WU} = \dot{U}_W - \dot{U}_U \tag{3-11}$$

相量图如图 3-14 所示。可以看出：星形联结的三相电源，相电压与线电压都是对称的，且线电压的相位超前相应的相电压 30°，线电压的有效值是相电压有效值的$\sqrt{3}$倍。若线电压有效值用 U_L 表示，相电压有效值用 U_P 表示，则有

$$U_L = \sqrt{3} U_P \tag{3-12}$$

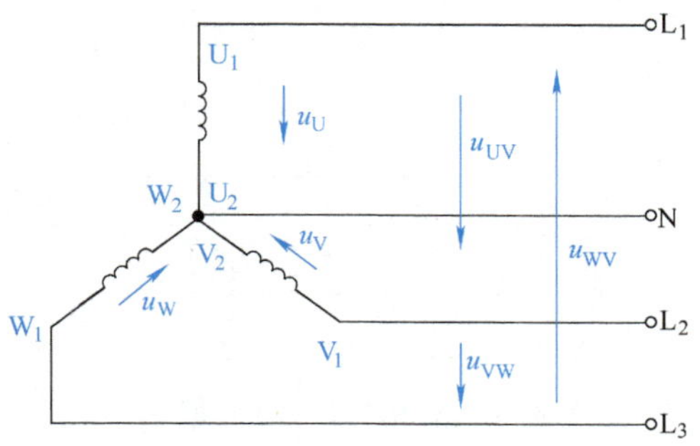

图 3-13 三相电源的星形联结

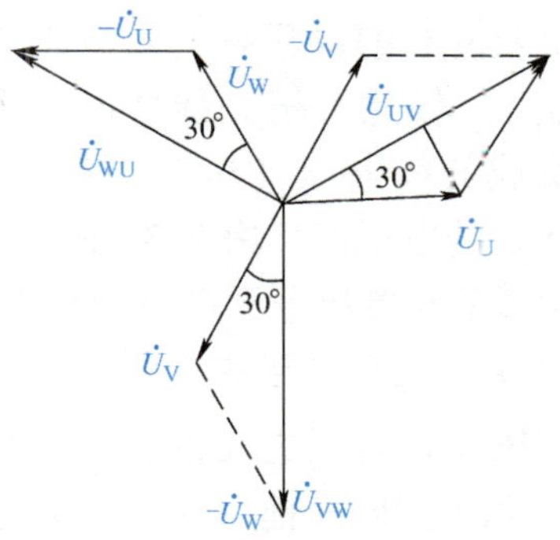

图 3-14 三相对称电压的相量图

三相电源星形联结在供电时，可以提供两种电压，即线电压和相电压。如 380V/220V，表示线电压为 380V，相电压为 220V。负载可根据额定电压值进行选择。

3.3.2 三相电源的三角形联结

将三相绕组的始末端依次首尾相连，形成一个闭合的三角形，并从连接点引出三条相线 L_1、L_2、L_3，这种连接方式称为三角形（△）联结，如图 3-15 所示。

三角形联结的三相电源，其供电方式为三相三线制，可以看出，线电压等于相电压，即

$$U_L = U_P \tag{3-13}$$

值得注意的是，三相电源作三角形联结时，三相绕组形成一个闭合回路，若连接正确，则 $\dot{U}_U + \dot{U}_V + \dot{U}_W = 0$，即回路中的电流为零；若三相绕组连接不正确，则 $\dot{U}_U + \dot{U}_V + \dot{U}_W \neq 0$，绕组的内阻又很小，会在电源内部引起较大的环流，将电源设备烧毁。因此在实际应用中，三相绕组通常接成星形。

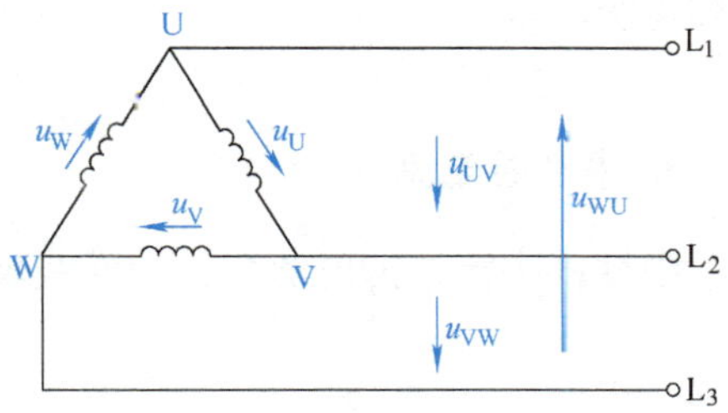

图 3-15 三相电源的三角形联结

3.4 三相负载的连接

三相交流电路中负载的连接也有两种，即星形（Y）联结和三角形（△）联结。在负载与电源连接时，无论采用哪种连接方式，应使电源的相电压等于负载的额定相电压，才能确保负载的正常工作。

3.4.1 三相负载的星形联结

将三相负载的一端连接在一起，与电源的中性线相连接；三相负载的另一端分别与电源

的三条相线相连接，负载的这种连接方式称为星形联结，如图 3-16 所示。

图中 N′为负载的中性点，Z_U、Z_V、Z_W 为各相负载的等效复阻抗。若三相负载的等效复阻抗相等 $Z_U = Z_V = Z_W$，即阻抗值大小相等、辐角相同，则称为三相对称负载，例如三相交流异步电动机、三相电阻炉等。若三相负载的等效复阻抗不相等，则称为三相不对称负载，例如照明电路。

1. 相电压与线电压的关系

负载两端的电压称为负载的相电压（U_P），任意两根相线之间的电压称为负载的线电压（U_L）。如果忽略输电线上的电压降，由图 3-16 可以看出，负载的相电压等于电源的相电压，负载的线电压就是电源的线电压，而且线电压和相电压之间也满足$\sqrt{3}$倍的关系，线电压超前相应的相电压 30°，即

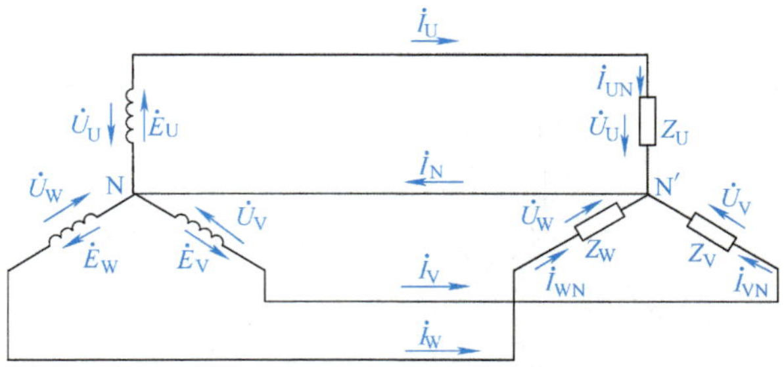

图 3-16 三相负载的星形联结

$$U_L = \sqrt{3}\,U_P \tag{3-14}$$

2. 相电流与线电流的关系

每相负载中流过的电流称为相电流（I_P），分别用 $\dot{I}_{UN}$、$\dot{I}_{VN}$、$\dot{I}_{WN}$表示。每根相线中流过的电流称为线电流（I_L），分别用 $\dot{I}_U$、$\dot{I}_V$、$\dot{I}_W$ 表示。由图 3-16 可以看出，线电流与相应的相电流相等，即

$$I_L = I_P \tag{3-15}$$

3. 中性线电流

中性线中流过的电流称为中性线电流，用 $\dot{I}_N$ 表示。由 KCL 可知

$$\dot{I}_N = \dot{I}_{UN} + \dot{I}_{VN} + \dot{I}_{WN}$$

当三相负载对称时，由于三相的相电压对称，因此三相的相电流也对称，即 $I_{UN} = I_{VN} = I_{WN}$，$\varphi_U = \varphi_V = \varphi_W$，由图 3-17 所示相量图可知，中性线电流为零，即

$$\dot{I}_N = \dot{I}_{UN} + \dot{I}_{VN} + \dot{I}_{WN} = 0 \tag{3-16}$$

式(3-16) 表明，采用三相四线制为三相对称负载供电，中性线不起作用，即使去掉，也不会影响电路的正常工作，因此，可改用三相三线制供电，如图 3-18 所示。在实际应用中，交流高压输电线路、工厂中广泛使用的三相交流电动机、三相电炉等一般采用三相三线制。

在图 3-18 中，三个相电流都流入中性点，而又没有中性线，电流怎样形成回路呢？原因是 $\dot{I}_{UN} + \dot{I}_{VN} + \dot{I}_{WN} = 0$，同时还可以通过三个相电流的波形图加以分析。由图 3-19 可以看出，在任一时刻，其中任一相电流恰好与其他两相电流之和大小相等、方向相反。这样三条相线和电源相互构成电流回路，而不通过中性线。

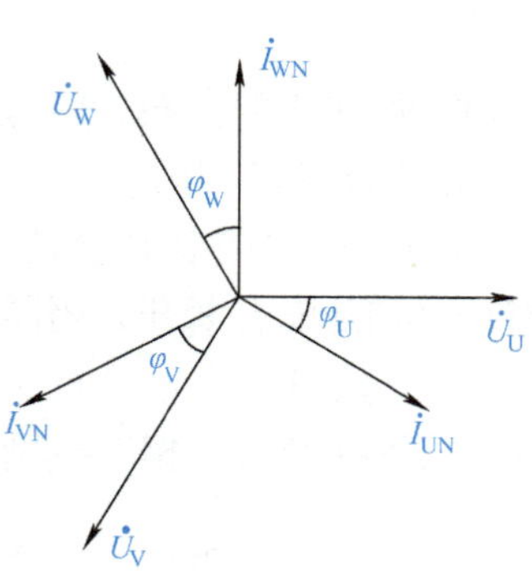

图 3-17　三相对称负载星形联结电流的相量图

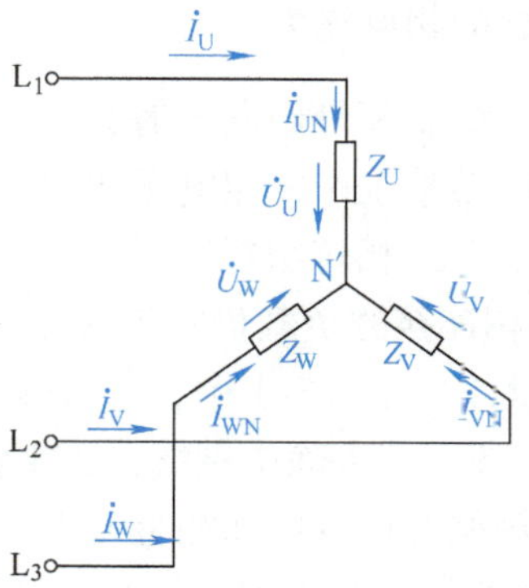

图 3-18　对称负载的三相三线制连接

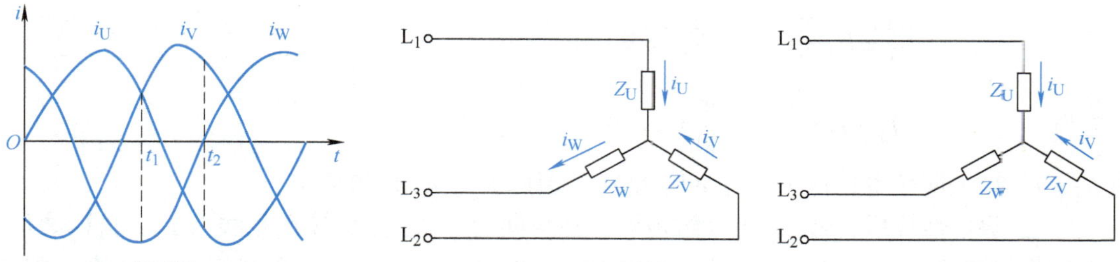

a) 波形图　b) t_1时刻　c) t_2时刻

图 3-19　三相电流的流通情况

例 3-1　图 3-20 所示的三相四线制供电系统，线电压为 380V，每相接入一组白炽灯，灯的额定电压是 220V，灯组的等效电阻 $R = 200\Omega$，试计算：

1）各相负载的相电压和相电流的大小。

2）如果 L_1 相灯组断开，其他两相负载的相电压和相电流的大小。

3）如果 L_1 相灯组短路，其他两相负载的相电压和相电流的大小。

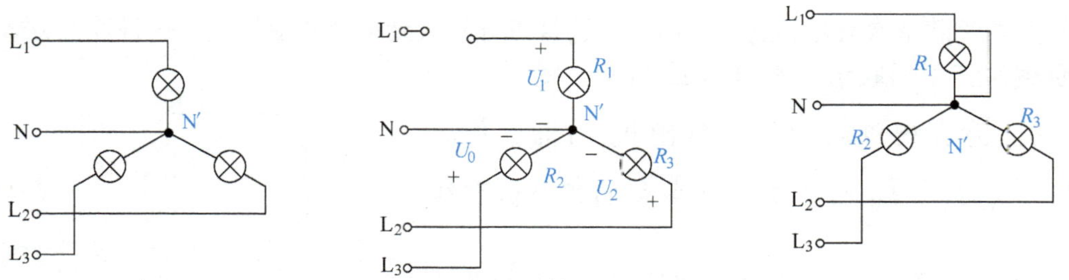

a)　b)　c)

图 3-20　例 3-1 图

解： 1）对于三相对称负载，三个相电压和相电流都是对称的，只需求出任意一相即可。

负载的相电压为　$U_U = U_V = U_W = U_P = \dfrac{1}{\sqrt{3}}U_L = \dfrac{380}{\sqrt{3}}V = 220V$

负载的相电流为 $$I_P = \frac{U_P}{R} = \frac{220}{200}\text{A} = 1.1\text{A}$$

2）当 L_1 相灯组断开时，如图 3-20b 所示。与 L_2、L_3 相连接的负载，端电压仍为相电压，仍能正常工作，相电压和相电流的数值与 L_1 相灯组没有断开时相同。

3）当 L_1 相灯组短路时，如图 3-20c 所示。与 L_1 相连接的保险装置会使 L_1 断开，与 L_2、L_3 相连接的负载仍能正常工作，相电压和相电流数值与 L_1 没有断开时相同。

例 3-2 在例 3-1 中，若去除中性线，试重新计算 1)、2)、3)。

解： 1）若去除中性线，正常情况下的三相四线制供电系统变为三相三线制，如图 3-21 所示。每相的相电压和相电流大小仍同上题。

2）去除中性线后，若 L_1 相灯组断开，则 R_2、R_3 灯组串联在 L_2、L_3 之间，承受 380V 的线电压，因 $R_2 = R_3$，故此时每相灯组承受的电压为

$$U_2 = U_3 = \frac{1}{2}U_L = \frac{380}{2}\text{V} = 190\text{V}$$

电流为 $$I_2 = I_3 = \frac{U_2}{R_2} = \frac{190}{200}\text{A} = 0.95\text{A}$$

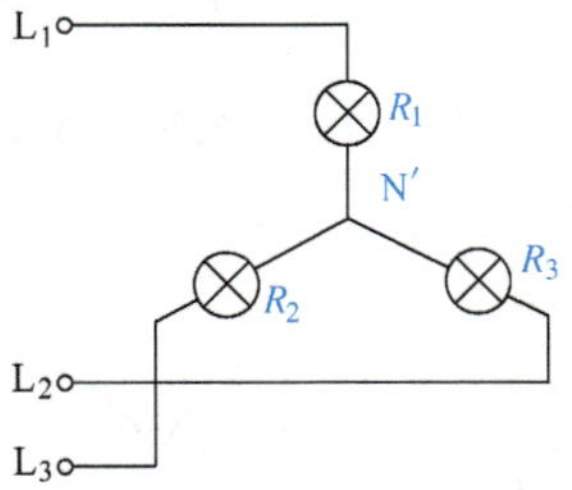

图 3-21 例 3-2 图

因 R_2、R_3 灯组两端电压低于额定电压 220V，因此 R_2、R_3 灯组变暗。

3）去除中性线后，若 L_1 相灯组短路，在瞬间 R_2、R_3 分别接在相线 L_1L_2、L_1L_3 之间，灯组两端的电压均为 380V，通过的电流均为 380/200A = 1.9A，两灯组迅速变亮，即刻烧坏。

由以上两例可见，对三相不对称负载，去除中性线而采用三相三线制供电时，虽然电源电压对称，但负载的端电压不对称，势必会引起因相电压高于负载的额定电压而损坏；或因相电压低于负载的额定电压而不能正常工作。因此实际应用中，对于三相不对称负载必须采用三相四线制供电，并且在中性线上不允许安装开关和熔断器。

3.4.2 三相负载的三角形联结

把三相负载依次首尾相连，再将三个连接点分别接到电源的端线上，这种连接方式称为三相负载的三角形联结，如图 3-22 所示。图中 Z_{UV}、Z_{VW}、Z_{WU} 为各相负载的等效复阻抗；$\dot{I}_{UV}$、$\dot{I}_{VW}$、$\dot{I}_{WU}$ 和 $\dot{I}_U$、$\dot{I}_V$、$\dot{I}_W$ 分别为各相负载的相电流和线电流。

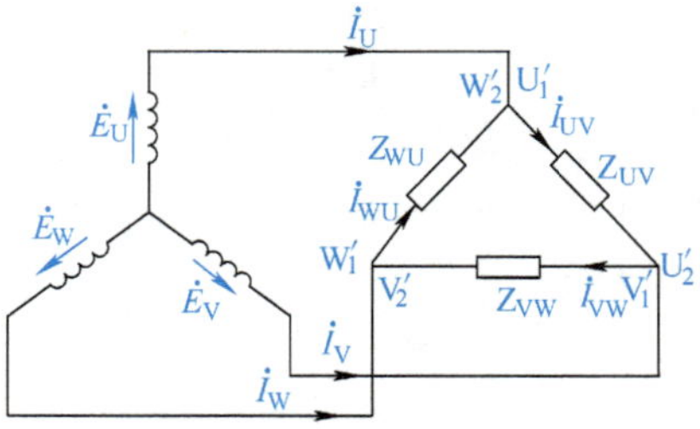

图 3-22 负载的三角形联结

由图 3-22 可以看出，各相负载的相电压与电源的线电压相等，即

$$U_{UV} = U_{VW} = U_{WU} = U_L = U_P \tag{3-17}$$

各相负载的相电流为

$$\dot{I}_{UV} = \frac{\dot{U}_{UV}}{Z_{UV}} \tag{3-18}$$

$$\dot{I}_{VW}=\frac{\dot{U}_{VW}}{Z_{VW}} \tag{3-19}$$

$$\dot{I}_{WU}=\frac{\dot{U}_{WU}}{Z_{WU}} \tag{3-20}$$

根据基尔霍夫电流定律，线电流满足

$$\dot{I}_{U}=\dot{I}_{UV}-\dot{I}_{WU} \tag{3-21}$$

$$\dot{I}_{V}=\dot{I}_{VW}-\dot{I}_{UV} \tag{3-22}$$

$$\dot{I}_{W}=\dot{I}_{WU}-\dot{I}_{VW} \tag{3-23}$$

图 3-23 为三相对称负载三角形联结时的电流相量图，可以看出，线电流与相电流都是对称的，线电流滞后于相应的相电流 30°，线电流等于相电流的$\sqrt{3}$倍，即

$$I_L=\sqrt{3}I_P \tag{3-24}$$

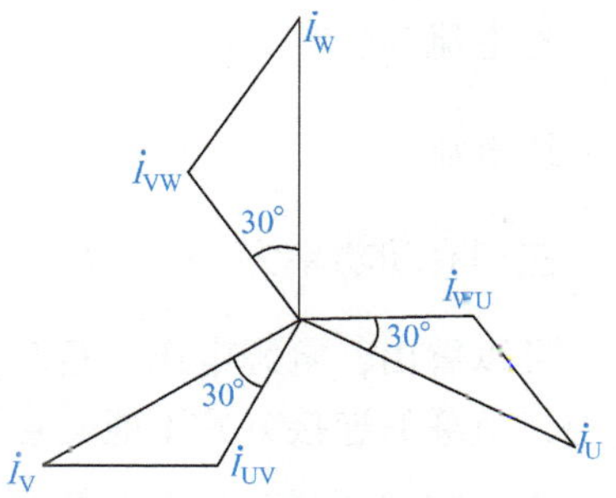

图 3-23 三相对称负载电流相量图

3.5 三相交流电路的功率

3.5.1 三相交流电路功率计算

三相交流电路总的有功功率等于各单相电路有功功率之和，即

$$P=P_1+P_2+P_3$$

当三相负载对称时，每相的有功功率相等，设每相的功率因数角为 φ_P，总的有功功率为

$$P=3P_P=3U_PI_P\cos\varphi_P \tag{3-25}$$

当三相对称负载星形联结时，将 $U_P=U_L/\sqrt{3}$和 $I_P=I_L$ 代入式(3-25) 中，有

$$P=\sqrt{3}U_LI_L\cos\varphi_P \tag{3-26}$$

当三相对称负载三角形联结时，将 $U_P=U_L$ 和 $I_P=I_L/\sqrt{3}$代入式(3-25) 中，有

$$P=\sqrt{3}U_LI_L\cos\varphi_P \tag{3-27}$$

由式(3-26) 和式(3-27) 可以看出，三相对称负载的星形联结和三角形联结总的有功功率的计算公式一样。在实际应用中，由于三相电路中的线电压和线电流比较容易测量，所以通常多用式(3-26) 或式(3-27) 来计算有功功率。

同理，三相对称负载的无功功率和视在功率为

$$Q=\sqrt{3}U_LI_L\sin\varphi_P \tag{3-28}$$

$$S=3U_PI_P=\sqrt{3}U_LI_L=\sqrt{P^2+Q^2} \tag{3-29}$$

例 3-3 已知三相三线制电源的线电压为 380V，每相负载的复阻抗 $Z=10\angle 30^\circ\ \Omega$，求三相负载Y联结和△联结时的有功功率。

解： 负载Y联结时，

相电压为 $$U_P=\frac{U_L}{\sqrt{3}}=\frac{380}{\sqrt{3}}\text{V}=220\text{V}$$

线电流为 $$I_L = I_P = \frac{220}{10}\text{A} = 22\text{A}$$

相电压与相电流的相位差为 30°。

三相有功功率为 $$P = \sqrt{3}U_L I_L \cos\varphi_P = \sqrt{3}\times 380 \times 22 \times \frac{\sqrt{3}}{2}\text{W} = 12.54\text{kW}$$

负载△联结时，

相电流为 $$I_P = \frac{380}{10}\text{A} = 38\text{A}$$

线电流为 $$I_L = \sqrt{3}I_P = 38\sqrt{3}\text{A}$$

三相有功功率为 $$P = \sqrt{3}U_L I_L \cos\varphi_P = \sqrt{3}\times 380 \times 38\sqrt{3} \times \frac{\sqrt{3}}{2}\text{W} = 37.62\text{kW}$$

可以看出，电源电压一定时，负载的连接方式不同，消耗的功率也不同。因此，实际应用中，负载的连接方式不能随意选择。

3.5.2 三相负载的功率测量

1. 三相四线制供电，负载星形联结（即Y联结）

对于三相不对称负载，用三个单相功率表测量，测量电路如图 3-24 所示，三个单相功率表的读数为 W_1、W_2、W_3，则三相功率 $P = W_1 + W_2 + W_3$，这种测量方法称为三功率表法。

对于三相对称负载，用一个单相功率表测量即可，若功率表的读数为 W，则三相功率 $P = 3W$，称为一功率表法。

2. 三相三线制供电

三相三线制供电系统中，不论三相负载是否对称，也不论负载是Y联结还是△联结，都可用二功率表法测量三相负载的有功功率。这是用单相功率表测量三相三线制电路功率的最常用的方法，测量电路如图 3-25 所示，若两个功率表的读数为 W_1、W_2，则三相功率 $P = W_1 + W_2$。

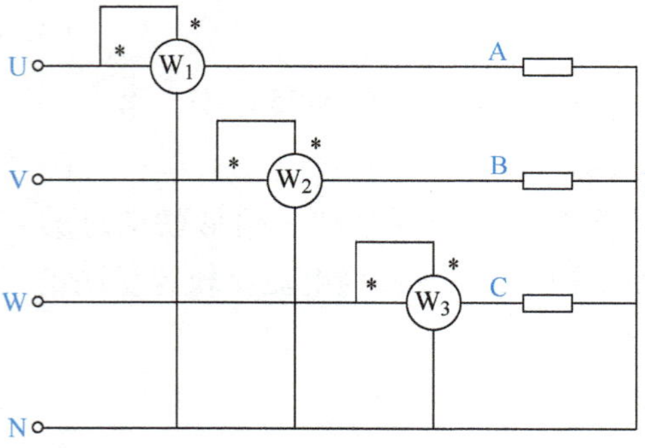

图 3-24 三功率表法测量功率

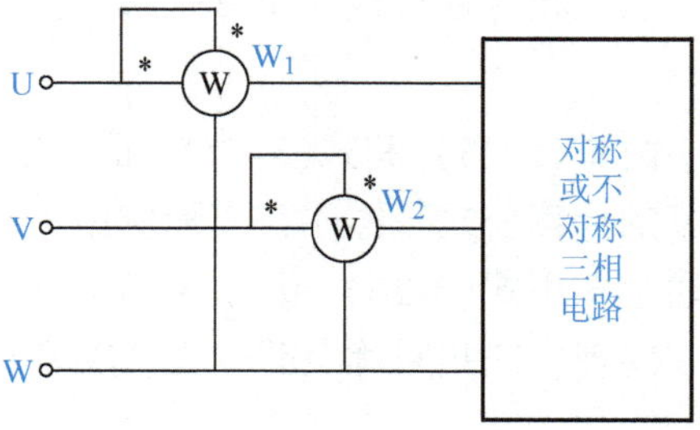

图 3-25 二功率表法测量功率

情境链接

电力装备与中国制造 2025

《中国制造 2025》选择了包括电力装备在内的十大优势和战略产业作为突破点，

力争到 2025 年达到国际领先地位或国际先进水平，充分发挥实体经济的引领带动作用。

一、发电装备

清洁高效的发电设备将成为我国发电领域主流技术，重点发展的产品是清洁高效煤电成套装备、重型燃气轮机发电装备、大型先进核电成套装备、大型先进水电成套装备和可再生能源发电装备。

发电装备是将一次能源转换为电能的装备，包括先进煤电、核电、水电、风电、光伏等可再生能源装备，是国家实现能源安全、结构优化和节能减排战略目标的重要保障。

二、输变电装备

输变电装备是我国装备走向世界的优势领域之一。重点发展的产品是特高压输变电成套设备、智能输变电成套设备、智能电网用户端设备。输变电装备发展将呈现出智能化、集成化、绿色化的特点。特高压（1000kV）输变电技术国际领先，进入世界强国行列。

三、应用示范工程

1. 清洁高效发电应用示范工程

1200MW 等级超超临界机组、600～1000MW 超（超）临界流化床锅炉、1000MW 等级超（超）临界空冷机组、630℃超超临界机组示范工程。大型气流床和循环流化床气化示范工程。图 3-26 所示为我国自主化研发的 300MW 等级 F 级重型燃气轮机示范工程。

2. 大型先进核电应用示范工程

1000MW、1500MW、2000MW 等级核电应用示范工程，如 CAP1400 示范工程。200MW 高温气冷堆、600MW 钠冷快堆、100MW 钍基熔盐堆示范工程。图 3-27 所示为“华龙一号”全球示范工程施工现场。

图 3-26 我国自主研发的 300MW 等级 F 级重型燃气轮机

图 3-27 “华龙一号”全球示范工程施工现场

3. 抽水蓄能及大型水电应用示范工程

150～400MW 可变速抽水蓄能、1000MW 等级混流式水轮发电机组应用示范工程。

4. 新能源应用示范工程

50MW、100MW 等级光热发电示范工程，5～10MW 风力发电示范工程。

以现有国家工程研究中心为创新载体基础，优化和集成创新资源，建设清洁高效发电技术国家重大创新基地。进一步发挥创新链各类创新载体的整体优势，以新的组织形式，跨领域、跨部门、跨区域集中组织实施面向国家目标的协同创新。

3.6 安全用电常识

各种电气设备广泛进入企业和日常生活的同时，电气设备所带来的不安全事故也不断发生。因此，学习安全用电知识，掌握常规触电防护技术，是保证用电安全的有效途径。

3.6.1 触电的有关知识

触电是指人体触及带电体后，电流对人体造成的伤害。它有两种类型，即电击和电伤。

我国采用的安全电压有36V和12V两种。一般情况下可采用36V的安全电压，在非常潮湿的场所或容易大面积触电的场所，如坑道内、锅炉内作业，应采用12V的安全电压。

按照人体触及带电体的方式和电流流过人体的途径，电击可分为单相触电、两相触电和跨步电压触电。

1. 单相触电

当人体直接触及带电设备其中的一相时，电流通过人体流入大地，这种触电现象称为单相触电。

2. 两相触电

人体同时接触带电设备或线路中的两相导体，或在高压系统中，人体同时接近不同相位的两相带电导体，而发生电弧放电，电流从某相导体通过人体流入另一相导体，构成一个闭合回路，这种触电方式称为两相触电。发生两相触电时，作用于人体上的电压等于线电压，这种触电是最危险的。

3. 跨步电压触电

当电气设备发生接地故障，接地电流通过接地体向大地流散，在地面上形成电位分布时，若人在接地短路点周围行走，其两脚之间的电位差，就是跨步电压。由跨步电压引起的人体触电，称为跨步电压触电。

3.6.2 保护接地与保护接零

正常情况下，电力设备的外壳是不带电的。当设备某相绝缘损坏而使该相触及外壳时，外壳就带电。若不采取任何安全措施，当人体触及漏电的设备外壳时，就会造成触电伤亡，保护接地与保护接零是预防这类触电事故的有效措施。

1. 保护接地

为了防止因绝缘损坏而遭受触电的危险，将与电气设备带电部分相绝缘的金属外壳或构架同接地体之间做良好的电气连接，称为保护接地，如图3-28所示。人体触及电气设备外壳时，人体相当于接地装置的一条并联支路。由于人体电阻（至少是1000Ω）比起接地电阻（通常为4～10Ω）要大得多，根据分流公式可知，通过人体的电流就很小了，从而减轻了触电的危险。

2. 保护接零

在变压器中性点直接接地的三相四线制电网中，防止触电的最可靠措施是将电力设备的外壳与中性线连接起来，称为保护接零，如图3-29所示。这样，当设备某相接地点接触外壳时，可以形成该相线对中性线的单相短路，促使开关或熔断器迅速跳闸或熔断，切断故障设备电源，避免触电危险。**注意：**在同一系统中不允许对一部分设备采取接地，对另一部分采取接零。

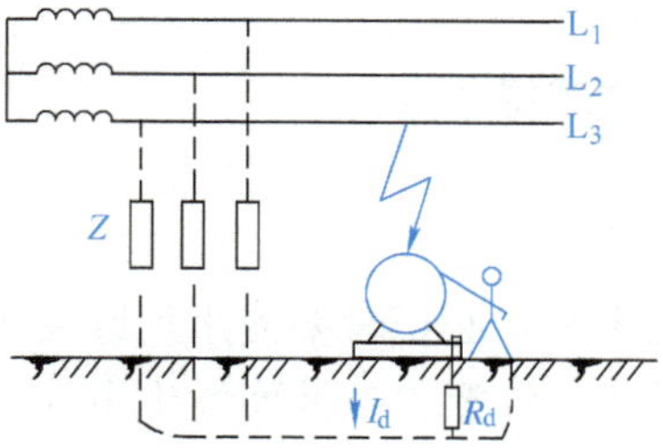

图 3-28 保护接地

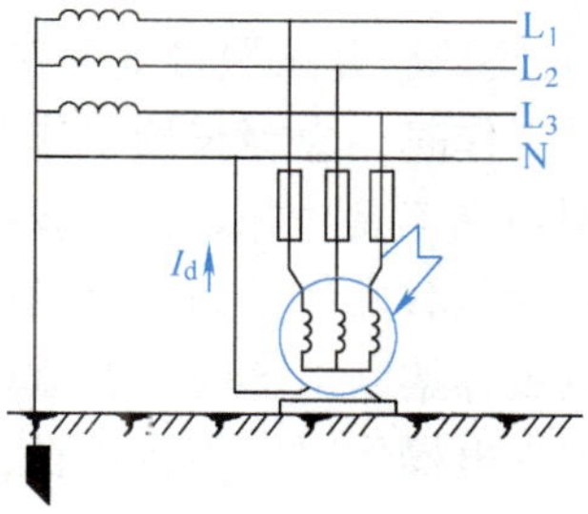

图 3-29 保护接零

3.6.3 安全操作规程

（1）停电工作 停电工作是指用电设备或线路在不带电的情况下进行的电气操作。根据国家有关部门颁布的电工安全操作规程，为保证停电后的安全操作，应按以下的步骤操作。

1）检查是否断开所有的电源。在停电操作时，要求作业的设备或电路上有两个以上的明显断开点。对于多回路的用电设备或线路，还要注意从低压侧向被作业设备、线路的倒送电。

2）验电。任何电气线路或设备内部未经验明无电时，一律视为有电。必须使用电压等级合适的验电器（笔），对线路或设备的进出两端分别验电。确认无电后方可进行工作。

情境链接

验电笔的正确使用

验电笔是一种用来测试电气线路或设备是否带有较高对地电压的常用工具，检测电压的范围通常为 60～500V。验电笔的外形通常有钢笔式和螺钉旋具式两种。

使用低压验电笔时，必须按图 3-30a 所示的方法握笔，手指触及笔尾的金属体，使氖管小窗背光朝自己，不能用图 3-30b 所示的方式握笔。当用验电笔测带电体时，电流经带电体、验电笔、人体、大地形成回路，只要带电体与大地之间的电位差超过 60V，验电笔中的氖泡就会发光。电压高发光强，电压低发光弱。

在带电情况下，相线为高电位，中性线为低电位。相线颜色标志为红、黄、绿色；中性线为浅蓝色；保护接地中性线为绿-黄组合色（绿、黄比例为 3:7）。

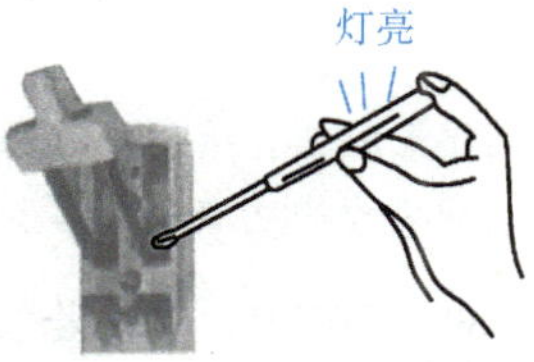

a) 正确的验电方式

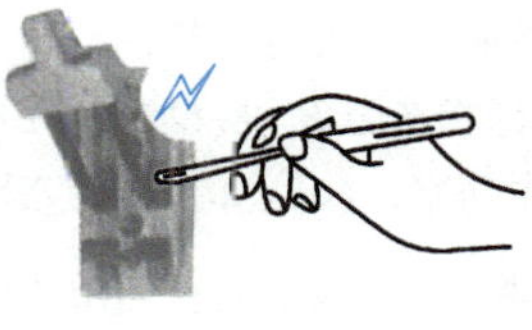
b)危险的验电方式

图 3-30 验电笔的使用方法

（2）带电工作 如果因特殊情况必须在用电设备或线路上带电工作时，要经过有关部门批准，专人监护、并按照带电操作的安全规定进行。

1）电工工作时，应穿长袖工作服，戴安全帽，戴绝缘手套。

2）使用绝缘工具，并站在绝缘物上进行操作。

3）禁止带负载操作动力配电箱中的刀开关。

4）带电装卸熔断电器时，要戴防护眼镜和绝缘手套，必要时要使用绝缘夹钳。

5）电工带电操作时间不宜过长，以免因疲劳过度、注意力分散而发生事故。

情境总结

1. 电力系统的主体结构有电源（水电站、火电厂、核电站等发电厂）、变电所（升压变电所、负荷中心变电所等）、输电、配电线路和负荷中心。

2. 三相对称电源的大小相等、频率相同，相位互差 120°。

3. 三相交流电路的电源和负载有星形和三角形两种接法。

三相负载星形联结： $I_L = I_P$，$U_L = \sqrt{3}U_P$

三相对称负载三角形联结： $U_L = U_P$，$I_L = \sqrt{3}I_P$

4. 三相对称交流电路的功率

有功功率为 $P = \sqrt{3}U_L I_L \cos\varphi_P$

无功功率为 $Q = \sqrt{3}U_L I_L \sin\varphi_P$

视在功率为 $S = \sqrt{3}U_L I_L = \sqrt{P^2 + Q^2}$

习题与思考题

3-1 简述电力系统的概念及组成。

3-2 简述低压配电线路的连接方式及特点。

3-3 三相四线制供电电路中，中性线有何作用？

3-4 三相对称负载星形联结时，中性线可以省去，三个相电流都流向中性点，电流从哪里流出？

3-5 某教学楼照明电路发生了故障，第二层和第三层的所有电灯突然暗淡下来，只有第一层的电灯亮度没有改变，试问这是什么原因？同时发现第三层的电灯比第二层的还要暗些，这又是什么原因？你能说出此教学楼的照明电路是按何种方式连接的吗？这种连接方式符合照明电路安装原则吗？

3-6 有一三相对称负载，每相电阻 $R=8\Omega$，感抗 $X_L=6\Omega$，接到线电压为 380V 的三相对称电源上，求：（1）负载采用星形联结时的相电流、线电流、有功功率；（2）负载采用三角形联结时的相电流、线电流、有功功率，并比较两种接法的结果。

3-7 三相电阻炉每相电阻 $R=8.68\Omega$，（1）三相电阻采用星形联结，接在线电压 380V 的对称电源上，求电炉从电网吸收多少功率；（2）如果改为△联结，电炉从电网吸收的功率又是多少？

3-8 三相对称负载 $Z=(3+\mathrm{j}4)\Omega$，电源线电压为 $\dot{U}_{UV}=380\angle 30^\circ$ V。（1）若采用三相四线制星形联结，计算负载各相电流 $\dot{I}_U$、$\dot{I}_V$、$\dot{I}_W$，负载各相电压 $\dot{U}_U$、$\dot{U}_V$、$\dot{U}_W$；（2）若采用三角形联结，计算负载相电流 $\dot{I}_{UV}$、$\dot{I}_{VW}$、$\dot{I}_{WU}$，负载线电流 $\dot{I}_U$、$\dot{I}_V$、$\dot{I}_W$。

教学情境 4

磁路与变压器

教学目标： 本章主要介绍了磁路的基本物理量、磁路定律、铁磁材料、变压器的结构、变压器的工作原理以及几种常用的特殊变压器。通过对本章的学习，要求掌握磁路和磁性材料的基本知识，掌握变压器的结构和工作原理，了解三相变压器和几种特殊变压器的特点及用途。

情境链接

硬盘存储器中的磁记录技术

硬盘存储器是利用磁记录技术进行数据存储的存储器。读/写磁头是硬盘中最昂贵的部件，也是硬盘技术中最重要和最关键的一环。

在计算机中，电脉冲信号被转化为磁信号，读/写磁头上的电磁铁能把置于硬盘上的磁性金属微粒吸到不同的位置，磁铁的南北极分别对应二进制数的 1 和 0，从而在硬盘上记录数据。这个过程也是可逆的，硬盘上记录的数据（磁信号）又可以被转化成电脉冲信号，从而读取数据，如图 4-1 所示。

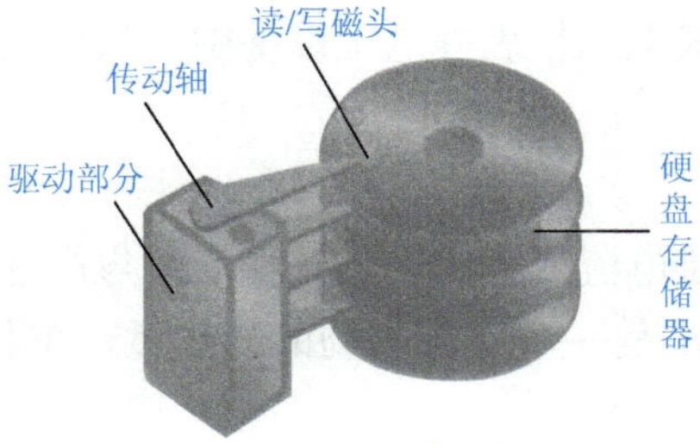

图 4-1　计算机硬盘存储器

硬盘是用户存储数据的主要场所，平时所使用的操作系统、应用软件、文件、游戏及其他重要数据等都是存储在硬盘中。

4.1　磁场的基本物理量

1820 年丹麦物理学家奥斯特发现了电流的磁效应。通电导线的周围存在磁场，用以产生磁场的电流称为励磁电流，磁场方向与励磁电流方向可用右手螺旋定则确定。

1. 磁感应强度 B

通电导体在磁场中所受到的电磁力 F，除了与电流强度和垂直于磁场的导线长度 l 成正比以外，还和磁场的强弱有关。用以表示某点磁场强弱的量称为磁感应强度，用 B 表示。在数值上它等于垂直于磁场方向的单位长度导体通以单位电流所受的电磁力，即

$$B=\frac{F}{Il} \tag{4-1}$$

在国际单位制（SI）中，B 的单位是特［斯拉］（T）；以前也常用电磁制单位高斯（Gs）。两者的关系是 $1\text{T}=10^4\text{Gs}$。

2. 磁通 $\boldsymbol{\Phi}$

磁感应强度 B 与垂直于磁场方向的面积 S 的乘积称为磁通 $\boldsymbol{\Phi}$，即

$$\Phi=BS \tag{4-2}$$

可见，磁感应强度在数值上可以看成与磁场方向相垂直的通过单位面积的磁通，故又称为磁通密度。在国际单位制中，Φ 的单位是韦［伯］（Wb）。

3. 磁导率 $\boldsymbol{\mu}$

磁导率是用来表示磁场中介质导磁性能的物理量，决定于介质对磁场的影响程度，单位是亨/米（H/m）。

由实验测得，真空的磁导率是一个常数，即

$$\mu_0=4\pi\times10^{-7}\text{H/m}$$

其他介质磁导率 μ 和真空的磁导率 μ_0 的比值称为相对磁导率 μ_r，即

$$\mu_r=\frac{\mu}{\mu_0} \tag{4-3}$$

铁磁物质的相对磁导率很大，如铁、钴、镍、钇等可达几百甚至几千，硅钢片的相对磁导率可达 6000～8000，非铁磁物质的相对磁导率很小，如空气、铝、铬、铂、铜等的相对磁导率约等于 1。

铁磁物质广泛应用在变压器、电动机、磁电式电工仪表等电工设备中，只要在线圈中通过很小电流，就可以产生足够大的磁感应强度。

4. 磁场强度 H

磁场强度是描述磁场源强弱的物理量，与励磁电流成正比，磁场强度只与产生磁场的电流以及空间位置有关，与磁介质无关。磁场强度 H 是一个计算磁场的物理量，单位是安/米（A/m）。

$$H=\frac{B}{\mu} \tag{4-4}$$

4.2 磁路

由磁场基本原理可知，磁感线或磁通总是闭合的。磁通和电路中的电流一样，总是在低磁阻的通路流通，高磁阻通路磁通较少。

为了使较小的励磁电流产生足够大的磁通（或磁感应强度），在电机、变压器及各种电工设备中常用磁性材料做成一定形状的铁心。由于铁心的磁导率比周围空气或其他物质的磁导率高得多，因此磁通的绝大部分经过铁心而形成一个闭合通路。磁路就是磁通（磁感线）

经过的闭合路径。图 4-2 所示是变压器及电动机中的磁路。

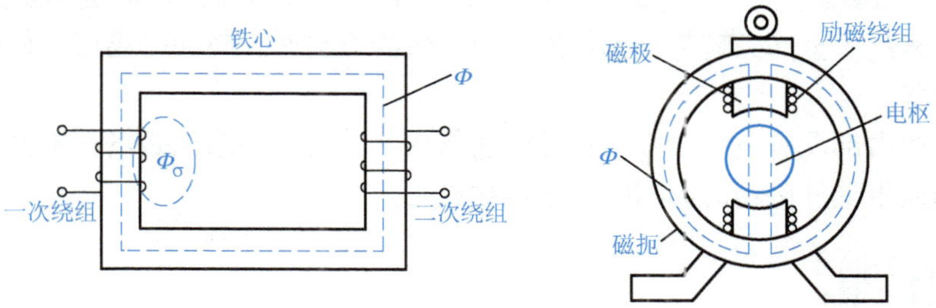

a) 变压器的磁路　　b) 电动机的磁路

图 4-2　变压器及电动机中的磁路

由于磁性材料的磁导率 μ 远远大于空气，所以磁通主要沿铁心而闭合，只有很少部分磁通经过空气或其他材料。把通过铁心的磁通称为主磁通，如图 4-2 中的 Φ，铁心外的磁通称为漏磁通，如图 4-2a 中的 Φ_σ，一般情况下，漏磁通很少，常略去不计。

在励磁绕组中通入电流，则磁路中产生磁通。改变励磁电流 I 或线圈绕组 N，磁通的大小随之变化。I 越大，所产生的磁通 Φ 越大；线圈的匝数越多，所产生的磁通 Φ 也越大。因此把励磁电流 I 和线圈匝数 N 的乘积称为磁动势。

4.3　铁磁材料

4.3.1　铁磁物质的磁化

自然界的物质按导磁性能可以分为两大类：一类为铁磁材料，如铁、钢、镍、钴等，这类材料的导磁性能好；另一类为非铁磁材料，如铜、铝、纸、空气等，此类材料的导磁性能差。铁磁材料是制造变压器、电动机、仪表仪器等各类电工设备的主要材料，铁磁材料的磁性能对电磁器件的性能和工作状态有很大影响。

非铁磁物质的相对磁导率 $\mu_r \approx 1$，而铁磁物质的相对磁导率 $\mu_r \gg 1$，可达几百甚至几千。这表明铁磁物质有良好的导磁性能。将铁磁物质置入通电的线圈中，会使磁场大为增强，这种现象称为铁磁物质的磁化。磁化是铁磁物质特有的现象。

近代物理学的研究指出，铁磁物质是由许多微小的天然磁化区域组成的，这些天然磁化区域叫作磁畴。磁畴内部所有的分子电流取向一致，因而，每个磁畴都相当于一块体积极小但磁性很强的微型磁铁。没有外磁场作用时，由于各磁畴的排列杂乱无章，它们的磁场互相抵消，因而对外不显磁性，如图 4-3a 所示。

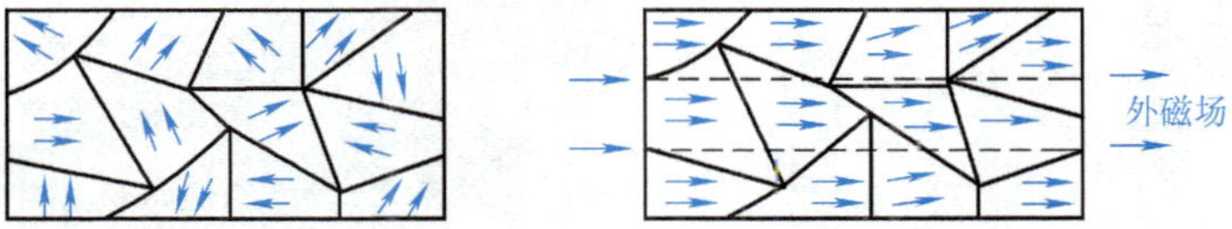

a) 磁化前　　b) 磁化后

图 4-3　铁磁材料的磁化

在外磁场的作用下，铁磁物质内部磁畴的方向与外磁场方向趋于一致，形成与外磁场方向相同的附加磁场，从而使铁磁物质内部的磁场显著增强，这就是铁磁物质的磁化，如图4-3b所示。外磁场越强，与外磁场方向一致的磁畴数量越多，附加磁场也越强。当外磁场增大到一定程度，全部磁畴都转到与外磁场一致的方向时，附加磁场可比外磁场增强几百倍，甚至数千倍。

非铁磁物质内部没有磁畴结构，在外磁场作用下，它们的附加磁场很不显著。故一般认为，非铁磁物质不受外磁场的影响，即不能被磁化。

情境链接

麦斯纳效应与磁悬浮列车

超导体具有完全的抗磁性，若在临界温度以下把超导样品放入磁场中，使其处于超导状态，则在超导体表面会产生感应电流，电流在样品内部产生的磁场就会抵消原来的外磁场，使超导体内部的磁场为零，这种当金属变成超导体时磁力线自动排出金属体之外，而超导体内的磁感应强度为零的现象，称为麦斯纳效应（Meissner effect）。

超导体的抗磁性可用下面的实验来演示，将用超导材料制成的小圆块放置在磁场中，由于材料的抗磁性，小圆块被悬浮于空中，这就是通常所说的磁悬浮，如图4-4所示。

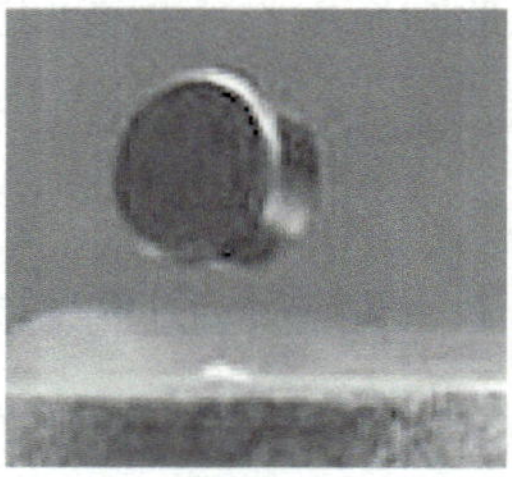

图4-4 超导体的抗磁性实验

磁悬浮列车（如图4-5所示）所用磁悬浮力即来自钇钡铜氧高温超导体和钕铁硼磁钢。磁悬浮列车是靠磁悬浮力来推动的列车，由于其轨道的磁力使之悬浮在空中，行走时不需接触地面，其阻力只有空气的阻力。磁悬浮列车的最高速度可以达500km/h以上，比轮轨高速列车快得多。

高速磁悬浮交通系统是《中国制造2025》重点领域技术创新产品。国家发展重点是实现高速磁浮列车系统完全自主化，具备自主集成中长线高速磁浮交通系统的技术能力，形成国际领先的标准规范体系和产业化能力。目标为最高设计时速600km，悬浮能耗降低30%（与德国高速磁浮相比）；电磁铁温升低于40℃；车辆减重5%以上。

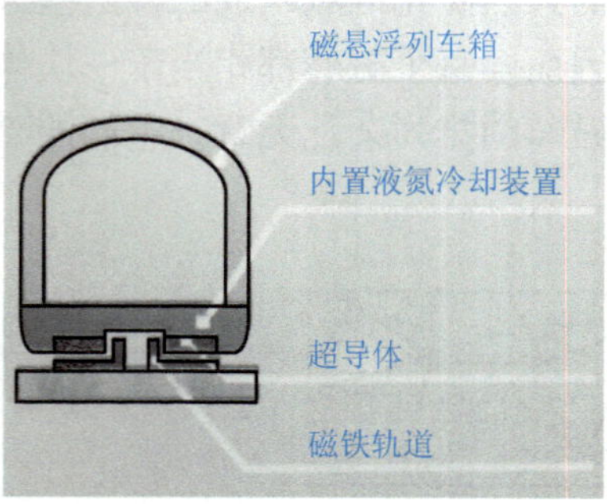

图4-5 磁悬浮列车

4.3.2　磁化曲线

磁化曲线是铁磁物质在外磁场中被磁化时，其磁感应强度 B 随外磁场强度 H 的变化而变化的曲线，即 B-H 曲线。磁化曲线可由实验测定。

1. 起始磁化曲线

从 $H=0$、$B=0$ 开始，未经磁化过的铁磁材料的磁化曲线，称为起始磁化曲线，如图 4-6中的曲线①所示。图中 H 和 B 分别为外磁场的磁场强度和铁磁材料内的磁感应强度。从曲线可看出，在 Oa 段，随外磁场 H 的增大，磁感应强度 B 增加较慢，这时，材料内的磁畴在微弱的外磁场作用下，只发生了微微的转向，B 随 H 的增加近似为线性；在 ab 段，随 H 的增加，B 迅速增大，材料内的磁畴在足够强的外磁场作用下，随外磁场方向发生了明显的转向，产生了明显的附加磁场；在 bc 段，H 增大，B 的增加又趋缓慢；c 点以后，H 继续增大，B 则基本保持不变，曲线进入饱和阶段，这是因为外磁场增大到一定程度，磁畴已全部转向外磁场方向，外磁场再增强，附加磁场已不可能随之进一步增强。显然，铁磁材料的 B 与 H 的关系是非线性的。曲线②则是非铁磁材料的 B_0-H 曲线。

2. 磁滞回线

铁磁材料在反复磁化过程中的 B-H 曲线称为磁滞回线，如图 4-7 所示。上述磁化过程进行到磁化曲线的 c 点，即 B 达到最大值 B_m 后，此时外磁场强度为 H_m，若转而逐步减小 H，则 B 也随之下降，但并不沿原来的 B-H 曲线，而是沿另一条由线 cd 下降。当 $H=0$ 时，$B=B_r\neq0$（见曲线上的 d 点），B_r 称为剩余磁感应强度，简称剩磁。直到外磁场 H 反向增加到 $-H_c$ 时，B 才等于零（见曲线的 e 点），剩磁消除。消除剩磁所需的反向磁场强度的大小 H_c 称为矫顽力。继续增大反向磁场，直到 $-H_m$，B 也相应反向增至 $-B_m$，（见曲线 f 点）。再使 H 返回零（见曲线的 g 点），并又从零增至 H_c（见曲线的 h 点），再增至 H_m。即可得到图所示的一条闭合曲线。由于在反复磁化过程中，磁感应强度 B 的变化滞后于磁场强度 H 的变化，故称这条闭合曲线为磁滞回线。

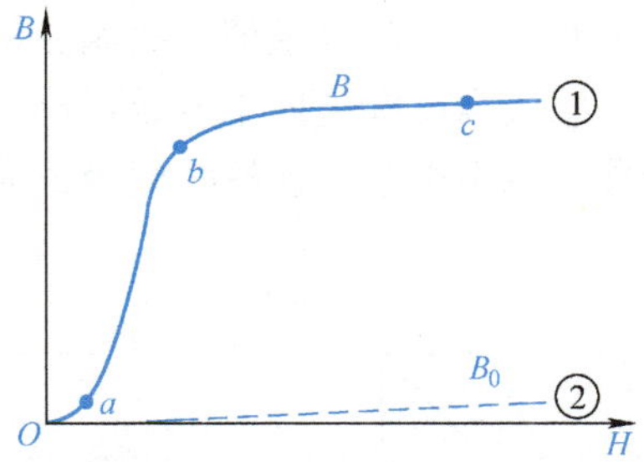

图 4-6　起始磁化曲线

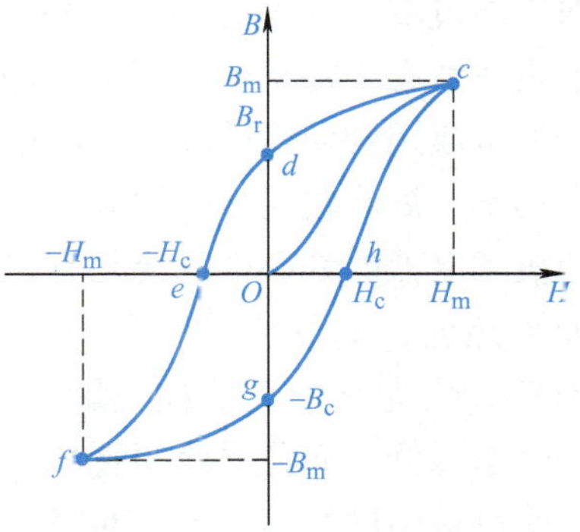

图 4-7　磁滞回线

4.3.3　铁磁材料的分类

铁磁材料按其磁滞回线形状及其在工程上的用途一般分为软磁材料、硬磁材料、矩磁材料三类。

图 4-8 所示是不同材料的磁滞回线。其中，图 4-8a 是软磁材料，图 4-8b 是硬磁材料，

图 4-8c 是矩磁材料。

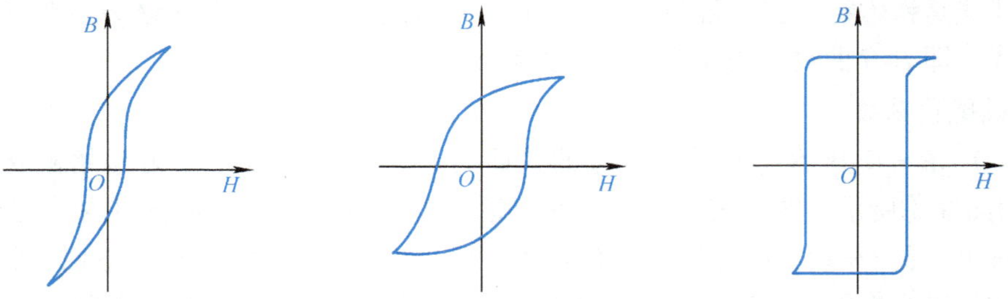

a) 软磁材料　　b) 硬磁材料　　c) 矩磁材料

图 4-8 不同材料的磁滞回线

软磁材料的剩磁和矫顽力较小，磁滞回线形状较窄，但磁化曲线较陡，即磁导率较高，所包围的面积较小。它既容易磁化，又容易退磁，一般用于有交变磁场的场合，如用来制造变压器、电动机以及各种中、高频电磁元件的铁心，收音机接收线圈的磁棒等。常见的软磁材料有纯铁、铸铁、铸钢、硅钢、坡莫合金以及非金属铁磁铁氧体等。

硬磁材料的剩磁和矫顽力较大，磁滞回线形状较宽，所包围的面积较大，被磁化后剩磁不易消失，适用于制作永久磁铁，如扬声器、耳机、电话机、录音机以及各种磁电式仪表中的永久磁铁都是硬磁材料制成的。常见的硬磁材料有碳钢、钨钢、钴钢以及铁镍铝合金等。

矩磁材料的磁滞回线近似于矩形，它的特点是在较弱的磁场作用下也能磁化并达到饱和，当外磁场去掉后，磁性仍保持饱和状态，剩磁很大，但矫顽力较小。矩磁材料稳定性良好，而且易于迅速翻转，常在计算机和控制系统中用作记忆元件和开关元件，如计算机存储器的磁心等。矩磁材料有镁锰铁氧体及某些铁镍合金等。

4.3.4 涡流与趋肤效应

1. 涡流

当线圈中通过变化的电流 i 时，在铁心中穿过的磁通也是变化的。由于构成磁路的铁心是导体，于是在铁心中将产生感应电动势和感应电流，如图 4-9a 中虚线所示。由于这种感应电流是一种自成闭合回路的环流，故称为涡流。铁心有一定的电阻值，故涡流将使铁心发热，损耗电功率。涡流损耗与电源频率的平方及铁心感应强度幅值的平方成正比。

在电动机和电器的铁心中涡流是有害的。由于导体电阻很小，涡流强度会很大，有大量的能量转变为热能，造成能量的损失，称为涡流损耗。因为它不仅消耗电能，使电气设备效率降低，而且涡流损耗转变为热量，使设备温度升高，严重时将影响正常运行。在这种情况下，要尽量减小涡流。减小涡流的方法是采用表面彼此相互绝缘的硅钢片叠合，做成电器设备的铁心，如图 4-9b 所示。这样，一方面把产生涡流的区域缩小，另一方面增加涡流的路径总长度，相当于增大

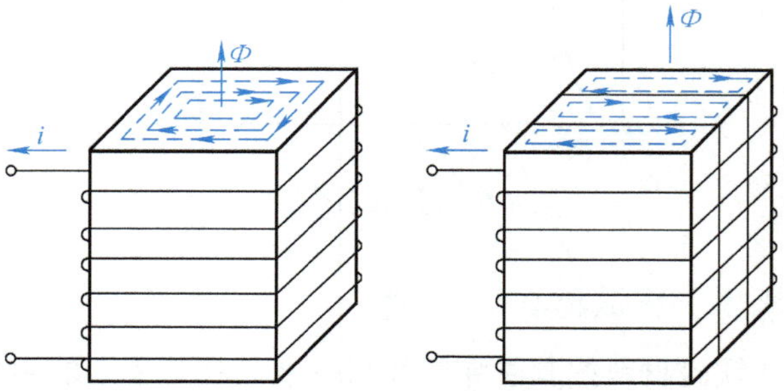

a) 涡流　　b) 减小涡流的方法

图 4-9 涡流

涡流路径的电阻，因而可以减小涡流。

涡流虽然在很多电器中会引起不良后果，但在另一些场合下，人们却利用涡流为生产、生活服务。例如工业上利用涡流产生热量来熔化金属，日常生活中的电磁炉就是利用涡流的原理制作的。

情境链接

电磁炉的工作原理

图 4-10 所示是电磁炉的原理图，炉子的内部有一个金属线圈，当电流通过线圈时会产生磁场，这个变化的磁场又会引起电磁炉上面的铁质锅底内产生感应电流（即涡流），涡流使锅体铁分子高速无规则热运动，分子互相碰撞、摩擦而产生热能，从而迅速使锅体温度升高。所以电磁炉煮食的热源来自于锅本身，而不是电磁炉发热传导给锅具，完全区别于传统厨具靠热传导来加热食物。

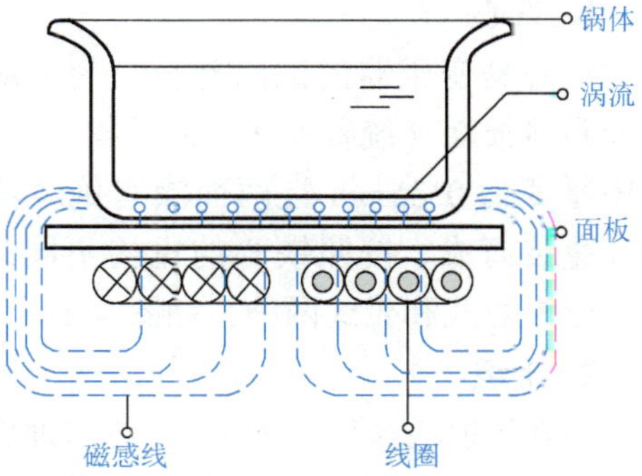

图 4-10 电磁炉原理图

2. 趋肤效应

直流电通过导线时，在导线横截面上各处的电流密度是相等的。但交流电通过导线时，在导线横截面上各处的电流密度是不等的，中心处的电流密度小，靠近表面处的电流密度大。电流这种分布不均匀的现象称为电流的趋肤效应。

情境链接

金属表面感应淬火

在纯铜制成的感应线圈中通入一定频率的交流电时，即在其内部和周围产生交变磁场。若把工件置于磁场中，则在工件内部产生频率相同但方向相反的感应电流，感应电流在工件内部自成回路。由于交流电的趋肤效应，靠近工件面的电流密度大，而中心处几乎为零。由于工件自身有电阻，工件表面温度快速升高到相变温度以上，随即采用水、乳化液或者聚乙烯醇水溶液喷射淬火，使工件表面形成硬度很高的马氏体组织，而心部组织保持不变，达到表面淬火的目的，感应淬火的原理如图 4-11 所示。

通过感应圈的电流频率越高，感应电流的趋肤效应越强烈，淬火后工件淬硬层也就越薄。

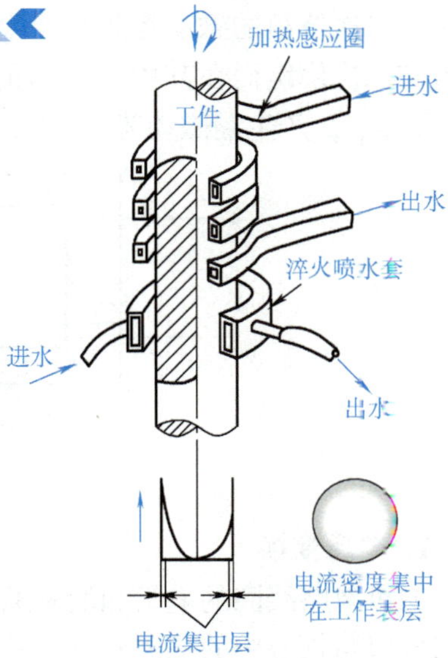

图 4-11 感应淬火的原理图

4.4 变压器

变压器是指利用电磁感应原理将某一等级的交流电压变换为同频率的另一等级的交流电压或电流的电气设备。

变压器的结构

4.4.1 变压器的结构

变压器的结构由于它的使用场合、工作要求及制造等原因而有所不同，结构形式多种多样，但其基本结构都相类似，均由铁心和绕在铁心上的两个或多个匝数不等的线圈（绕组）组成。

1. 铁心

铁心是变压器的磁路部分。为了减小涡流及磁滞损耗（统称变压器的铁损），铁心通常用厚度为 0.35mm 且两面涂有绝缘漆的硅钢片叠装而成。按照铁心的机构不同，变压器可分为心式和壳式两种，如图 4-12所示。

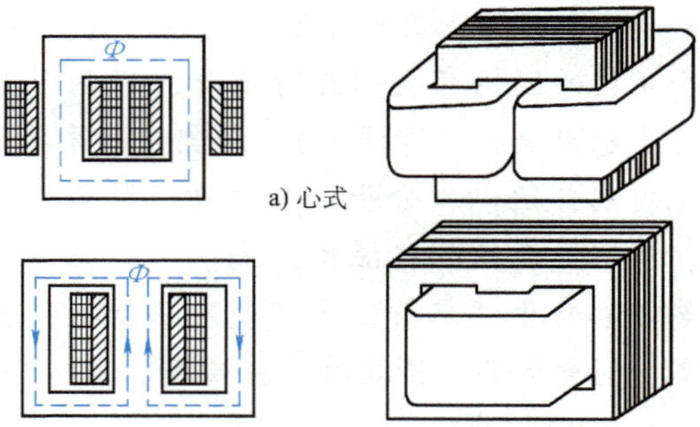

a) 心式

b) 壳式

图 4-12 变压器的结构形式

2. 绕组

为降低损耗（称为铁损），绕组通常用铜线（漆包线等）制成。在图 4-12a 所示的心式变压器中，绕组成筒形。为方便绝缘，低压绕组靠近铁心，高压绕组套在低压绕组的外面。

4.4.2 变压器的工作原理

在一次绕组上接入交流电压 u_1 时，便有电流 i_1 通过，磁动势 i_1N_1 产生的磁通绝大部分通过铁心而闭合，从而在二次绕组中感应出电动势。如果二次绕组侧接有负载，就有电流 i_2 通过。磁动势 i_2N_2 也产生磁通，其绝大部分也通过铁心而闭合。因此，铁心中的磁通是由一次、二次绕组的磁动势共同产生的合成磁通，它是主磁通，用 Φ 表示。主磁通穿过一次绕组和二次绕组而在其中感应出的电动势分别为 e_1、e_2。此外，磁动势还分别产生漏磁通 $\Phi_{\sigma1}$ 和 $\Phi_{\sigma2}$，产生漏磁动势 $e_{\sigma1}$ 和 $e_{\sigma2}$，如图 4-13 所示。

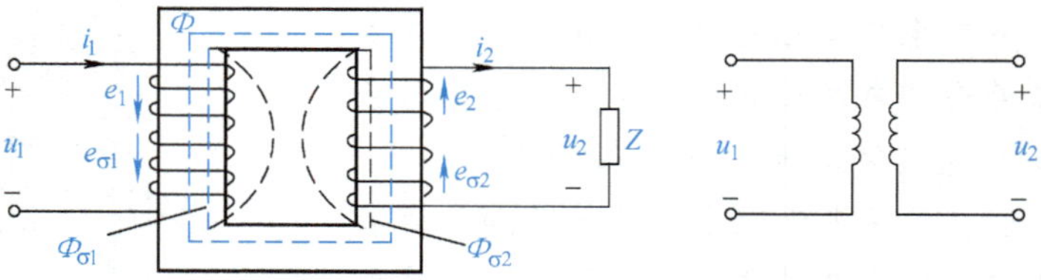

a) 变压器结构示意图

b) 变压器的符号

图 4-13 变压器工作原理图

1. 电压变换

如果忽略线圈的电阻和漏磁通的影响，通过推导可以证明：加在铁心线圈上的交流电压的有效值与铁心中的磁通有以下关系，即

$$U_1 \approx E_1 = 4.44fN_1\Phi_m$$

$$U_2 \approx E_2 = 4.44fN_2\Phi_m$$

所以有

$$\frac{U_1}{U_2} \approx \frac{E_1}{E_2} = \frac{N_1}{N_2} = k \tag{4-5}$$

式中，k 称为变压器的电压比，即一次、二次绕组的匝数比。$k>1$，为降压变压器；$k<1$，为升压变压器。

电压比在变压器的铭牌上注明，例如以“6000V/400V”的形式表示一次、二次绕组的额定电压之比，表明这台变压器的一次绕组的额定电压 $U_{1N}=6000V$，二次绕组的额定电压 $U_{2N}=400V$。

所谓二次绕组的额定电压是指一次绕组端电压为额定电压时二次绕组的空载电压。由于变压器有内阻抗压降，所以二次绕组的空载电压一般应比满载时的电压高 5%～10%。

2. 电流变换

由 $U_1 \approx E_1 = 4.44fN_1\Phi_m$ 可见，当电源电压 U_1 和频率 f 不变时，E_1 和 Φ_m 也都近于常数。因此，铁心中主磁通的最大值在变压器空载或有负载时是恒定的。因此有负载时产生主磁通的一次、二次绕组的合成磁动势（$i_1N_1+i_2N_2$）应该和空载时产生主磁通的一次绕组的磁动势 i_0N_1 相等，即

$$i_1N_1 + i_2N_2 = i_0N_1$$

变压器的空载电流 i_0 用于励磁。由于铁心的磁导率高，空载电流很小，它的有效值 I_0 在一次绕组额定电流 I_{1N} 的 10% 以内，因此 I_0N_1 与 I_1N_1 相比，常可忽略，于是可得

$$i_1N_1 = -i_2N_2$$

其有效值形式为

$$I_1N_1 = I_2N_2$$

所以可得

$$\frac{I_1}{I_2} = \frac{N_2}{N_1} = \frac{1}{k} \tag{4-6}$$

可见，变压器中的电流虽然由负载的大小确定，但是一次、二次绕组中电流的比值是恒定的。因为当负载增加时，I_2 和 I_2N_2 随着增大，而 I_1 和 I_1N_1 也必须相应增大，以抵偿二次绕组的电流和磁动势对主磁通的影响，从而维持主磁通的最大值不变。

变压器的额定电流 I_{1N} 和 I_{2N} 是指变压器在长时间连续运行时一次、二次绕组允许通过的最大电流，它们是根据绝缘材料允许的温度确定的。

3. 阻抗变换

当变压器处于负载运行时，从一次绕组看进去的阻抗为

$$|Z_i| = \frac{U_1}{I_1}$$

而负载阻抗为

$$|Z_L| = \frac{U_2}{I_2}$$

故有

$$|Z_i| = \frac{U_1}{I_1} = \frac{KU_2}{\frac{I_2}{K}} = K^2|Z_L|$$

上式表明，对交流电源来讲，通过变压器接入阻抗为$|Z_L|$的负载，相当于在交流电源上直接接入阻抗为$K^2|Z_L|$的负载，如图4-14所示。

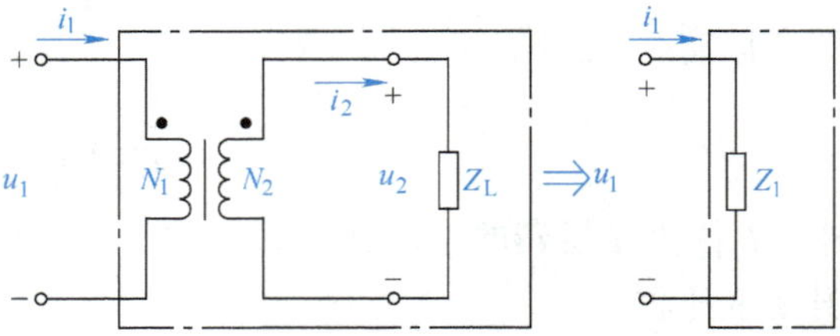

图4-14 变压器的阻抗变换

4.4.3 三相变压器

三相变压器按照磁路的不同可分为两种：一种是三相变压器组，即由三台相同容量的单相变压器，按照一定的方式连接起来，如图4-15所示；另一种是三相心式变压器，它具有三个铁心柱，把三相绕组分别套在三个铁心柱上，如图4-16所示。

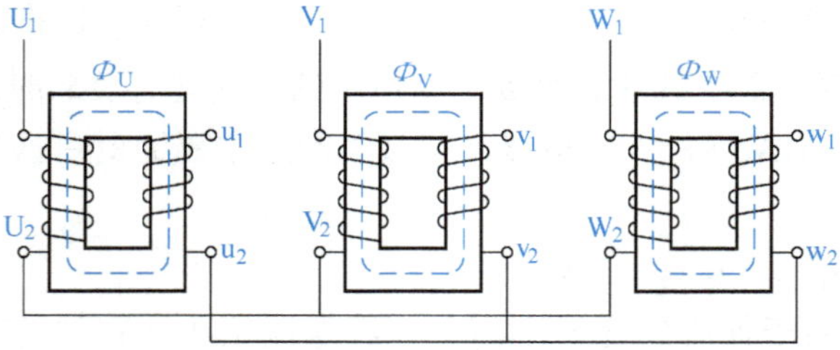

图4-15 三相变压器组

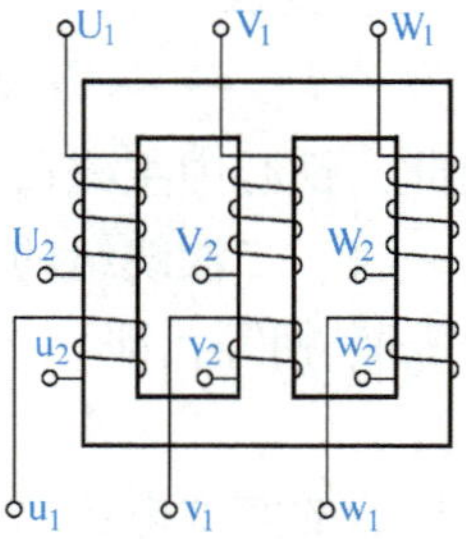

图4-16 三相心式变压器

现在广泛使用的是三相心式变压器。由于三相变压器在电力系统中的主要作用是传输电能，因而它的容量一般较大，为了改善散热条件，大、中容量电力变压器的铁心和绕组浸入盛满变压器油的封闭油箱中。而且为了使变压器安全、可靠地运行，还设有储油柜、安全气道和气体继电器等附件。油浸式三相电力变压器的外形结构如图4-17所示。

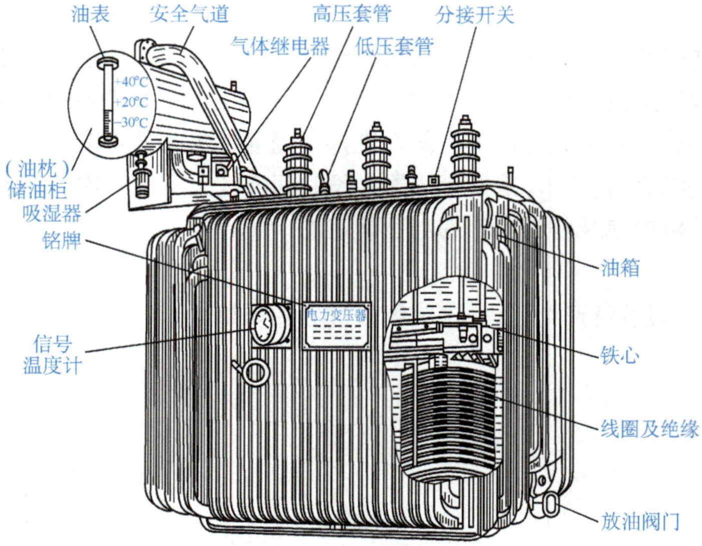

图4-17 油浸式三相电力变压器的外形结构

4.5　特殊变压器

4.5.1　自耦变压器

自耦变压器是一次绕组和二次绕组在同一个绕组上的变压器。普通的变压器是通过一、二次绕组电磁耦合来传递能量，一、二次绕组没有直接的电的联系，而自耦变压器一、二次绕组有直接的电的联系，它的低压绕组就是高压绕组的一部分，如图 4-18 所示。根据结构还可细分为可调压式和固定式。将自耦变压器的抽头做成滑动触头，就成为自耦调压器。

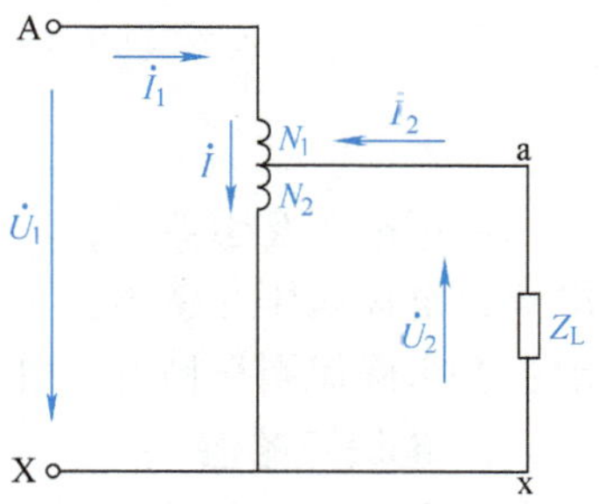

图 4-18　自耦变压器原理图

自耦变压器作为降压变压器使用时，从绕组中抽出一部分线匝作为二次绕组；当作为升压变压器使用时，外施电压只加在绕组的部分线匝上。通常把同时属于一次和二次的那部分绕组称为公共绕组，其余部分称为串联绕组。同容量的自耦变压器与普通变压器相比，不但尺寸小，而且效率高，并且变压器容量越大，电压越高，这个优点就越加突出。电压比 k 越接近 1，自耦变压器优点越突出，故一般电压比在 1.5 ~2 之间。因此随着电力系统的发展、电压等级的提高和输送容量的增大，自耦变压器由于其容量大、损耗小、造价低而得到广泛应用。自耦变压器外形与结构示意图如图 4-19 所示。

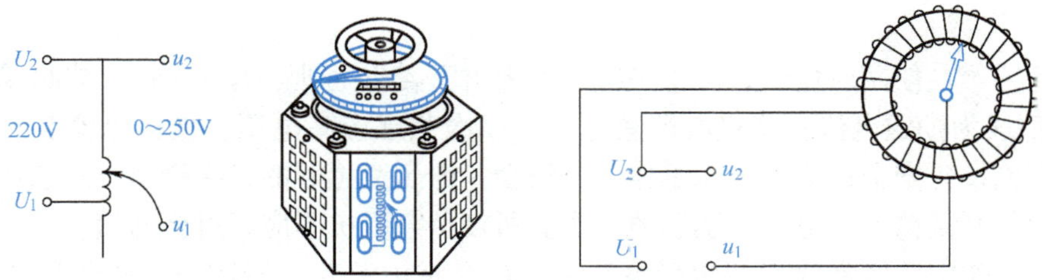

图 4-19　自耦变压器外形与结构示意图

4.5.2　仪用互感器

仪用互感器是一种供测量、控制及保护电路用的一种特殊用途的变压器。按用途不同可分为电压互感器和电流互感器两种，它们的工作原理和变压器相同。仪用互感器有两个主要用途：一是将测量或控制回路与高电压和大电流电网隔离，以保证工作人员的安全；二是用来扩大交流电表的量程。

1. 电压互感器

电压互感器是用于测量交流高电压的一种降压变压器，图 4-20 是电压互感器的工作原理图。

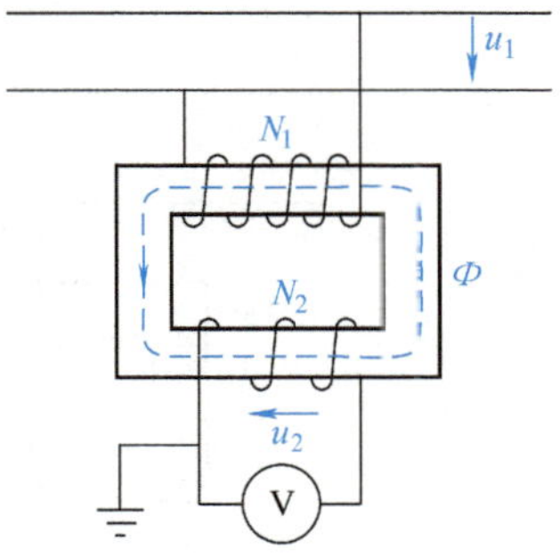

图 4-20　电压互感器工作原理图

电压互感器在运行时，一次绕组 N_1 并联接在线路上，二次绕组 N_2 并联接仪表或继电器。由于输入线圈的匝数大于输出线圈的匝数，因此输出电压小于输入电压，电压互感器就是降压变压器。因此在测量高压线路上的电压时，可以确保操作人员和仪表的安全。各种电压互感器如图 4-21 所示。

电容式电压互感器

油浸式电压互感器

精密电压互感器

图 4-21 各种电压互感器

使用电压互感器时，应注意以下几点：①二次侧决不允许短路，否则会产生很大的短路电流，烧坏电压互感器；②为确保工作人员安全，电压互感器的二次绕组以及铁心应可靠接地；③为确保测量精度，电压互感器的二次侧不宜并接过多的负载。

2. 电流互感器

电流互感器是一种将大电流变换为小电流的变压器，图 4-22 是电流互感器的原理图。电流互感器一次绕组匝数只有一匝或几匝，导线粗，工作时串接在待测量电流的电路中；电流互感器二次绕组匝数比原绕组匝数多，导线细，与电流表或其他仪表相连。根据变压器的原理可知：

$$\frac{I_1}{I_2}=\frac{N_2}{N_1}=\frac{1}{K}=K_i$$

$$I_1=K_iI_2$$

式中，K_i 是电流互感器的变换系数。由上式可见，利用电流互感器可将大电流变换为小电流。

电流互感器在使用时应注意：①二次侧不允许开路，否则，$I_2=0$ 时，被测线路中的大电流 I_1 全部成为励磁电流，使铁心严重过热，二次侧感应高电压，损坏电流互感器，并危及人员和其他设备安全；②为确保工作人员安全，电压互感器的二次绕组以及铁心应可靠接地；③为确保测量精度，电流互感器的二次侧所接负载阻抗不应超过允许值。

在实际工作中，经常使用的钳形电流表，就是把电流互感器和电流表组装在一起，如图 4-23所示。电流互感器的铁心像把钳子，在测量时可用手柄将铁心张开，把被测电流的导线套进钳形铁心内，被测电流的导线就是电流互感器的一次绕组，只有一匝，二次绕组绕在铁心上并与电流表接通，这样就可以从电流表中直接读出被测电流的大小。所以利用钳形电流表可以很方便地测量线路中的电流，而不必断开被测电路。

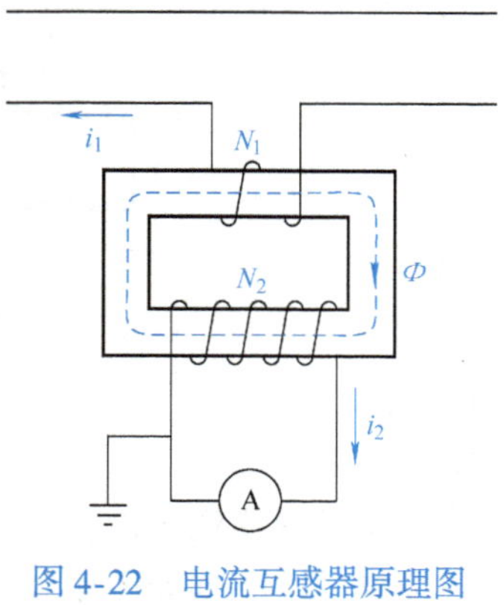

图 4-22 电流互感器原理图

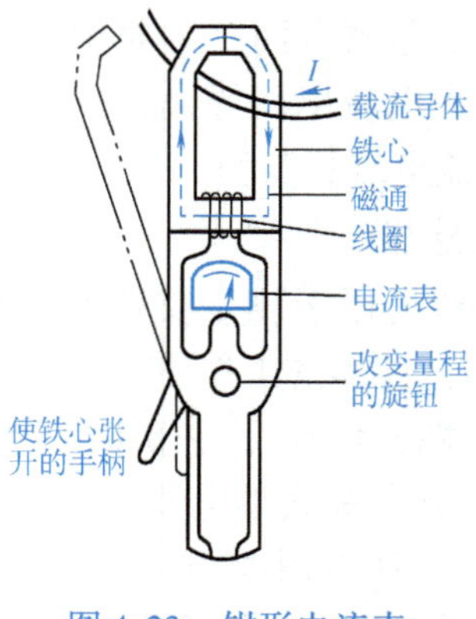

图 4-23 钳形电流表

4.5.3 电焊变压器

交流弧焊机在工程技术上应用很广，其构造实际上是一台特殊的降压变压器，称为电焊变压器，图 4-24 为电焊变压器的原理图及外形图。电焊变压器一般由 220V/380V 降低至 60 ~ 80V 的空载电压，以保证容易点火形成电弧。

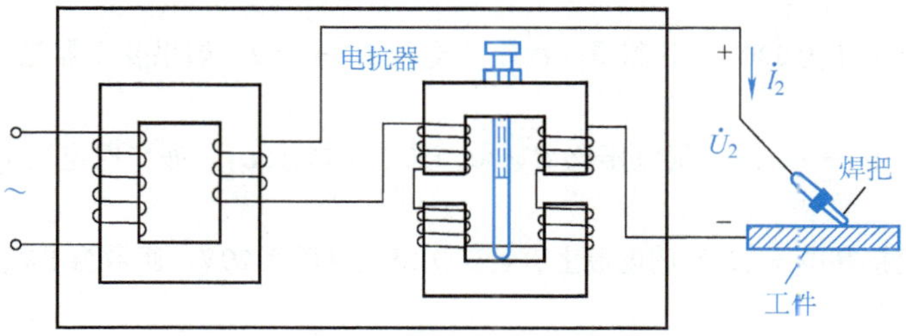

a) 原理图

b) 外形图

图 4-24 电焊变压器的原理图及外形图

焊接时，焊条与焊件之间的电弧相当于一个电阻，要求二次电压能急剧下降，这样当焊条与焊件接触时短路电流不会过大，而焊条提起后焊条与焊件之间所产生的电弧电压降为 30V。为了适应不同焊件和不同规格的焊条，焊接电流的大小要能调节，因此在电焊变压器的二次绕组中串联一个可调铁心电抗器，改变电抗器空气隙的长度就可调节焊接电流的大小。

情境总结

1. 磁路的基本物理量包括：磁感应强度 B，磁通 Φ，磁导率 μ，磁场强度 H。磁路是磁通集中通过的路径，由铁磁性材料制成。磁路的欧姆定律定性地确定了磁路磁动势 NI、磁通 Φ 和磁阻 R_m 的基本关系。

2. 铁磁材料的分类与应用：软磁材料常用于制作变压器、电动机和电工设备中的铁心；硬磁材料常用于制作永久磁铁，磁电式仪表、扬声器、受话器的磁铁等；矩磁材料用于制作计算机存储器的磁心等。

3. 减小涡流的方法是采用表面彼此相互绝缘的硅钢片叠合。交流电通过导体时，各部分的电流密度是不均匀的，导体内部电流密度小，导体表面电流密度大，这种现象称为趋肤效应。

4. 变压器是利用电磁感应原理传输电能或信号的静止设备，由闭合铁心和交链在铁心上的一次绕组和二次绕组构成。变压器具有变换电压、变换电流和变换阻抗的功能。

5. 特殊变压器主要有自耦变压器、仪用互感器、电焊变压器等。

习题与思考题

4-1 简述铁磁材料性能特点及应用。

4-2 铁磁材料一般分为几类？其磁滞回线形状各有何特征？各适用于哪些场合？

4-3 运用所学磁路的基本知识解释：家用电磁炉为什么必须使用平底的铁锅？在工作状态，当铁锅拿开炉面时，炉体为什么会发出提示音？

（提示：铁锅底部产生涡流，铁磁物质的导磁性能比空气好，空气的磁阻很大。）

4-4 变压器能否变换直流电压？如果将电压为220V/110V的变压器，接入220V的直流电源，将会产生什么样的后果？为什么？

4-5 欲制作一台220V/110V的变压器，有人想节省一些铜线，能否将匝数由原来的2000和1000减为20和10，为什么？

4-6 一台变压器，一次侧额定电压为220V，并测得一次绕组电阻 $R_1=10\Omega$。如果变压器是空载，那一次电流是否是22A？

4-7 单相变压器的一次电压为 $U_1=3300\text{V}$，其电压比 $K=30$，求二次电压 U_2。如二次电流 $I_2=30\text{A}$，一次电流 I_1 多大呢？

4-8 将某单相变压器一次绕组接在电压220V的电源上，若二次绕组电压为20V，匝数为100，则一次绕组的匝数应为多少？

4-9 有一台理想变压器，一次、二次绕组的匝数分别为200和50，负载电阻 $R_L=10\Omega$，负载获得的功率为160W，试求一次绕组的电流 I_1 和电压 U_1。

4-10 一台变压器的二次绕组接有阻抗为8Ω的扬声器，一次绕组接到信号电路上。变压器一次绕组 $N_1=600$，二次绕组 $N_2=200$，求变压器的二次侧等效阻抗。

4-11 如图4-25所示，信号源 U_S 电压为10V，内阻 R_S 为400Ω，负载电阻 R_L 为4Ω，欲使负载获得最大功率，阻抗需要变换，假设在信号源与负载之间接入一台变压器。试求：（1）变压器最合理的电压比；（2）一次、二次绕组的电流及电压；（3）负载获得的功率。

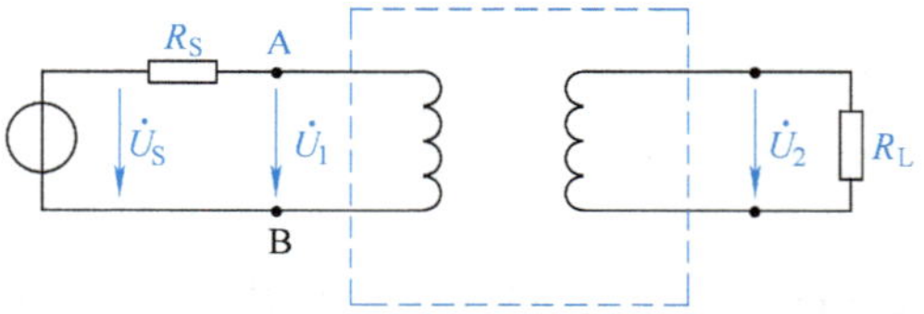

图4-25 题4-11图

4-12 某收音机输出变压器的线圈匝数为 $N_1=600$，$N_2=30$，原来接的扬声器阻抗为16Ω，现欲把扬声器改成4Ω。问：输出变压器的二次绕组的匝数应如何改变？

4-13 自耦变压器与双绕组变压器的结构有何区别？

4-14 一台自耦变压器，一次绕组有1210匝，接到220V的交流电源上，如果需要将电压降到130V，应当在多少匝处抽头？如果将电压升高到250V，应将绕组增加多少匝？

4-15 在什么情况下需要用电压互感器和电流互感器？为什么电压互感器的二次侧严禁短路、电流互感器的二次侧严禁开路？

教学情境 5

电　动　机

教学目标： 了解三相异步电动机的基本结构；理解三相异步电动机的工作原理；掌握三相异步电动机常用的起动方法，变极、变频、变转差率的调速方法，反接、能耗、回馈的制动方法；了解单向异步电动机的结构及工作原理，以及步进电动机和同步电动机的结构原理及应用。

情境链接

国之重器：高速动车组永磁同步牵引电机

我国拥有全球最大的轨道交通装备市场，轨道交通装备是我国高端装备“走出去”的重要代表。中国轨道交通装备研发能力和主导产品已经达到全球领先水平。

中国中车株洲电机有限公司于2019年9月17日发布了时速400km高速动车组用TQ-800永磁同步牵引电机。这标志着我国高铁动力首次搭建起时速400km速度等级的永磁牵引电机产品技术平台，填补了国内技术空白，为我国轨道交通牵引传动技术升级换代奠定了坚实基础。

世界轨道交通车辆牵引技术正在朝3.0版的“永磁”驱动技术发展。中国中车株洲电机有限公司生产的永磁同步牵引电动机的各项性能指标达到国际先进水平，将用于驱动我国重点研发项目——时速400km跨国互联互通高速列车，图5-1是行驶中的“复兴号”高速动车组。

图5-2为永磁同步牵引电机结构剖视图。永磁同步电机由定子和转子两个基本部分组成。

图5-1　行驶中的“复兴号”高速动车组

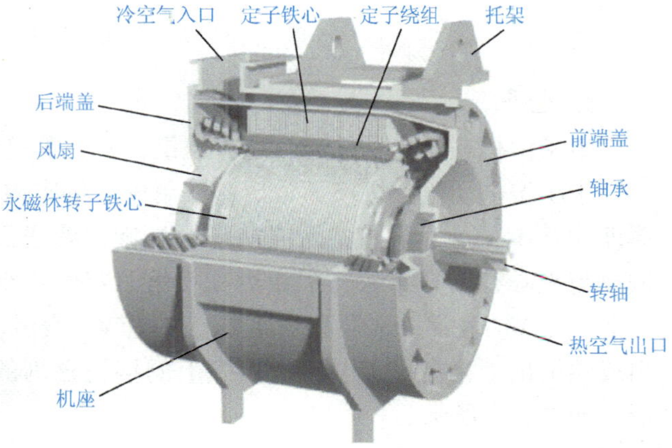

图5-2　永磁同步牵引电机结构剖视图

定子由定子铁心和定子绕组构成，转子主要由永久磁体、转子铁心和转轴构成。定子绕组通入电流后就会产生旋转磁场，驱动转子同步旋转。

“永磁高铁”电机采用新型稀土永磁材料。稀土永磁材料的发现，使高铁永磁牵引电机的研发变成了现实。

“复兴号”是我国具有完全自主知识产权的标准动车组，标志着铁路成套技术装备，特别是高速动车组已走在世界先进前列。被誉为中国新“四大发明”之一的中国高铁，正走出国门，驶向世界！

5.1 三相异步电动机

5.1.1 三相异步电动机的结构

三相异步电动机由定子和转子两部分组成，其中与机壳相连、固定不动的部分称为定子，旋转的部分称为转子，图 5-3 为三相异步电动机的结构图。

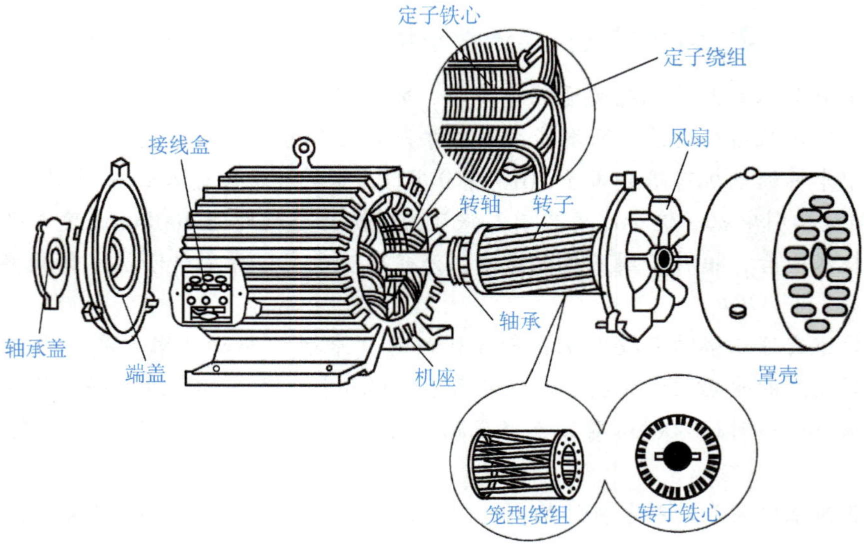

图 5-3 三相异步电动机的结构图

1. 定子

定子由机座、定子铁心、定子绕组、机壳等组成。

中小型电动机的机座通常用铸铁制成。机座内装有定子铁心，一般采用导磁性能较好、厚度为 0.5mm、表面有绝缘层的环形硅钢片叠压而成，沿内圆周表面均匀轴向开槽，槽内嵌放与铁心有良好绝缘的三相对称绕组。定子绕组是异步电动机的电路部分，首端分别用 U_1、V_1、W_1 表示，末端分别用 U_2、V_2、W_2 表示。中、小容量的低压异步电动机，将六个出线端引出，接在置于电动机外壳上的接线盒内的接线板上，可根据规定接成星形或三角形，如图 5-4 所示。

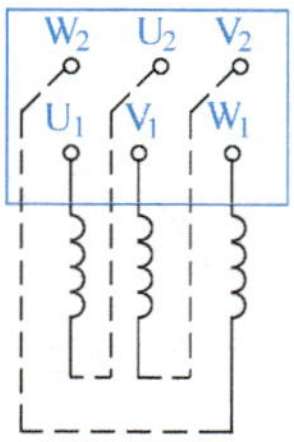

a) 三相绕组接线

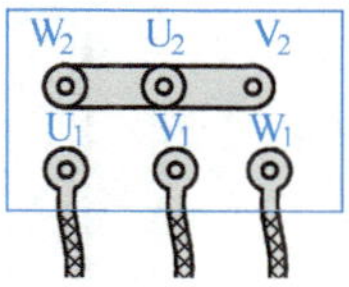

b) 星形联结

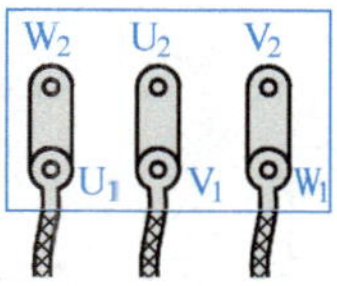

c) 三角形联结

图 5-4 定子绕组的连接

2. 转子

转子由转子铁心、转子绕组、转轴、风扇等组成。转子铁心通常用冲制定子铁心冲片剩余下来的内圆部分制作，呈圆柱形，固定在转轴上，在外圆上冲有槽，用来嵌放转子绕组。

转子绕组按结构形式不同分为笼型转子和绕线转子两种。笼型转子绕组是在转子铁心槽内嵌放铜条或铝条，两端分别与两个短接的端环相连。如果去掉铁心，转子绕组的外形像一个鼠笼，故称笼型转子。目前，100kW 以下的笼型电动机，一般采用铸铝转子绕组，即将熔化的铝液直接浇注在转子槽内，连通两端的短路环和扇叶浇铸在一起，如图 5-5 所示。

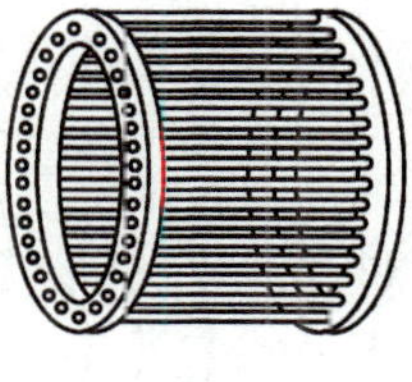

a) 笼型转子绕组

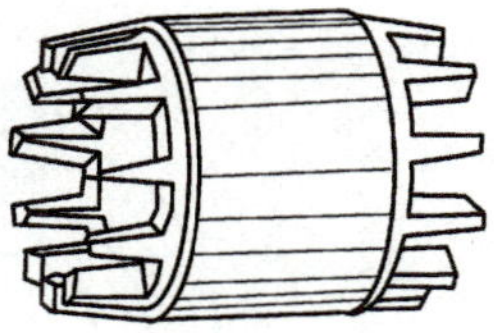

b) 铸铝转子绕组

图 5-5 笼型转子

笼型电动机由于结构简单、使用方便、价格低、工作稳定性好，是实际生产中应用最为广泛的一种电动机，绕线转子电动机结构较复杂、价格较高，一般只用于对起动和调速要求较高的场合，如起重机等设备上。笼型和绕线转子电动机只是转子的结构不同，但工作原理是相同的。

5.1.2 三相异步电动机的工作原理

下面通过图 5-6 所示实验，来分析异步电动机能够旋转起来的原理。在装有手柄的蹄形磁铁极间，放一个可以自由转动的笼型转子，磁极和转子之间没有机械连接。当摇动磁极时，转子就会跟着磁极一起转动，摇得快，转子转动得也快；摇得慢，转子转动得也慢；反摇，转子马上反转。由此可以得到启发：摇动的磁极形成了一个旋转的磁场，自由转动的转子会随之转动。

1. 旋转磁场的产生

三相异步电动机的定子铁心中放有三相对称绕组：U_1U_2、V_1V_2、W_1W_2。目前国产的三相异步电动机，一般功率在 3kW 及以下的采用星形联结，4kW 及以上的采用三角形联结。三相对称绕组与三相交流电源连接后，绕组中便通入了三相对称电流 i_U、i_V、i_W，波形如图 5-7所示。

设在正半周（$i>0$）时，电流从绕组的首端流入、尾端流出；在负半周（$i<0$）时，电流从绕组的尾端流入、首端流出。在 $\omega t=0°$时，$i_U=0$；$i_W>0$，在正半周，W_1W_2 绕组中电流从首端流入、尾端流出；$i_V<0$，在负半周，V_1V_2 绕组中电流从尾端流入、首端流出，由

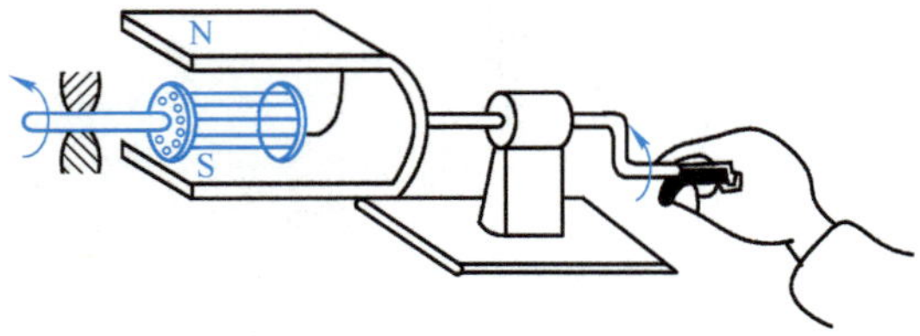

图 5-6 异步电动机转动实验

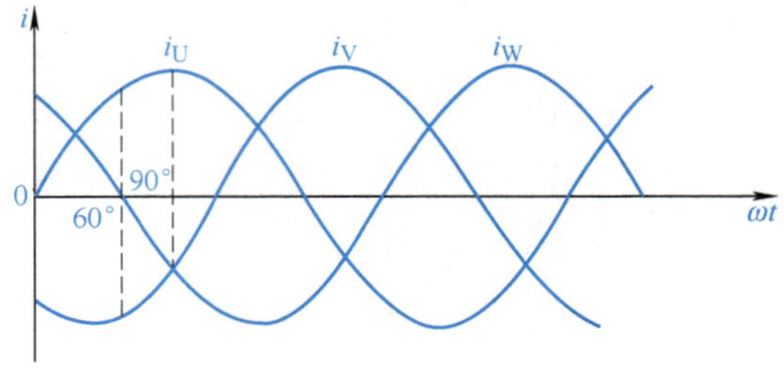

图 5-7 三相对称电流

右手定则判断此时合成磁场的方向，如图 5-8a 所示。同理可得出 $\omega t=60°$（图 5-8b）和 $\omega t=90°$（图 5-8c）时合成磁场的方向。可以看出，定子绕组中通入三相交流电后，产生了随着电流的变化而在空间不断旋转的合成磁场，这就是旋转磁场。

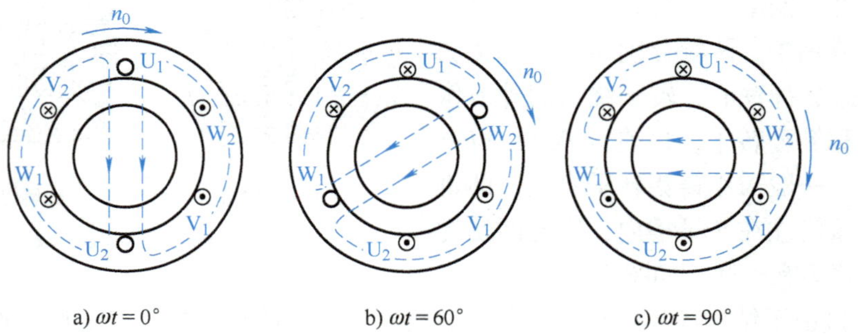

图 5-8 旋转磁场的产生

2. 旋转磁场的转动方向

图 5-7 所示三相对称电流的相序是 U→V→W，旋转磁场按顺时针方向旋转。如果三相绕组与电源连接的任意两相线对调，例如，V 相和 W 相对调，通过分析可以发现旋转磁场按逆时针方向旋转，如图 5-9 所示。可以得出结论：旋转磁场的转动方向与三相对称电流 i_U、i_V、i_W 的相序有关，改变相序可以改变旋转磁场的转向。

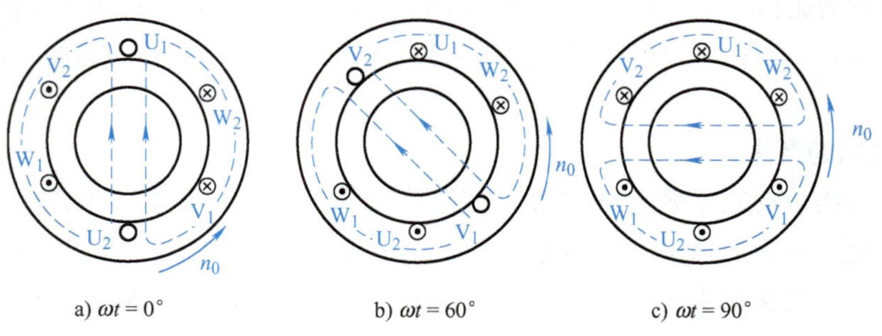

图 5-9 旋转磁场的逆时针转动方向

3. 旋转磁场的极数

U、V、W 三相对称绕组，如果每相有一个绕组，则相邻绕组首端（或末端）之间为

120°的空间角，产生的合成旋转磁场有一对磁极，用 p 表示磁极对数，即 $p=1$，称二极电动机。如果每相有两个绕组串联，则相邻绕组的首端（或末端）之间为60°的空间角，产生的合成旋转磁场有两对磁极，即 $p=2$，称四极电动机，如图 5-10 所示。同理，每相有三个绕组串联，$p=3$，为六极电动机。因此，旋转磁场的极数与三相绕组的安排有关。

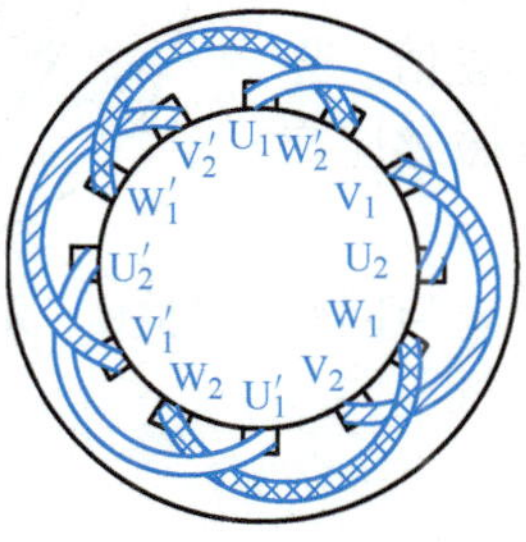

a) 绕组的连接

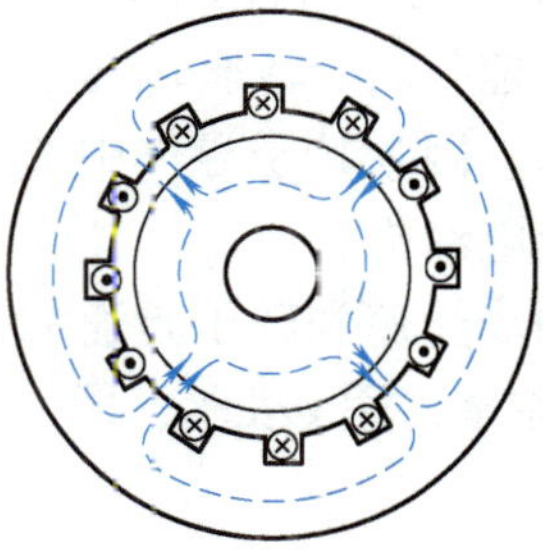

b) 合成磁场的磁极

图 5-10 三相四极旋转磁场

4. 旋转磁场的转速

旋转磁场的转速又称同步转速，用 n_0 表示。磁极对数 $p=1$ 时，三相绕组均匀分布于整个圆周，电流的相位角从 0°变到 60°，旋转磁场的磁极也转过了 60°，电流变化一个周期，旋转磁场就转一周，因此旋转磁场的每秒转数等于电流的频率。通常，电动机的转速以每分钟的转数来计。设电源的频率为 f_1，旋转磁场的转速为

$$n_0 = 60f_1 \text{（单位为 r/min）} \tag{5-1}$$

如果磁极对数 $p=2$ 时，由图 5-10 所示可以看出，当电流变化一个周期，旋转磁场转过半个圆周，转速比 $p=1$ 时慢了一半，即 $n_0=60f_1/2$，同理，当磁极对数 $p=3$ 时，电流变化三个周期，旋转磁场才转过一个圆周，$n_0=60f_1/3$。由此可知，当旋转磁场有 p 对磁极时，旋转磁场的转速为

$$n_0 = \frac{60f_1}{p} \tag{5-2}$$

我国工频 $f_1=50\text{Hz}$，常见的几种旋转磁场转速见表 5-1。

表 5-1 常见的几种旋转磁场转速

磁极对数 p	1	2	3	4	5	6
旋转磁场转速 n_0/(r/min)	3000	1500	1000	750	600	500

5. 转动原理

三相定子绕组通入三相电流，在定子铁心、转子铁心及两铁心间的空气隙中，就产生了一个转速为 n_0 的旋转磁场，假设按顺时针方向旋转，如图 5-11 所示。此时转子尚未转动，静止的转子与旋转磁场产生相对运动，且相对速度为最大值，在转子导体中产生感应电动势，并在形成闭合回路的转子导体中产生感应电流，方向用右手定则判定，笼型转子上半部分导体中电流流出纸面，下半部分导体中电流流进纸面。笼型转子导体在旋转磁场中受到安培力 F 的作用，方向用左手定则判定。安培力 F 在转轴上形成电磁转矩 T，使转子跟随旋转磁场的方向转动起来。如果旋转磁场逆时针方向旋转，转子也会随之逆时针方向旋转。

由图5-11可以看出，转子的转动方向与旋转磁场的转动方向一致，但转子的转速 n 必须小于旋转磁场的同步转速 n_0。如果 $n=n_0$，转子导体与旋转磁场之间就没有相对运动，相对速度为零，转子导体中产生的感应电动势、感应电流、电磁转矩都为零，转子就不可能以 n_0 的转速继续转动。因此，电动机的转子转速与同步转速 n_0 总存在一定的差值，异步电动机因此而得名。因为转子导体中的电流是电磁感应产生的，所以也称感应电动机。

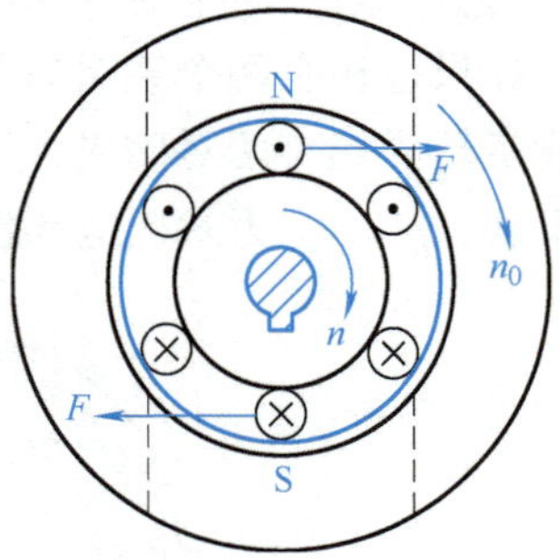

图5-11 异步电动机的转动原理

异步电动机的同步转速和转子转速的差值 n_0-n 与同步转速 n_0 之比称为转差率，用 s 表示，即

$$s=\frac{n_0-n}{n_0} \tag{5-3}$$

转差率是分析异步电动机的一个重要参数。通常异步电动机在额定负载下运行时的转差率为0.01～0.06，空载时的转差率为0.001～0.007。

例 有一台8极异步电动机，电源频率为50Hz，额定转速为720r/min，试求这台异步电动机的转差率。

解： 因为磁极对数 $p=4$，所以同步转速为

$$n_0=\frac{60f_1}{p}=\frac{60\times 50}{4}\text{r/min}=750\text{r/min}$$

转差率为

$$s=\frac{n_0-n}{n_0}=\frac{750-720}{750}=0.04$$

5.1.3 三相异步电动机的铭牌

每台三相异步电动机的机座上都有一块铭牌，标有该电动机的主要参数，如图5-12所示。

三相异步电动机		
型号 Y112M—4		编号：
4.0kW		8.8A
380V	1440r/min	L_W82dB(A)
接法△	防护等级 IP44	50Hz
标准编号	工作制 S1	B 级绝缘
×××电机厂		

图5-12 三相异步电动机的铭牌

1）型号Y112M-4，其中Y表示国产Y系列异步电动机，机座中心高度为112mm，M表示中机座（另有：S表示短机座、L表示长机座），4表示电动机极数为4极。

2）额定功率 P_N：指电动机额定运行时，转轴能输出的机械功率。如铭牌中的4.0kW。

3）额定电流 I_N：指电动机在额定电压、额定功率下，输出额定功率时，输入到定子绕组中的线电流。如铭牌中的8.8A。

4）额定电压 U_N：指电动机在额定运行时，定子绕组的线电压。如铭牌中的 380V。

5）额定转速 n_N：指电动机在额定负载下，转子的转速。如铭牌中的 1440r/min。

6）接法：指三相定子绕组与额定电压相对应的连接方式，星形联结或三角形联结（Y或△）。如铭牌中的△。

7）额定频率 f_N：指所用电源的频率，如铭牌中的 50Hz。国产电动机均为 50Hz。

由于电动机自身存在各种损耗，在额定运行时电源通过定子绕组输入的电功率（P_{IN}）一定大于额定功率 P_N。三相定子绕组是电源的三相对称负载，额定功率因数为 $\cos\varphi_N$，在运行时输入的电功率为

$$P_{IN} = \sqrt{3}U_N I_N \cos\varphi_N$$

给电动机加额定负载时，输出的机械功率 P_N 与输入的电功率 P_{IN} 之比，称为额定效率 η_N，即

$$\eta_N = \frac{P_N}{P_{IN}} \times 100\%$$

5.2　三相异步电动机的起动、调速和制动

5.2.1　三相异步电动机的起动

电动机的转子从静止状态到稳定运行的过程称为起动过程，简称起动。起动过程中定子绕组的线电流称为起动电流。

在刚起动的瞬间，静止的转子与旋转磁场的相对速度为最大值，转子导体中的感应电动势和感应电流最大，一般中小型电动机，起动电流可达到额定电流的 4 ~7 倍。由于起动时间一般只有几秒，若不频繁起动，对电动机影响不大。但过大的起动电流会造成输电线路的电压降增大，使负载的端电压降低，影响同一线路上其他设备的正常运行。例如，使照明灯的亮度减弱，使邻近异步电动机的转矩减小等。另外，虽然转子电流较大，但由于电路的功率因数 $\cos\varphi$ 很低，起动转矩并不是很大。在实际使用时，电动机的起动需要具有足够大的起动转矩，使拖动系统尽快达到正常运行状态；同时起动电流不要太大，起动设备尽量简单、经济、便于操作和维护。

笼型异步电动机常用的起动方法有直接起动和减压起动两种。

（1）直接起动　将电动机定子绕组直接与额定电压的电源相连接的起动方式，称为直接起动或全压起动，如图 5-13 所示。这种起动方法简单、操作方便，如果电动机频繁起动，电动机的功率小于为其供电的变压器容量的 20% 时，允许直接起动；如果不频繁起动，其功率小于变压器容量的 30% 时，允许直接起动。一般 10kW 及以下的电动机采用直接起动。

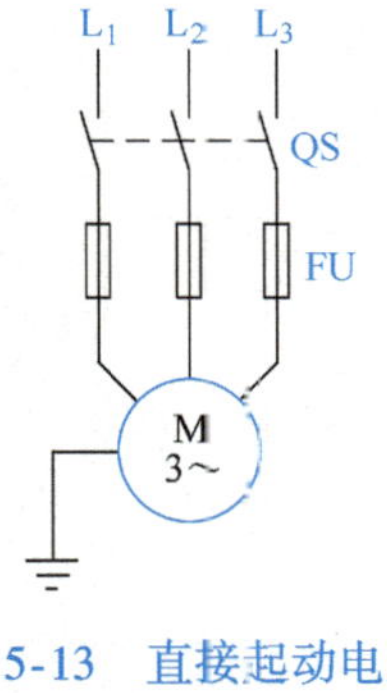

图 5-13　直接起动电路

（2）减压起动　起动时使加在电动机定子绕组上的电压降低，目的是减小起动电流，待电动机达到一定的转速，再接通额定电压使其正常运行，即减压起动，全压运行。

如果电动机的容量较大，不满足直接起动条件，必须采用这种方法起动。电动机的电磁转矩与定子绕组线电压的二次方成正比，减压起动必然减小起动转矩，不利于电动机拖动重

负载起动，因而仅适用于对起动转矩要求不高的场合。

常用的减压起动方法有：定子绕组串电阻或电抗减压起动、自耦变压器减压起动和星形–三角形换接减压起动等。

1）定子绕组串电阻或电抗减压起动。起动时，在定子电路中串入电阻或电抗，如图5-14所示，使加在电动机定子绕组上的电压低于电源电压，从而减小了起动电流。该方法具有起动平稳、运行可靠、设备简单的优点，但起动转矩随电压的二次方降低，只适合空载或轻载起动，同时起动时电能损耗大，通常只用于较小容量电动机。

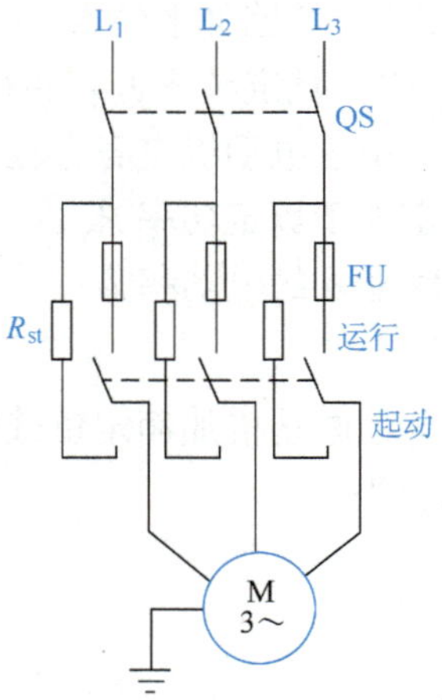

图 5-14 定子绕组串电阻或电抗减压起动电路

2）自耦变压器减压起动。自耦变压器减压起动电路如图 5-15所示。起动时，把 QS_2 扳到起动位置，使三相交流电源经自耦变压器降压后，接在电动机的定子绕组上，这时电动机定子绕组得到的电压低于电源电压，待电动机转速接近额定转速时，再把 QS_2 从起动位置迅速扳到运行位置，让定子绕组得到全压。

自耦减压起动时，电动机定子绕组电压降为直接起动时的 $1/K$（K 为变压比），定子电流也降为直接起动时的 $1/K$，而电磁转矩与外加电压的二次方成正比，故起动转矩为直接起动时的 $1/K^2$。起动用的自耦变压器专用设备称为补偿器，它通常有几个抽头，可输出不同的电压，如电源电压的 80%、60%、40% 等，可供用户选用。一般补偿器只用于较大功率的电动机起动。

3）星形–三角形（Y-△）换接减压起动。星形–三角形换接减压起动电路如图 5-16 所示。如果电动机在运行时定子绕组接成三角形联结，那么在起动时可以先接成星形联结，待转速接近额定转速时再换接成三角形联结，这样，在起动时就把定子每相绕组上的电压降低到正常运行时的 $1/\sqrt{3}$，起动转矩减小为直接起动时的 1/3，可以证明，起动电流也减小为直接起动时的 1/3。

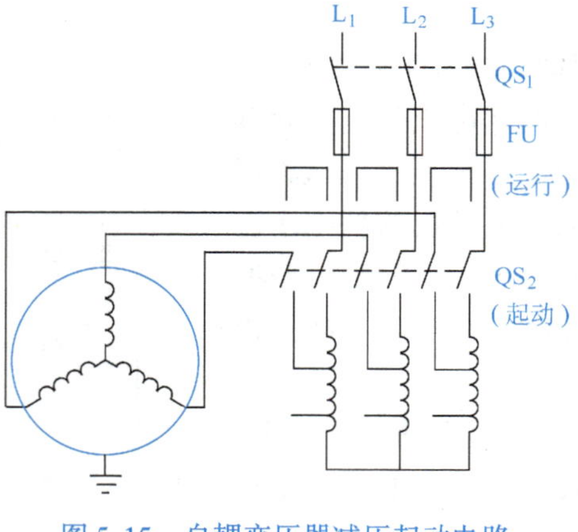

图 5-15 自耦变压器减压起动电路

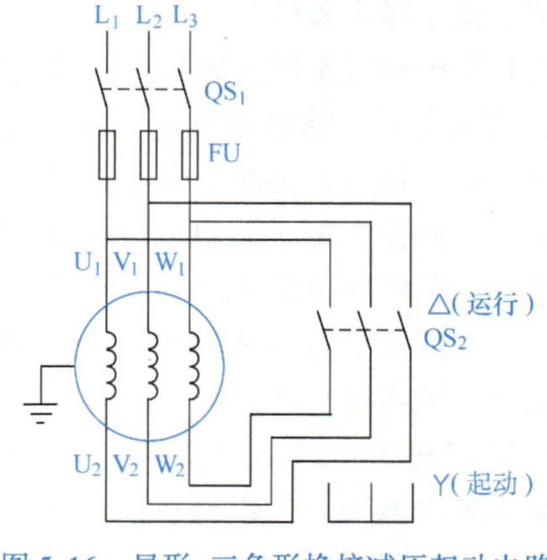

图 5-16 星形–三角形换接减压起动电路

5.2.2 三相异步电动机的调速

调速是指在同一负载下改变电动机的转速，用来满足生产的需要。根据转差率公式及同步转速的公式可得

$$n=(1-s)n_0=(1-s)\frac{60f_1}{p} \tag{5-4}$$

由上式可知，若要改变三相异步电动机的转速，可以通过改变电源的频率 f_1、电动机的磁极对数 p 和转差率 s 来实现。

（1）变极调速　通过改变定子绕组的不同连接方式来改变电动机的磁极对数，从而改变旋转磁场的转速，以实现调速的方法。

如果将每相定子绕组变换为两个线圈串联，如图 5-17a 所示，磁极对数 $p=2$，工频时同步转速为 $n_0=1500\mathrm{r/min}$；若将两个线圈并联，如图 5-17b 所示，磁极对数 $p=1$，同步转速为 $n_0=3000\mathrm{r/min}$。

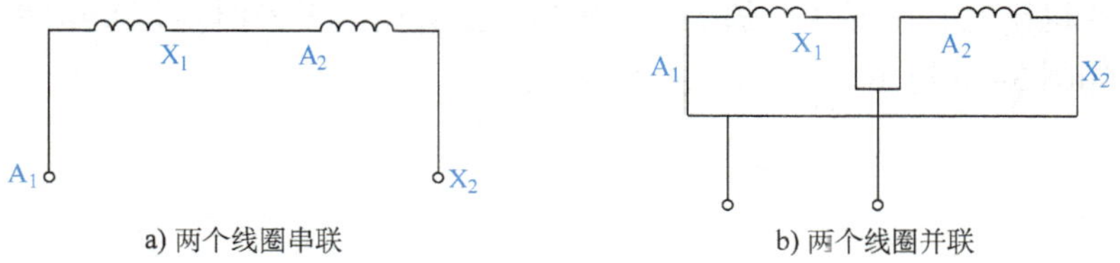

图 5-17　改变磁极对数的调速方法

这种调速比较简单，只能是分级调速，不能实现无级平滑调速，现在国产电动机可以实现双速、三速、四速，常用在需要调速但要求不高的场合，如金属切削机床。

（2）变频调速　通过改变电源的频率以改变旋转磁场的转速，从而实现调速的方法。只要为电动机设置专用的变频电源，就可实现电动机较宽范围的平滑调速。

变频装置主要由整流器和逆变器两大部分组成，如图 5-18 所示。由整流器将 50Hz 的三相交流电经整流变换为直流电，再由逆变器变换为频率 f_1、电压有效值 U_1 均可调的三相交流电提供给电动机。近年来由于逆变技术的发展，变频调速得到了广泛的应用，这种调速方法将成为异步电动机主要的和理想的调速方法。

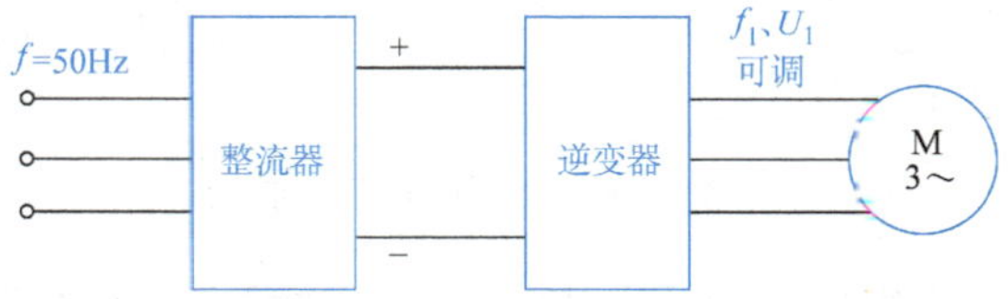

图 5-18　变频调速原理

（3）变转差率调速　当三相异步电动机的定子绕组加数值不同的电压时，电动机机械特性上额定负载转矩的转速改变，即改变运行时的转差率。电压降低使转矩下降更多，因而只能实现很小范围的调速，如电动机拖动的风机、泵类等。对于绕线式三相异步电动机可通过转子电路外串接电阻的方法，改变最大转矩处的转差率，达到调速的目的，这种调速优点是有一定的调速范围、设备简单，但能耗较大、效率较低，广泛用于起重设备。

5.2.3 三相异步电动机的制动

电动机电源切断后，由于惯性总要经过一段时间才能停止下来，在实际生产过程中，有时需要电动机能准确、迅速地停车，对电动机采取各种措施进行制动。制动的方法主要有机

械制动和电磁制动两种。

机械制动是利用电磁力、弹簧力、液压力等产生的摩擦阻力，使电动机迅速停转。主要用于某些低能负载，如电梯、提升机、起重机等，防止它们停止时产生滑动。

电磁制动包括能耗制动、反接制动和回馈制动等。

1. 能耗制动

在电动机切断电源时，随即将定子绕组接上直流电源，定子会产生一静止固定的磁场，而转子由于惯性仍按原方向旋转，它和静止的磁场存在相对运动，产生感应电流，并产生与转子转动的方向相反的电磁力，使电动机迅速停止转动，其原理如图 5-19 所示。

这种制动是用消耗转子的动能进行制动的，所以称为能耗制动。此制动方法具有准确可靠、能量损耗小的优点，但是需要直流电源。

2. 反接制动

当电动机切断电源后，立即与三根电源线中任意两根对调位置的三相交流电源接上，旋转磁场会反向旋转，转子由于惯性仍沿原方向转动。可以判定转矩的方向与转子的转动方向相反，而使电动机制动。需要注意的是：当转速接近零时，要及时地切断电源，防止电动机反转，其原理如图 5-20 所示。

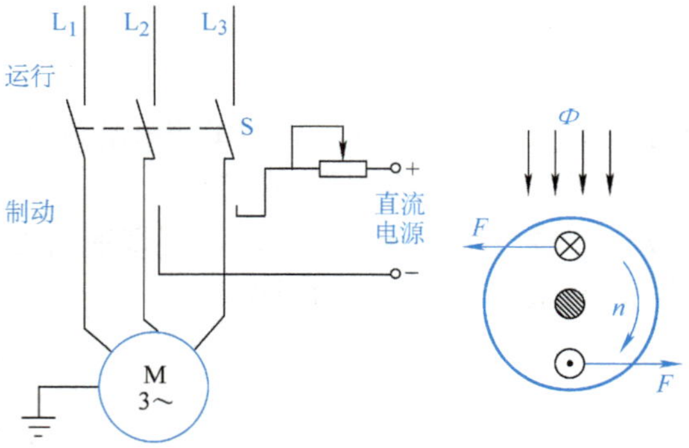

图 5-19 能耗制动原理

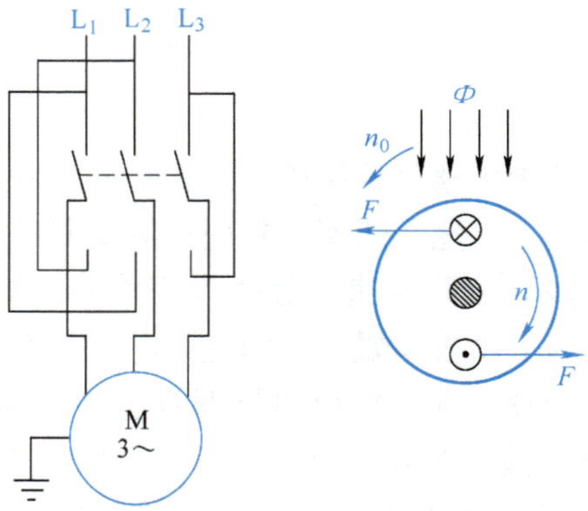

图 5-20 反接制动原理

采用这种制动方法时，因为旋转磁场与转子的相对转速（n_0+n）很大，因而定子绕组中的电流较大，对于功率较大的电动机可以采取限流措施，笼型电动机的定子电路和绕线型的转子电路可以串联电阻。这种制动方法比较简单、效果好，比较适合使用较小功率三相异步电动机的场合，如中型车床、铣床主轴的制动。

5.3 单相异步电动机

单相绕组通入单相交流电，将产生按正弦规律变化的交变磁场，它在空间只沿正反两个方向反复改变，因此也称为脉振磁场。在这样的磁场作用下转子不能产生起动转矩转动。下面介绍两种常用的笼型单相异步电动机的旋转原理。

5.3.1 电容分相式单相异步电动机

电容分相式单相异步电动机的定子具有两个在空间上互成 90°的绕组，如图 5-21 所示。

U_1U_2 称为工作绕组，流过的电流为 i_2；V_1V_2 绕组中串有电容器，称为起动绕组，流过的电流为 i_1，两个绕组接在同一单相交流电源上。适当选择电容 C 的大小，可使两个绕组中的电流相位差为 90°。这样的两相绕组通入互差 90°的两相交流电，便产生了旋转磁场，如图5-22所示，在旋转磁场的作用下，电动机的转子就会沿旋转磁场方向旋转。

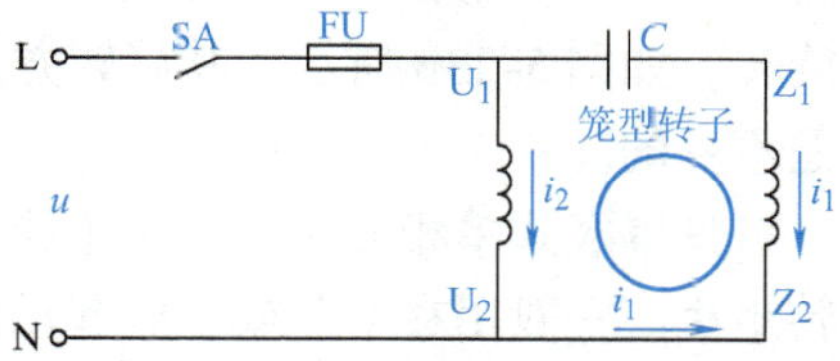

图 5-21　电容分相式单相异步电动机

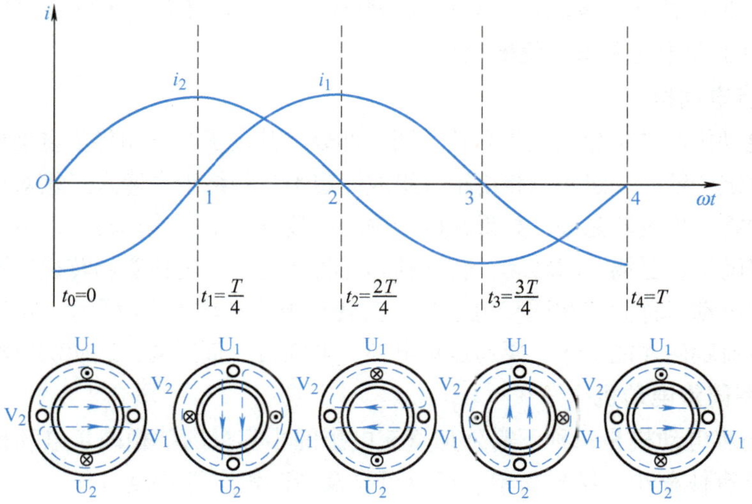

图 5-22　两相旋转磁场

5.3.2　罩极式单相异步电动机

罩极式单相异步电动机的定子铁心一般制作成凸极式，转子仍为笼型，外形如图 5-23a 所示。在定子磁极上开一个槽，将磁极分成两部分，在较小磁极上套一个短路铜环，称为罩极。

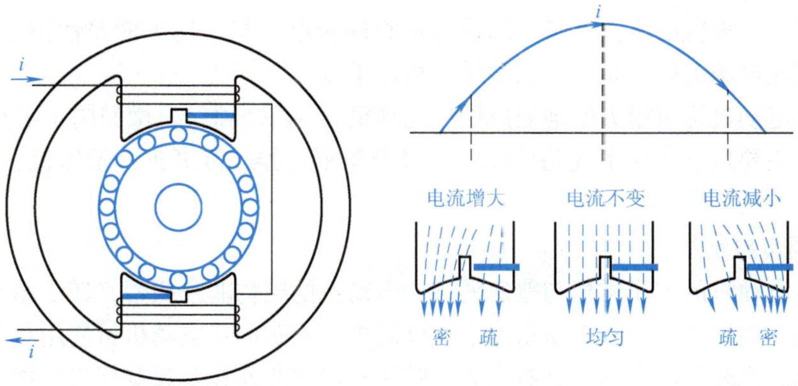

a) 罩极式定子　　b) 旋转磁场

图 5-23　罩极式定子及其旋转磁场

励磁绕组通入单相交流电产生交流磁场时，由楞次定律可知，铜环中的感应电流总是阻碍磁场的变化，这就使磁极的被罩一侧磁场的变化总是滞后于另一侧，总体上看，好像磁场在旋转，如图5-23b所示。其旋转方向总是从磁极的未罩部分指向被罩部分，磁场的转动方向是不变的。

可见罩极式单相异步电动机不能改变转向，它的起动转矩比分相式单相异步电动机的起动转矩小，一般用在空载或轻载起动的台扇、排风机等设备中。

5.4 同步电动机

同步电动机是一种交流电动机，其特点是转子的转速始终与定子旋转磁场转速相同。同步电动机在电力工业中有着很广泛的应用。

1. 三相同步电动机

三相同步电动机的结构分为定子和转子两大部分，其定子与三相异步电动机的定子结构完全相同，也是由定子铁心、定子三相绕组等组成。定子三相绕组中通入三相对称交流电时，对称的三相绕组中将产生旋转磁场，如果在旋转磁场中放进一个磁铁作转子，由于异性磁极的相互吸引，它必将随旋转磁场一起转动，转子的转速将始终等于旋转磁场转速，不会因负载的改变而改变，这种电动机称为三相同步电动机。其转动原理如图5-24所示。同时三相同步电动机转子必须用直流励磁才能工作，要通过集电环、电刷引入直流电，这使供电电源复杂化。

2. 单相微型同步电动机

单相微型同步电动机是一种不需外加直流电源的小容量的单相同步电动机，使用的是单相交流电源，具有体积小、结构简单、运行可靠及转速恒定等特点。

单相微型同步电动机的定子与单相异步电动机的定子结构基本相同，均为单相绕组，为了产生旋转磁场，其定子也有电容式和罩极式。其转子按结构形式不同，可分为磁阻式（反应式）、磁滞式和永磁式三类。

如图5-24所示为单相微型同步电动机结构示意图，它的定子是罩极式，转子是磁阻式，用硬磁合金制成，转子冲片中间开槽，转动时兼有磁滞转矩和磁阻转矩。

当单相交流电通入电动机定子绕组后，将产生按正弦规律变化的两相旋转磁场，在两相交流旋转磁场中，放置磁阻式转子，即成为单相同步电动机。转子的惯性很小，容易起动，不需外接的直流电源为转子励磁，它的转速恒定不变。

单相同步电动机可以很方便地制成微型电动机（见图5-25）。微型同步电动机的功率最小只有几瓦，主要用于小功率拖动系统中，如光盘驱动器、传真机、录像机、自动化装置、记录仪器等。

3. 永磁同步电动机

永磁同步电动机的定子结构与普通的感应电动机的结构非常相似，转子结构与异步电动机的最大不同是在转子上放有高质量的永磁体磁极。永磁同步电动机可使用单相交流电源或三相交流电源。永磁同步电动机具有高起动转矩、快速起动和高过载能力的优点，永磁同步电动机转速只决定于频率，不随负载和电压的波动而变化，运行平稳可靠。

【提示】 同步电机具有可逆性，接通三相电源，同步电机便成为电动机；若通过水力、火力或风力拖动转子，同步电机可输出三相交流电，这时是发电机运行状态。现代水电站、火电站、核电站中的交流发电机，几乎全部都是同步发电机。

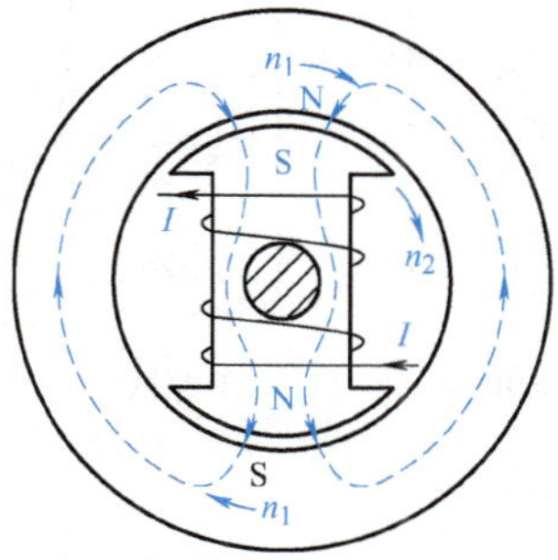

图 5-24 三相同步电动机的结构示意图

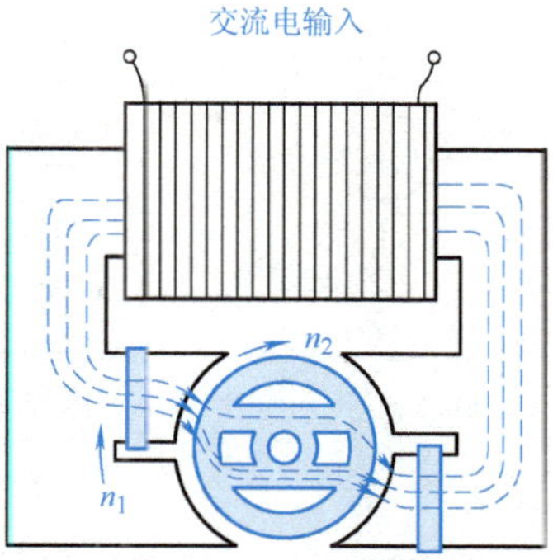

图 5-25 微型同步电动机

5.5 直流电动机

直流电动机的调速性能好、起动转矩大。这种特点对有些生产机械的拖动来说是十分重要的，例如大型可逆式轧钢机、卷扬机、大型车床和大型起重机等生产机械，大都是直流电动机拖动。

5.5.1 直流电动机的工作原理

图 5-26 所示为直流电动机的工作原理图，图中 N、S 为直流电动机定子主磁极，主磁极上绕有励磁绕组。线圈 abcd 装在可转动的圆柱铁心上，合称电枢，线圈称为电枢绕组。与电枢绕组两端相连的是两个彼此绝缘的圆弧形铜片，即换向片。电刷 A 和 B 紧压在换向片上，并与外加直流电源相通。电刷是固定不动的，换向片随电枢一起转动，以保证在电源极性不变的前提下，电枢绕组所受的电磁力始终维持电枢沿某一方向转动。直流电动机截面结构如图 5-27 所示。

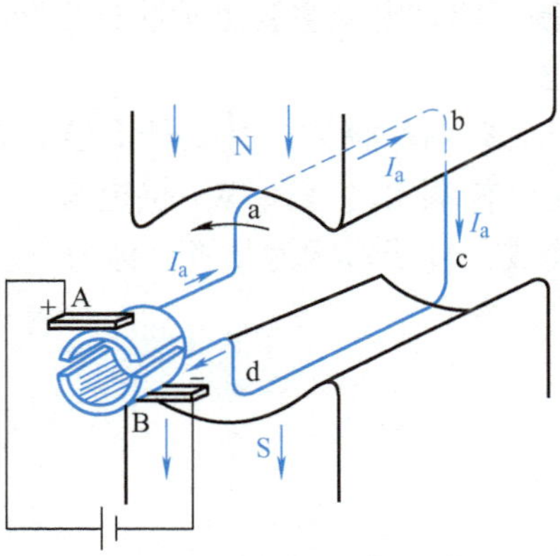

图 5-26 直流电动机的工作原理

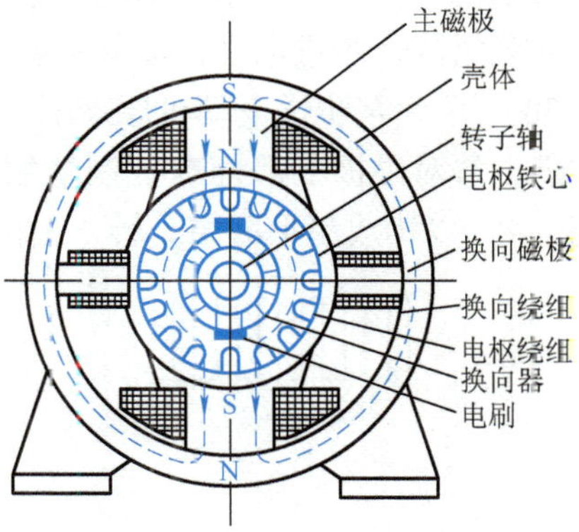

图 5-27 直流电动机截面结构

5.5.2 直流电动机的励磁方式

直流电动机上定子磁极 N、S 的产生有两种方法：一种方法是用永久磁铁；另一种方法是给定子铁心上的励磁绕组通入直流电。按励磁绕组与电枢绕组连接方式的不同，直流电动机可分为：他励、并励、串励和复励，电路如图 5-28 所示。

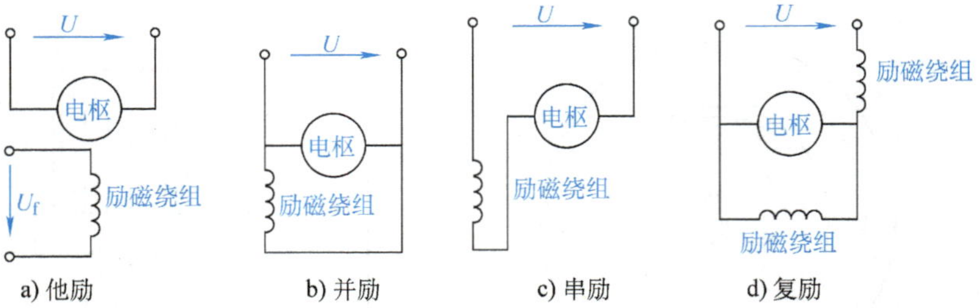

图 5-28 直流电动机的励磁方式

他励和并励直流电动机具有硬机械特性，当负载增大时转速略有下降。这类电动机调速范围广，适用于需要调速的轧机、金属切削机床、纺织印染、造纸和印刷机械。

串励电动机具有软机械特性，当负载增大时转速大幅下降。

复励电动机具有的机械特性曲线介于两者之间，适用于起动转矩较大，转速变化不大的负载，如冶金辅助机械、空气压缩机等。

5.6 步进电动机

步进电动机是一种将电脉冲信号转换为角位移的电动机，角位移量与脉冲数成正比，转速与脉冲频率成正比。每输入一个电脉冲信号，就对应转动一个角度。所以步进电动机是一种把输入电脉冲信号转换成为机械角位移的执行元件。

步进电动机在数字控制系统中的应用日益广泛，例如在数控机床中，将加工零件的图形、尺寸及工艺要求编制成一定符号的加工指令，输入数字计算机。计算机根据给定的数据和要求进行运算，而后发出电脉冲信号。计算机每发一个脉冲，步进电动机便转过一定角度，由步进电动机通过传动装置所带动的工作台或刀架就移动一个很小距离（或转动一个很小角度）。脉冲一个接一个发来，步进电动机便一步一步地转动，达到自动加工零件的目的。

步进电动机一般采用专用驱动电源进行调速控制，驱动电源主要由脉冲分配器和脉冲功率放大器部分组成。步进电动机驱动示意图如图 5-29 所示。

图 5-30 所示为某步进电动机原理图。定子铁心由硅钢片叠成，其定子上装有 6 个均匀分布的磁极，每对磁极上都绕有控制绕组，每相绕组首端 U_1、V_1、W_1 接电源，末端 U_2、V_2、W_2 连接，以构成星形联结。转子也由硅钢片叠成，转子形状为凸极，称为齿。

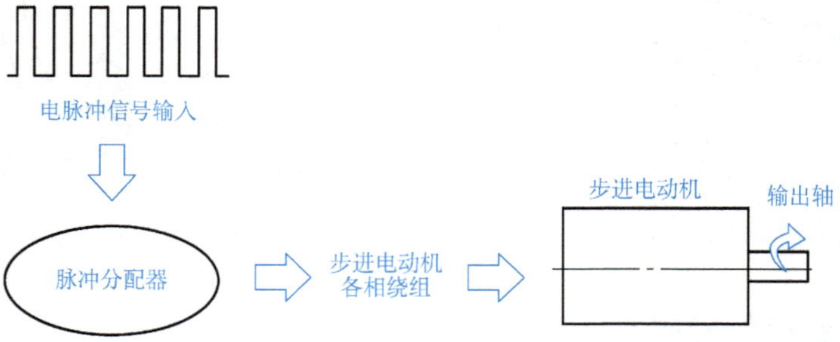

图 5-29 步进电动机驱动示意图

当向 U 相绕组通入电脉冲时，由于磁通总是沿磁阻最小的路径闭合，于是产生磁场力使转子铁心齿 1、3 与 U 相绕组轴线对齐，如图 5-30a 所示。如将电脉冲通入到 V 相绕组中，

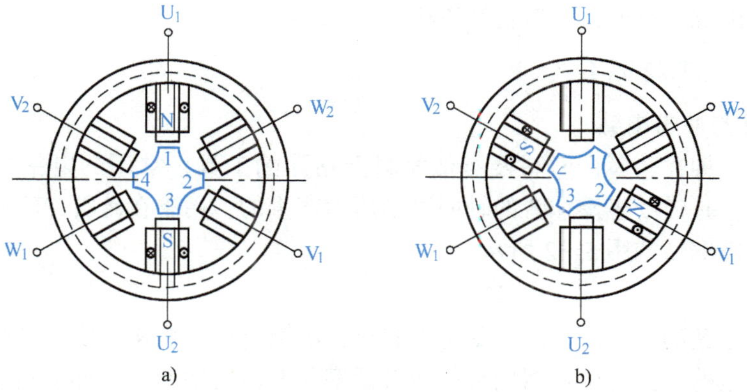

图 5-30 某步进电动机原理图

根据同样的原理，转子铁心齿 2、4 与 V 相绕组轴线对齐，如图 5-30b 所示。按照以上原理分析，如定子绕组按 U→V→W→U…的顺序重复通入电脉冲，转子就按顺时针的方向一步一步转动。通入的电脉冲频率越高，电动机的转速越快。

如果改变通入电脉冲的顺序，按 U→W→V→U…的顺序，转子反方向一步一步转动。实际上，为了提高步进电动机的精度，常将步进电动机定子的每一个极分成许多小齿。

步进电动机广泛应用于计算机绘图仪、自动记录仪表、数控机床、钟表行业等。

5.7 常用的电动工具

5.7.1 电动工具的基本结构

电动工具的基本结构包括外壳、电动机、传动机构、工作头、开关及连接件等。

1. 外壳

外壳一般用工程塑料制造，具有重量轻、强度高、造型大方、色泽美观等优点，同时增强了电动工具的安全可靠性能。

2. 电动机

电动工具主要使用单相串励（属于交、直流两用电动机）、单相电容电动机、三相工频异步笼型和永磁直流等电动机。较大规格的电动工具大多采用三相工频异步笼型电动机。直流永磁电动机一般用于微型和小型电动工具，也可用于水下和高空作业。

3. 传动机构

传动机构的主要功能是传递能量、变速和改变运动方向。由于加工作业的需要，电动工具有各种运动形式，如往复、冲击、旋转、振动和复合运动。传动齿轮有直齿圆柱齿轮、锥形齿轮和内啮合齿轮。

4. 工作头

工作头是作业工具和夹持结构的总称，包括对工作进行加工的刀具、刃具、磨具，如各种钻头、锯片、锯条、磨具、丝锥、螺钉旋具等。

5. 开关

开关安装在电动工具本体或附件上，主要用于接通与断开电源，改变电动工具的旋转方向，限制空载转速，调节运转速度，并具有瞬时动作机构，使触头快速通、断。手揿式开关能自动复位切断电源，有的还装有自锁机构。

5.7.2 常用电动工具简介

1. 普通电钻与冲击电钻

普通电钻是一种在金属、塑料及类似材料上钻孔的工具，常用的电钻如图 5-31 所示。冲击电钻的冲击力是借助于操作者的轴向进给压力产生的，用于在砖石、轻质混凝土等脆性材料上打孔。冲击电钻如图 5-32 所示。

2. 电锤

电锤和冲击电钻的区别从外观上就可以看出，电锤有快装机构，没有钻夹头，而冲击电钻有钻夹头。电锤的冲击力由机器内部的压气活塞与冲击活塞产生，冲击活塞随压气活塞做同步往复运动而锤击钻杆尾部，从而使电锤钻孔。

电锤比冲击电钻的打孔效率高 15 ~ 20 倍。电锤的电源开关为耐振的带自锁功能的手掀式复位开关。目前电锤的功能较多，如可正反转（可逆）、可调速、可恒速、可用作电钻和电镐（化旋转加冲击为单旋转和单冲击）。电锤用于在混凝土、砖石等建筑物构建上凿孔、开槽、打毛等作业。电锤如图 5-33 所示。

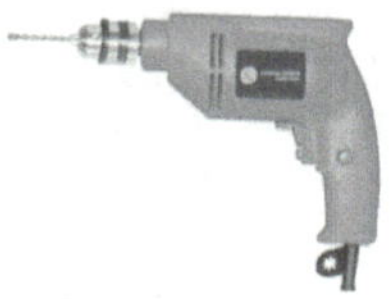

图 5-31 普通电钻

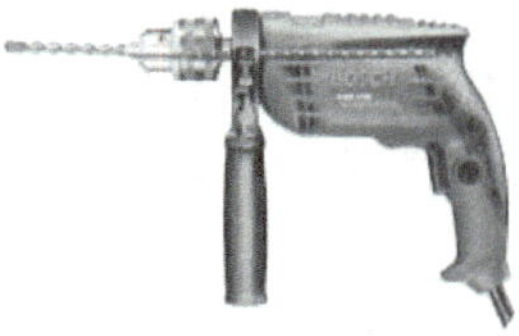

图 5-32 冲击电钻

图 5-33 电锤

3. 电剪刀

电剪刀是一种刀架为马蹄形的单刃剪切手持式电动剪裁工具，用于裁剪钢板、铝材及其他金属板材，如图 5-34 所示。

4. 角向磨光机

角向磨光机（图 5-35）用于切割不锈钢、普通碳素钢的型材或管材，修磨工件的飞边。换上专用砂轮后可切割砖、石、石棉波纹板等建筑材料；换上圆盘钢丝刷后可用于除锈和刷光金属表面；换上抛光轮后则可用于抛光各种材料的表面。抛光机如图 5-36 所示。

电动角向磨光机已在机械制造、船舶、电力、建筑等领域获得了广泛的应用。

图 5-34 电剪刀

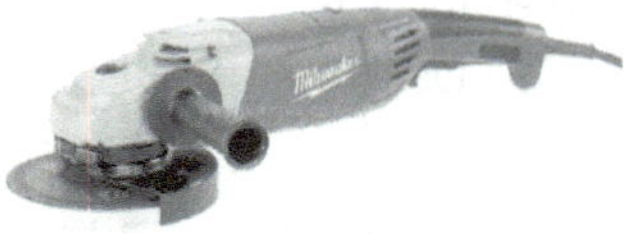

图 5-35 角向磨光机

图 5-36 抛光机

5. 型材切割机

型材切割机适用于设备与电气安装、建筑五金、石油化工、钢铁冶金、船舶修造等部门。它可用于切割圆形、异形钢管、角钢、槽钢、扁钢等各种型材，也能切割直径不大的圆钢。当它用来切割不锈钢、轴承钢、各种合金钢、淬火钢等材料时，更具有突出优点。型材切割机切割片为砂轮切割片，如图 5-37 所示。

6. 石材切割机

石材切割机（又称云石机、大理石切割机）是电动工具产品中量大面广的品种之一，主要用于陶瓷材料、磁性材料、玻璃、混凝土及各种石材的切割和划线，广泛应用于建筑、住房装潢等领域。与石材切割机配套使用的切割片为金刚石切割片，分为干、湿两种切割片，湿型刀片切割时需用水作为冷却液。石材切割机如图 5-38 所示。

图 5-37 型材切割机

图 5-38 石材切割机

情境链接

电动工具维修实例：单相电钻绕组重绕

单相电钻是目前应用广泛的一种电动工具，它主要由单相交流串励电动机、减速器（变速齿轮）、快速切断自动复位手揿式开关、钻头夹等部分组成。JIZ 型电钻的结构示意图如图 5-39 所示。

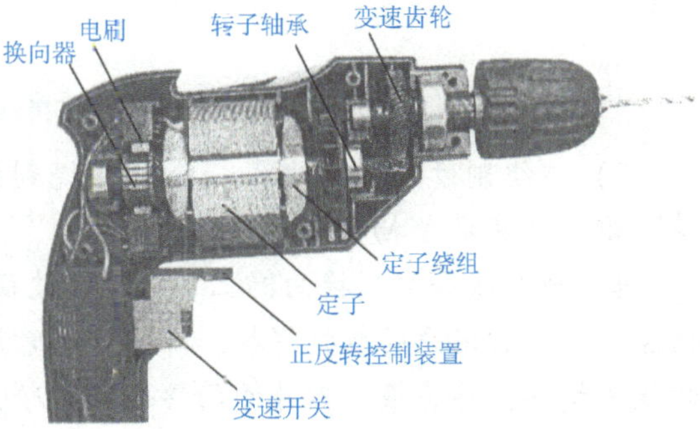

图 5-39 JIZ 型电钻结构示意图

在拆除绕组前与拆除过程中应记录以下数据：

1）定、转子上每只绕组的匝数及导线牌号与线径。

2）定子绕组引出线的位置及定子绕组尺寸。

3）转子绕组与换向器的焊接位置。

4）电刷架位置。

1. 定子绕组的重绕

1）将定子绕组取出后，拆去纱带等绝缘物，量出绕组模的尺寸，同时要数清线圈的匝数，量出导线线径。

2）根据绕组模的尺寸制作好绕线模，再重绕新绕组。对绕制好的新绕组，要进行绝缘处理。

3）最后将新绕组固定在定子上，接线时，应注意两极绕组的极性相反，一般采用尾接尾的方法，如图5-40所示。接好后，在磁极中间放一只铁钉，然后接入低压电源，如果铁钉立起来，表示接线正确（如图5-41所示），否则表示接线错误。

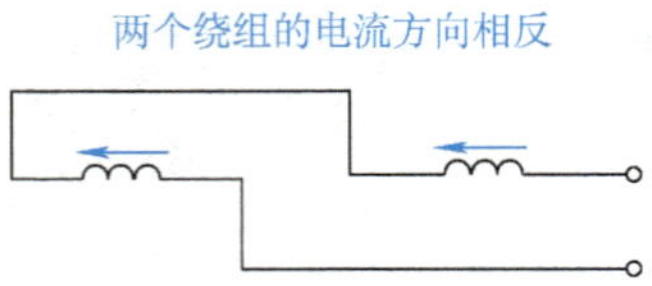

图5-40 两个绕组的连接

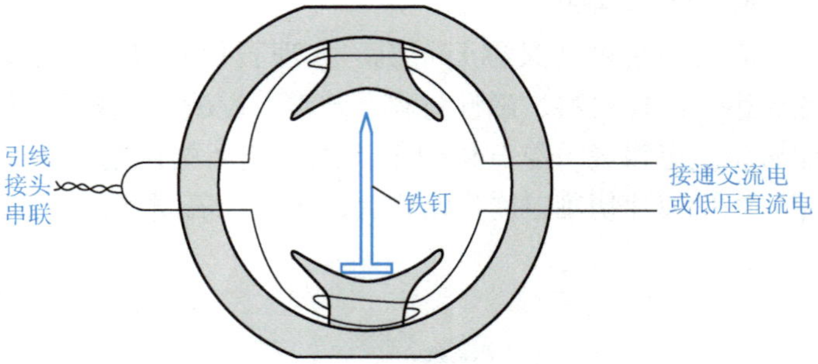

图5-41 接入电源后铁钉的正确位置

2. 转子绕组的重绕

1）经绝缘处理后的转子绕组非常坚硬，拆除时比较困难，所以应先加热再拆除。

2）绕线顺序是：按槽号1～5、5～2、2～6、6～3…的顺序绕制，如图5-42所示。

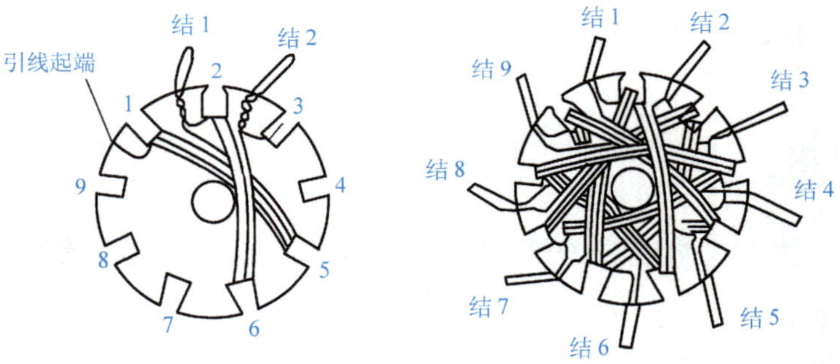

图5-42 9个槽的电枢绕组的绕制步骤

3）在绕制过程中，当每一个绕组绕到规定匝数时，把导线抽出槽外，扭成一个“麻花”形，即完成了抽头工作。

4）把引线头焊到换向器上。在焊接过程中，应注意绕组出线及焊接位置。修复时应根据原来拆除时记录的数据焊接，焊接线头时用松香焊剂较好。全部焊完后，用刀将露出槽外的线头切掉，再将换向器片间的焊锡刮干净，如图5-43所示。

5）绕组重绕及焊接工作全部完成后，要进行匝间短路试验和换向器片间电阻测定，接着再进行浸漆处理。烘干温度不宜过高，也不宜变化过大，以防绕组与换向器连接线断线。最后在带电试验时，如发现旋转方向相反，可将电刷架上的两个定子绕组线头的位置对换一下，如图5-44所示。

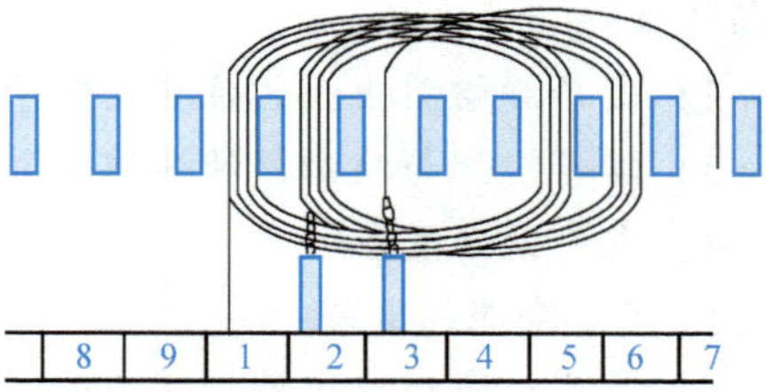

图5-43 引线头焊接在换向器上

6) 电钻总装实物如图 5-45 所示。电钻修复后，应测量绕组对地的绝缘，总的绝缘电阻不应低于 1.0MΩ。

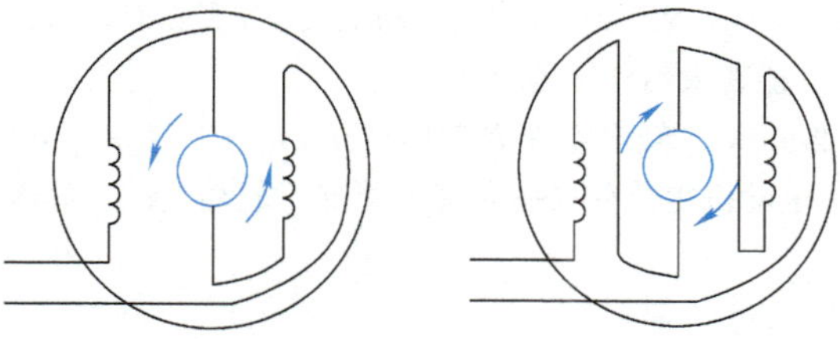

a) 反转方向　　b) 正转方向

图 5-44　改变磁极的极性

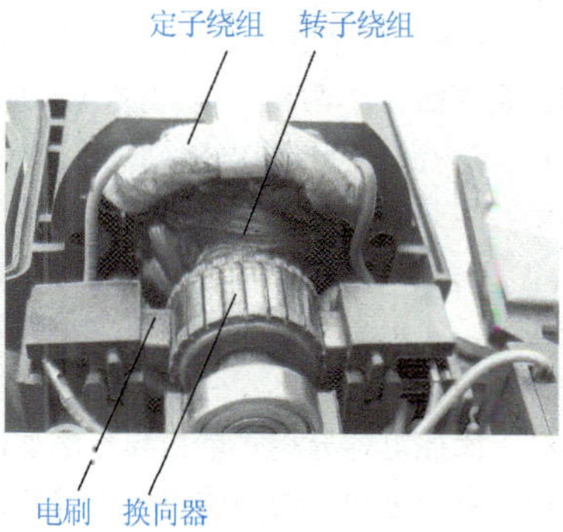

图 5-45　电钻总装实物图

情境总结

1. 三相异步电动机的结构：定子由机座、定子铁心和定子三相绕组组成；转子有笼型转子和绕线型转子两种绕组。三相异步电动机的定子绕组流过三相对称交流电流时，会产生一旋转磁场，旋转磁场以同步转速 n_0 切割转子导体，使其产生感应电流。转子电流与旋转磁场相互作用又产生电磁转矩，使转子沿旋转磁场的旋转方向而转动，其转速 n 小于同步转速 n_0，即存在转差 n_0-n，转差率 $s=\frac{n_0-n}{n_0}$。

2. 三相笼型异步电动机可采用直接起动、减压起动、Y/△起动。调速方法有变极调速、变频调速及改变转差率 s 调速，其电气控制方法有能耗制动和反接制动。

3. 常用的单相异步电动机有电容分相式和罩极起动式。

4. 直流电动机是利用电和磁相互作用产生电磁转矩来工作的，按励磁方式可分为他励、并励、串励和复励，并励和串励电动机应用较广。

5. 步进电动机作为执行元件，主要应用于自动控制系统中。

6. 电动工具的使用十分广泛，常用的电动工具主要有普通电钻、冲击电钻、电锤、角向磨光机、电剪刀、切割机等。

习题与思考题

5-1　如果改变三相异步电动机的转动方向，应采取什么措施？

5-2　如何根据转差率的大小来判别异步电动机的运行情况？

5-3　当异步电动机的定子绕组已经与电源接通，由于转子被阻，长时间不能转动，对电动机有何危害？如遇到这种情况，应采取何措施？

5-4　电动机功率选择太大有什么坏处？在什么情况下，电动机的功率因数和效率较高？

5-5　异步电动机在什么情况下进行星形联结或三角形联结？

5-6　有一台三相异步电动机，电源频率 $f=50\text{Hz}$，额定转速 $n_N=960\text{r/min}$。试确定该电动机的磁极对数、额定转差率及额定转速时转子电流的频率。

5-7 已知 Y112M－4 型三相异步电动机，同步转速 $n_0=1500\mathrm{r/min}$，额定转速 $n_N=1440\mathrm{r/min}$，空载时的转差率 $s_0=0.0026$。求该电动机的磁极对数 p、额定转差率 s_N 和空载转速 n。

5-8 一台三相异步电动机，如果某一相绕组断路，能否起动起来？如果是在运行过程中，有一条电源线断路，是否能在“两相”电的情况下继续运转？如果不能及时发现，会出现什么后果？

5-9 有一台三相异步电动机，铭牌标明 380V/220V，Y/△。试问当电动机接成Y和△起动时，起动电流和起动转矩是否一样大？当电源电压为 380V 时，能否采用Y-△起动？

5-10 一台三相笼型异步电动机的型号为 Y225S－4，额定功率为 37kW，$I_{st}/I_N=7$，$T_{st}/T_N=1.9$，规定接法为△。供电系统变压器容量为 1000kV·A。电动机在带有 90% 负荷的情况下起动，试选择适当的起动方法。

5-11 简述电容分相式单相异步电动机的工作原理。

5-12 直流电动机的结构主要由哪几部分组成？简述直流电动机的励磁方式。

5-13 与其他类型的电动机相比较，步进电动机有何特点？简述其工作原理。

5-14 试比较各类电动工具的适用场合。

教学情境 6

低压电器与控制电路

教学目标：本章以常用的低压电器为主线，以各类电动机或其他执行电器为控制对象，采用电气控制的方法来实现电动机或其他执行电器的起动、停止、正反转、调速和制动等运行方式的控制。通过对本章的学习，要着重理解继电接触器控制系统的结构和意义，了解各种常用的低压电器的结构、工作原理、主要技术参数、选择方法等，掌握继电接触器控制系统基本控制环节、保护环节，从而奠定学习电气控制电路的基础。

6.1 常用的低压电器

低压电器是指工作在交流 1200V 及以下、直流 1500V 及以下的电路中，以实现对电路中信号的检测、执行部件的控制、电路的保护、信号的变换等作用的电器。

6.1.1 刀开关

刀开关是一种手动电器，广泛应用于配电设备中作隔离电源用，有时也用于较小容量不频繁起动停止的电动机直接起动控制。刀开关由手柄、触头、铰链支座和绝缘底板等组成。

下面以 HK2 系列刀开关为例进行介绍。这种开关可作较小容量交流异步电动机的不频繁直接起动和停止及电路的隔离开关、小容量电源的开关等。

本系列开关是由刀开关和熔断体组合而成的一种电器，装置在一块瓷底板上，上面覆盖着胶木盖以保证用电的安全。图 6-1 为 HK2 系列刀开关的结构和外形图。图 6-2 为三极刀开关的图形及文字符号。它的结构简单、操作方便。熔体（俗称保险丝）动作后（即熔断后），只要加以更换就可以了。

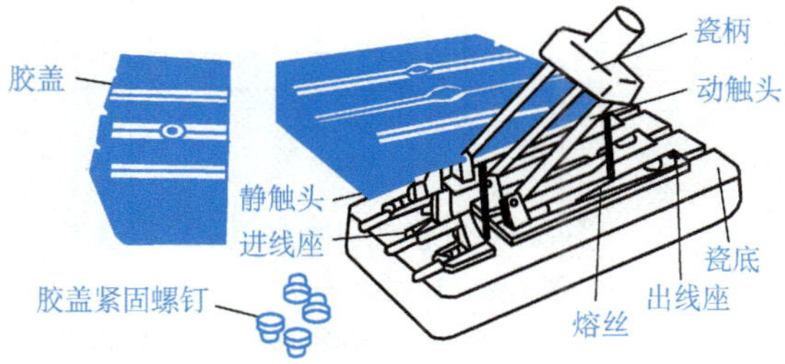

图 6-1 HK2 系列刀开关的结构和外形图

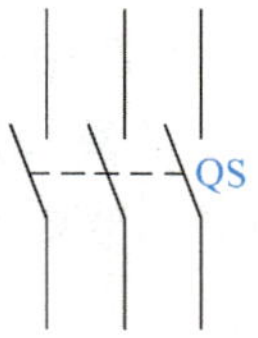

图 6-2 三极刀开关的图形及文字符号

HK2 系列刀开关根据控制回路的电源种类、电压等级和电动机的额定电流（或额定功率）进行选择。

6.1.2 低压断路器

低压断路器又称自动空气断路器，俗称自动空气开关，是一种既有手动开关作用又能自动进行欠电压、失电压、过载和短路保护的电器。低压断路器有单极、双极、三极、四极断路器四种，可用于电源电路、照明电路、电动机主电路的分合及保护等。图6-3为DZ20系列及DZ47－63系列低压断路器外形图。图6-4为三极低压断路器的图形及文字符号。

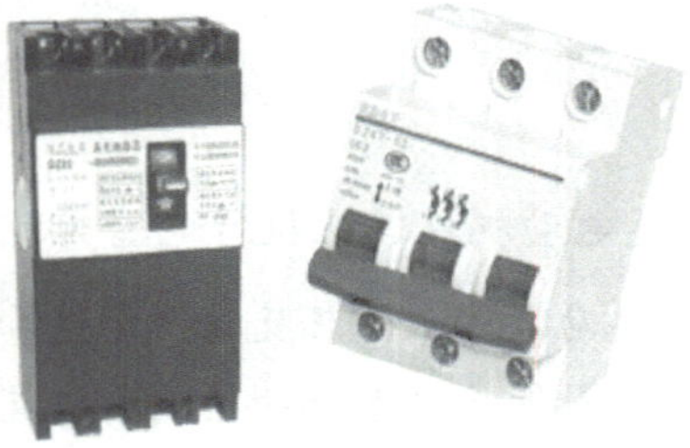

图6-3 DZ20系列及DZ47－63系列低压断路器外形图

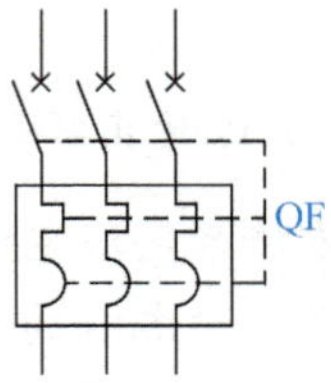

图6-4 三极低压断路器的图形及文字符号

1. 低压断路器的结构

低压断路器主要由主触头、操作机构、脱扣器和灭弧装置等组成。

2. 低压断路器的工作原理

图6-5为三极低压断路器的工作原理图。图中1为分闸弹簧、2为主触头、3为传动杆、4为锁扣、5为轴、6为过电流脱扣器、7为热脱扣器、8为欠电压失电压脱扣器、9为分励脱扣器。

当低压断路器的手柄推上后，主触头2闭合，三相电路接通，传动杆3被锁扣4钩住。如果主电路出现过电流现象，则过电流脱扣器6的衔铁吸合，顶杆将锁扣4顶开，主触头在分闸弹簧1的作用下复位，断开主电路，起到保护作用。如果出现过载现象，热脱扣器7将锁扣4顶开，如果出现欠电压失电压现象，欠电压失电压脱扣器8将锁扣4顶开。分励脱扣器9可由操作人员控制，使低压断路器跳闸。

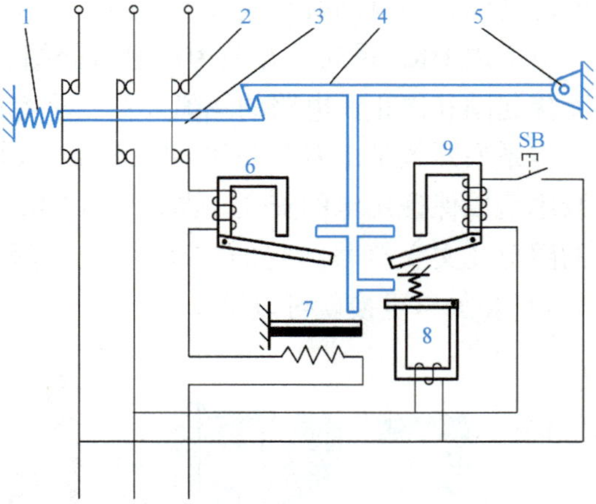

图6-5 三极低压断路器工作原理图

1—分闸弹簧 2—主触头 3—传动杆 4—锁扣 5—轴 6—过电流脱扣器 7—热脱扣器 8—欠电压失电压脱扣器 9—分励脱扣器

3. 低压断路器的选用

低压断路器的选用应符合GB/T 14048.2—2020《低压开关设备和控制设备 第2部分：断路器》等国家标准要求。

选用原则：

1）断路器的类型应根据电路的额定电流及保护的要求来选择。

2）断路器的额定工作电压应高于或等于线路或设备的额定工作电压。

3）断路器的主电路额定工作电流应大于或等于负载工作电流。

4）断路器的过电流脱扣器的整定电流应大于或等于线路的最大负载电流。

5）断路器的欠电压脱扣器的额定电压等于主电路额定电压。

6）断路器的额定通断能力大于或等于电路的最大短路电流。

6.1.3 熔断器

熔断器是一种用于短路与过载保护的电器。熔断器是线路中人为设置的“薄弱环节”，要求它能承受额定电流，而当短路发生的瞬间，则要求其充分显示出薄弱性来，首先熔断，从而保护电器设备的安全。熔断器主要由熔体、触头及绝缘底板（底座）等部分组成。

1. 熔断器的分类与常用型号

熔断器按结构形式不同可分为半封闭插入式、无填料密封管式、有填料密封管式等。按用途不同可分为工业用熔断器、半导体器件保护用熔断器、特殊用途用熔断器等。

熔断器的主要部件就是熔体。熔体的材料分为低熔点和高熔点材料。低熔点材料主要有铅锡合金、锌等，高熔点材料主要有铜、银、铝等。

图 6-6 为 RC1 系列半封闭插入式熔断器、RL1 系列螺旋式熔断器结构图。图 6-7 为熔断器的图形及文字符号。

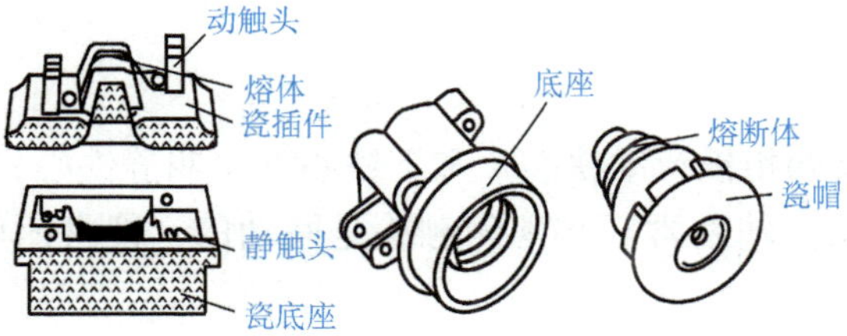

图 6-6 熔断器的结构示例

图 6-7 熔断器的图形及文字符号

2. 熔断器的主要技术参数

（1）额定电压 熔断器长期工作时能够正常工作的电压。

（2）额定电流 熔断器长期工作时允许通过的最大电流。熔断器一般是起保护作用的，负载正常工作时，电流是基本不变的，熔断器的熔体要根据负载的额定电流进行选择，只有选择合适的熔体，才能起到保护电路的作用。

（3）极限分断能力 熔断器在规定的额定电压下能够分断的最大电流值。它取决于熔断器的灭弧能力，与熔体的额定电流无关。

熔断器无论其型号如何，无论安装形式如何，无论其附加的功能如何，其主要作用只有一个，那就是，电流过大后其熔体因过热而熔断，从而断开电路，保护电路中的用电设备。

6.1.4 接触器

接触器是低压电器中的主要品种之一，广泛应用于电力传动系统中，用来频繁地接通和分断带有负载的主电路或大容量的控制电路，并可实现远距离的自动控制。接触器主要应用于电动机的自动控制、电热设备的控制以及电容器组设备的控制等。

接触器根据操作原理的不同可分为电磁式、气动式和液压式，绝大多数的接触器为电磁式接触器；根据接触器触头控制负载的不同可分为直流接触器（用作接通和分断直流电路的接触器）和交流接触器（用作接通和分断交流电路的接触器）两种；此外接触器还可按它的冷却情况分为空气冷却、油冷和水冷三种，绝大多数的接触器是空气冷却式。在此主要介绍最常用的空气电磁式交流接触器。

图6-8为交流接触器实物图，图6-9为交流接触器的结构和触头系统示意图。图6-10为交流接触器的图形及文字符号。

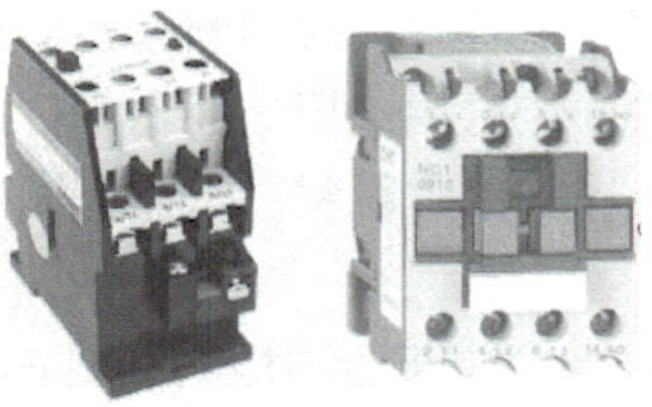

图6-8 交流接触器实物图

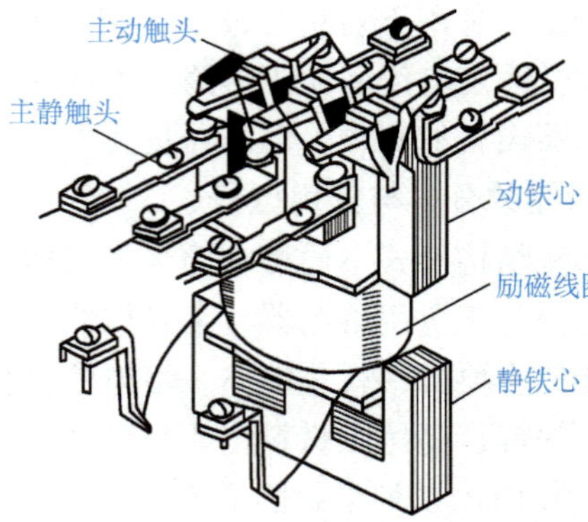

图6-9 交流接触器的结构和触头系统示意图

1. 交流接触器的构造和工作原理

交流接触器主要由以下4部分组成：

（1）电磁系统 包括线圈、上铁心（又叫衔铁、动铁心）和下铁心（又叫静铁心）。

（2）触头系统 包括主触头、辅助触头。辅助常开和常闭触头是联动的，即常闭触头打开后常开触头闭合。

接触器的主触头的作用是接通和断开主电路，辅助触头一般接在控制电路中，完成电路的各种控制要求。

（3）灭弧室 触头合、断时会产生很大电弧烧坏触头，为了迅速切断触头合、断时的电弧，一般容量稍大些的交流接触器都有灭弧室。

（4）其他部分 包括反作用弹簧、缓冲弹簧、触头压力弹簧片、传动机构、短路环、接线柱等。

接触器的线圈和静铁心固定不动。当线圈得电时，铁心线圈产生电磁吸力，将动铁心吸合，由于动触头与动铁心都是固定在同一根轴上的，因此动铁心就带动动触头向下运动，与静触头接触，使电路接通。当线圈断电时，吸力消失，动铁心依靠反作用弹簧的作用而分离，动触头就断开，电路被切断。

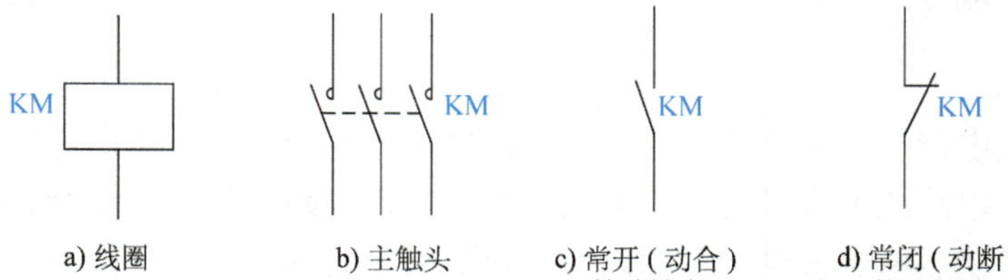

a) 线圈　b) 主触头　c) 常开（动合）辅助触头　d) 常闭（动断）辅助触头

图6-10 交流接触器的图形及文字符号

2. 接触器的主要技术参数

（1）额定电压　指接触器主触头的额定工作电压。

（2）额定电流　指接触器主触头的额定工作电流。

（3）吸引线圈的额定电压　直流线圈常用的电压等级为 24V、48V、220V、440V 等。交流线圈常用的电压等级为 36V、127V、220V 及 380V 等。

（4）额定操作频率　指每小时允许的操作次数。

（5）接通与分断能力　指接触器的主触头在规定的条件下，能可靠地接通和分断的电流值。

（6）线圈消耗功率　线圈消耗功率可以分为起动功率和吸持功率。

（7）动作值　指接触器的吸合电压和释放电压。

6.1.5 中间继电器

1. 中间继电器简介

中间继电器是用来远距离传输或转换控制信号的中间器件。其输入是线圈的通电或断电信号，输出是多对触头的通断动作。因此，它不但可用于增加控制信号的数目，实现多路同时控制，而且因为触头的额定电流大于线圈的额定电流，故还可用来放大信号。

图 6-11 所示是 JZ7 系列中间继电器的外形结构，其结构和工作原理与接触器类似。该继电器由静铁心、动铁心、线圈、触头系统和复位弹簧等组成。其触头对数较多，没有主、辅触头之分，各对触头允许通过的额定电流是一样的，额定电流多数为 5A，有的为 10A。吸引线圈的额定电压有 12V、24V、36V、110V、127V、220V、380V 等多种，可供选择，其图形和文字符号如图 6-12 所示。

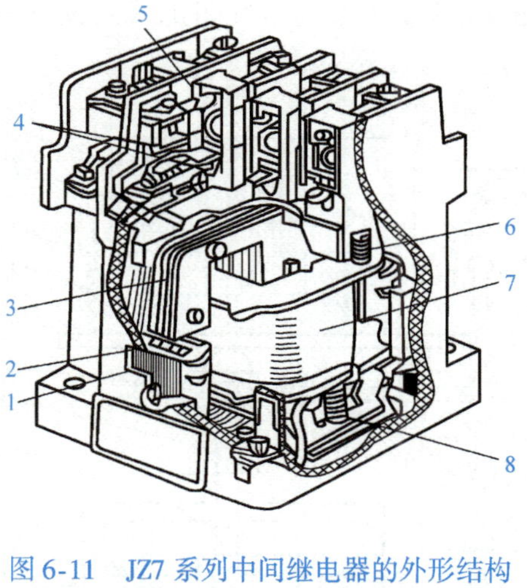

图 6-11　JZ7 系列中间继电器的外形结构

1—静铁心　2—短路环　3—衔铁

4—常开触头　5—常闭触头　6—反作用弹簧

7—线圈　8—缓冲弹簧

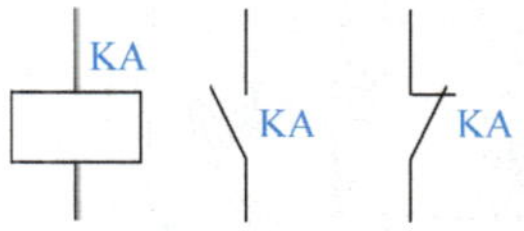

图 6-12　中间继电器的图形和文字符号

2. 电磁式中间继电器工作原理

电磁式中间继电器的工作原理：当线圈通电以后，铁心被磁化产生足够大的电磁力，吸动衔铁并带动簧片，使动触头和静触头闭合或分开；当线圈断电后，电磁吸力消失，衔铁依靠弹簧的反作用力返回原来的位置，动触头和静触头又恢复到原来闭合或分开的状态。应用时只要把需要控制的电路接到触头上，就可利用继电器达到控制的目的。

3. 电磁式中间继电器主要技术指标

JZ7 系列中间继电器的主要技术数据见表 6-1。

表 6-1 JZ7 系列中间继电器的主要技术数据

型　　号	触头额定电压/V	触头额定电流/A	常开触头数	常闭触头数	操作频率/(次/h)	线圈起动功率/V·A	线圈吸持功率/V·A
JZ7-44	500	5	4	4	1200	75	12
JZ7-62	500	5	6	2	1200	75	12
JZ7-80	500	5	8	0	1200	75	12

6.1.6 时间继电器

在感受外界信号后，经过一段时间才能使执行部分动作的继电器，称为时间继电器。对于电磁式时间继电器，当线圈在接收信号以后（通电或失电），其对应的触头使某一控制电路延时断开或闭合。时间继电器主要有空气阻尼式、电动式、晶体管式及直流电磁式等几大类。延时方式有通电延时和断电延时两种。

1. 空气阻尼式时间继电器

空气阻尼式时间继电器是根据空气阻尼的原理制成的。它主要由电磁系统、工作触头（微动开关）、延时机构等组成。当衔铁位于铁心和延时机构之间时为通电延时型，当铁心位于衔铁和延时机构之间时为断电延时型。图 6-13 为 JS7 系列空气阻尼式时间继电器外形及结构，图 6-14 为时间继电器的图形及文字符号。

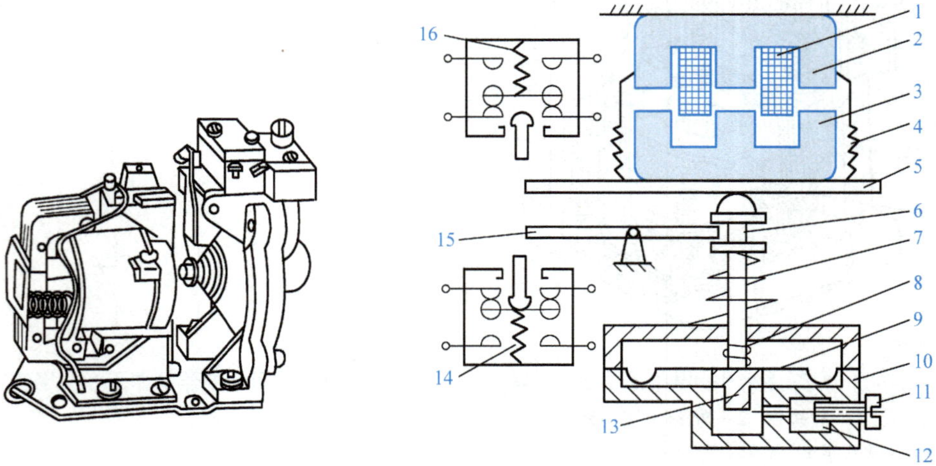

图 6-13 JS7 系列空气阻尼式时间继电器的外形及结构

1—线圈 2—铁心 3—衔铁 4—反作用力弹簧 5—推杆 6—活塞杆 7—塔形弹簧 8—弱弹簧 9—橡皮膜 10—空气室壁 11—调节螺钉 12—进气孔 13—活塞 14—延时触头 15—杠杆 16—瞬动触头

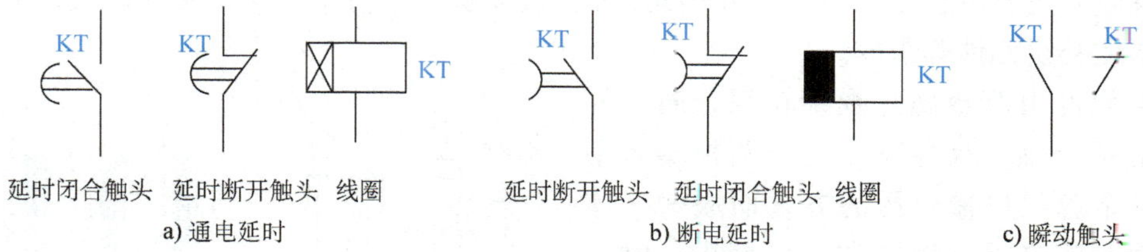

图 6-14 时间继电器的图形及文字符号

JS7 系列空气阻尼式时间继电器工作原理：当线圈通电时，衔铁及固定在它上面的托板被铁心吸引而上升，这时固定在活塞杆上的推杆因失去托板的支托也向上运动，但由于与活塞杆相连的橡皮膜向上运动时受到空气阻尼的作用，所以活塞杆上升缓慢，经过一定时间，才能触动微动开关的推杆使它的常闭触头断开、常闭触头闭合。延时时间是从线圈通电开始到触头完成动作为止。通过延时调节螺钉，即调节进气孔的大小以改变延时时间。

JS7 系列空气阻尼式时间继电器的触头系统共有：延时闭合常开、延时闭合常闭、延时断开常闭、延时断开常开、常开瞬动、常闭瞬动六种。不同型号的 JS7 系列时间继电器具有不同的延时触头。

2. 电子式、数字式时间继电器

电子式、数字式时间继电器主要有 JS11、JS20、JS14P、H3BA、AH3、ASTP-Y/N、AT-DV-Y/N 等。电子式时间继电器利用旋转刻度盘设定时间，数字式时间继电器利用数字按键设定时间，同时可通过数码管或液晶显示屏显示计时情况。其时间精度远远高于空气阻尼式时间继电器，现在电子式、数字式时间继电器的应用越来越广泛。

6.1.7 热继电器

电动机工作时，正常的温升是允许的，但是如果电动机长期工作在过载情况下，就会过度发热造成绝缘材料迅速老化，使电动机寿命大大缩短。为了防止上述情况产生，常采用热继电器作为电动机的过载保护装置。

图 6-15 为热继电器外形示例，图 6-16 为热继电器的图形及文字符号，图 6-17 为双金属片式热继电器结构原理图。

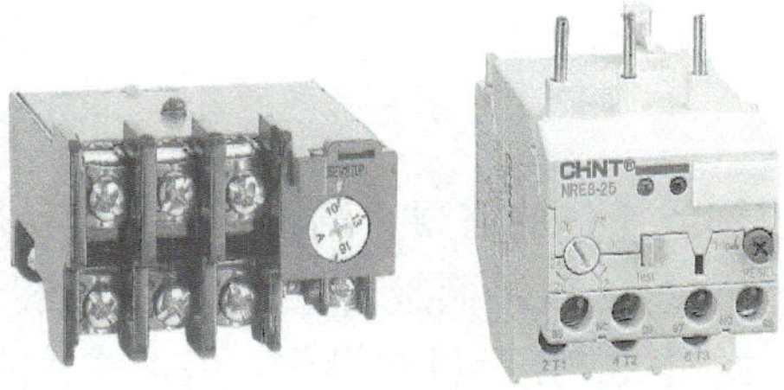

图 6-15 热继电器外形示例

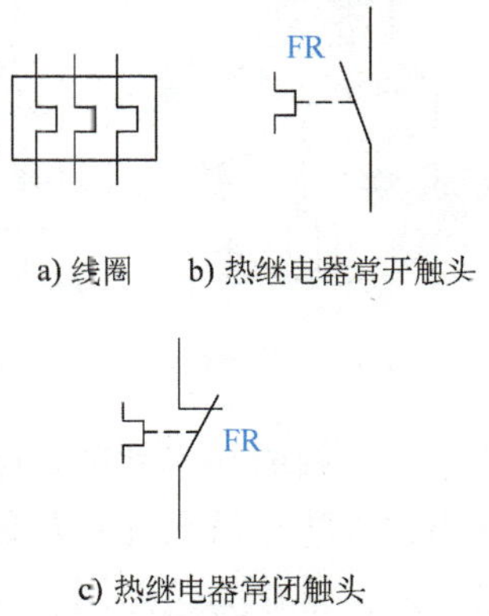

图 6-16 热继电器的图形及文字符号

热继电器主要由感温元件（或称热元件）、触头系统、动作机构、复位按钮、电流调节装置、温度补偿元件等组成。

感温元件由双金属片及绕在双金属片外面的电阻丝组成。双金属片是由两种膨胀系数不同的金属以机械碾压的方式而成为一体的。使用时将电阻丝串联在主电路中，触头串联在控制电路中。

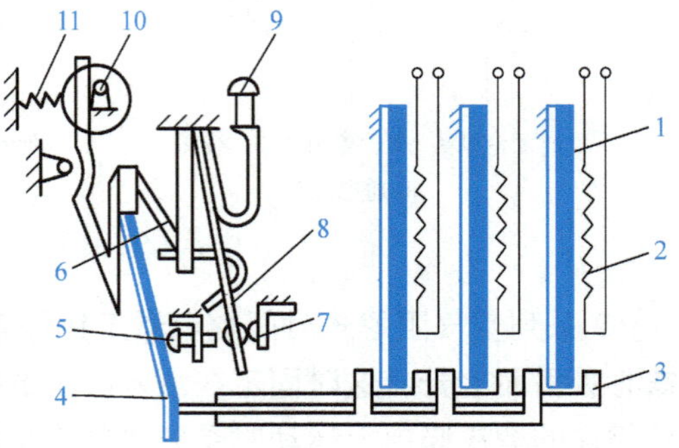

图 6-17 双金属片式热继电器结构原理图

1—主双金属片 2—电阻丝 3—导板 4—补偿双金属片 5—螺钉 6—推杆 7—静触头 8—动触头 9—复位按钮 10—调节凸轮 11—弹簧

当过载电流流过电阻丝时，双金属片受热膨胀，因为两片金属的膨胀系数不同，所以就弯向膨胀系数较小的一面，利用这种弯曲的位移动作，切断热继电器的常闭触头，从而断开控制电路，使接触器线圈失电，接触器主触头断开，电动机便停止工作，起到了过载保护的作用。在过载故障排除后，要使电动机再次起动，一般需2min以后，待双金属片冷却，恢复原状后再按复位按钮，使热继电器的常闭触头复位。

6.1.8 控制按钮

控制按钮是一种低压控制电器同时也是一种低压主令电器。控制按钮有单式按钮、复式按钮和三联式按钮等，其触头对数有1常开1常闭，2常开2常闭，以至6常开6常闭。对复式按钮来说，按下按钮时，它的常闭触头先断开，经过一个很短时间后，它的常开触头再闭合。有些控制按钮内装有信号灯，除用于操作控制外，还可兼作信号指示。

1. 控制按钮的组成与结构形式

控制按钮一般由按钮帽、复位弹簧、触头和外壳等部分组成。图6-18为控制按钮的原理和外形图，图6-19为控制按钮的图形及文字符号。

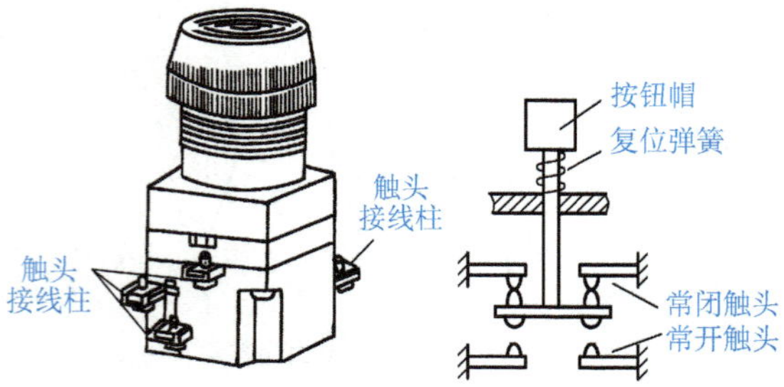

图 6-18 控制按钮的原理和外形图

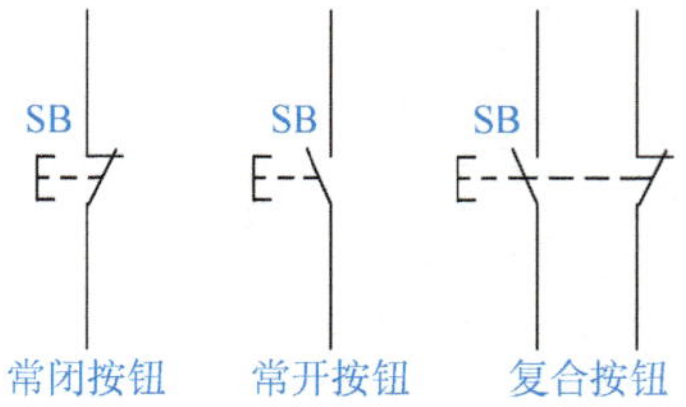

图 6-19 控制按钮的图形及文字符号

控制按钮可以做成很多种形式以满足不同的控制或操作的需要，结构形式有：钥匙型，按钮上带有钥匙以防止误操作；旋转式(又叫钮子开关)，以手柄旋转操作；紧急式，带蘑菇钮头突出于外，常作为急停用，一般采用红色；掀钮式，用手掀钮操作；保护式，能防止偶然触及带电部分。控制按钮的颜色可分为：红、黄、蓝、白、绿、黑等，操作人员可根据按钮的颜色进行辨别和操作。

2. 控制按钮的常用型号

常用的控制按钮有 LA10、LA18、LA19、LA20、LA25 等国产型号及进口和合资生产的产品。

6.1.9　万能转换开关

万能转换开关采用叠装式元件组成，能对电路进行多种转换控制，它是一种低压控制电器，同时也是一种低压主令电器，广泛用于低压断路器、高压油断路器等操作机构的合闸控制、电磁控制站中线路的换接以及电流、电压换相测量等，还可以用于不频繁起动、停止的小容量电动机的控制。由于其用途广泛，故而称为万能转换开关。

图 6-20 为 LW12－16 型万能转换开关，图 6-21 为万能转换开关结构示意图，图 6-22 为万能转换开关的原理图。它由接触系统、操作机构、转轴、手柄、齿轮啮合机构等主要部件组成，用螺栓组装成整体。在每层触头底座上可装三对触头，由凸轮经转轴来控制这三对触头的通断。凸轮工作位置为 45°和 30°两种，凸轮材料为尼龙，根据开关控制回路的要求，凸轮也有不同的形式。

图 6-20　LW12－16 型万能转换开关

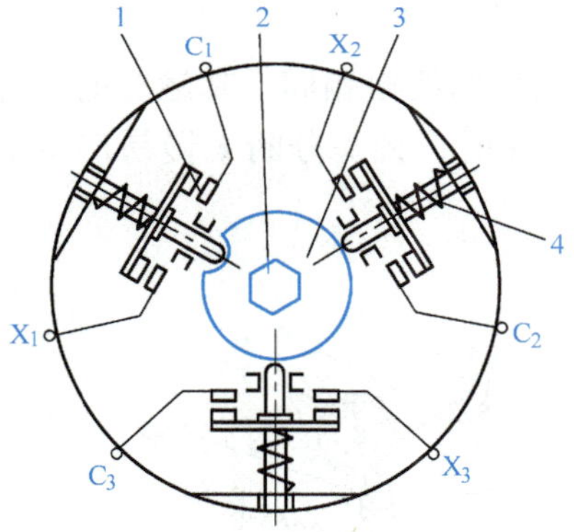

图 6-21　万能转换开关结构示意图

1—触头　2—转轴　3—凸轮　4—触头弹簧

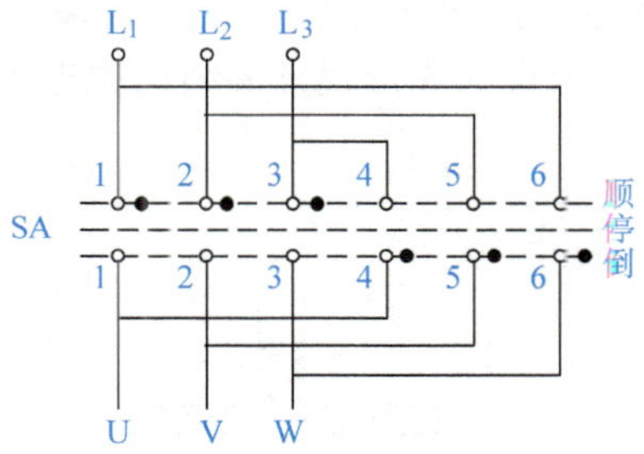

图 6-22　万能转换开关的原理图

6.1.10　行程开关

依据生产机械的行程发出命令，以控制其运动方向和行程长短的主令电器称为行程开关。若将行程开关安装于生产机械行程的终点处，用以限制其行程，则称为限位开关。

1. 行程开关分类及原理

行程开关按其结构可分为机械结构的接触式行程开关和电气结构的非接触式接近开关。机械接触式行程开关分为直动式、滚动式和微动式三种。这类开关是利用生产设备某些运动部件的机械位移而碰撞行程开关，使其触头动作。电气非接触式接近开关分为高频振荡型、感应型、电容型、光电型、永磁及磁敏元件型、超声波型等。这类开关不是靠挡块碰压开关发信号，而是在移动部件上装一金属片，在移动部件需要改变工作情况的地方装接近开关的感应头，其感应面正对金属片。当移动部件的金属片移动到感应头上面（不需接触）时，接近开关就输出一个信号，使控制电路改变工作情况。

图 6-23 为机械接触式行程开关，图 6-24 为行程开关和接近开关的图形及文字符号。

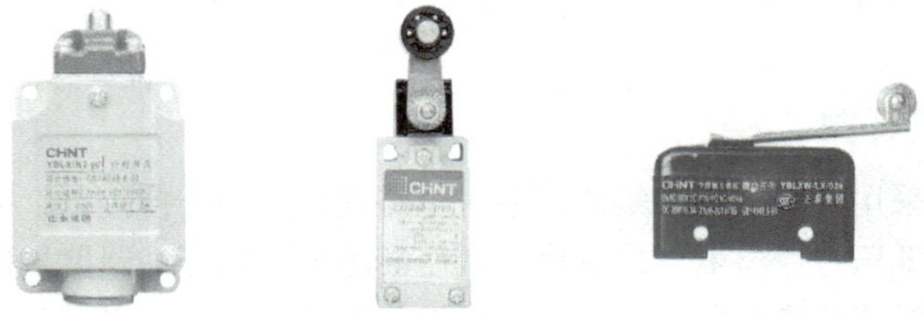

a) 直动式行程开关　　b) 滚轮式行程开关　　c) 微动开关

图 6-23 机械接触式行程开关

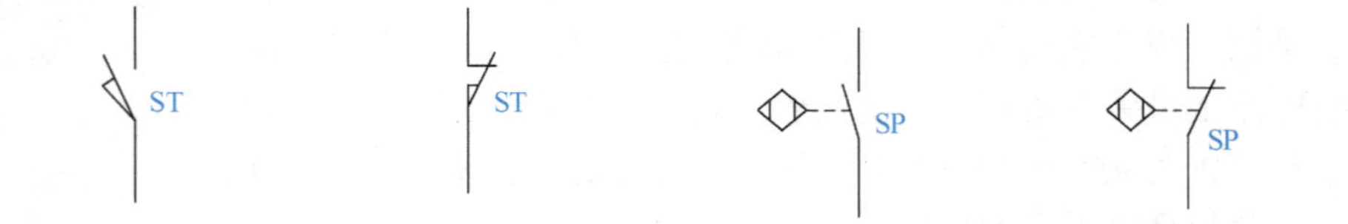

a) 行程开关常开触头　b) 行程开关常闭触头　c) 接近开关常开触头　d) 接近开关常闭触头

图 6-24 行程开关和接近开关的图形及文字符号

（1）直动式行程开关　直动式行程开关动作原理与控制按钮相同，其触头的分合速度取决于生产机械的移动速度，当移动速度低于 0.4m/min 时，触头分断太慢易产生电弧。图 6-25a为直动式行程开关结构原理图。

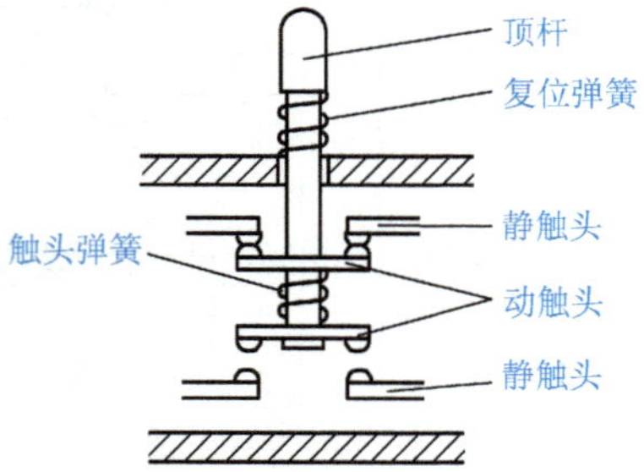

a) 直动式行程开关

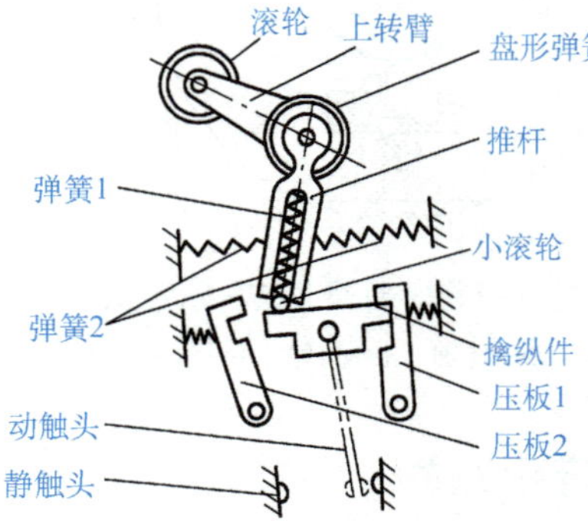

b) 滚轮式行程开关

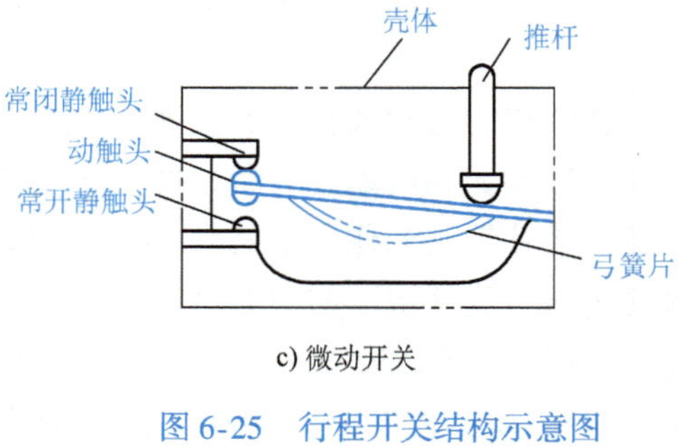

c) 微动开关

图 6-25 行程开关结构示意图

（2）滚轮式行程开关　图 6-25b 为滚轮式行程开关结构示意图。当滚轮受向左外力作用后，推杆向右移动，并压缩右边弹簧 2，同时下面的滚轮也很快沿着擒纵件向右滚动，小滚轮滚动又压缩弹簧 1，当滚轮滚过擒纵件的中点时，盘形弹簧和弹簧 1 都被擒纵件迅速转动，从而使动触头迅速地与右边静触头分开，并与左边静触头闭合。滚轮式行程开关适用于低速运行的机械。

（3）微动开关　图 6-25c 为微动开关结构示意图。当推杆在机械作用力压下时，弓簧片产生机械变形，储存能量并产生位移，当达到临界点时，弹簧片连同桥式动触头瞬时动作。当外力失去后，推杆在弓簧作用下迅速复位，触头恢复原来状态。微动开关采用瞬动结构，触头换接速度不受推杆压下速度的影响。

（4）接近开关　电感式接近开关由高频振荡器和放大器组成。振荡器的线圈在开关的作用表面产生一个交变磁场，当金属物体接近此作用表面时，金属中产生涡流而吸收了振荡器的能量，使振荡器减弱以至停振。振荡器的振荡及停振信号由整形放大器转换成二进制的开关信号，从而起到“开”“关”的控制作用。

电容式接近开关由高频振荡器和放大器组成，包括一个传感器电极和一个屏蔽电极。这两部分组成了一个电容器。当被检测物体（金属或非金属物体）接近感应面时，电容器的电容值发生变化，如 *RC* 振荡电路的电容值随着被检测物体的接近而增大，此振荡电路被设置成当电容值增加时才开始振荡。当被检测物体接近时，*RC* 振荡器开始振荡，并将此信号送到信号触发器并由开关放大器输出开关信号。

2. 常用行程开关型号

常用的行程开关有 JLXK1、LX2、LX3、LX5、LX12、LX19A、LX21、LX22、LX29、LX32 等系列。常用的微动开关有 LX31、JW 等系列。常用的接近开关有 LJ、CWY、SQ 系列及引进国外技术生产的 3SG 系列等。

情境链接

固态继电器与智能控制

固态继电器（Solid State Relay，SSR）是由微电子电路、分立电子元器件、电力电子功率器件组成的无触头开关。用隔离器件实现了控制端与负载端的隔离。固态继电器的输入端采用微小的控制信号，从而达到直接驱动大电流负载。图 6-26 为固态继电器外观图。

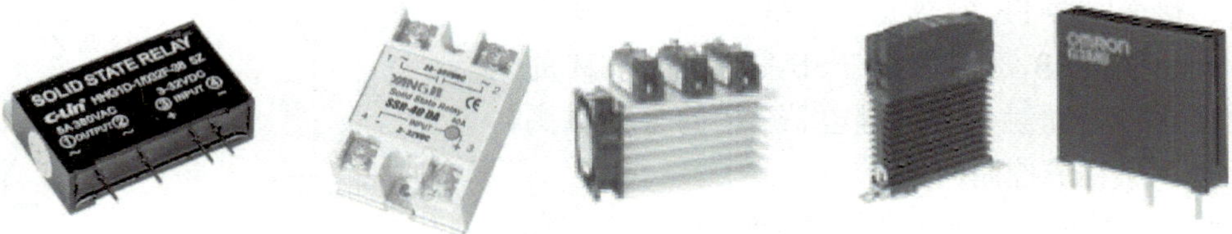

图 6-26　固态继电器外观图

对于控制电压固定的控制信号，采用阻性输入电路。保证控制电流大于 5mA。对于大的变化范围的控制信号（如 3～32V）则采用恒流电路，保证在整个电压变化范围内电流在大于5mA时可靠工作。隔离驱动电路：隔离电路采用光电耦合和高频变压器耦合（磁电耦合），光电耦合通常使用光敏二极管-光敏晶体管、光敏二极管-双向光控晶闸管、光伏电池，实现控制侧与负载侧隔离控制。高频变压器耦合是利用输入的控制信号产生的自激高频信号经耦合到二次侧，经检波整流、逻辑电路处理形成驱动信号。SSR的功率开关直接接入电源与负载端，实现对负载电源的通断切换。主要使用大功率晶体管（开关管-Transistor）、单向晶闸管（Thyristor或SCR）、双向晶闸管（Triac）、功率场效应晶体管（MOSFET）、绝缘栅型双极晶体管（IGBT）。固态继电器可以方便地与TTL、MOS逻辑电路连接。

专用的固态继电器可以具有短路保护、过载保护和过热保护功能，与组合逻辑电路固化封装就可以实现用户需要的智能模块，直接用于控制系统中。

固态继电器已广泛应用于：①数控机械、医疗器械、电机控制、仪器仪表、遥控系统等工业自动化装置；②计算机外围接口设备；③电炉温度控制及恒温系统；④信号灯、闪烁器、舞台照明等灯光控制系统；⑤复印机、自动洗衣机等现代办公和生活设备；⑥作为电网功率因数补偿的电力电容的切换开关等；⑦化工、煤矿等需防爆、防潮、防腐蚀等场合。

6.2 三相异步电动机基本控制电路

电动机的作用是将电能转换成机械能，拖动各种机械设备工作。电动机及拖动系统的组成框图如图6-27所示。

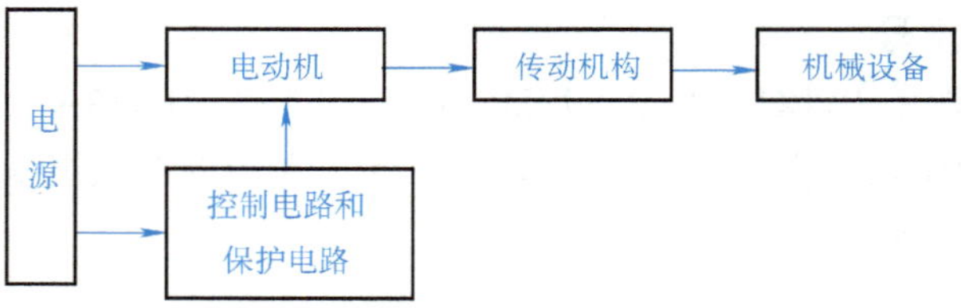

图6-27 电动机及拖动系统的组成框图

6.2.1 单向控制电路

图6-28为接触器控制电动机单向运转电路。图中QS为三相刀开关，FU_1、FU_2为熔断器、KM为接触器、FR为热继电器、M为三相笼型异步电动机，SB_1为停止按钮、SB_2为起动按钮。其中，三相刀开关QS、熔断器FU_1、接触器KM的主触头、热继电器FR的热元件和电动机M构成主电路，起动按钮SB_1、停止按钮SB_2、接触器KM的线圈及其常开辅助触头、热继电器FR的常闭触头和熔断器FU_2构成控制回路。

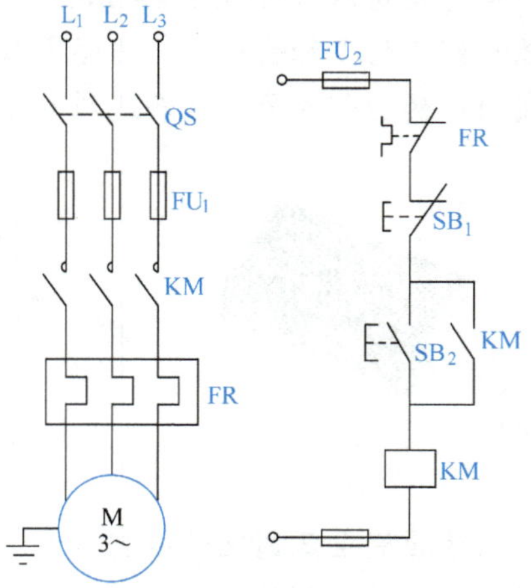

图6-28 接触器控制电动机单向运转电路

电路工作分析：合上电源开关QS，引入三相电源。按下起动按钮SB_2，KM线圈通电，其常开主触头闭合，电动机M接通电源起动。同时，与起动按钮并联的KM辅助常开触头也闭合。当松开SB_2时，KM线圈通过其自身已闭合的常开辅助触头继续保持通电状态，从而保证了电动机连续运转。当需要电动机停止运转时，可按下停止按钮 SB_1，切断 KM 线圈电源，KM 常开主触头与辅助触头均断开，切断电动机电源和控制电路，电动机停止运转。

这种依靠接触器自身辅助触头保持线圈通电的电路，称为自锁电路，辅助常开触头称为自锁触头。

电路的保护环节主要有：短路保护、过载保护、欠电压和失电压保护等。

6.2.2　点动控制电路

在生产实践中，某些生产机械常会要求既能正常起动，又能实现位置调整的点动工作。所谓点动，即按下按钮时电动机转动工作，松开按钮后，电动机即停止工作。点动主要用于机床刀架、横梁、立柱等的快速移动、对刀调整等。

图 6-29 为电动机点动与连续运转控制电路。其具体工作原理分析如下：

图 6-29a 为基本点动控制电路。按下 SB，接触器 KM 线圈通电，常开主触头闭合，电动机起动运转；松开 SB，接触器 KM 线圈断电，其常开主触头断开，电动机停止运转。

图 6-29b 为采用开关选择运行状态的点动控制电路。当需要点动控制时，只要把开关 SA 断开，即断开接触器 KM 的自锁触头，由按钮 SB_2 来进行点动控制；当需要电动机正常运行时，只要把开关 SA 闭合，将 KM 的自锁触头接入控制电路，即可实现连续控制。

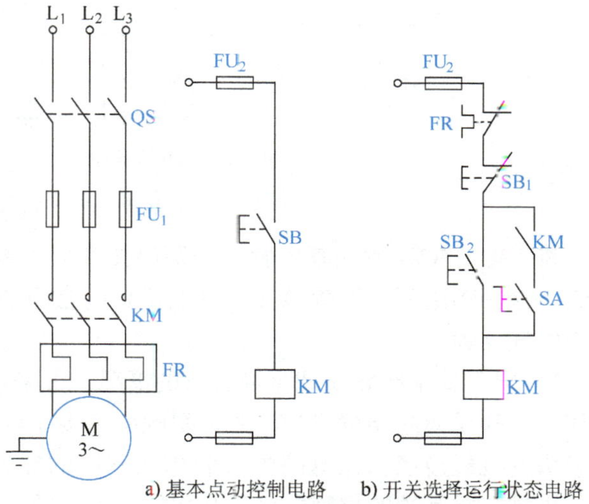

a) 基本点动控制电路　b) 开关选择运行状态电路

图 6-29　电动机点动与连续运转控制电路

由以上电路工作原理分析看出，点动控制电路的最大特点是取消了自锁触头。

6.2.3　正、反转控制电路

在实际工作中，生产机械常常需要运动部件可以正、反两个方向的运动，这就要求电动机能够实现可逆运行。由电动机原理可知，三相交流电动机可改变定子绕组与电源连接的相序来改变电动机的旋转方向。因此，借助于接触器来实现三相电源相序的改变，即可实现电动机的可逆运行。

图 6-30 为三相异步电动机可逆运行控制电路。图中 SB_1 为停止按钮、SB_2 为正转起动按钮、SB_3 为反转起动按钮，KM_1 为正转接触器、KM_2 为反转接触器。

电路工作原理分析：

1）由图 6-30a 可知，按下 SB_2，正转接触器 KM_1 线圈通电并自锁，主触头闭合，接通正序电源，电动机正转，按下停止按钮 SB_1，KM_1 线圈断电，电动机停止；再按下 SB_3，反转接触器 KM_2 线圈通电并自锁，主触头闭合，使电动机定子绕组电源相序与正转时相序相反，电动机反转运行，其串接在 KM_1 线圈电路中的 KM_2 的常闭辅助触头断开，锁住 KM_1 的线圈不能通电。

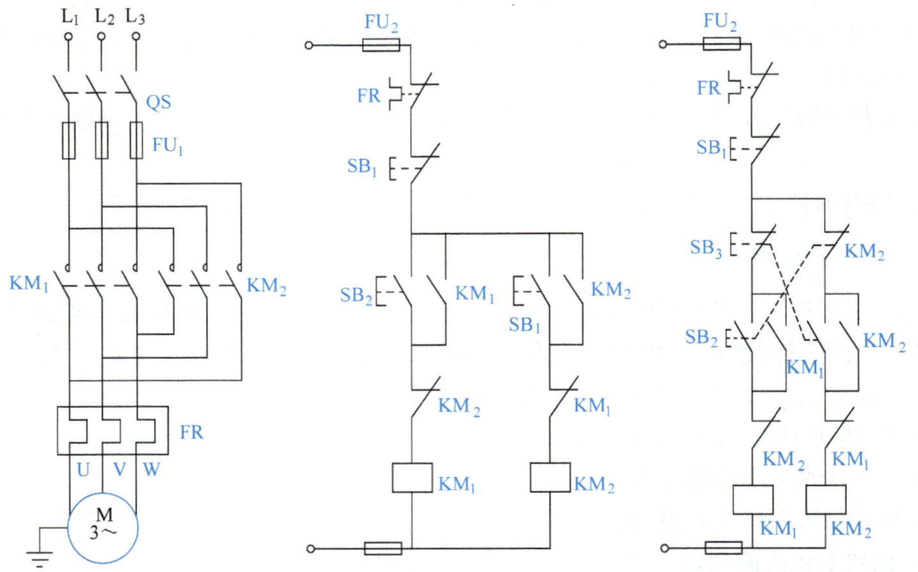

a) 具有电气互锁的电路　　b) 具有双重互锁的电路

图 6-30　三相异步电动机可逆运行控制电路

将 KM_1、KM_2 常闭辅助触头分别串接在对方线圈电路中，形成相互制约的控制，称为互锁。这种利用两个接触器（或继电器）的常闭辅助触头互相控制，形成相互制约的控制，称为电气互锁。

2）对于要求频繁实现可逆运行的情况，可采用图 6-30b 的控制电路。它是将正向起动按钮 SB_2 和反向起动按钮 SB_3 的常闭触头串接在对方常开触头电路中，利用按钮的常开、常闭触头的机械连接，在电路中形成相互制约的控制。这种接法称为机械互锁。这种具有电气、机械双重互锁的控制电路是常用的、可靠的电动机可逆运行控制电路，它既可以实现正向→停止→反向→停止的控制，又可以实现正向→反向→停止的控制。

情境链接

混凝土搅拌机正、反转控制

目前在建筑行业中搅拌混凝土普遍使用锥形反转出料混凝土搅拌机，其工作特点是正转搅拌、反转出料。图 6-31 所示为 JZC350 型锥形反转出料混凝土搅拌机。

图 6-31　JZC350 型锥形反转出料混凝土搅拌机

它的用途和特点：

本机用于搅拌塑性和低流动性混凝土，JZC350 型每次可搅拌 0.35m^3 混凝土（指捣实后的体积），JZC350 型工作速率为 12～14m^3/h，适用于一般中小型建筑、道路、桥梁、水利工程及混凝土构件厂。

本机属双锥反转出料自落式混凝土搅拌机，具有结构简单、可靠，搅拌质量好、生产效率高、重量轻、操纵维修方便等优点，是比较先进的混凝土搅拌机。

6.2.4 位置控制

在生产中，由于工艺和安全的需要，常要求按照生产机械中某一运动部件的行程或位置变化来对生产机械进行控制，例如吊钩上升到终点时要求自动停止，龙门刨床的工作台要求在一定范围内自动往返等，这类自动控制称为行程控制或位置控制。位置控制通常是利用行程开关来实现的。

图 6-32 为起重机上下限位控制电路，它能够按照所要求的空间限位使电动机自动停车。

在起重机上安装一块撞块，在起重机上下行程两端的终点处分别安装行程开关 ST_1 和 ST_2，将它们的常闭触头串接在电动机正反转接触器 KM_1 和 KM_2 的线圈回路中。

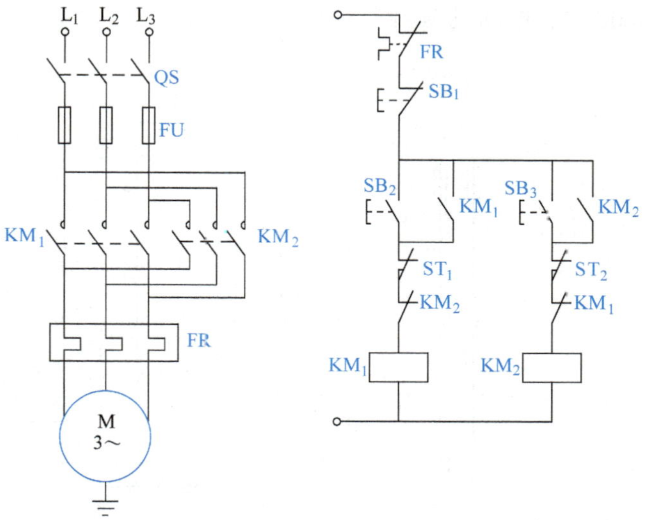

图 6-32 位置控制限位电路

当按下正转按钮 SB_2 时，正转接触器 KM_1 通电，电动机正转，此时起重机上升。到达顶点时，起重机撞块顶撞行程开关 ST_1，使其常闭触头断开，接触器线圈 KM_1 断电，于是电动机停转，起重机不再上升（此时应有抱闸将电动机转轴抱住，以免重物滑下）。此时即使再误按 SB_2，接触器线圈 KM_1 也不会通电，从而保证起重机不会运行超过 ST_1 所在的极限位置。

当按下反转按钮 SB_3 时，反转接触器 KM_2 通电，电动机反转起重机下降，到达下端终点时顶撞行程开关 ST_2，电动机停转，吊车不再下降。

利用行程开关按照机械设备的运动部件的行程位置进行的控制，称为行程控制原则，是机械设备自动化和生产过程自动化中应用最广泛的控制方法之一。

6.2.5 顺序控制电路

在机床的控制电路中，常常要求电动机的起动和停止按照一定的顺序进行。如磨床要求先起动润滑油泵，然后再起动主轴电动机；铣床的主轴旋转后，工作台方可移动等。顺序工作控制电路有顺序起动、同时停止控制电路，有顺序起动、顺序停止控制电路，还有顺序起动、逆序停止控制电路。

图 6-33 为两台电动机顺序控制电路图，其电路工作分析如下：

图 6-33a 为两台电动机顺序起动、同时停止控制电路。在此电路的控制电路中，只有 KM_1 线圈通电后，其串入 KM_2 线圈控制电路中的常开触头 KM_1 闭合，才能使 KM_2 线圈存在通电的可能，以此制约了 M_2 电动机的起动顺序。当按下 SB_1 按钮时，接触器 KM_1 线圈断电，其串接在 KM_2 线圈控制电路中的常开辅助触头断开，保证了 KM_1 和 KM_2 线圈同时断电，其常开主触头断开，两台电动机 M_1、M_2 同时停止。

图 6-33b 为两台电动机顺序起动、逆序停止控制电路。其顺序起动工作不再分析，由读者自行分析。此控制电路停车时，必须先按下 SB_3 按钮，切断 KM_2 线圈的供电，电动机 M_2 停止运转；其并联在按钮 SB_1 下的常开辅助触头 KM_2 断开，此时再按下 SB_1，才能使 KM_1 线圈断电，电动机 M_1 停止运转。

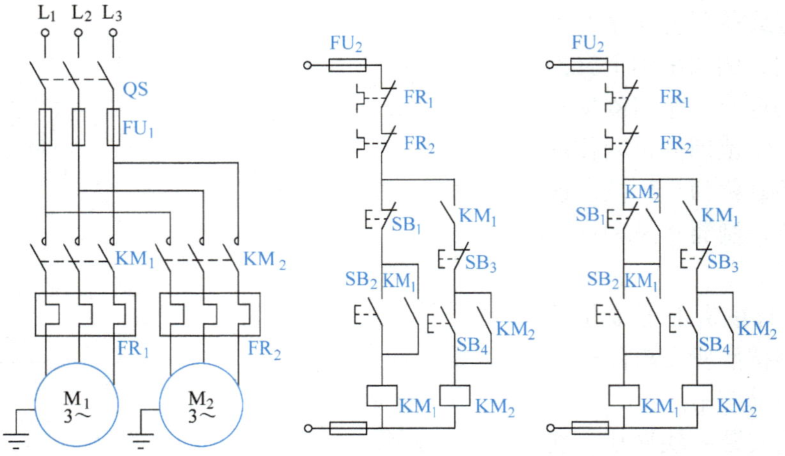

a) 按顺序起动、同时停止控制电路　b) 按顺序起动、逆序停止控制电路

图 6-33　两台电动机顺序控制电路图

6.2.6　时间控制电路

时间控制指按照时间顺序进行运行状态切换的控制电路，一般用时间继电器来控制动作时间的间隔。

图 6-34 为利用时间继电器控制的顺序起动电路。其电路的关键在于利用时间继电器自动控制 KM_2 线圈的通电。当按下 SB_2 按钮时，KM_1 线圈通电，电动机 M_1 起动，同时时间继电器线圈 KT 通电，延时开始。经过设定时间后，串接入接触器 KM_2 控制电路中的时间继电器 KT 的常开触头闭合，KM_2 线圈通电，电动机 M_2 起动。

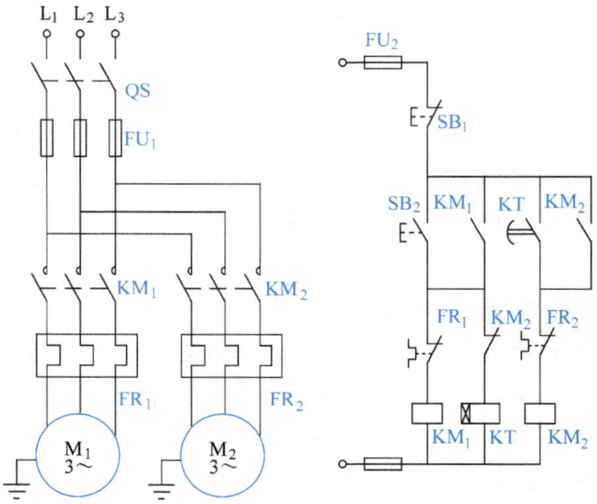

图 6-34　时间继电器控制的顺序起动电路

6.2.7 多地联锁控制

在大型生产设备上，为使操作人员在不同方位均能进行控制操作，常常要求组成多地联锁控制电路，如图 6-35 所示。

从图 6-35 电路中可以看出，多地控制电路只需多用几个起动按钮和停止按钮，无须增加其他电器元件。起动按钮应并联，停止按钮应串联，分别装在几个地方。

从电路工作分析可以得出以下结论：若几个电器都能控制某接触器通电，则几个电器的常开触头应并联接到某接触器的线圈控制电路，即形成逻辑“或”关系；若几个电器都能控制某接触器断电，则几个电器的常闭触头应串联接到某接触器的线圈控制电路，形成逻辑“与非”的关系。

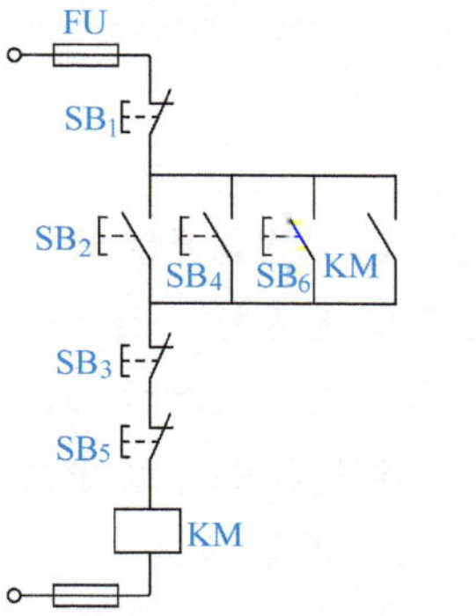

图 6-35 多地联锁控制电路图

6.2.8 Y-△联结减压起动控制电路

三相笼型电动机容量较大时，一般应采用减压起动，有时为了减小和限制起动时对机械设备的冲击，即使允许直接起动的电动机，也往往采用减压起动。

正常运行时定子绕组接成三角形联结的笼型三相异步电动机，可采用Y-△减压起动的方法达到限制起动电流的目的。

起动时，定子绕组接成星形联结，待转速上升到接近额定转速时，再将定子绕组的接线换接成三角形联结，电动机进入全电压正常运行状态。

图 6-36 为Y-△联结减压起动控制电路，适用于 125kW 及以下的三相笼型异步电动机作Y-△减压起动和停止控制。该电路由接触器 KM_1、KM_2、KM_3，热继电器 FR，时间继电器 KT，按钮 SB_1、SB_2 等元件组成，并具有短路保护、过载保护和失电压保护等功能。

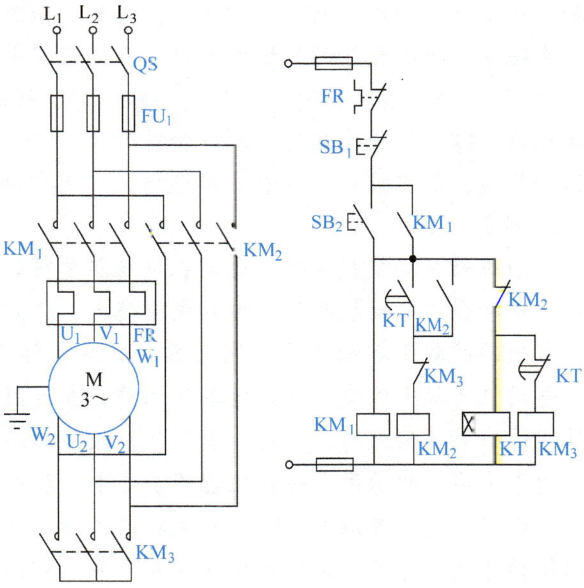

图 6-36 Y-△联结减压起动控制电路

电路工作分析：

闭合电源开关 QS，按下起动按钮 SB_2，KM_1、KT、KM_3 线圈同时通电并自锁，电动机三相定子绕组连接成星形联结接入三相交流电源进行减压起动；当电动机转速接近额定转速时，通电延时型时间继电器动作，KT 常闭触头断开，KM_3 线圈断电释放；同时 KT 常开触头闭合，KM_2 线圈通电吸合并自锁，电动机绕组连接成三角形联结全压运行。当 KM_2 通电吸合后，KM_2 常闭触头断开，使 KT 线圈断电，避免时间继电器长期工作。KM_2、KM_3 常闭触头为互锁触头，以防止同时接成星形联结和三角形联结造成电源短路。

情境链接

电气控制系统的主要保护环节

电气控制系统除了要能满足生产机械加工工艺要求外，还应保证设备长期安全、可靠、无故障地运行，因此保护环节是所有电气控制系统不可缺少的组成部分，用来保护电动机、电网、电气控制设备以及人身安全等。

电气控制系统中主要的保护环节有短路保护、过载保护、零电压保护和欠电压保护等。

1. 短路保护

电动机、电器以及导线的绝缘损坏或线路发生故障时，都可能造成短路事故。很大的短路电流和电动力可能使电器设备损坏。因此要求一旦发生短路故障时，控制电路应能迅速、可靠地切断电路进行保护，并且保护装置不应受起动电流的影响而误动作。

常用的短路保护元件有熔断器和低压断路器。

1）熔断器价格便宜、断弧能力强，所以一般电路几乎无例外地使用它作短路保护。但是熔体的品质、老化及环境温度等因素对其动作值影响较大，用其保护电动机时，可能会因一相熔体熔断而造成电动机缺相运行。因此熔断器适用于对动作准确度和自动化程度要求较差的系统中，如小容量的笼型电动机、普通交流电源等。

2）低压断路器又称自动空气断路器，它有短路、过载和欠电压保护。这种开关在线路发生短路故障时，能使其过电流脱扣器动作，就会自动跳闸，将三相电源同时切断。自动开关结构复杂、价格较贵、不宜频繁操作，广泛应用于要求较高的场合。

2. 过载保护

电动机长时间超载运行，电动机绕组温度将超过其允许值，造成绝缘材料变脆，寿命减少，严重时会使电动机损坏。过载电流越大，达到允许温度的时间就越短。

常用的过载保护元件是热继电器。热继电器可以满足如下要求：当电动机为额定电流时，电动机为额定温度，热继电器不动作；在过载电流较小时，热继电器要经过较长时间才动作；过载电流较大时，热继电器则经过较短时间就会动作。

由于热惯性的原因，热继电器不会受电动机短时过载冲击电流或短路电流的影响而瞬时动作，所以在使用热继电器作过载保护的同时，还必须设有短路保护，选作短路保护的熔断器熔体的额定电流不应超过4倍热继电器发热元件的额定电流。

必须强调，短路、过电流、过载保护虽然都是电流保护，但由于故障电流的动作值、保护特性和保护要求以及使用元件的不同，它们之间是不能相互取代的。

3. 零电压保护和欠电压保护

在电动机运行中，如果电源电压因某种原因消失，那么在电源电压恢复时，如果电动机自行起动，将可能使生产设备损坏，也可能造成人身事故。对供电系统的电网来说，同时有许多电动机及其他用电设备自行起动也会引起不允许的过电流及瞬间网络电压下降。为防止电网失电后恢复供电时电动机自行起动的保护称为零电压保护。

电动机正常运行时，电源电压过分地降低将引起一些电器释放，造成控制电路工作不正常，甚至产生事故。电网电压过低，如果电动机负载不变，由于三相异步电动机的电磁转矩与电压的二次方成正比，则会因电磁转矩的降低而带不动负载，造成电动机堵转停车，电动机电流增大使电动机发热，严重时烧坏电动机。因此，在电源电压降到允许值以下时，需要采用保护措施，及时切断电源，这就是欠电压保护。通常是采用欠电压继电器，或设置专门的零电压继电器来实现。

在控制电路的主电路和控制电路由同一个电源供电时，具有电气自锁的接触器兼有欠电压和零电压保护作用。若因故障电网电压下降到允许值以下时，接触器线圈也释放，从而切断电动机电源；当电网电压恢复时，由于自锁已解除，电动机也不会再自行起动。

欠电压继电器的线圈直接跨接在定子的两相电源线上，其常开触头串接在控制电动机的接触器线圈控制电路中。自动开关的欠电压脱扣亦可作为欠电压保护。主令控制器的零位操作是零电压保护的典型环节。

情境总结

1. 常用低压电器：刀开关、按钮和转换开关等属于手动电器，由工作人员手动操作。行程开关、低压断路器、熔断器、接触器和继电器等属于自动电器，它们根据指令或信号自动动作。

2. 继电器-接触器控制。用继电器、接触器及按钮等有触头的电路来实现自动控制，称为继电器-接触器控制。它工作可靠、维护简单，可对电动机进行起停、正反转和异地控制等。

3. 常用电动控制电路。

1）三相异步电动机的直接起动控制电路是最基本的控制电路，其他控制电路，都是以此为基础的。

2）三相异步电动机的正、反转控制电路也是一个基本的控制电路，生产机械运动部件是上下、左右、前后这些方向相反的运动等，都是以电动机的正、反转控制为基础的。

3）为了安全运行，控制电路中设置了保护环节，即短路保护（由熔断器实现）、过载保护（由热继电器实现）、欠电压保护（由接触器本身实现）。

4）分析控制电路时，首先要了解电动机或生产机械的工作要求，然后把主电路和控制电路分开来看。主电路以接触器的主触头为中心（还有和它串联的热继电器发热元件等），控制电路以接触器的线圈为中心（还有和它串联的按钮、常开和常闭触头等）。

习题与思考题

6-1 何为低压电器？

6-2 简述刀开关的作用及其主要组成部分。

6-3 熔断器在电路中起什么作用？

6-4 简述交流接触器的工作原理。

6-5 时间继电器的作用是什么？

6-6 热继电器的作用是什么？其保护功能与熔断器有何不同？

6-7 万能转换开关的用途主要有哪些？

6-8 电气控制电路的基本控制有哪些？

6-9 电动机点动控制与连续运转控制的关键是什么？其主电路又有何区别？

6-10 何为互锁控制？实现电动机正、反转互锁控制的方法有哪两种？它们有何不同？

6-11 某机床主轴电动机为 M_1，要求 M_1：

（1）可进行可逆运行。

（2）可正向点动，两处起动、停止。

（3）可进行反接制动。

（4）有短路和过载保护。

试画出其电路图。

6-12 有两台电动机 M_1、M_2，要求：

（1）按下控制按钮 SB_1 电动机正转，过 10s 后电动机自动停止，再过 15s 电动机自动反转。

（2）M_1、M_2 能同时或分别停止。

（3）控制电路应有短路、过载和零电压保护环节。

试画出其电路图。

6-13 设计一继电器-接触器控制电路，完成 3 台电动机的控制。

控制要求：

（1）按钮 SB_2 控制电动机 M_1 的起动，按钮 SB_4 控制电动机 M_2 的起动，按钮 SB_6 控制电动机 M_3 的起动，按钮 SB_1、SB_3、SB_5 分别控制 3 台电动机的停止。

（2）按下 SB_2 后 M_1 起动，按下 SB_4 后 M_2 起动，按下 SB_6 后 M_3 起动。

（3）电动机 M_1 不起动，M_2、M_3 不能起动并且应有短路、零电压和过载保护。

请画出主电路和控制电路原理图。

6-14 试分析图 6-37 所示电气控制电路的工作原理。

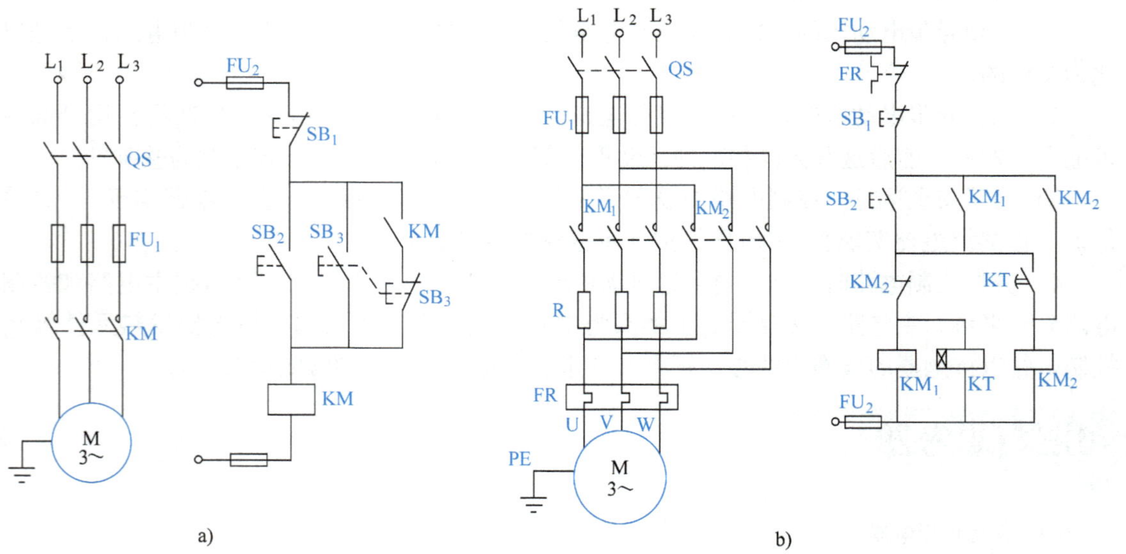

图 6-37 题 6-14 图

6-15 电动机主要的保护有哪些？通常它们各由哪些电器来实现？

教学情境 7

半导体器件基础

教学目标：本章主要介绍了半导体的基础知识，二极管、晶体管、晶闸管的结构和工作原理。通过对本章的学习，掌握半导体的相关知识、PN结单向导电特性，二极管的伏安特性，稳压二极管的稳压原理和晶体管的输入和输出特性曲线。

情境链接

中国半导体产业基地——“东方芯港”

全球半导体产业掀起了投资热潮，我国国内资本更是这波潮流中的主流。

图7-1 “东方芯港”已在上海正式启动

2021年4月，上海正式举办了“2021上海全球投资促进大会”，引进了200多个集成电路相关的重大产业项目，投资金额更是高达4898亿元人民币。上海已经汇聚了很多顶尖的芯片公司，例如华为海思、中芯国际、上海微电子、中微半导体、闻泰科技等，上海目前也成了国内领先的芯片产业发展基地，我国半导体行业的重量级项目“东方芯港”正式启动（见图7-1）。

上海在芯片产业链布局上，几乎已经具备了全产业链发展优势，在芯片设计、芯片原材料、芯片制造设备、芯片制造、芯片封装等领域都具备强劲的实力。

“东方芯港”将围绕核心芯片、特色工艺、关键装备和基础材料等领域实现关键核心技术攻关，建设国家级集成电路综合性产业基地，项目建成后上海将会成为具有世界性质的“东方芯港”。

7.1 半导体的基础知识

自然界中不同的物质，由于其原子结构不同，而使它们的导电能力也各不相同。根据导电能力的强弱，可以把物质分成导体、半导体和绝缘体三大类。导电能力特别强的称为导体，例如一般的金属、碳、电解液等；导电能力特别差，几乎可以看成不导电的物质称为绝缘体，例如胶木、橡胶、陶瓷等；而导电能力介于导体与绝缘体之间的物质称为半导体。

电子电路中常用的元器件有二极管、晶体管、集成芯片等，它们都是由半导体材料制成的。半导体之所以得到广泛的应用，并不因为它的导电能力介于导体与绝缘体之间，而是由于它具有一些独特的导电性能，这些特性主要表现在其导电能力对外界的一些因素比较敏感。

1）热敏性：半导体对温度很敏感，随着温度的升高，其导电能力大大增强。利用半导体这一特性，可以制成自动控制系统中常用的热敏元件。

2）光敏性：半导体对光照也很敏感，当受光照射时其导电能力大大增强。利用这一特性，可以制成光敏二极管和光敏电阻等。

3）掺杂性：半导体对“杂质”很敏感，掺杂以后导电能力大大增强。例如在半导体硅中掺入亿分之一的硼，电阻率就会减小为原来的几万分之一，这是半导体最显著的特性。正是因为这种特性，人们就用控制掺杂的方法制造出各种不同性能、不同用途的半导体器件。

7.1.1 本征半导体

在现代电子学中，应用最多的半导体材料是硅（Si）和锗（Ge），高纯度的硅和锗都是单晶结构，它们的原子整齐地按一定规律排列。其中非常纯净的且原子排列整齐的半导体称为本征半导体。硅和锗的原子结构如图7-2所示，其特点都是四价元素，即最外层轨道上的电子都是4个。

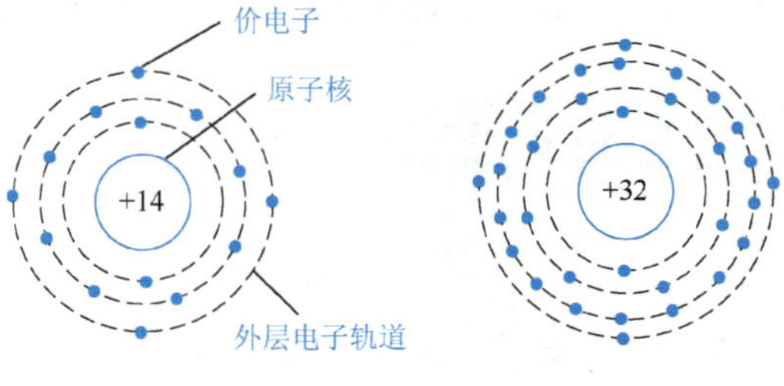

a) 硅原子结构　　b) 锗原子结构

图7-2 硅和锗的原子结构

由原子理论可知，当原子的最外层电子数为8个时，其结构就成为比较稳定的状态，外层电子受到比较大的束缚力不能参与导电。但是硅、锗单晶体是靠共价键结构才保证每个原子最外层的电子数达到8个的，所以它的价电子所受到的束缚力并不像绝缘体那样大，在室温下由于热运动，其中少数电子可能获得较大能量，挣脱束缚而成为自由电子。价电子在受激摆脱束缚成为自由电子后，同时在原来共价键的位置上留下一个缺少负电荷的空位，这个空位称为空穴，如图7-3所示。显然，空穴带正电，具有空穴的硅原子成为正离子，正离子的电荷量可以看成是空穴所带的正电量。空穴是可以运动的，但它与自由电子的运动方式不同，当附近某一位置有个电子跳过来填充原来的空穴位置之后，则这一位置处就出现了1个新的空穴，相当于空穴移动到这一位置上去了，这样依次填补下去，便形成了空穴的移动。

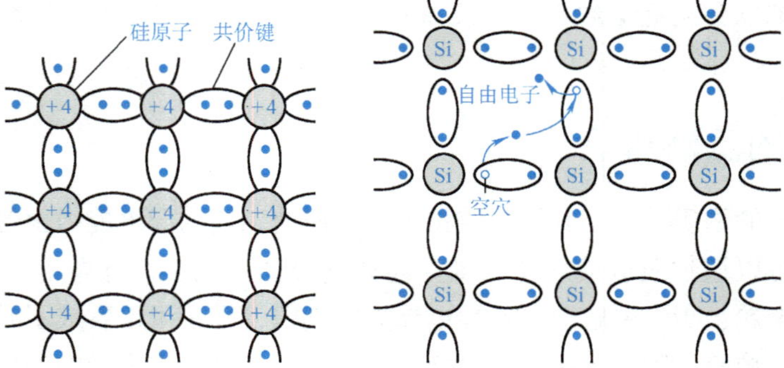

a) 共价键结构平面示意图　　b) 本证激发产生电子—空穴对

图7-3 硅晶体的结构与电子-空穴的产生

在本征半导体中，受激产生一个自由电子，必然产生一个空穴，电子和空穴是成对产生的，这种现象称为本征激发。自由电子在运动过程中，可能会与空穴重新结合而成对消失，这种与激发相反的过程称为复合。在一定温度下，激发与复合的过程虽然在连续不断地进行，但电子-空穴对的数目不变，保持动态平衡。但是，当温度升高后，这种平衡就被破坏，开始时，激发数目大于复合数目，半导体内电子-空穴对的总数增加，但复合也跟着增加，当复合数上升到与激发数相等时，新的平衡又建立起来，这时电子-空穴对的总数在一个新的水平上保持不变。显然，半导体内电子-空穴对总数在温度高时比温度低时要大。这是半导体导电能力与温度有密切的关系的原因。

7.1.2 N 型和 P 型半导体

本征半导体中由于载流子（自由电子和空穴）数目有限，所以导电能力不强，而且导电能力也无法控制。若在本征半导体中掺入少量的有用杂质元素，就可以大大提高半导体的导电能力，而且可以利用掺杂的多少来精确地控制半导体导电能力的强弱。掺杂半导体分为电子型（N 型）和空穴型（P 型）。

1. N 型半导体

在本征半导体硅（或锗）中掺入少量的五价元素，例如磷（P），由于掺入的数量极少，并不改变硅单晶的共价键结构，只是使某些晶格节点上的硅原子被磷原子所取代，如图 7-4 所示。磷原子有 5 个共价电子，其中 4 个与周围的 4 个硅原子的价电子形成共价键，还剩余 1 个所受束缚力极小，在常温下可以认为是自由电子 。这样每个杂质原子都要提供一个自由电子，自由电子的数目大大增多，导电能力大大增强。在这样的半导体中，自由电子数远超过空穴数，电子为多数载流子（简称为多子），空穴为少数载流子（简称为少子），它的导电以自由电子为主，故这种半导体称为电子型（N 型）半导体。

2. P 型半导体

在本征半导体中掺入少量的三价硼（B）元素时，便发生另一种情况，具有 3 个价电子的硼原子在与周围的硅原子组成共价键时，尚有一个空穴没有填满，从而产生一个空穴，如图 7-5 所示。由于每一个硼原子都要提供一个空穴，使得空穴数目远大于自由电子数目，空穴为多子，自由电子为少子，它的导电以空穴为主，故称为空穴型（P 型）半导体。

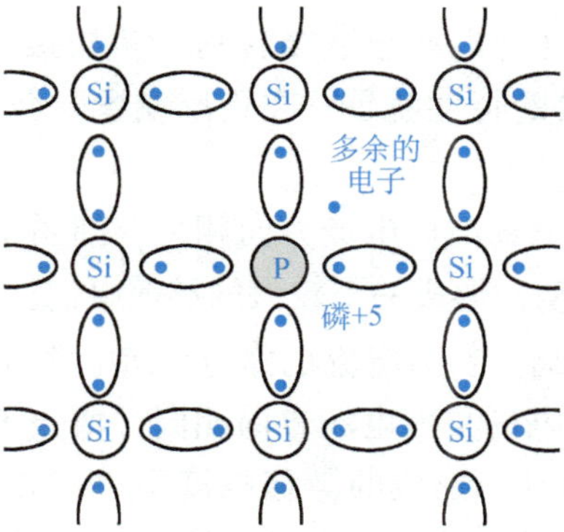

图 7-4 硅中掺磷形成 N 型半导体

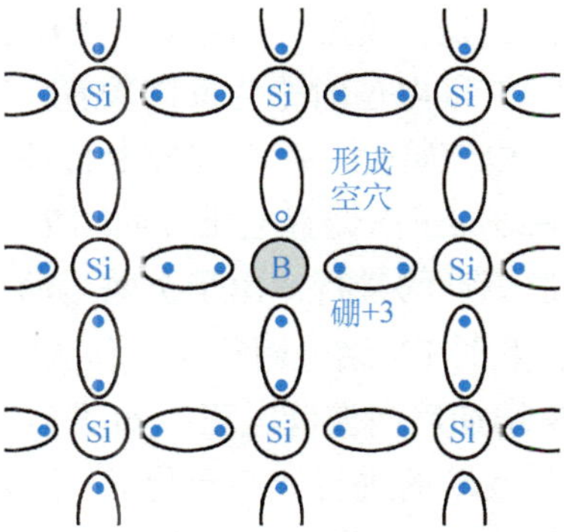

图 7-5 硅中掺硼形成 P 型半导体

7.1.3 PN 结的形成及特性

PN 结是构成二极管、晶体管、场效应晶体管、晶闸管和半导体集成电路等半导体器件的基础。

PN结的形成

1. PN 结的形成

在一块本征半导体的晶片上掺入不同的杂质形成不同类型的杂质半导体，在 P 型半导体中有多数的空穴和少数的自由电子，而 N 型半导体中有多数的自由电子和少数的空穴。P 区中空穴的浓度大于 N 区，而 N 区中的电子浓度大于 P 区，由于电子和空穴浓度差的存在，在它们的交界的地方，便发生电子和空穴的扩散运动，如图 7-6a 所示。靠近 P 区界面的空穴向 N 区扩散，并与 N 区电子复合，形成一个负电荷区。而在 N 区界面的电子向 P 区扩散，并与 P 区空穴复合，形成一个正电荷区。其结果是在 PN 结边界附近形成一个空间电荷区，在 PN 结中产生一个内电场，内电场的方向由 N 区指向 P 区，如图 7-6b 所示。内电场的存在对空穴和电子的扩散运动起到了阻碍作用，把载流子在内电场的作用下的运动称为漂移运动。

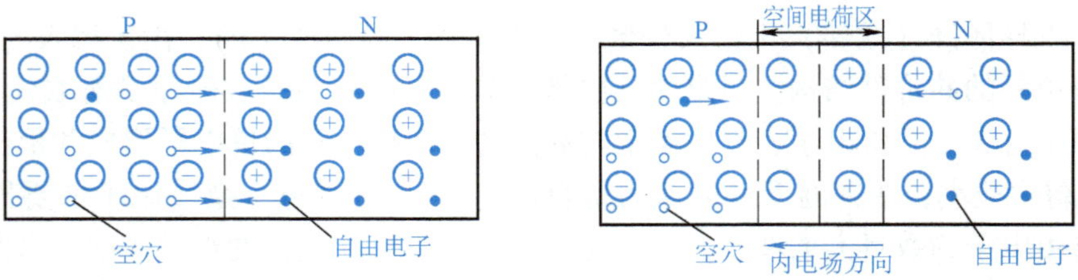

a) PN结载流子的扩散运动　　b) 平衡态下的PN结

图 7-6　PN 结的形成过程

在扩散开始时，扩散运动占优势。随着扩散的进行，PN 结的空间电荷区不断加宽，内电场增强，内电场引起的漂移运动也不断增强，当两者作用相等时，就达到了平衡。这时 PN 结中没有电流，在交界面处形成稳定的空间电荷区，空间电荷区内缺少载流子，结内电阻率很高，因此 PN 结是个高阻区。

2. PN 结的单向导电特性

当给 PN 结加上正向电压（外电源正极接 P 区，负极接 N 区），P 区电位高于 N 区电位时称为正向偏置；反之，当给 PN 结加上反向电压（外电源正极接 N 区，负极接 P 区），N 区电位高于 P 区电位时称为反向偏置。PN 结最重要的特性就是它在正反偏置时会表现出的完全不同的电流特性——单向导电特性。

给 PN 结加正向偏置电压，如图 7-7a 所示，外电场与内电场方向相反，削弱了内电场，有利于扩散运动的进行，由于扩散运动是多子的运动，形成一个较大的扩散电流，方向是由 P 指向 N，此时 PN 结电阻很小，认为 PN 结正向导通。扩散电流也称为正向电流（I_F）。

给 PN 结加反向偏置电压，如图 7-7b 所示，外电场与内电场方向相同，增强了内电场，有利于漂移运动的进行，由于漂移运动是少子的运动，形成的漂移电流很小，方向是由 N 指向 P，此时 PN 结呈现很大的结电阻，认为 PN 结反向截止。漂移电流也称为反向饱和电流（I_S）。

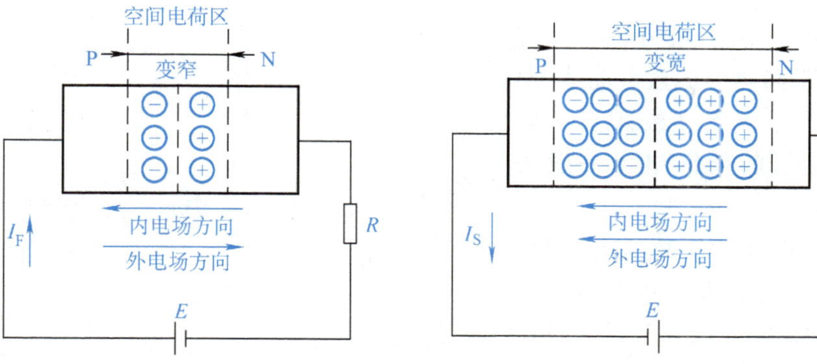

a) 加正向偏置电压　　b) 加反向偏置电压

图 7-7　PN 结的单向导电特性

PN结的
单向导电性

7.2　二极管

7.2.1　二极管的结构

在 PN 结的 P 区和 N 区分别用引线引出，P 区的引线称为阳极，N 区的引线称为阴极，将 PN 结用外壳封装起来，便构成二极管，其结构和电气符号如图 7-8 所示。二极管的文字符号为 VD，电气符号中箭头所指的方向是正向导通的方向。

根据 PN 结接触面的大小不同，二极管有点接触型和面接触型两种类型。点接触型二极管的特点是 PN 结面积小，极间电容也小，不能承受高的反向电压和大的正向电流，适用于高频、小电流的情况，如高频检波等场合或作为数字电路中的开关元件。面接触型二极管使用合金或扩散工艺制成 PN 结，外加引线和管壳密封而成。它的特点是 PN 结面积大，可以承受比较大的电流，但是极间电容也大。适用于低频条件下，如整流电路等。

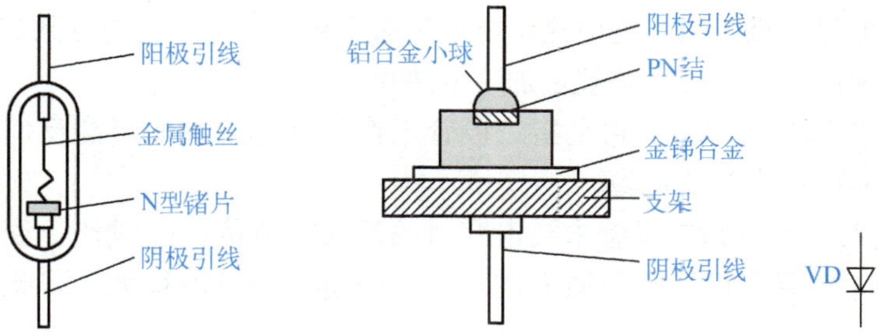

a) 点接触型　　b) 面接触型　　c) 符号

图 7-8　二极管

7.2.2　二极管的伏安特性

单向导电性是二极管的最主要特性，二极管的伏安特性曲线就是指二极管两端的电压 U 与它流过的电流 I 的关系曲线，如图 7-9 所示（以正极到负极为参考方向）。正向伏安特性是指纵坐标右侧部分，反向伏安特性是指纵坐标左侧部分。

1. 正向特性

1）当二极管的外加正向电压很小时，呈现较大的电阻，几乎没有正向电流通过。曲线 *OA* 段（或 *OA′* 段）称作死区，*A* 点（或 *A′* 点）的电压称为死区电压，硅管的死区电压一般为 0.5V，锗管则约为 0.1V。

2）当二极管的正向电压大于死区电压后，二极管呈现很小的电阻，有较大的正向电流流过，即二极管导通，如 *AB* 段（或 *A′B′* 段）特性曲线所示，此段称为导通段。从图中可以看出：硅管电流上升曲线比锗管更陡。二极管导通后的电压降称为导通电压，硅管一般为 0.6～0.7V，锗管为 0.2～0.3V。

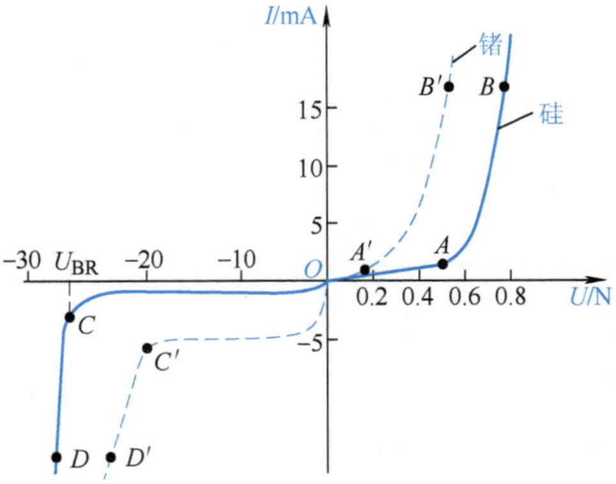

图 7-9 二极管的伏安特性曲线

2. 反向特性

1）当二极管承受反向电压时，其电阻很大，此时仅有非常小的反向电流（称为反向饱和电流或反向漏电流），如曲线 *OC* 段（或 *OC′* 段）所示。实际应用中二极管的反向饱和电流值越小越好，硅管的反向电流比锗管小得多，一般为几十微安，而锗管为几百微安。

2）反向电压增加到一定数值时（如曲线中的 *C* 点或 *C′* 点），反向电流急剧增大，这种现象称为反向击穿，此时对应的电压称为反向击穿电压，用 U_{BR} 表示，曲线中 *CD* 段（或 *C′D′* 段）称为反向击穿区。通常加在二极管上的反向电压不允许超过击穿电压，否则会造成二极管的损坏（稳压二极管除外）。

7.2.3 二极管的主要参数

二极管的参数是反映二极管性能的质量指标，工程上必须根据二极管的参数，合理地选择和使用二极管。二极管主要有以下参数：

（1）最大正向整流电流 I_{FM} 它是指二极管长期工作时所允许通过的最大正向平均电流。实际应用时，流过二极管的平均电流不能超过这个数值，否则，将导致二极管因过热而永久损坏。电流较大的二极管必须按规定加装散热片。

（2）最高反向工作电压 U_{FM} 它是指二极管工作时所允许加的最高反向电压，超过此值二极管就有被反向电压击穿的危险。

（3）反向电流 I_R 它是指二极管未被击穿时的反向电流值。I_R 越小，说明二极管的单向导电性能越好。I_R 对温度很敏感，温度增加，反向电流会增加很大。因此使用二极管时要注意环境温度的影响。

（4）最高工作频率 f_M 主要由 PN 结电容大小决定。信号频率超过此值时，结电容的容抗变得较小，使二极管反偏时的等效阻抗变得较小，反向电流较大。于是，二极管的单向导电性变坏。

7.2.4 稳压二极管

稳压二极管是一种用特殊工艺制造的面接触型硅二极管，其外形及图形、文字符号如图 7-10 所示。使用时，它的阴极接外加电压的正极，阳极接外加电压负极，并且工作在反向击穿状态，利用它的反向击穿特性稳定直流电压。

稳压二极管的伏安特性曲线如图 7-11 所示，其正向特性与普通二极管相同，反向特性曲线比普通二极管更陡。稳压二极管的反向特性为当反向电压小于击穿电压 U_Z（此电压又称为稳压电压）时，反向电流极小。但当反向电压增加到 U_Z 后，反向电流急剧增加。如图中 AB 段，反向电流有很大的变化 ΔI_Z，只引起微小的电压变化 ΔU_Z。利用这一特性可以实现稳压功能，而且曲线越陡，稳压性能越好。此时，稳压二极管处于反向击穿状态，称为击穿区。因为采用了不同于普通二极管的制造工艺，稳压二极管的这种击穿是可逆的，即去掉外加电压之后，击穿即可恢复。当然其条件是功率损耗不能超过允许值，否则，稳压二极管也会造成不可逆击穿而损坏。

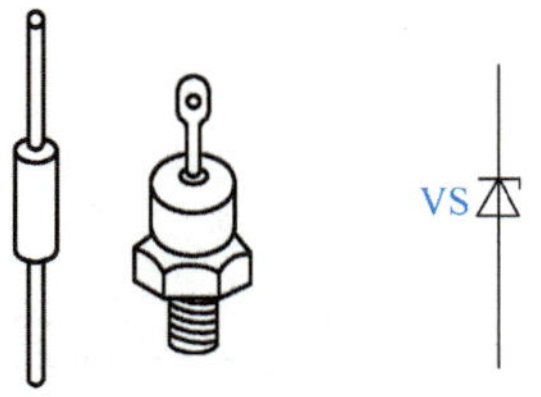

a) 实物外形　　b) 图形符号

图 7-10　稳压二极管的外形及图形、文字符号

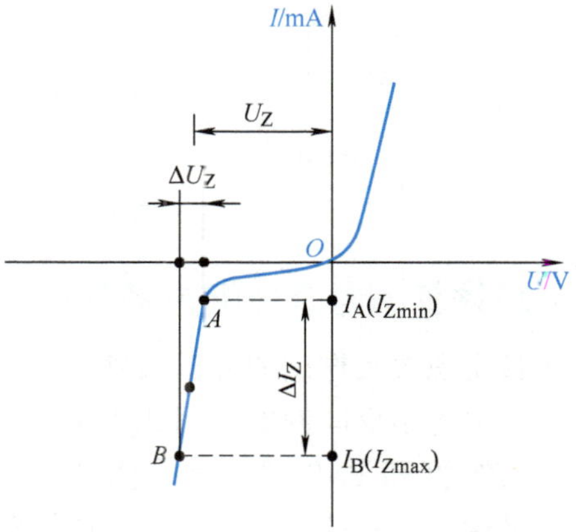

图 7-11　稳压二极管的伏安特性曲线

稳压二极管工作时，必须接入限流电阻，才能使其流过的反向电流在 $I_{Zmin} \sim I_{Zmax}$ 范围内变化。在这个范围内，稳压二极管工作安全且两端的反向电压变化很小。

7.3　晶体管

7.3.1　晶体管的结构和类型

晶体管的种类很多，按工作频率不同可分为低频管和高频管；按功率大小可分为小功率管、中功率管和大功率管；按所用半导体材料不同可分为硅管和锗管；按结构和工艺不同可分为合金型和平面型等。

晶体管的结构形式只有两种，即 PNP 型或 NPN 型，其内部结构和符号如图 7-12 所示。它们都有集电区、基区和发射区 3 个区；从这 3 个区引出的电极分别称为集电极（C）、基极（B）和发射极（E）。发射区与基区之间的 PN 结称为发射结，基区与集电区之间的 PN 结称为集电结。符号的主要区别是发射极的箭头方向不同，箭头方向表示发射结正向偏置时的电流方向。

晶体管的结构具有如下特点：

1）发射区杂质浓度远大于基区的杂质浓度。

2）基区很薄，杂质浓度很低。

3）集电结的面积比发射结的面积要大。

因此发射区和集电区不能对调，这种结构也使得晶体管具备了放大的能力。

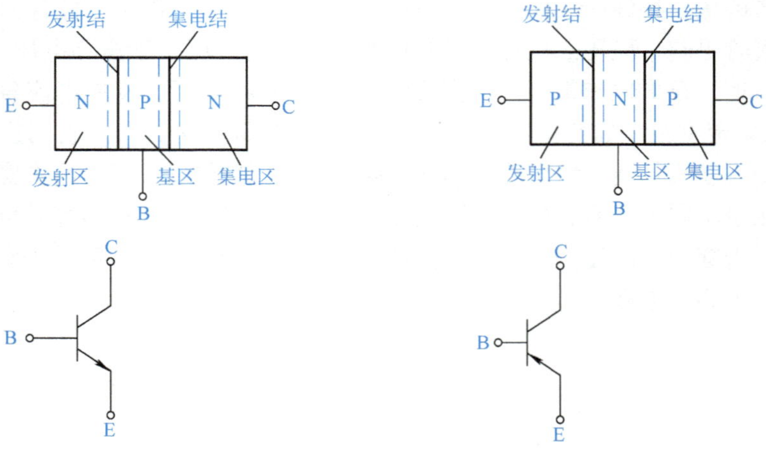

a) NPN型　　b) PNP型

图 7-12　晶体管的结构和符号

7.3.2　晶体管的电流分配关系及放大能力

晶体管实现放大作用的外部条件是：发射结正向偏置，集电结反向偏置。因此为了保证其外部条件，NPN 型和 PNP 型两类晶体管工作时外加电源的极性是不同的。晶体管具有电流放大作用，下面通过实验分析它的放大原理，实验电路如图 7-13 所示。

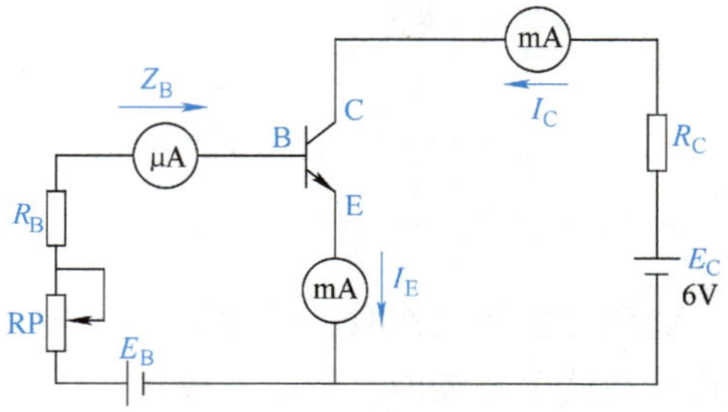

图 7-13　晶体管电流的实验电路

基极电源 E_B、基极电阻 R_B、基极 B 和发射极 E 组成输入回路。集电极电源 E_C、集电极电阻 R_C、集电极 C 和发射极 E 组成输出回路。发射极是公共电极，这种电路称为共发射极电路。电路中 $E_B < E_C$。电源极性如图 7-13 所示，这样就给发射结加正向电压（正向偏置），集电结加反向电压（反向偏置），从而保证了晶体管处于放大状态。

调节电位器 RP，则基极电流 I_B、集电极电流 I_C 和发射极电流 I_E 都会发生变化。测量结果见表 7-1。

由实验测量结果可得出如下结论：

1）发射极电流等于基极电流和集电极电流之和，即 $I_E = I_B + I_C$。若将晶体管看成一个节点，根据基尔霍夫定律，则可表示为：流入晶体管的电流等于流出晶体管电流。

表 7-1　测量结果

I_B/mA	0	0.01	0.02	0.03	0.04	0.05
I_C/mA	0.001	0.05	1.00	1.60	2.20	2.90
I_E/mA	0.001	0.51	1.02	1.63	2.24	2.95
I_C/I_B		50	50	53	55	58
$\Delta I_C/\Delta I_B$		50	60	60	70	

2）集电极电流 I_C 是基极电流 I_B 的 $\bar{\beta}$ 倍，$\bar{\beta}$ 称为直流放大倍数，即

$$\frac{I_C}{I_B}=\bar{\beta}$$

3）很小的 I_B 变化可以引起很大的 I_C 变化，也就是说基极电流对集电极电流具有小量控制大量的作用，这就是晶体管的电流放大作用（实质是控制作用）。我们把 ΔI_C 与 ΔI_B 的比值称为晶体管的交流放大倍数 β，即

$$\frac{\Delta I_C}{\Delta I_B}=\beta\approx\bar{\beta}$$

7.3.3 晶体管的特性曲线

晶体管的特性曲线是用来表示该晶体管各极电压和电流之间相互关系的，它反映出晶体管的性能，也是分析放大电路的重要依据，最常用的是共发射极接法的输入特性曲线和输出特性曲线，这些曲线可用晶体管图示仪直接观测得到，也可以通过图 7-14 所示的实验电路进行测绘。

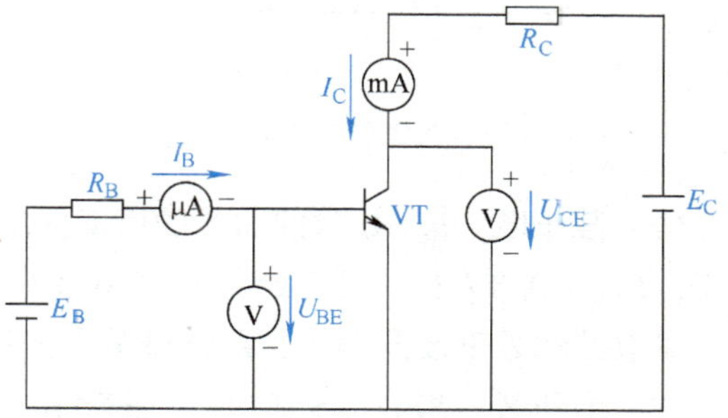

图 7-14 测量晶体管特性的实验电路

1. 输入特性曲线

输入特性曲线是指当集电极-发射极电压 U_{CE} 为常数时，基极电流 I_B 与基极-发射极电压 U_{BE} 之间的关系曲线，即 $I_B=f(U_{BE})|_{U_{CE}=常数}$，如图 7-15 所示。

对硅管而言，当 U_{CE} 大于等于 1V 时，集电结反向偏置，只要 U_{BE} 相同，发射区扩散到基区的电子数目必然相同。而集电结的内电场足够大，可以把从发射区扩散到基区的电子中的绝大部分拉入集电区。若此时再增加 U_{CE}，只要 U_{BE} 保持不变，则从发射区扩散到基区的电子数就一定，I_B 电流也不再明显减小了，也就是说 U_{CE} 大于 1V 后的输入特性曲线基本上是重合的。所以通常只画出 U_{CE} 大于等于 1V 的一条输入特性曲线。

由图可见，晶体管的输入特性和二极管的伏安特性一样都有一定的死区电压，硅管死区电压为 0.5V，发射结导通电压为 0.7V，锗管的死区电压为 0.2V，发射结导通电压为 0.3V。

2. 输出特性曲线

输出特性曲线是指当基极电流 I_B 为常数时，晶体管的集电极电流 I_C 和集电极-发射极电压 U_{CE} 之间的关系曲线，即 $I_C=f(U_{CE})|_{I_B=常数}$。在不同的 I_B 下，可得出一族不同的曲线，如图 7-16 所示。

当 I_B 一定时，从发射区扩散到基区的电子数大致一定，在 $U_{CE}>1V$ 后，这些电子的绝大部分被拉入集电区而形成 I_C，以致再增加 U_{CE}，I_C 也不再有明显增加，具有恒流特性。当 I_B 增加时，相应的 I_C 也增加，曲线上移，而且 I_C 比 I_B 增加的多得多，这就是晶体管的电流放大作用。

（1）放大区　输出特性曲线的近于水平部分是放大区，在放大区内 $I_C=\beta I_B$，放大区也称线性区，因为 I_C 和 I_B 成正比关系。如前所述，晶体管工作在放大状态时，发射结处于正向偏置，集电结处于反向偏置。

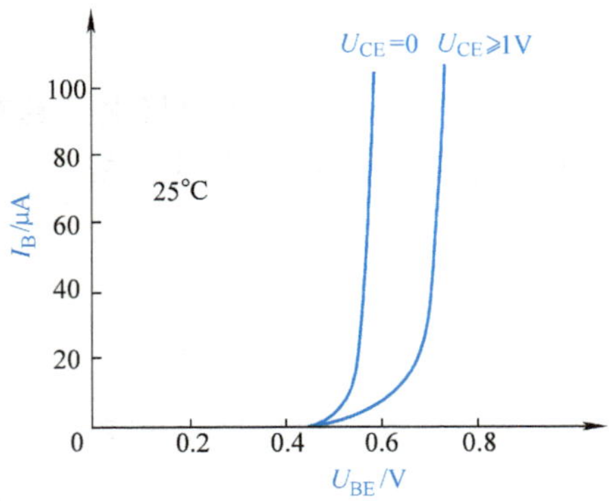

图 7-15 晶体管的输入特性曲线

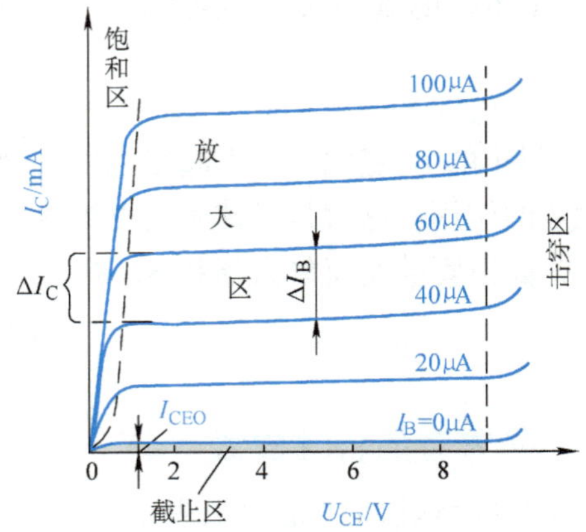

图 7-16 晶体管的输出特性曲线

（2）截止区 $I_B=0$ 时的曲线的以下区域称为截止区，$I_B=0$，$I_C=I_{CEO}$。对 NPN 型硅管而言，$U_{BE}<0.5$V 时，即开始截止，但是为了可靠截止常使 U_{BE} 小于或等于零。此时发射结、集电结都处于反向偏置，晶体管的电流很小可以不计，相当于开关断开。

（3）饱和区 当 $U_{BE}>U_{CE}$时，发射结、集电结都处于正向偏置，晶体管处于饱和工作状态。在饱和区 I_B 的变化对 I_C 的影响很小，两者不成正比，放大区的 β 不能用于饱和区，由于饱和时，两个 PN 结都正向偏置，阻挡层消失，电流很大，相当于开关闭合。

7.3.4 晶体管的主要参数

1. 共发射极电流放大倍数

（1）直流电流放大倍数 $\bar{\beta}$ 在静态时 I_C 与 I_B 的比值称为直流电流放大倍数，也称为静态电流放大倍数：

$$\bar{\beta}=\frac{I_C}{I_B}$$

（2）交流电流放大倍数 β 在动态时，基极电流的变化增量为 ΔI_B，它引起的集电极电流的变化增量为 ΔI_C。ΔI_C 与 ΔI_B 的比值称为交流放大倍数：

$$\beta=\frac{\Delta I_C}{\Delta I_B}$$

一般 $\bar{\beta}$ 与 β 数值相近，基本上可以认为相等，以后只用 β 表示。一般 β 为 20 ~ 150，目前工艺已能制造 β 为 300 ~ 400 的低噪声晶体管。

2. 极间反向电流

极间反向电流是表征晶体管工作稳定性的参数。极间反向电流受温度影响很大，使用中希望这类电流越小越好。

（1）集电极–基极反向饱和电流 I_{CBO} I_{CBO}是指晶体管发射极开路，集电极和基极之间加反向电压时流过集电结的反向电流。小功率的硅管一般在 0.1μA 以下，锗管在几微安到几十微安。

（2）穿透电流 I_{CEO} I_{CEO}是指基极开路时，由集电区穿过基区流入到发射区的电流，所以称为穿透电流。I_{CBO}与I_{CEO}之间的关系是$I_{CEO}=(1+\beta)I_{CBC}$。

它是衡量晶体管质量好坏的重要参数之一，其值越小越好。

3. 极限参数

极限参数是表征晶体管能安全工作的参数，即晶体管所允许的电流、电压和功率的极限值。

（1）集电极最大允许电流I_{CM}　当I_C过大时，电流放大系数β将下降，使β下降到正常值的2/3时的I_C值定义为集电极最大允许电流。

（2）反向击穿电压

1）发射极-基极反向击穿电压$U_{(BR)EBO}$，是指当集电极开路时，发射极-基极间允许加的最高反向电压，一般在5V左右。

2）集电极-基极反向击穿电压$U_{(BR)CBO}$，是指当发射极开路时，集电极-基极间允许加的最高反向电压，一般在几十伏以上。

3）集电极-发射极反向击穿电压$U_{(BR)CEO}$，是指当基极开路时，集电极-发射极间允许加的最高反向电压，通常比$U_{(BR)CBO}$小一些。

（3）集电极最大允许耗散功率P_{CM}　由于集电极电流在流经集电结时将产生热量，使结温升高，从而引起晶体管参数变化。当晶体管因受热而引起的参数变化不超过允许值时，集电极所消耗的最大功率称为集电极最大允许耗散功率，用P_{CM}表示：

$$P_{CM}=i_C u_{CE}$$

根据此式，可在输出特性曲线上画出晶体管的最大允许功耗线，综合I_{CM}、$U_{(BR)CEO}$的要求，可画出晶体管的安全工作区，如图7-17所示。

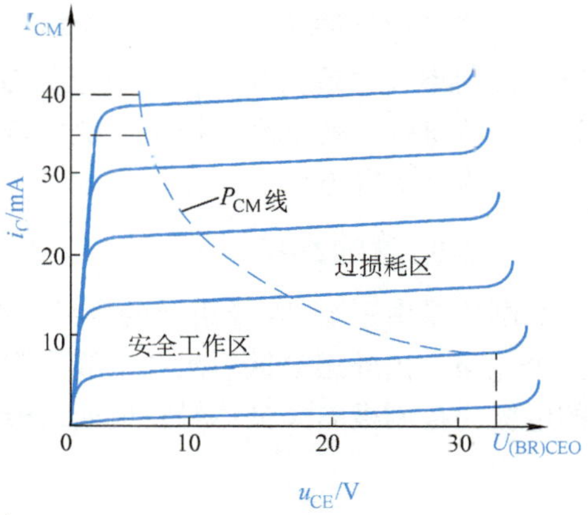

图7-17　晶体管的安全工作区

情境链接

从真空管、晶体管到芯片

真空管就是真空电子管，有二极管、三极管等，在半导体技术发展之前，是通信行业的主力器件，1946年的第一台计算机就是真空管和继电器制成的。

真空管体积大、易碎、能耗高。早期的电视使用真空管，开机需要等待几分钟，“暖机”后才能出现画面。随着科学技术的进步，真空管被晶体管取代，晶体管是一种半导体器件，晶体管结构小巧、坚硬、能耗低、性能更为优越。20世纪五六十年代，电话系统、收音机等都使用了晶体管。不久科学家发现，不需要单独生产每一个晶体管，晶体管可以与电阻、电容等器件焊接在一起，并用细小的电线连接，这就成了今天许多设备正在使用的芯片，如图7-18所示。

芯片可以有数层不同种类的硅片组成，体积变得极其微小，一个微处理器上可以装有数千万甚至上亿个晶体管，用途极其广泛，而且造价很低。

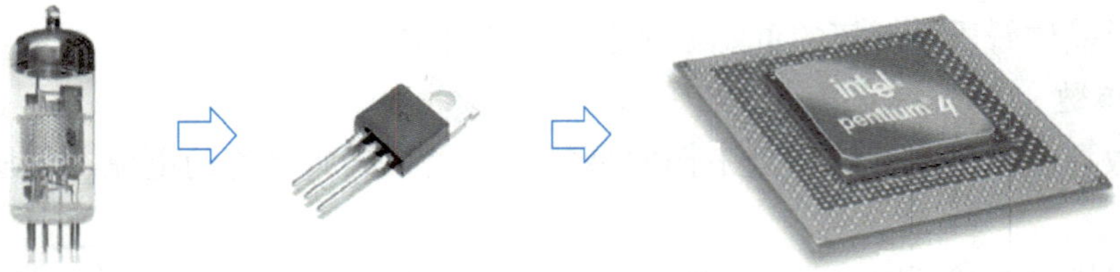

图 7-18 从真空管、晶体管到芯片

例如，采用 0.18μm 工艺的处理器 Pentium 4 处理器，集成了四千多万个晶体管，主频为 1.3 ~2GHz，采用 0.18μm 铝布线工艺，二级缓存为 256KB，外频为 100MHz，FSB（前端总线）为 400MHz，核心电压为 1.75V。

7.4 晶闸管

晶闸管又称可控硅，它是一种大功率可控整流器件，利用晶闸管，只要用很小的功率就可以对大功率（电流为几百安，电压为数百伏）的电源进行控制和变换。由于晶闸管具有体积小、重量轻、效率高、控制灵敏、容量大等优点，越来越多地应用在整流、逆变、直流开关、交流开关等方面。

7.4.1 晶闸管的结构

晶闸管是由三个 PN 结组成的半导体器件，其外形、结构和图形符号如图 7-19 所示。它有三个电极：由外层 P 区引出的电极为阳极 A、外层 N 区引出的电极为阴极 K、中间 P 区引出的电极为控制极 G（又称触发极或门极）。

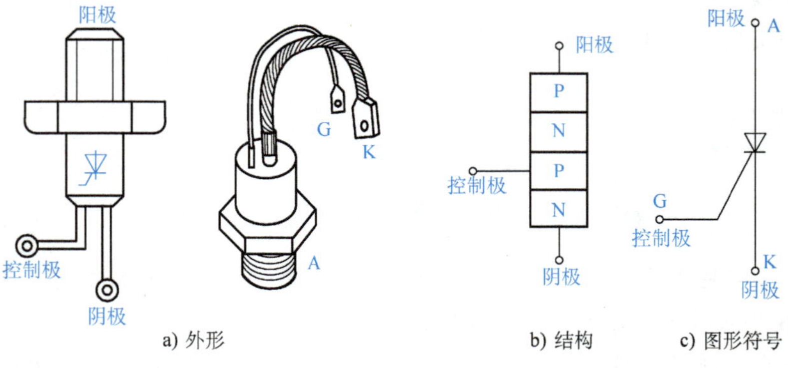

图 7-19 晶闸管的外形、结构和图形符号

7.4.2 晶闸管的导电实验与工作原理

1. 晶闸管的导电实验

1）如图 7-20a 所示，晶闸管阳极接直流电源的正端，阴极经灯接电源的负端，此时晶闸管承受正向电压。控制极电路中开关 S 断开（不加电压），这时灯不亮，说明晶闸管不导通。

2）如图 7-20b 所示，晶闸管的阳极和阴极之间加正向电压，控制极相对于阴极也加正向电压，这时灯亮，说明晶闸管导通。

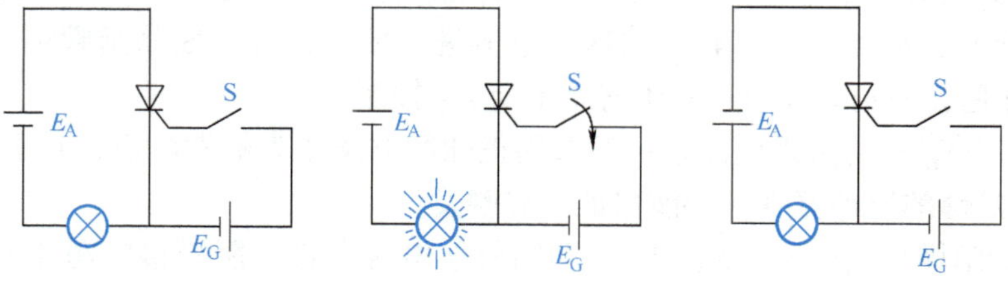

a) S断开　　b) S接通后断开　　c) E_A反接

图 7-20　晶闸管的导电实验

3）晶闸管导通后，如果去掉控制极上的电压（将图 7-20b 中的开关 S 断开），灯仍然亮，这表明晶闸管继续导通，即晶闸管一旦导通后，控制极就失去了控制作用。

4）如图 7-20c 所示，晶闸管的阳极和阴极间加反向电压，无论控制极加不加电压，灯都不亮，晶闸管截止。

5）如果控制极加反向电压，晶闸管阳极回路无论加正向电压还是反向电压，晶闸管都不导通。

从上述实验可以看出，晶闸管导通必须同时具备两个条件：

1）晶闸管阳极和阴极间加正向电压。

2）控制极电路加适当的正向电压（实际工作中加正触发脉冲信号）。

2. 晶闸管的工作原理

晶闸管可以看作 1 个 PNP（VT_1）晶体管和 1 个 NPN（VT_2）晶体管组合而成，电路模型如图 7-21 所示。

设在阳极和阴极之间接上电源 E_A，在控制极和阴极之间接入电源 E_G，如图 7-22 所示。

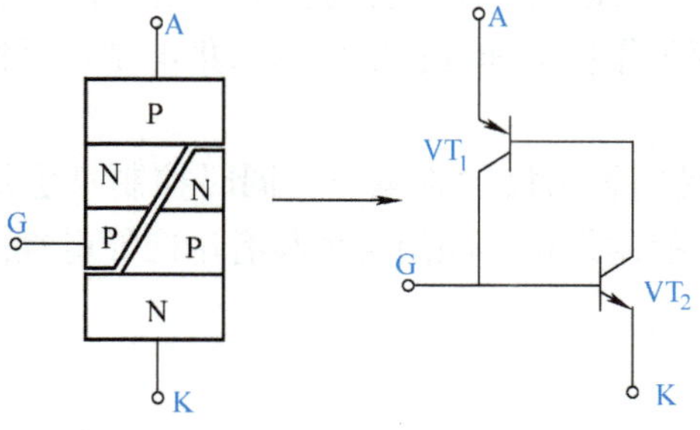

图 7-21　晶闸管电路模型

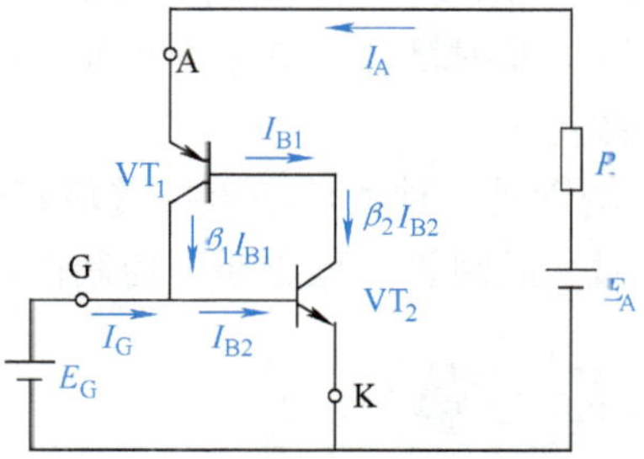

图 7-22　晶闸管工作原理

1）晶闸管阳极加正电压 E_A 时（即阳极接电源正极，阴极接电源负极），若控制极不加电压，且其中有一个 PN 结反偏截止，则晶闸管截止。此时，晶闸管的状态称为正向阻断状态。

2）晶闸管阳极加正电压 E_A，同时控制极也加正电压 E_G（即控制极接电源的正极，阴极接电源的负极），则 VT_1、VT_2 两个晶体管都满足放大条件。在 E_G 作用下，产生控制极电流 I_G，为 VT_2 提供基极电流 I_{B2}，I_{B2} 经 VT_2 放大后形成集电极电流 I_{C2}，$I_{C2}=\beta_2 I_{B2}=\beta_2 I_G$；

I_{C2}就是 VT_1 的基极电流 I_{B1}，I_{B1}经 VT_1 放大后，产生较大的集电极电流 I_{C1}，$I_{C1}=\beta_1 I_{B1}=\beta_1\beta_2 I_G$，这个电流又流回 VT_2 的基极，再进行放大。这个正反馈过程如此循环往复，使 VT_1 和 VT_2 的电流迅速增大，从而进入饱和导通状态。晶闸管导通后，如果撤掉控制极电压，由于I_{C1}远大于I_G，故 VT_2 仍有较大的基极电流进入放大循环，使晶闸管继续导通。因此，E_G 只起触发作用，一经触发后，晶闸管就不受 E_G 控制。

控制极电压 E_G 称为触发电压。一般选用正脉冲电压作为触发电压，它必须有足够的电压、电流值和足够的脉冲宽度，才能保证可靠触发。

3）晶闸管阳极加负电压 $-E_A$ 时，（即阳极接电源负极，阴极接电源正极），因为至少有一个 PN 结反偏截止，只能通过很小的反向漏电流，所以晶闸管截止。此时，晶闸管的状态称为反向阻断状态。

综上所述，晶闸管阳极加正电压 E_A，同时控制极也加正电压，晶闸管导通，晶闸管一旦导通，控制极即失去控制作用。要使晶闸管重新关断，必须将阳极电压降至零或为负，使晶闸管阳极电流降至维持电流 I_H 以下。维持电流 I_H 指维持上述正反馈过程所需的最小电流。普通型晶闸管也具有单向导电性，利用晶闸管可实现可控整流。

情境总结

1. 半导体二极管的核心是一个 PN 结，其主要特性是单向导电性，它的伏安特性体现了这种单向导电性。二极管正偏时，PN 结导通，表现出很小的正向电阻；二极管反偏时，PN 结截止，反向电流极小，表现出很大的反向电阻。稳压二极管是利用它在反向击穿状态下的恒压特性来工作的。

2. 晶体管有 NPN 型和 PNP 型两大类。晶体管是由两个 PN 结构成的一种半导体器件，属于电流控制型器件，它是通过较小的基极电流去控制较大的集电极电流，即 $I_C=\beta I_B$，3 个电极的电流关系为 $I_E=I_C+I_B$。

3. 晶体管输入输出特性曲线反映晶体管的性能。发射结正偏、集电结反偏，晶体管工作在放大区；发射结与集电结均正偏，晶体管工作在饱和区；发射结与集电结均反偏，晶体管工作在截止区。

4. 晶闸管是一种大功率可控整流器件，晶闸管阳极加正电压，同时控制极也加正电压晶闸管导通，晶闸管一旦导通，控制极即失去控制作用。晶闸管也具有单向导电性。

习题与思考题

7-1 解释名词：本征半导体，空穴，P 型半导体，N 型半导体。

7-2 简述 PN 结的形成过程及单向导电原理。

7-3 二极管的主要特征是什么？其主要参数有哪些？

7-4 稳压二极管工作在什么状态？使用时应注意什么？

7-5 晶体管有哪两种类型？分别画出它们的器件符号，它们具有电流放大作用的外部条件是什么？

7-6 晶体管是由两个 PN 结组成的，是否可以用两个二极管相连接组成一个晶体管？为什么？

7-7 晶体管的发射极和集电极是否可以调换使用，为什么？

7-8 图 7-23 所示是两个晶体管的输出特性曲线，试判断哪个管子的放大能力强，并说明理由。

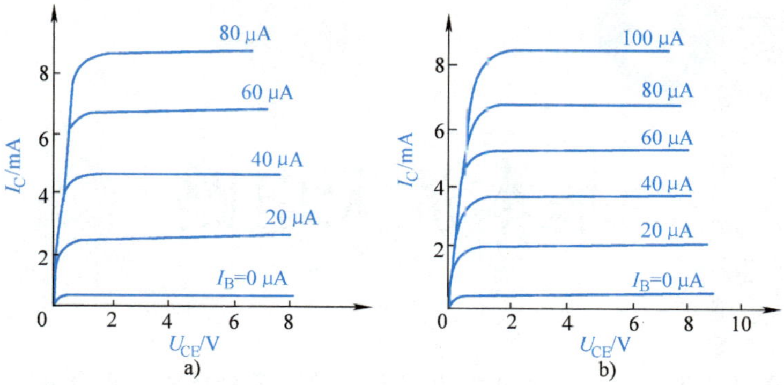

图 7-23 习题 7-8 图

7-9 一只晶体管 $I_B=20\mu A$ 时，$I_C=2mA$，求 β 值。

7-10 图 7-24 是某个晶体管的输出特性曲线，求 $I_B=60\mu A$，$U_{CE}=10V$ 时的 I_C 和 $\bar{\beta}$。

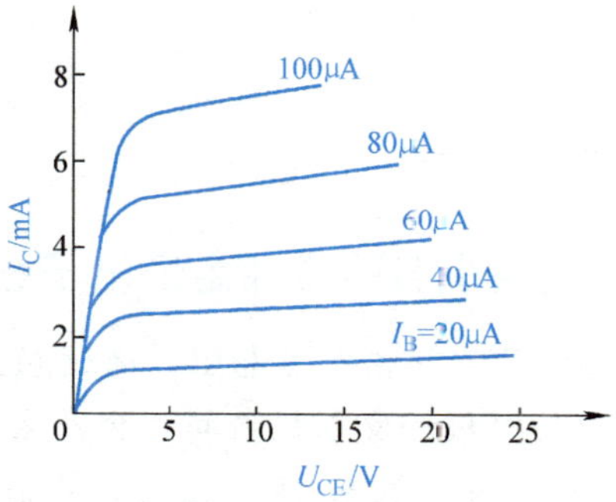

图 7-24 习题 7-10 图

7-11 晶闸管的导通条件是什么？关断条件是什么？晶闸管导通后，如果断开控制极的触发信号，结果会怎样？

教学情境 8

基本放大电路

教学目标： 本章以晶体管单管放大电路为重点，讨论了分压式放大电路、射极输出器、多级放大电路、正弦波振荡器等典型电路，并对放大器中的负反馈进行了分析。通过本章的学习，要着重理解晶体管单管放大电路的组成、静态和动态的工作原理、静态工作点的选择与波形失真；掌握分压式放大电路、多级放大电路、正弦波振荡器的特点和工作原理；了解放大器中负反馈的四种类型。

情境链接

三个电路小实验带你走进电子世界

触控电路小实验（见图 8-1）是用手指充当电阻，通过触摸两根相互靠近的裸导线，获得从基极流向发射极的小电流，集电极和发射极之间则会产生放大电流，从而点亮 LED。

实验里包含了晶体管 2N3904、用于限制 LED 上电流的 100Ω 电阻、标准 LED 以及 9V 电池，3cm 长的两根裸导线。

手指通常阻值为几兆欧，干燥或潮湿时阻值不同，这使得 LED 的亮度也会发生变化。

NPN 型晶体管变为导通状态需要的电压大约为 0.7V，用手指同时触摸两根裸露的导线，此时 LED 应当开始发光。如果亮度不明显，试着关掉房间里的灯或者拉上窗帘。或试着润湿手指再次触摸两根导线进行尝试，因为这样能够降低手指的电阻。注意只能用手指去同时触摸两根裸导线。两根裸导线不能触碰，否则短路可能会损坏晶体管。

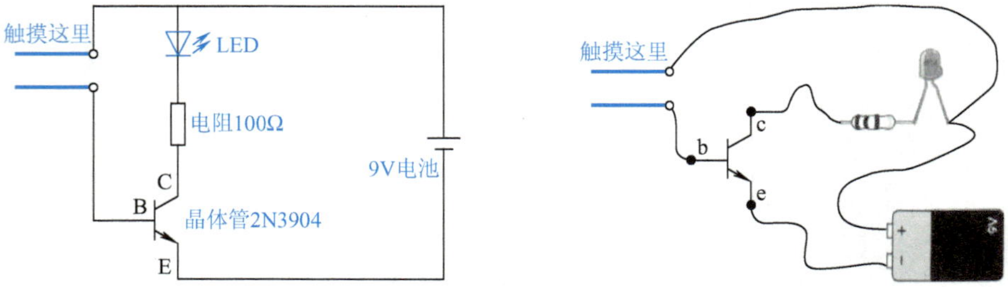

图 8-1　触控电流放大电路

同样的道理，你可以设计一个温控风扇开启电路和光控闹铃电路。

温控风扇电路（见图 8-2）是利用温控开关的输出端连接到晶体管的控制部分，即基极和发射极上。在这样的温度感应电路里，可以设定当环境温度超过 26℃ 时，风扇启动，而当环境温度低于26℃时，风扇则会保持关闭状态。

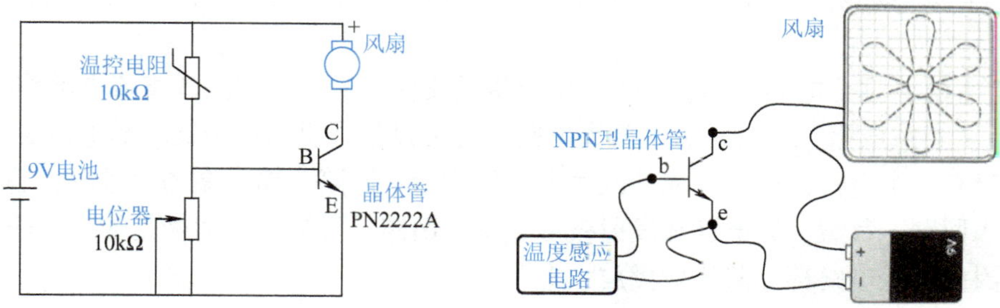

图 8-2 温控风扇电路

光控闹铃电路（见图8-3）能够在检测到阳光的条件下发出闹铃声。在电路焊接完成后，可以在睡前把它放在窗户边（例如窗帘和玻璃中间）。这样当太阳升起的时候，电路检测到光照就会发出铃声。

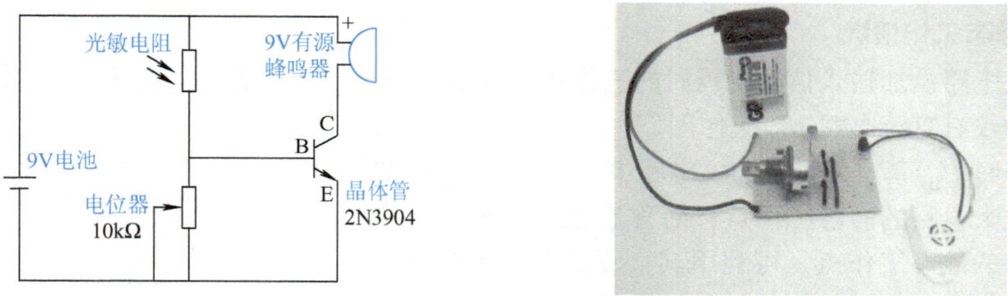

图 8-3 光控闹铃电路

随着课程的深入，你还会学到逻辑电路，可以将逻辑门（与门、或门、非门等）的输出端与晶体管的基极相连，从而控制电路负载（LED、蜂鸣器、电机或风扇等）的导通状态，体会神奇的电子世界。

共发射极基本放大电路的组成

8.1 晶体管单管放大电路

8.1.1 共发射极基本放大电路的组成

共发射极基本放大电路如图 8-4 所示，u_i 是放大电路的输入电压，u_o 是输出电压。电路中符号“⊥”表示参考零电位点（也叫接地端），它是电路中各点电位的公共端点。在测量时得到的各点电位，就是各点对零电位点的电压。

共发射极基本放大电路中各元器件的作用如下：

1）VT：晶体管，具有电流放大作用，是放大电路的核心器件。

2）U_{CC}：直流电源，一是为电路提供能源，二是为电路提供电压，使发射结正偏，集电结反偏，满足晶体管放大的外部条件。

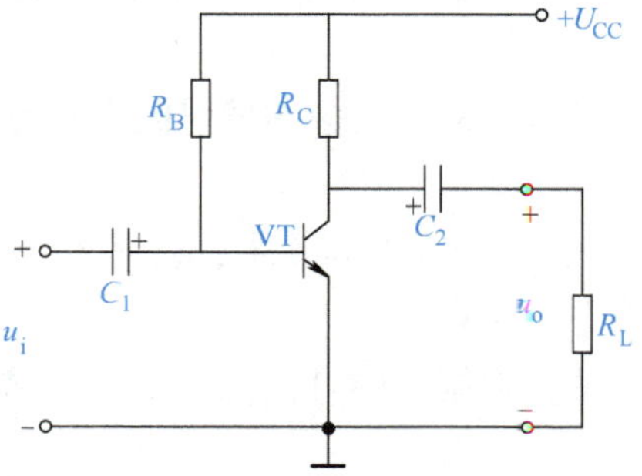

图 8-4 共发射极基本放大电路

3）R_B：基极电阻，电源通过 R_B 向基极提供合适的基极电流。

4）R_C：集电极电阻，电源通过 R_C 为集电极供电，并可将放大的电流转换为放大的电压输出。

5）C_1、C_2：耦合电容，耦合输入、输出端的交流信号，并起隔离直流电的作用。

6）R_L：负载电阻，可以是后级放大电路，也可以是耳机、扬声器、继电器等。

晶体管有三个电极，由它构成的放大电路形成两个回路，输入端的信号源、基极和发射极形成输入回路；负载、集电极和发射极形成输出回路。可见，发射极是输入、输出回路的公共端，因此，该电路称为共发射极放大电路。

8.1.2 共发射极基本放大电路的工作原理

为了便于分析，对放大电路工作过程中各电量的符号作如下规定：

1）直流量用大写字母、大写下角标表示，如 I_B，I_C，U_{CE}等。

2）交流量用小写字母、小写下角标表示，如 i_b，i_c，u_{ce}等。

3）总变化量是交直流的叠加，用小写字母、大写下角标表示，如 i_B，i_C，u_{CE}等。

1. 静态工作情况

放大电路没加输入信号电压时的工作状态，称为静态。也就是放大电路的直流状态，这时电路中仅有直流电源 U_{CC}起作用。

静态时 U_{BE}基本是恒定的，电路中 I_B、I_C、U_{CE}的数值称为放大电路的静态工作点，简称 Q 点。要分析一个给定电路的静态工作点，可利用其直流通路，用解析的方法估算，也可利用晶体管的特性曲线，用图解分析的方法求得。下面仅介绍估算法。

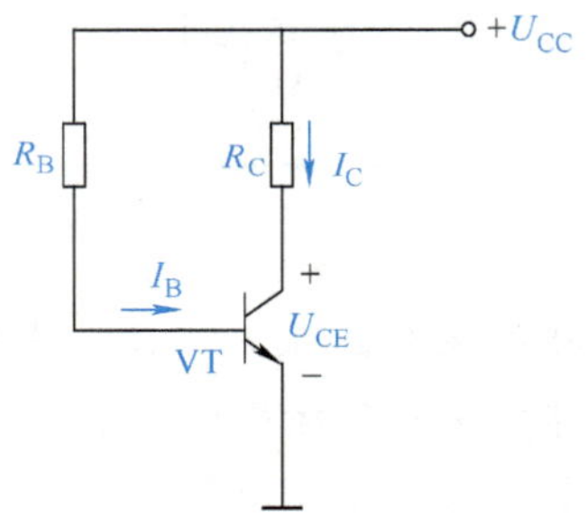

图 8-5 放大电路的直流通路

图 8-4 所示放大电路中，由于耦合电容 C_1、C_2 对直流阻抗很大，因此在直流电源作用的情况下相当于开路，此时放大电路的等效电路就称为直流通路，如图 8-5 所示。

由图 8-5 根据基尔霍夫电压定律可得静态时的基极电流，即

$$I_B = \frac{U_{CC} - U_{BE}}{R_B} \approx \frac{U_{CC}}{R_B} \tag{8-1}$$

由于 U_{BE}比 U_{CC}小得多，故可忽略不计。由 I_B 可得静态时的集电极电流为

$$I_C = \beta I_B \tag{8-2}$$

静态时的集电极和发射极之间的电压为

$$U_{CE} = U_{CC} - I_C R_C \tag{8-3}$$

例 8-1 在图 8-4 中，已知 $U_{CC} = 10\text{V}$，$R_B = 250\text{k}\Omega$，$R_C = 3\text{k}\Omega$，$\beta = 50$，试求放大电路的静态工作点。

解： 根据式(8-1)，式(8-2)，式(8-3) 可得

$$I_B \approx \frac{U_{CC}}{R_B} = \frac{10\text{V}}{250\text{k}\Omega} = 0.04\text{mA}$$

$$I_C = \beta I_B = 50 \times 0.04\text{mA} = 2\text{mA}$$

$$U_{CE} = U_{CC} - I_C R_C = 10\text{V} - 2 \times 3\text{V} = 4\text{V}$$

2. 动态工作情况

放大电路通入输入信号电压时的工作状态，称为动态。这时电路中各电量将在静态直流分量的基础上叠加一个交流分量。

输入信号电压 u_i 通过电容 C_1 送到晶体管的基极和发射极之间，与直流电压 U_{BE} 叠加，此时基极总电压为

$$u_{BE} = U_{BE} + u_i$$

这里所加的 u_i 为低频小信号，工作点在输入特性曲线线性范围移动，电压和电流近似呈线性关系。在 u_i 的作用下产生基极电流 i_B，此时基极总电流为

$$i_B = I_B + i_b$$

i_B 经晶体管的电流放大，此时集电极总电流为

$$i_C = I_C + i_c$$

i_C 在集电极电阻 R_C 上产生电压降 $i_C R_C$（假设未接负载 R_L），使集电极电压为

$$u_{CE} = U_{CC} - i_C R_C$$

经变换得 $u_{CE} = U_{CC} - (I_C + i_c)R_C = U_{CC} - R_C I_C - R_C i_c = U_{CE} - i_c R_C = U_{CE} + (-i_c R_C)$

即

$$u_{CE} = U_{CE} + u_{ce}$$

由于电容 C_2 的隔直作用，在放大电路的输出端只有交流分量 u_{ce} 输出，输出的交流电压为

$$u_o = u_{ce} = -i_c R_C$$

式中，负号表示输出的交流电压 u_o 与 i_c 相位相反。

只要电路参数能使晶体管工作在放大区，且 R_C 足够大，就可使 u_o 的幅值大于 u_i 的幅值，从而实现电压放大。电路中各电流、电压的工作波形如图 8-6 所示。

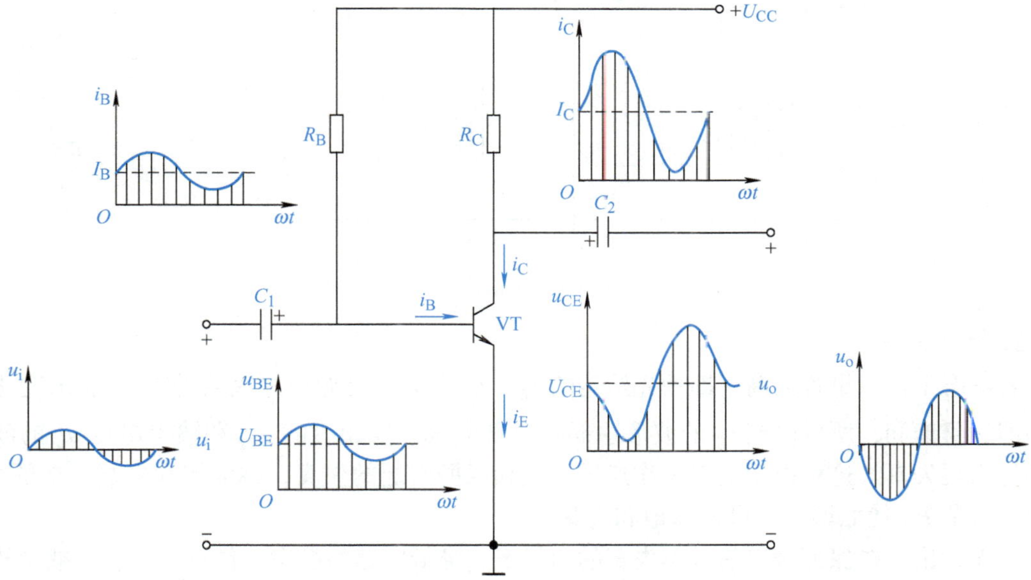

图 8-6　共发射极基本放大电路各极电压和电流的工作波形

从工作波形可以看出：

1）输出电压 u_o 的幅值大于输入电压 u_i 的幅值，说明放大电路有放大作用。

2）u_i、i_b、i_c 三者频率相同，相位相同，而 u_o 与 u_i 相位相反，这就是共发射极放大电路的“反相”作用。

综上所述，直流量所确定的静态工作点，是放大电路的基础；交流量是由输入信号产生的，是放大电路工作的目的。交流量是驮载在直流量上进行放大的。因此静态工作点设置是否合理，将直接影响到放大电路能否正常工作。

8.1.3 静态工作点的选择与波形失真

静态工作点的选择对放大电路有很大的影响，选择不当，容易引起失真。

1. 截止失真

若静态工作点设置太低，即预先给定的 I_B、I_C 太小，将使输入交流信号负半周的一部分叠加上之后仍处在发射结的死区内或仍使 PN 结处于反偏，输入发射结的电流 i_B 波形底部出现失真。放大后的电流 i_C 的波形底部也出现失真，反相后的 u_{CE} 和输出电压 u_o 波形顶部将出现失真。这种由于动态工作点进入截止区所引起的失真，称为截止失真，如图 8-7 所示。调节 R_B 使之减小，可消除截止失真。

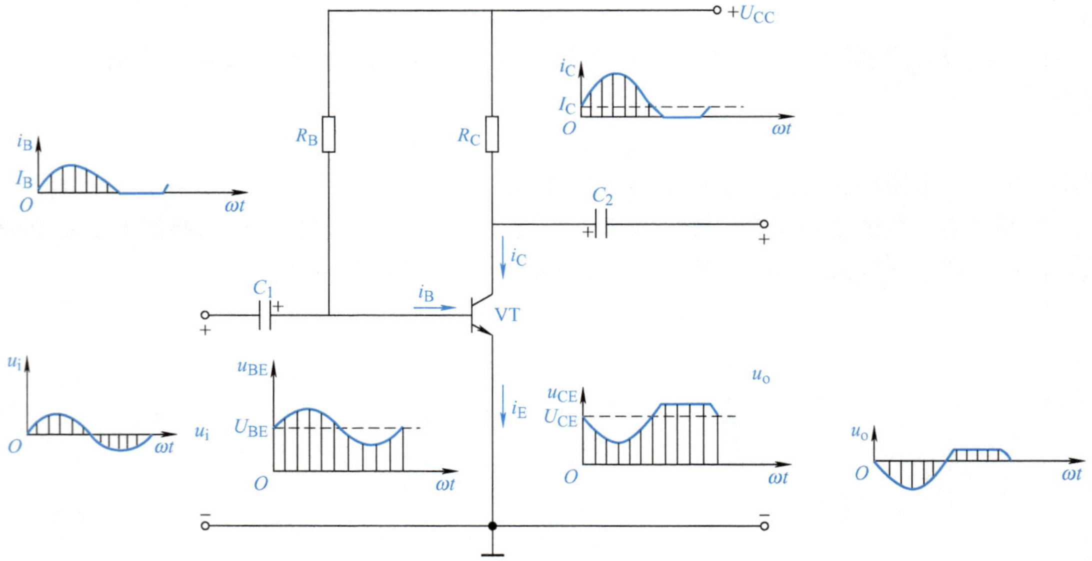

图 8-7 截止失真

2. 饱和失真

若静态工作点设置太高，即预先给定的 I_B、I_C 太大，可能使放大后的电流 i_C 未变化到顶部即达到饱和，所以电流 i_C 的波形顶部将出现失真，反相后的 u_{CE} 和输出电压 u_o 的波形底部将出现失真。这种由于动态工作点进入饱和区所引起的失真，称为饱和失真，如图 8-8 所示。调节 R_B 使之增大，可消除饱和失真。

还需指出，在保证输出信号不失真的前提下，降低电路的静态工作点，有利于减少放大电路的损耗。

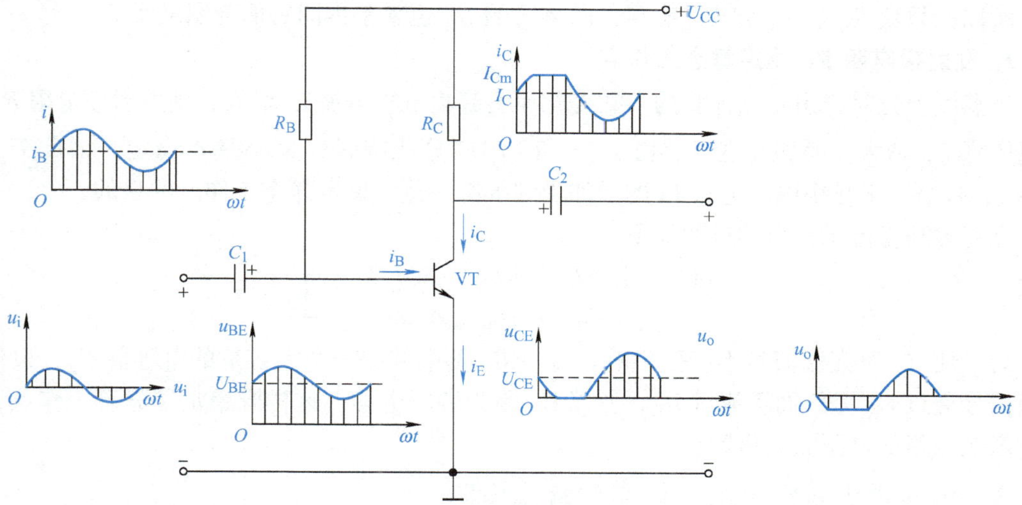

图 8-8　饱和失真

8.1.4　工作点稳定的放大电路

由于晶体管的参数受温度的影响很大，如温度升高时，晶体管的 β 和 I_{CEO} 都会增大，晶体管的集电极电流 I_C 就要随之增大。这样，在环境温度变化或更换晶体管等情况下，就会造成工作点的不稳定。为了使放大电路的输出波形不失真，除需设置适当的静态工作点外，还需采取稳定工作点的措施。

图 8-9a 所示为分压式放大电路，是一种应用最广泛的稳定静态工作点的放大电路。该电路的特点如下：

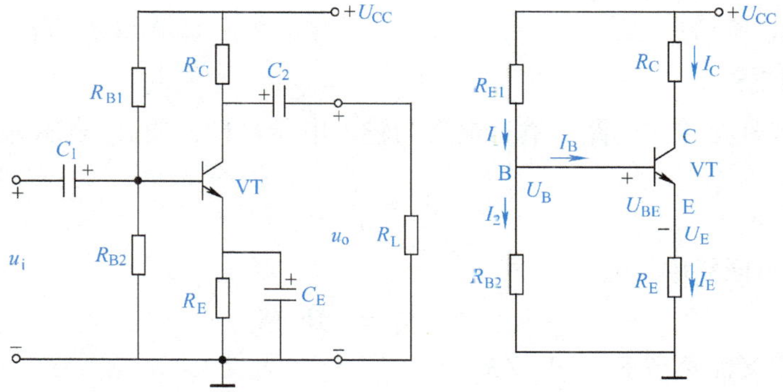

a) 电路　　b) 直流通路

图 8-9　分压式放大电路

1. R_{B1} 和 R_{B2} 组成分压电路，稳定基极电位

由图 8-9b 所示的直流通路可知

$$I_1 = I_2 + I_B$$

当 $I_1 \geqslant (5\sim10)I_B$ 时，可认为 $I_1 \gg I_B$，此时 $I_1 \approx I_2$，R_{B1} 和 R_{B2} 上可看作流过同一电流。这样基极对地电压 U_B（即 R_{B2} 两端的电压）由 R_{B1} 和 R_{B2} 的分压比决定，即

$$U_B = U_{R_{B2}} = \frac{R_{B2}}{R_{B1} + R_{B2}} U_{CC}$$

所以，只要 R_{B1}、R_{B2} 和 U_{CC} 确定，晶体管的 U_B 也就基本固定而与温度无关。

2. 发射极电阻 R_E 稳定静态工作点

当温度上升时，由于晶体管的参数变化而引起集电极电流 I_C 增大，则发射极电阻 R_E 上的电压降 U_E 增大。基极电位 U_B 由 R_{B1}、R_{B2} 串联分压提供，大小基本稳定，因此 $U_{BE}=U_B-U_E$ 减小，于是集电极电流 I_C 的增加受到限制，达到稳定静态工作点的目的。

上述自动稳定工作点的过程如下：

$$T(℃)\uparrow\rightarrow I_C\uparrow\rightarrow I_E\uparrow\rightarrow U_E\uparrow$$
$$I_C\downarrow\leftarrow I_B\downarrow\leftarrow U_{BE}\downarrow\leftarrow$$

为了使 R_E 对交流信号不产生影响，可在 R_E 两端并接一个大容量的电容器 C_E，以便让交流信号通过 C_E 旁路而不流过 R_E，所以 C_E 称为旁路电容。这样既稳定了静态工作点，又不致影响电路的电压放大倍数。

8.1.5 电压放大倍数、输入电阻和输出电阻

1. 放大电路的交流通路

为了求解放大电路的电压放大倍数、输入电阻和输出电阻等动态指标，常通过画放大电路的交流通路来分析。交流通路是指输入交流信号时，放大电路交流信号流通的路径。

画交流通路的方法是：放大电路中的耦合电容、旁路电容由于容抗小都可看作交流短路；直流电源由于内阻小，对交流信号也视为短路。图 8-4 所示的共发射极基本放大电路的交流通路如图 8-10 所示。

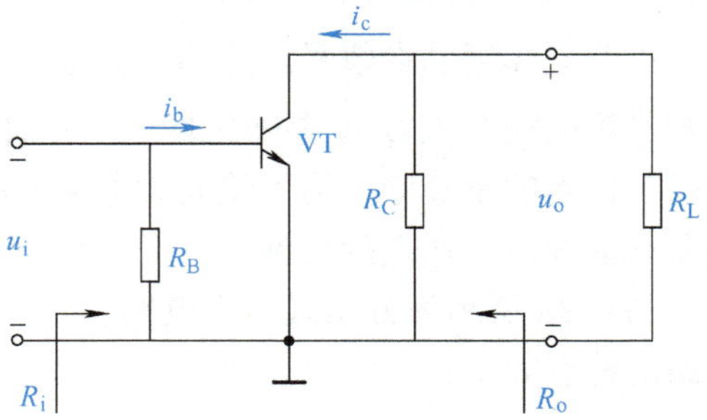

图 8-10 共发射极基本放大电路的交流通路

2. 电压放大倍数

电压放大倍数是指放大电路的输出电压与输入电压之比，用 A_u 表示为

$$A_u=\frac{u_o}{u_i}$$

在图 8-10 输出回路中，有

$$u_o=-i_cR_L'=-\beta i_bR_L'$$

式中，放大电路的交流负载 $R_L'=R_C/\!/R_L$。

在图 8-10 输入回路中，有

$$u_i=i_br_{be}$$

式中，r_{be} 为晶体管基极和发射极间的动态电阻，也称为晶体管的输入电阻。

所以有
$$A_u=\frac{u_o}{u_i}=\frac{-\beta i_bR_L'}{i_br_{be}}=-\beta\frac{R_L'}{r_{be}} \tag{8-4}$$

A_u 为负值，表明输出电压与输入电压反相。

放大电路未接负载时电压放大倍数为

$$A_u=-\beta\frac{R_C}{r_{be}}$$

由于 $R_L' < R_C$，显然放大电路接入负载后电压放大倍数下降。

3. 输入电阻

输入电阻就是从放大电路的输入端看进去的交流等效电阻。在图 8-10 所示的交流通路中，从输入端看进去的输入电阻是基极电阻 R_B 和晶体管的输入电阻 r_{be} 并联后的等效电阻，即

$$R_i = R_B // r_{be}$$

对于小功率晶体管，r_{be} 通常为 1kΩ 左右，而 R_B 电阻值很大，在 $R_B \gg r_{be}$ 的情况下，则有

$$R_i \approx r_{be} \tag{8-5}$$

4. 输出电阻

输出电阻就是从放大电路的输出端看进去的交流等效电阻。在图 8-11b 所示的交流通路中，因集电极与发射极间的电阻很大，则输出电阻可写成

$$R_o \approx R_C \tag{8-6}$$

例 8-2 在图 8-4 所示电路中，已知 $U_{CC} = 10\text{V}$，$R_B = 250\text{k}\Omega$，$R_C = 3\text{k}\Omega$，$\beta = 50$，$r_{be} = 1\text{k}\Omega$，$R_L = 3\text{k}\Omega$，试求放大电路的 A_u、R_i、R_o。

解： 由式(8-4) 可得电压放大倍数为

$$A_u = -\beta \frac{R_L'}{r_{be}}$$

其中

$$R_L' = R_C // R_L = \frac{R_C R_L}{R_C + R_L} = \frac{3\text{k}\Omega \times 3\text{k}\Omega}{3\text{k}\Omega + 3\text{k}\Omega} = 1.5\text{k}\Omega$$

$$A_u = -\beta \frac{R_L'}{r_{be}} = -50 \times \frac{1.5\text{k}\Omega}{1\text{k}\Omega} = -75$$

由式(8-5) 可得输入电阻为

$$R_i \approx r_{be} = 1\text{k}\Omega$$

由式(8-6) 可得输出电阻为

$$R_o \approx R_C = 3\text{k}\Omega$$

8.1.6 射极输出器

射极输出器也是应用比较广泛的电路，其电路如图 8-11a 所示。从它的交流通路图(图 8-11b)可知，基极和集电极是输入端，发射极和集电极是输出端，集电极是输入回路和输出回路的公共端，故又称为共集电极放大电路。

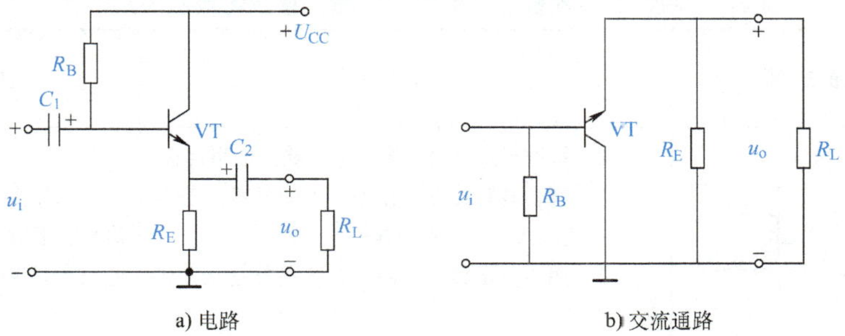

图 8-11 射极输出器

射极输出器的特点及主要用途：

1）电压放大倍数小于1，但近似等于1。可表示为$u_o \approx u_i$，射极输出器具有电压跟随作用，也称为射极跟随器。射极输出器虽没有电压放大作用，但仍有电流放大作用和功率放大作用。

2）与共发射极电路相比具有很高的输入电阻。

3）与共发射极电路相比具有很低的输出电阻。

4）主要用于输入级（其较高的输入电阻可以使放大电路获取较高的输入电压）、输出级（其较低的输出电阻可以减小后级信号源内阻，使负载上获取较高的输出电压）和中间隔离级（其隔离了前后两级之间的相互影响，因而也称为缓冲级）。

8.2 多级放大电路

8.2.1 多级放大电路的组成

放大电路的输入信号往往都很微弱，一般为毫伏级或微伏级，单级放大电路的电压放大倍数通常只有几十倍，然而在实际应用中，常需要把一个微弱的电信号放大几千倍甚至几十万倍才能满足要求。为此，必须把若干个单级放大电路串联起来，对信号进行“接力”放大，直到满足所需要的放大倍数。

多级放大电路由输入级、中间级及输出级三部分组成，图8-12所示为多级放大电路的组成框图。前几级的任务是将微弱的电压信号放大到足够大，以此推动功率放大级工作，最后由输出级输出具有一定功率的信号去带动各种负载。

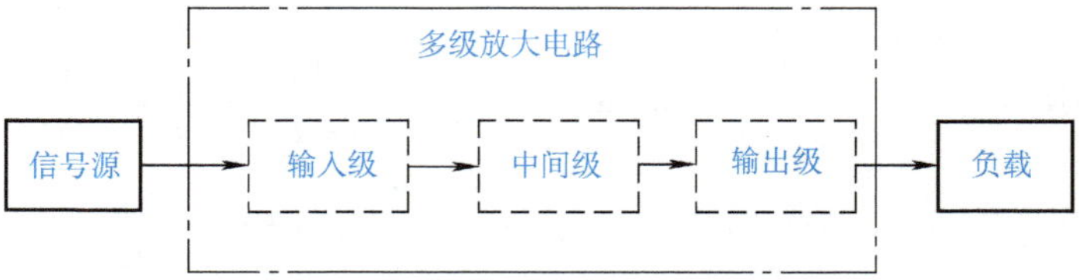

图8-12 多级放大电路的组成框图

8.2.2 级间耦合方式

在多级放大电路中，每两个单级放大电路之间的连接方式称为级间耦合。它的主要任务是将前级放大电路的输出信号无损耗地传输到后级放大电路中，并尽可能地保证各级工作点的稳定。常用的耦合方式有：阻容耦合、直接耦合、变压器耦合和光电耦合。四种级间耦合方式的电路框图、耦合特点及适用场合见表8-1。

表8-1 四种级间耦合方式的电路框图、耦合特点及适用场合

耦合方式	电路框图	耦合特点	适用场合
阻容耦合	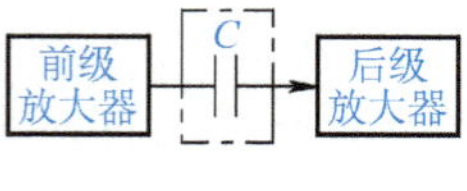	（1）级间通过耦合电容与下级输入电阻连接 （2）耦合电容的隔直作用，可使各级的静态工作点彼此独立，互不影响 （3）用容量足够大的耦合电容进行连接，传递交流信号	不能放大直流与缓慢变化的信号，不适于集成电路。一般应用在低频电压放大电路中

（续）

耦合方式	电路框图	耦合特点	适用场合
直接耦合	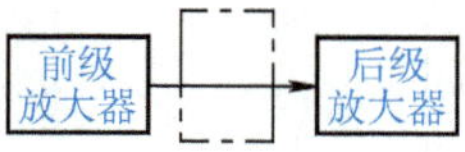	（1）级间直接连接或用电阻连接 （2）由于没有隔直电容，前后级的静态工作点互相影响，给电路的设计和调试增加了难度 （3）直接耦合放大电路既能放大直流与缓慢变化的信号，也能放大交流信号	在集成电路中因无法制作大容量电容而必须采用直接耦合。广泛应用于集成电路中
变压器耦合	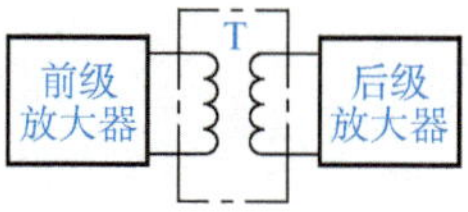	（1）级间通过变压器连接 （2）变压器能隔断直流、传输交流，可使各级静态工作点独立 （3）变压器耦合具有阻抗变换作用，主要应用于功率输出电路，使功率的传输效率提高	变压器一次、二次绕组均为电感线圈，频率特性差，且体积大、成本高，因而变压器耦合放大电路不适于集成电路。一般应用于高频调谐放大器或功率放大器中
光电耦合	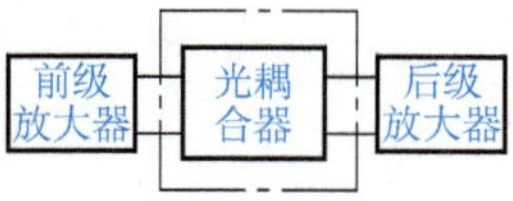	（1）以光耦合器为媒介来实现电信号的耦合和传输 （2）光电耦合既可传输直流信号又可传输交流信号，且抗干扰能力强，易于集成化	广泛应用在集成电路中

8.2.3 多级放大电路的性能指标

1. 电压放大倍数

可以证明，多级放大电路的电压放大倍数等于各级电压放大倍数的乘积，即

$$A_u = A_{u1} \cdot A_{u2} \cdot \ \ldots \ \cdot A_{un} \tag{8-7}$$

式中，A_{u1}、A_{u2}、…、A_{un}分别为第 1 级、第 2 级、…、第 n 级的电压放大倍数。

要特别注意的是，这里所反映的各级放大倍数不是孤立的，必须要考虑后级对前级的影响。在计算每一个单级电压放大倍数时，注意要把后一级的输入电阻作为前一级的负载电阻。

2. 输入电阻和输出电阻

多级放大电路的输入电阻等于第一级放大电路的输入电阻，即

$$R_i = R_{i1} \tag{8-8}$$

多级放大电路的输出电阻等于最后一级放大电路的输出电阻，即

$$R_o = R_{on} \tag{8-9}$$

注意计算输入电阻、输出电阻时必须考虑级间的影响。

例 8-3 在图 8-13 所示两级阻容耦合放大电路中，按给定的参数，并设两管的 $\beta_1 = \beta_2 = 60$，$r_{be1} = 1.3\text{k}\Omega$，$r_{be2} = 1\text{k}\Omega$，试估算：（1）第 1 级、第 2 级放大器的电压放大倍数；（2）多级放大电路总的电压放大倍数；（3）多级放大电路的输入电阻和输出电阻。

解：（1）先估算有关参数，即

$$r_{i2} = R_{B12} /\!/ R_{B22} /\!/ r_{be2} \approx r_{be2} = 1\text{k}\Omega$$

$$R'_{L1} = R_{C1} /\!/ r_{i2} = \frac{10\text{k}\Omega \times 1\text{k}\Omega}{10\text{k}\Omega + 1\text{k}\Omega} = 0.91\text{k}\Omega$$

$$R'_{L2}=R_{C2}/\!/R_L=1.25\text{k}\Omega$$

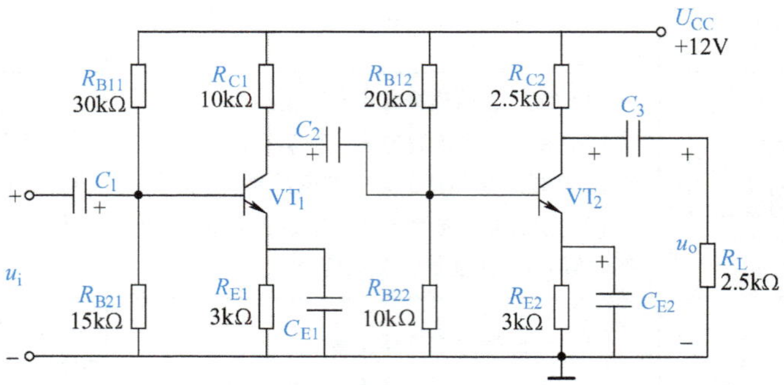

图 8-13　两级阻容耦合放大电路

估算第 1 级、第 2 级放大电路的电压放大倍数，即

$$A_{u1}=-\beta_1\frac{R'_{L1}}{r_{be1}}=-60\times\frac{0.91}{1.3}=-42$$

$$A_{u2}=-\beta_2\frac{R'_{L2}}{r_{be2}}=-60\times\frac{1.25}{1}=-75$$

（2）多级放大电路总的电压放大倍数，即

$$A_u=A_{u1}\cdot A_{u2}=(-42)\times(-75)=3150$$

（3）多级放大电路的输入电阻和输出电阻，即

$$R_{i1}=R_{B11}/\!/R_{B12}/\!/r_{be1}\approx r_{be1}=1.3\text{k}\Omega$$

$$R_o\approx R_{C2}=2.5\text{k}\Omega$$

8.3　放大电路中的负反馈

在放大电路中，信号从输入端输入，经过放大电路的放大后，从输出端送给负载，这是信号的正向传输。但在很多放大电路中，常将输出信号再反向传输到输入端，即反馈。实用的放大电路几乎都采用反馈，而负反馈应用更为广泛。

8.3.1　反馈的基本概念

将放大电路输出信号的一部分或全部返送回输入端并与输入信号叠加的过程，称为反馈。

反馈放大电路由基本放大电路 A 和反馈电路 F 两部分组成，反馈放大电路的框图如图 8-14 所示。图中“○”称为比较环节，表示信号在此叠加，箭头表示信号的传输方向，X 可以表示电压，也可以表示电流。输出量 X_o 经反馈电路处理获得反馈量 X_f 送回到输入端，与输入量 X_i 叠加产生净输入量 X'_i 加到放大器的输入端。引入反馈后，使信号既有正向传输又有反向传输，电路形成闭合的环路，因此，反馈放大电路通常称为闭

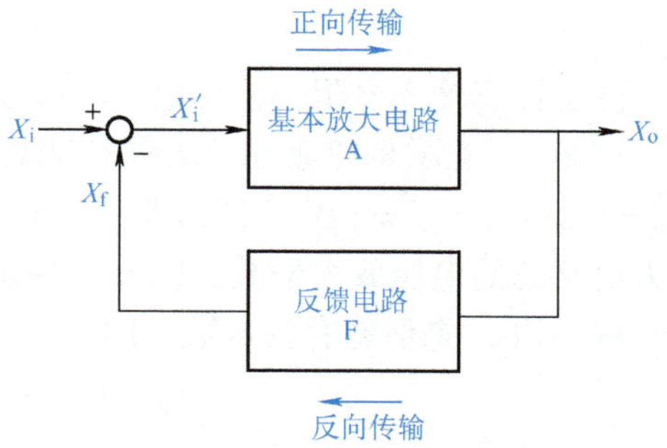

图 8-14　反馈放大电路的框图

环放大电路，而未引入反馈的放大电路则称为开环放大电路。

为了把放大电路的输出信号送回到输入端，通常用电阻、电容、电感等元件组成引导反馈信号的电路，该电路称为反馈电路，又称为反馈网络。构成反馈电路的元件称为反馈元件，反馈元件联系着放大电路的输出与输入，并影响放大电路的输入。

8.3.2 负反馈的类型及其判别方法

1. 负反馈的类型

按照不同的分类方法，反馈可分为多种类型。

(1) 按反馈极性分　若反馈信号 X_f 与输入信号 X_i 极性相同，使净输入信号 X_i' 增加，则称为正反馈；正反馈使放大电路的放大倍数增加，如图 8-15a 所示。若反馈信号 X_f 与输入信号 X_i 极性相反，使净输入信号 X_i' 减小，则称为负反馈；负反馈使放大电路的放大倍数减小，如图 8-15b 所示。由负反馈放大电路的框图可得一些基本关系式，见表 8-2。

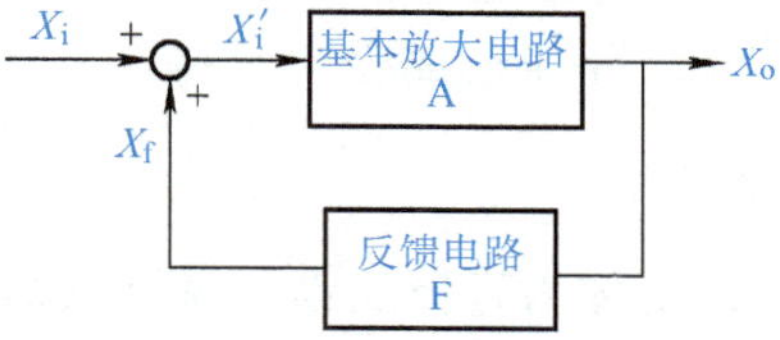

a) 正反馈

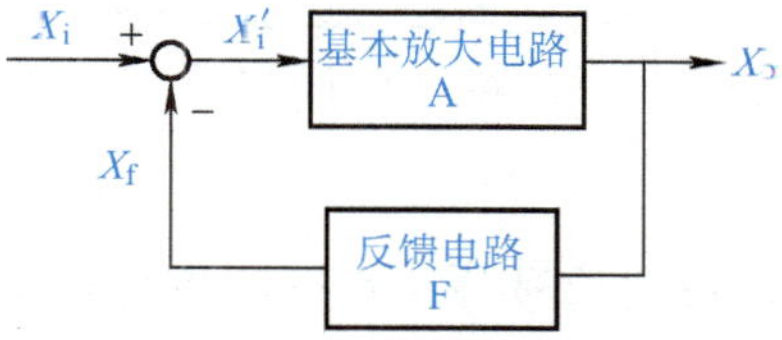

b) 负反馈

图 8-15　正反馈和负反馈

表 8-2　负反馈的基本关系式

名　　称	关　系　式
输入端各量的关系式	$X_i' = X_i - X_f$
开环放大倍数	$A = \dfrac{X_o}{X_i'}$
反馈系数	$F = \dfrac{X_f}{X_o}$
闭环放大倍数	$A_f = \dfrac{X_o}{X_i}$　推导得：$A_f = \dfrac{A}{1+AF}$
反馈深度	$1+AF$

表 8-2 所述各量，当信号为正弦量时，$\dot{X}_i$、$\dot{X}_o$、$\dot{X}_f$ 和 $\dot{X}_i'$ 为相量，$\dot{A}$ 和 $\dot{F}$ 为复数。在中频段，为了使表达式简明，均可用实数表示。

(2) 按反馈在输入端的连接方式分　若反馈电路与信号源相串联，则称为串联反馈。串联反馈信号在输入端以电压形式出现，如图 8-16a 所示。若反馈电路与信号源相并联，则称为并联反馈。并联反馈信号在输入端以电流形式出现，如图 8-16b 所示。

(3) 按反馈在输出端的取样对象分　若反馈信号取自输出端负载两端的电压 u_o，则称为电压反馈。电压反馈的取样环节与输出端并联，如图 8-17a 所示。若反馈信号取自输出电流 i_o，则称为电流反馈。电流反馈的取样环节与输出端串联，如图 8-17b 所示。

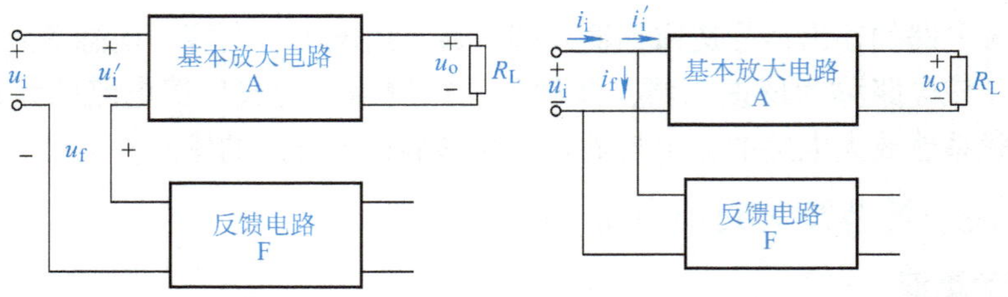

a) 串联反馈 b) 并联反馈

图 8-16 串联反馈和并联反馈

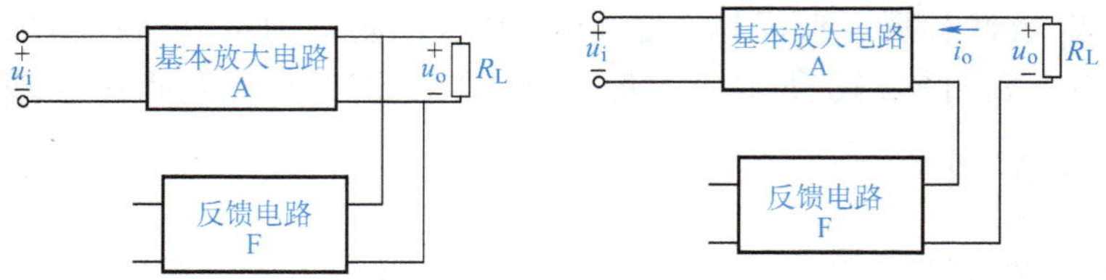

a) 电压反馈 b) 电流反馈

图 8-17 电压反馈和电流反馈

（4）按反馈信号分 若反馈信号只含有直流量，则称为直流反馈。直流反馈主要用于稳定放大器的静态工作点。若反馈信号只含有交流量，则称为交流反馈。交流反馈可以改善放大器的交流性能。

综合输出端取样对象的不同和输入端的不同接法，负反馈的基本类型有四种：

① 串联电压负反馈。

② 并联电压负反馈。

③ 串联电流负反馈。

④ 并联电流负反馈。

2. 反馈类型的判别方法

不同反馈方式对放大电路性能的影响是不同的，因此，正确判别反馈类型和极性是反馈放大电路定性分析的重点，一般按以下步骤进行判别。

（1）判别有无反馈 反馈放大电路的特征是存在反馈元件，反馈元件是联系放大电路的输出与输入的桥梁。因此找到联系放大电路输出与输入回路之间的元件是判断反馈存在与否的依据。

（2）判别反馈极性 通常采用瞬时极性法来判别，具体方法如下：

1）先假定输入信号的瞬时极性。

2）从输入端到输出端依次标出放大电路各点的瞬时极性。

注意：在放大电路中，晶体管基极与发射极瞬时极性相同，基极与集电极瞬时极性相反。

3）根据反馈信号与输入信号的连接情况，确定反馈极性。

先假定输入信号 u_i 加至晶体管基极的瞬时极性为“+”，若反馈信号返回晶体管基极为“+”，则为正反馈；反之，则为负反馈，如图 8-18a 所示。若反馈信号返回晶体管的发射极为“+”，可见它在输入回路中与 u_i 反相，故为负反馈；反之，则为正反馈，如图 8-18b 所示。

（3）判别串联和并联反馈的方法　根据反馈电路在输入端的连接方式来判别是串联还是并联反馈。若反馈到共发射极放大电路的基极为并联反馈，而反馈到共发射极放大电路的发射极为串联反馈，如图 8-19 所示。

（4）判断电压和电流反馈的方法　从输出回路看，若反馈信号取自输出电压，则为电压反馈；若反馈信号取自输出电流，则为电流反馈。

图 8-20a 所示为共发射极放大电路，反馈信号取自集电极则为电压反馈；取自发射极则为电流反馈。图 8-20b 所示为共集电极放大电路，反馈信号取自发射极则为电压反馈；取自集电极则为电流反馈。

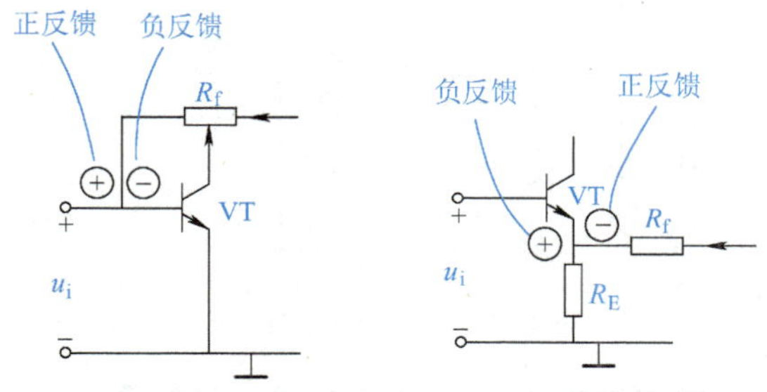

a) 反馈加到基极　　b) 反馈加到发射极

图 8-18　判别反馈极性

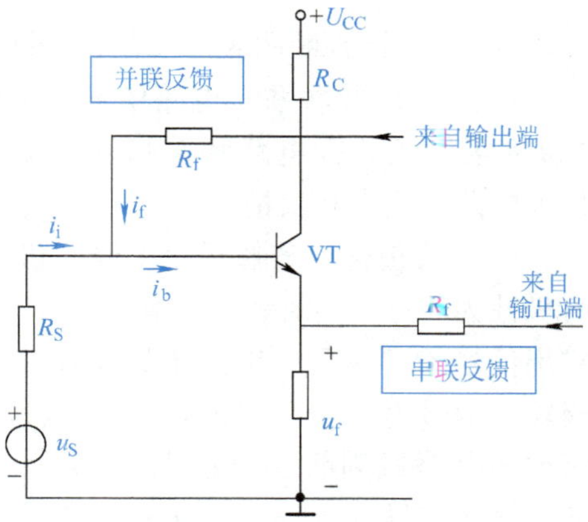

图 8-19　共发射极放大电路串联与并联反馈的判别

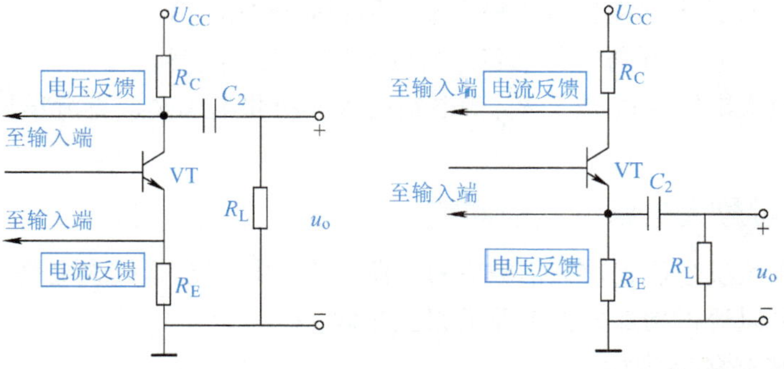

a) 共发射极放大电路情况　　b) 共集电极放大电路情况

图 8-20　串联与并联反馈的判别

（5）判别直流和交流反馈　若反馈电路中存在电容，根据电容“隔直通交”的特性来进行判别；若反馈电路中没有电容，则构成的反馈是交、直流共存的反馈。图 8-21a 中 R_F、C_F 串联，由于 C_F 隔直通交，该串联电路只有交流信号能通过，所以引入了交流反馈；图 8-21b中 R_E、C_E 并联，因 C_E 旁路交流，R_E 上只有直流信号能通过，所以该并联电路引入了直流反馈。

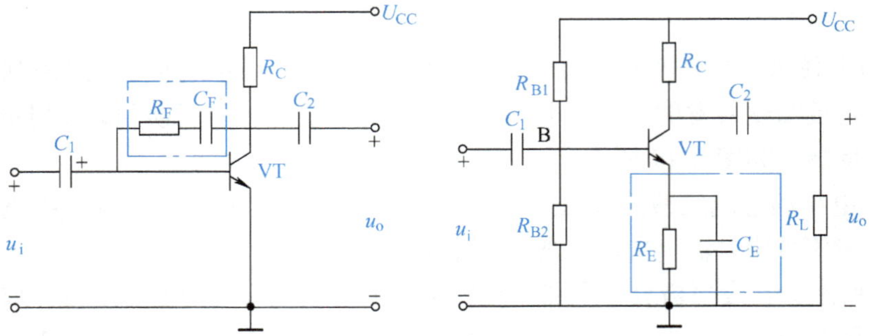

a) 交流反馈　　b) 直流反馈

图 8-21　直流与交流反馈的判别

例 8-4　试判断图 8-22 所示两级放大电路的反馈类型。

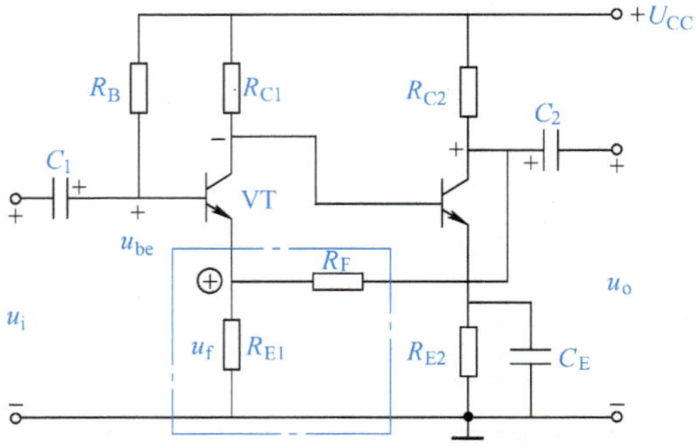

图 8-22　例 8-4 图

解：（1）看联系　电路中 R_F、R_{E1} 把第 2 级和第 1 级放大电路联系起来，说明两级放大电路之间存在反馈。

（2）看极性　若假设第 1 级基极输入瞬时极性为“+”，则经第 1 级放大，集电极输出信号为“-”，再经第 2 级放大，集电极输出信号为“+”，经 R_F、R_{E1} 返送回第 1 级放大电路发射极，反馈电压 u_f 为“+”，使净输入信号（$u_{be}=u_i-u_f$）减小，说明电路引入了负反馈。

（3）看输入　反馈电路接在输入回路的发射极，所以是串联反馈。

（4）看输出　反馈电路接在电压输出端，所以是电压反馈。

（5）看电容　在反馈环路中无电容，所以是交、直流反馈。

综上所述，放大电路通过 R_F、R_{E1} 为电路引入了串联电压交、直流负反馈，简称串联电压负反馈。

8.3.3　负反馈对放大电路性能的影响

放大电路引入负反馈后，放大倍数有所下降，但却可以改善放大电路的动态性能。至于放大倍数的降低可以通过增加放大电路的级数来解决。

1. 提高放大倍数的稳定性

当外界条件变化（如温度变化、负载变化、更换晶体管等）会引起电压放大倍数 A_u 的变化，如果引入负反馈，由于它的自动调节作用，则能减少这种变化。

如由于某种原因使放大电路的输出信号增大，电路又存在负反馈，则反馈信号也将跟着增大，经反馈网络送回到输入回路，使放大电路的净输入信号相应减小，结果输出信号也相应减小，从而使放大电路输出信号幅度稳定，达到稳定放大倍数的目的。

电压负反馈能稳定输出电压，电流负反馈能稳定输出电流。

2. 改善非线性失真

由于晶体管的非线性特性或静态工作点选得不合适等，当输入信号较大时，在其输出端就产生了正半周幅值大、负半周幅值小的非线性失真信号，如图 8-23a 所示。引入负反馈后，如图 8-23b 所示，反馈信号来自输出回路，其波形也是上大下小，将它送到输入回路，使净输入信号（$X_i' = X_i - X_f$）变成上小下大，经放大，输出波形的失真获得补偿。

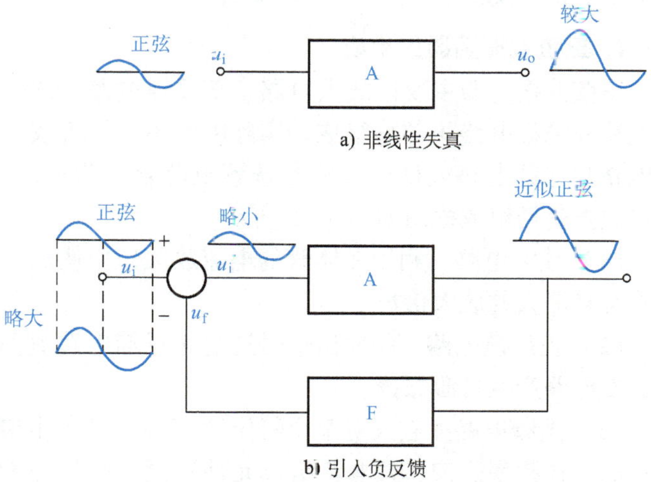

图 8-23　改善非线性失真

从本质上说，负反馈是利用了"预失真"的波形来改善波形的失真，因而不能完全消除失真，并且对输入信号本身的失真不能减少。

同样道理，对于晶体管内部由于载流子的热运动而引起的干扰和噪声，负反馈也可以对其进行抑制，分析过程与改善非线性失真类似。

3. 展宽通频带

因为负反馈的作用就是对输出的任何变化都有纠正作用，所以放大电路在高频区及低频区放大倍数的下降，必然会引起反馈量的减小，从而使净输入量增加，放大倍数随频率的变化减小，幅频特性变得平坦，使上限截止频率升高，下限截止频率下降，通频带被展宽了，如图 8-24 所示。

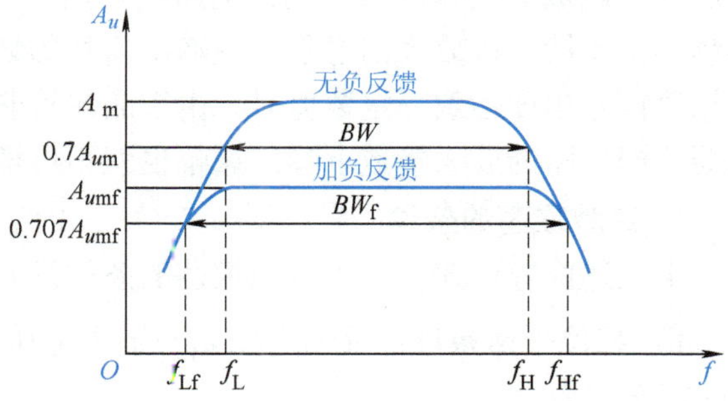

图 8-24　负反馈展宽通频带

4. 改变输入电阻和输出电阻

（1）改变输入电阻　负反馈对输入电阻的影响，只取决于反馈电路在输入端的连接方式。凡是串联负反馈，因为反馈信号与输入信号串联，故使输入电阻增大；凡是并联负反馈，因为反馈信号与输入信号并联，故使输入电阻减小。

（2）改变输出电阻　负反馈对输出电阻的影响，只取决于输出端反馈信号的取样方式。凡是电压负反馈，因具有稳定输出电压的作用，使其接近于恒压源，故使输出电阻减小；凡是电流负反馈，因具有稳定输出电流的作用，使其接近于恒流源，故使输出电阻增大。

8.4　正弦波振荡器

振荡电路是一种能量转换装置，它无须外加输入信号，就能自动地将直流电源提供的能量转换成有一定频率、一定幅值的交流信号。正弦波振荡器是一种应用最广泛的振荡电路，如收音机的本机振荡电路、发射机中的载波振荡电路、各种频率的正弦波信号发生器等。

8.4.1 正弦波振荡器的基本知识

1. 正弦波振荡器的组成

正弦波振荡器主要由放大电路、正反馈电路、选频电路和稳幅电路4部分组成。实际电路中，常将放大电路与选频电路或反馈电路与选频电路合二为一，正弦波振荡器组成框图如图8-25所示。

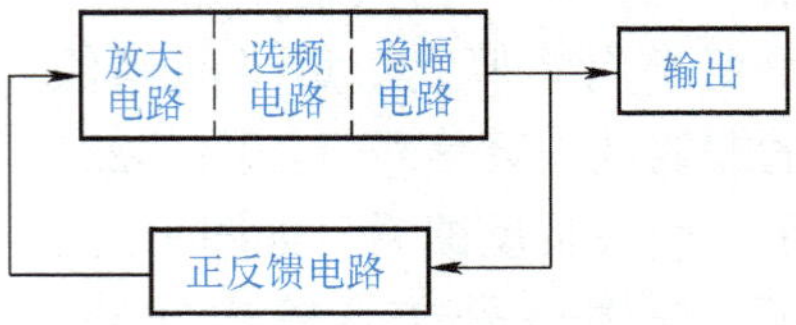

图8-25 正弦波振荡器组成框图

(1) 放大电路 利用晶体管的电流放大作用使电路具有足够大的放大倍数。

(2) 正反馈电路 将输出信号通过正反馈电路返回到放大电路的输入端，作为输入信号，使电路产生自激振荡。

(3) 选频电路 它仅对某个特定频率的信号产生谐振，从而保证了正弦波振荡器具有单一的工作频率。按选频电路组成元件不同，可分为*LC*正弦波振荡器、*RC*正弦波振荡器和石英晶体正弦波振荡器等类型。

(4) 稳幅电路 使振荡幅度自动平衡在某一水平上，以保证振荡器输出信号振幅稳定。通常利用放大电路中非线性元件如晶体管或负反馈电路来实现。

2. 自激振荡的过程

当振荡器接通电源的瞬间，电路受到扰动，在放大电路的输入端将产生一个微弱的扰动电压u_i，经放大电路放大、选频电路选频后，通过正反馈电路回送到输入端，形成放大→选频→正反馈→再放大的过程，使输出信号的幅度逐渐增大，振荡便由小到大地建立起来。当振荡信号幅度达到一定数值时，由于晶体管非线性区域的限制作用，使晶体管的放大作用减弱，即电路的放大倍数下降，振幅也就不再增大，最终使电路维持稳幅振荡。

3. 自激振荡的条件

由上述内容可知，产生自激振荡的条件是$u_f = u_i$，即必须同时满足下列两个条件：

1）相位平衡条件：反馈电压u_f与输入电压u_i必须同相位，即正反馈。u_f与u_i的相位差φ的定义式为

$$\varphi = 2n\pi \qquad (n = 0, 1, 2, \cdots) \tag{8-10}$$

2）幅值平衡条件：反馈电压u_f与输入电压u_i的幅值必须相等。由反馈的基本关系式可知，$u_o = Au_i' = Au_i$，$u_f = Fu_o = FAu_i$，代入关系式$u_f = u_i$，可得

$$AF = 1 \tag{8-11}$$

式中，A为放大电路开环放大倍数；F为反馈电路的反馈系数。

在自激振荡的两个条件中，关键是相位平衡条件。至于幅值条件，可在满足相位条件后，通过调节电路参数来达到。

8.4.2 *LC* 正弦波振荡器

*LC*正弦波振荡器的频率很高，一般都在1MHz以上。常用的*LC*正弦波振荡电路有变压器反馈式、电感三点式和电容三点式3种。它们共同的特点是用*LC*并联谐振电路作为选频电路。

1. 变压器反馈式正弦波振荡器

（1）电路分析　图 8-26 所示为变压器反馈式正弦波振荡器。晶体管等元器件组成分压式放大电路；L 和 C 并联谐振回路组成选频电路；根据瞬时极性法可判断由于变压器一次绕组 L 和二次绕组 L_2 之间的互感耦合，使二次绕组 L_2 引入了正反馈；依靠晶体管的非线性来稳幅。C_1 与 C_E 的作用是让正反馈信号直接加在晶体管 B、E 之间，而且不影响原来的直流偏置。

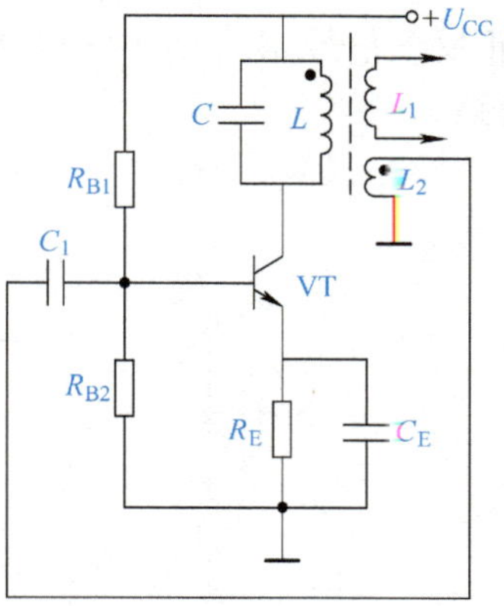

图 8-26　变压器反馈式正弦波振荡器

（2）振荡频率　由 LC 并联电路的知识可知，电路的振荡频率为

$$f_0 = \frac{1}{2\pi\sqrt{LC}} \tag{8-12}$$

（3）电路特点　便于实现阻抗匹配，使振荡器的效率高、起振容易；调频方便，改变 C 的大小就可以实现频率调节。

2. 电感三点式正弦波振荡器

（1）电路分析　图 8-27a 所示为电感三点式正弦波振荡器。交流通路如图 8-27b 所示，LC 谐振回路中电感的 3 个端点分别与晶体管的三个极相连，故称为电感三点式。晶体管等元器件组成分压式放大电路；等效电感 L（L_1 和 L_2 串联）与 C 并联组成选频电路，正反馈信号从 L_2 两端取出；依靠晶体管的非线性来稳幅。

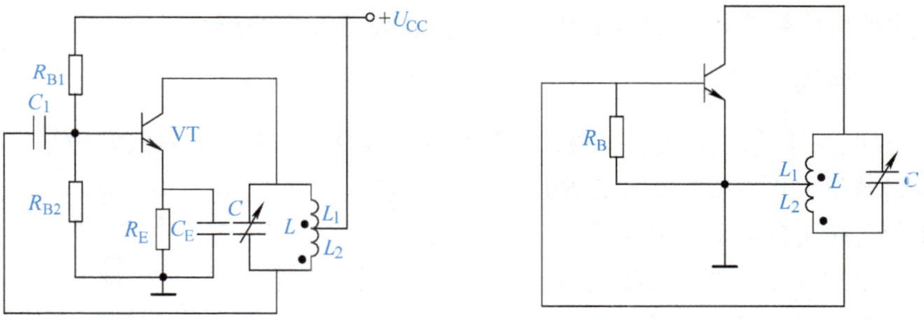

a) 电感三点式正弦波振荡器　　b) 交流通路

图 8-27　电感三点式正弦波振荡器

（2）振荡频率　电路的振荡频率为

$$f_0 = \frac{1}{2\pi\sqrt{LC}} \tag{8-13}$$

式中，$L = L_1 + L_2 + 2M$，M 为互感系数。

（3）电路特点　此电路的优点是容易起振（L_1、L_2 耦合紧密）、调频方便且调节范围较宽；缺点是振荡波形较差，一般选取 L_2 为总匝数的 1/8 ~ 1/4，可改善输出波形。这种振荡器常用于对输出信号波形要求不高的场合。

3. 电容三点式正弦波振荡器

（1）电路分析　图 8-28 所示为电容三点式正弦波振荡器。从电路结构上看，它把

图 8-27所示的电感三点式振荡器中的电感 L_1、L_2 改接为电容 C_1、C_2，电容 C 改接为电感 L，正反馈信号 u_f从 C_2 两端取出。集电极电阻 R_C 的作用是防止集电极输出的交流信号对地短路。

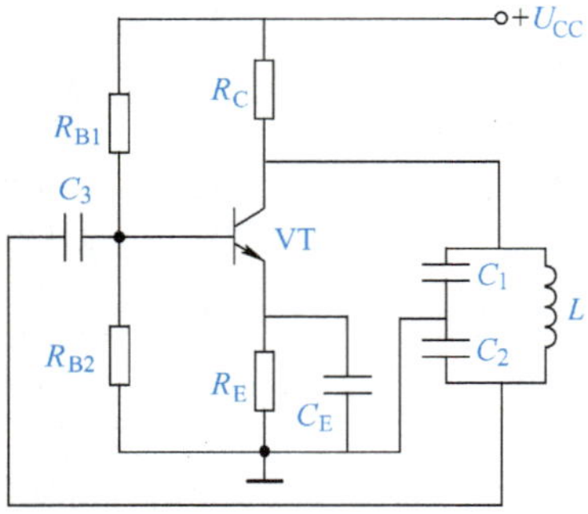

a) 电容三点式正弦波振荡器

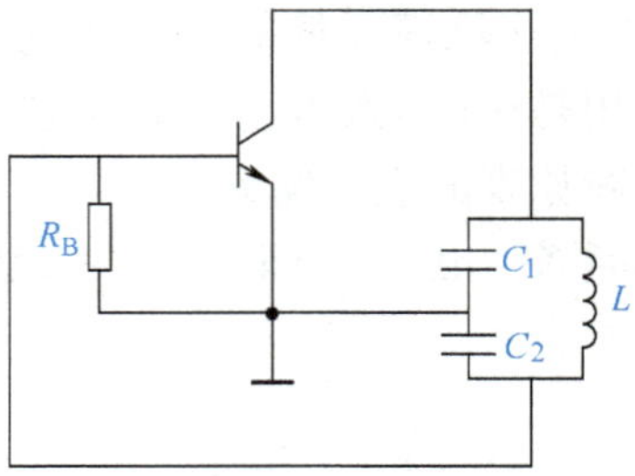

b) 交流通路

图 8-28 电容三点式正弦波振荡器

（2）振荡频率 电路的振荡频率为

$$f_0=\frac{1}{2\pi\sqrt{LC}} \tag{8-14}$$

式中，$C=\dfrac{C_1C_2}{C_1+C_2}$，$C$ 为 C_1 和 C_2 的串联值。

（3）电路特点 此电路的优点是振荡频率高（可达 100MHz）、振荡波形好；缺点是调频较困难。这种振荡器常用于对波形要求高、振荡频率固定的场合。

8.4.3 *RC* 正弦波振荡器

RC 正弦波振荡器适用于低频振荡，一般用于产生 1Hz～1MHz 的低频信号。

（1）电路分析 图 8-29 所示是 *RC* 桥式振荡器。点画线框内是两级共发射极放大电路，点画线框左边的 *RC* 串并联网络作为选频电路，同时还作为正反馈电路，R_f 引入的负反馈电路作为稳幅电路，并能减小失真。电路中，*RC* 串联电路、*RC* 并联电路、R_f 和 R_{E1} 接成电桥电路，因而称为 *RC* 桥式振荡器或文氏桥式振荡器。

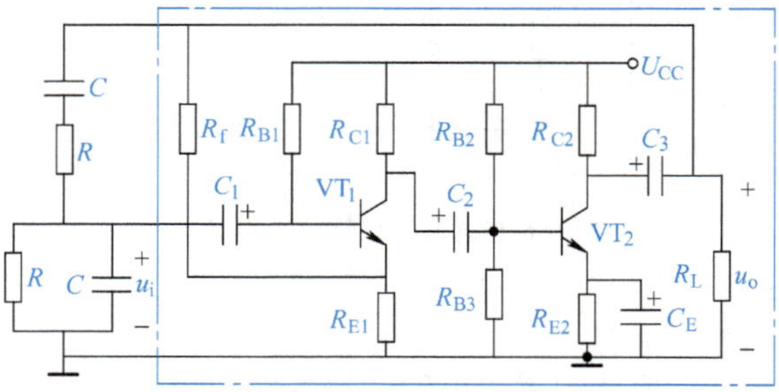

图 8-29 *RC* 桥式振荡器

如图 8-29 所示，把输出电压 u_o 加到 *RC* 串并联网络，并从中取出 u_i 加到放大电路的输入端。其中只有 $f=f_0$ 的信号通过 *RC* 串并联网络时没有产生相移，并且幅度最大（可以证明：当 *RC* 串并联网络中的 $R=X_C$ 时，相移 $\varphi=0°$，$U_i=U_o/3$，即正反馈系数 $F=1/3$）；而其他频率的信号都将产生相移、幅度变小。因而可以设想：在放大电路输入端的 u_i($f=f_0$ 的信号）经两级共发射极放大电路放大后，得到的 u_o，再经过 *RC* 串并联网络回到输入端，其相位和 u_i 相同，加强了 u_i，因而形成正反馈。稳幅时，电路的正负反馈平衡。

（2）振荡频率　由 $R=X_C$ 可以证明，振荡的频率为

$$f_0=\frac{1}{2\pi RC} \tag{8-15}$$

（3）电路特点　R 和 C 换成可变电阻和可变电容，输出信号频率就可以在一个相当宽的范围内进行调节。实验室用的低频信号发生器多采用 RC 桥式振荡器。

8.4.4 石英晶体振荡器

石英晶体振荡器广泛应用于石英钟、彩色电视机、计算机等电子设备中。

1. 石英晶体谐振器

天然石英属二氧化硅（SiO_2）晶体，将它按一定方位角切成薄片，称为石英晶片。在石英晶片的两个相对表面喷涂金属层作为极板，焊上引线作为电极，再用金属壳或胶壳封装就制成了石英晶体谐振器，简称石英晶体（又称晶振），结构和外形如图 8-30 所示。

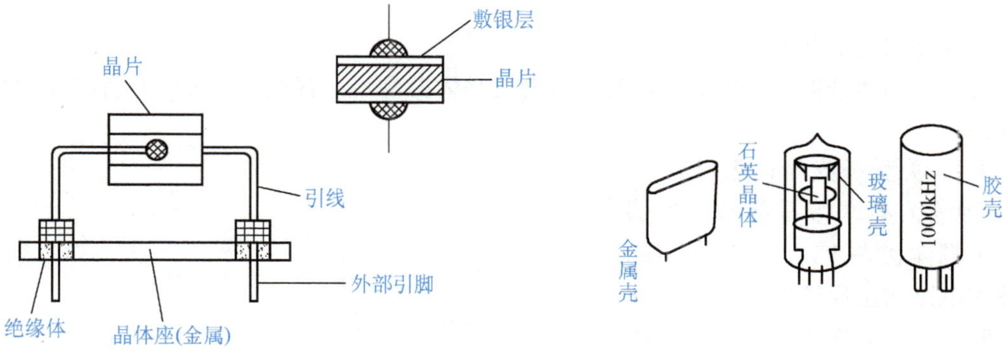

图 8-30　石英晶体的结构和外形

图 8-31a 所示为石英晶体的符号。图 8-31b 所示为石英晶体的等效电路，其中 C_0 为极板间的静态电容，L-C-R 支路是石英晶体谐振器的等效电路。由石英晶体的等效电路可以看出，它具有两个谐振频率：一个是串联谐振频率 f_s，另一个是并联谐振频率 f_p。

当 L-C-R 支路产生串联谐振时，等效电路的阻抗最小（等于 R），串联谐振频率为

$$f_s=\frac{1}{2\pi\sqrt{LC}}$$

当整个电路产生并联谐振时，并联谐振频率为

$$f_p=\frac{1}{2\pi\sqrt{L\frac{CC_0}{C+C_0}}}$$

石英晶体之所以有选频特性是因其具有“压电谐振”现象，即外加信号频率不同时，它可以呈现出不同的电抗特性，其电抗–频率特性曲线如图 8-31c 所示。

由电抗–频率特性曲线可以看出，当谐振频率在 f_s、f_p 之间时，石英晶体谐振器呈感性，相当于一个电感元件；当谐振频率等于 f_s 时，石英晶体呈纯电阻性，相当于一个阻值很小的电阻（在 f_p 频率上，石英晶体也呈电阻性）；在其他频率下，石英晶体呈容性，相当于一

个电容元件。由于f_s和f_p非常接近，石英晶体谐振器呈感性的频率区间非常狭窄。因此，石英晶体谐振器的频率稳定性非常好。

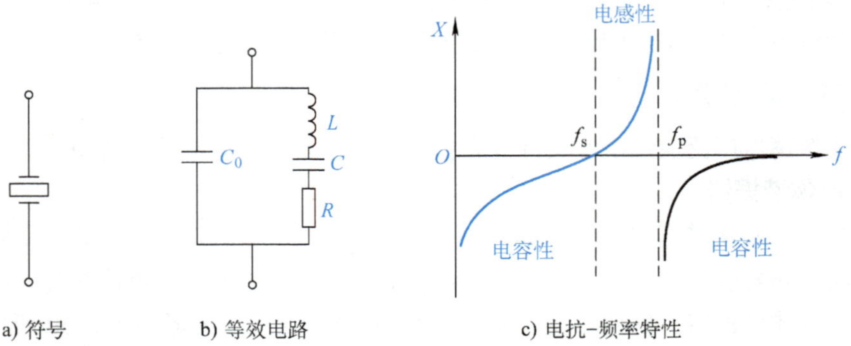

图 8-31 石英晶体的符号、等效电路及电抗-频率特性

2. 石英晶体振荡器的分类

利用石英晶体谐振器的谐振特性可构成石英晶体振荡器。石英晶体振荡器有串联型和并联型两种。

(1) 串联型石英晶体振荡器 图8-32所示为串联型石英晶体振荡器。石英晶体接在VT_1、VT_2组成的两级放大电路的正反馈网络中，起到了选频和正反馈的作用。当振荡频率等于f_s时，石英晶体呈纯电阻性，阻抗最小，因此正反馈最强，且相移为零，电路满足自激振荡条件。而对于f_s以外的其他频率，石英晶体呈现的阻抗增大，不为纯电阻性，且相移也不为零，不满足振荡条件，不能产生振荡。因此，该电路只在频率f_s上产生振荡。调节电阻RP可获得良好的正弦波输出。

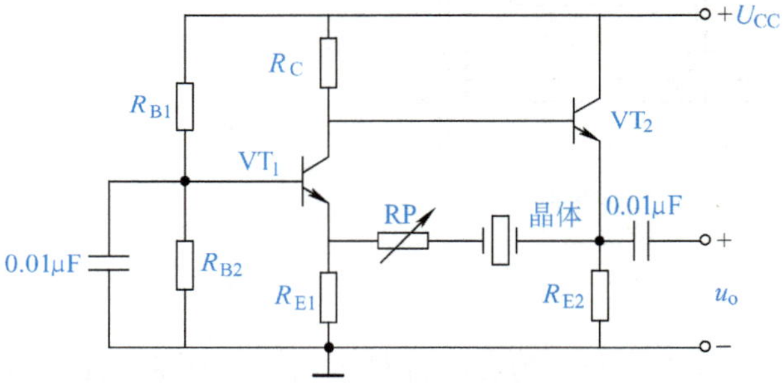

图 8-32 串联型石英晶体振荡器

(2) 并联型石英晶体振荡器 图8-33a所示为并联型石英晶体振荡器，图8-33b所示为交流等效电路。选频电路由C_1、C_2和石英晶体构成。电路的振荡频率在f_s与f_p之间，石英晶体起电感作用，显然这相当于一个电容三点式LC正弦波振荡器。谐振电压经C_1、C_2分压后，C_2上的电压正反馈回到晶体管的基极，只要反馈强度足够，电路就能起振并达到平衡。振荡频率基本上由石英晶体的固有频率决定，受C_1、C_2及晶体管极间电容影响很小，振荡频率近似为f_s，因此振荡频率稳定度很高。

石英晶体的最大优点是频率稳定度极高，适用于制作标准频率信号源（如石英钟、脉冲计数器等）；缺点是结构脆弱、怕振动、负载能力差等。因此多用在对频率稳定性要求高的场合。

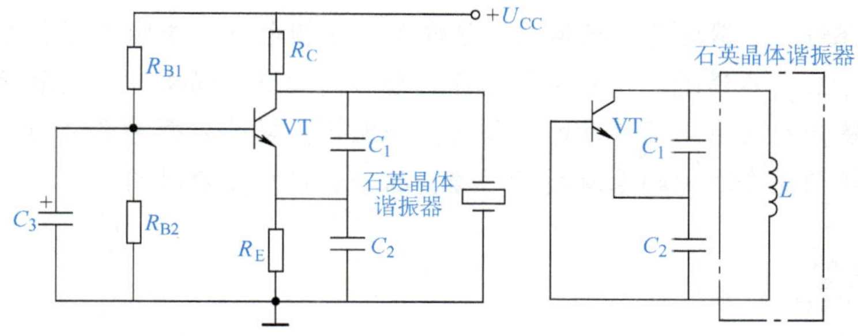

a) 并联型石英晶体振荡器　　b) 交流等效电路

图 8-33　并联型石英晶体振荡器

情境链接

石英电子钟表中的石英晶体振荡器

石英电子钟表中，是以石英振荡器为时间基准，以集成电路为核心，通过指针（或数字）来显示时间的。石英电子钟表机芯由机械传动和电子电路两大部分构成，如图 8-34 所示。

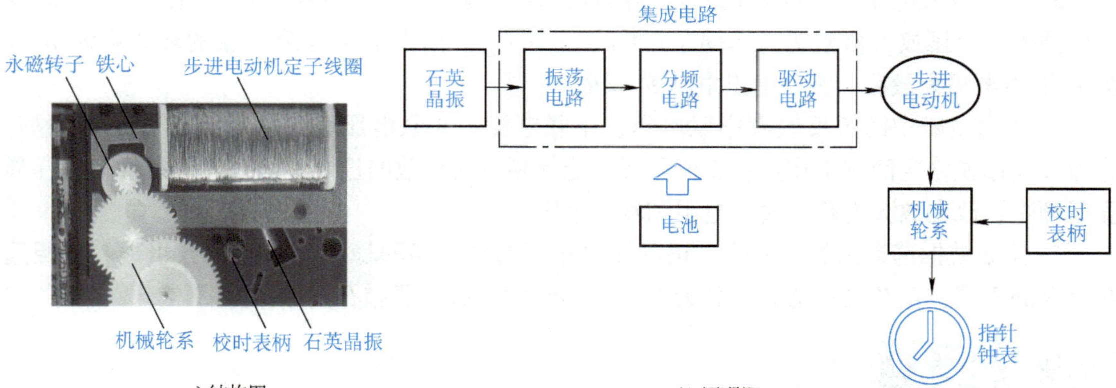

a) 结构图　　b) 原理图

图 8-34　石英电子钟表结构及原理图

1）石英晶振：其功能是使电路产生稳定频率的振荡信号，是保证走时精度的关键元器件。一般来说，晶振的频率越高，经分频后的秒脉冲精度越高，走时也就越准。

2）集成电路：与外围元件共同产生准确的基准频率，输出稳定的驱动信号和闹时信号。集成电路一般为 CMOS 器件，其内部含振荡电路、分频电路、窄脉冲形成电路、驱动电路等。

3）微调电容：石英钟走时偏快时，可增大微调电容容量；相反，则减小微调电容容量。

4）步进电动机：其功能是将电能转换为机械能，电动机定子线圈的铁心均为高磁导率的坡莫合金材料。

工作原理：接通电源后，集成电路与其外围的石英晶振、调整电容等产生标准的4194304Hz或32768Hz振荡信号，经集成电路内部的分频电路、窄脉冲形成电路处理成1Hz的精准秒脉冲信号后，再通过驱动电路将脉冲信号加到步进电动机，步进电动机在秒脉冲驱动下，其定子线圈产生的磁场随脉冲的交替变化而变化，转子以每秒作180°的步距角转动，进而带动传动齿轮使整个机械轮系及指针运作，从而精确地显示时间。

情境总结

1. 晶体管单管放大电路对学习和掌握放大电路的工作原理和分析方法是十分重要的。对放大电路的定量分析，一是确定静态工作点，二是求出动态性能指标。静态工作点由直流通路来分析计算。动态性能指标（放大倍数、输入电阻和输出电阻）由交流通路来分析计算。

2. 静态工作点应选择合适，使动态工作点不能超出晶体管的放大区，否则会产生明显的非线性失真。工作点选得过高（I_B 过大），将出现饱和失真，过低（I_B 过小）又会产生截止失真。可通过调节偏置元件解决波形失真。

3. 分压式放大电路可以克服温度和其他因素对工作点的影响，提高电路的稳定性。

4. 射极输出器的电压放大倍数小于1，但近似等于1，输入电阻很高，输出电阻很低，可用于放大电路的输入级、输出级和中间隔离级。

5. 多级放大电路的耦合方式有阻容耦合、直接耦合、变压器耦合和光电耦合。多级放大电路的总电压放大倍数为 $A_u = A_{u1} \cdot A_{u2} \cdot \cdots \cdot A_{un}$，输入电阻为第1级的输入电阻 $R_i = R_{i1}$；输出电阻为最后1级的输出电阻 $R_o = R_{on}$。

6. 放大电路中的负反馈有串联电压、串联电流、并联电压和并联电流4种反馈类型。直流负反馈能稳定静态工作点；交流负反馈能提高放大倍数的稳定性，改善非线性失真，展宽通频带，改变放大电路的输入电阻和输出电阻。

7. 正弦波振荡器由放大电路、正反馈电路、选频电路和稳幅电路4部分组成。按照选频电路的不同，正弦波振荡器可分为 RC 振荡器、LC 振荡器和石英晶体振荡器。

习题与思考题

8-1 在图8-35所示的电路中各有何错误？能否起放大作用？应如何改正？

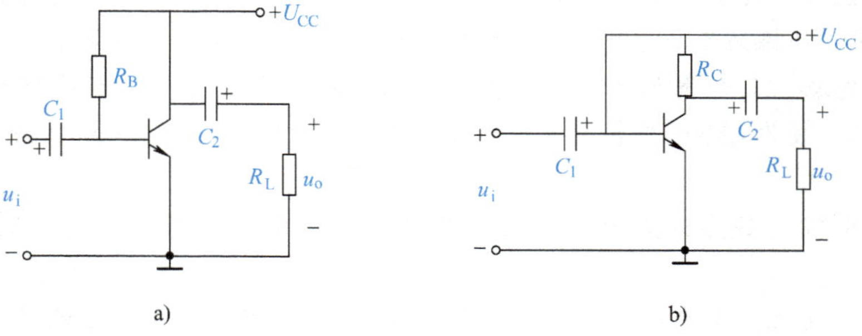

图8-35 题8-1图

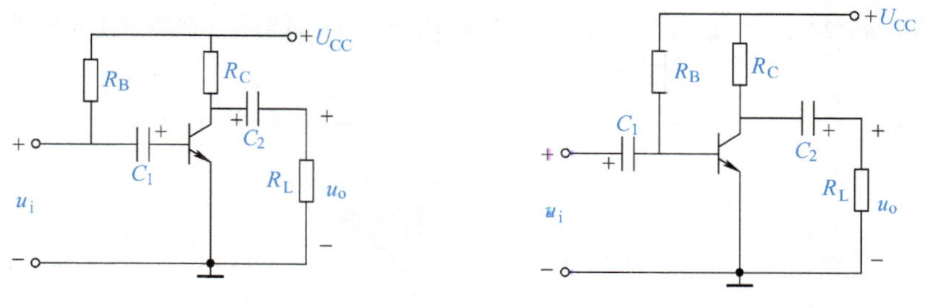

c)　　d)

图 8-35　题 8-1 图（续）

8-2　电路如图 8-36 所示，参数均为 $\beta=100$，$U_{BE}=0.7V$，$U_{CES}=0.3V$，$U_{CC}=12V$，判断它们工作在什么区。

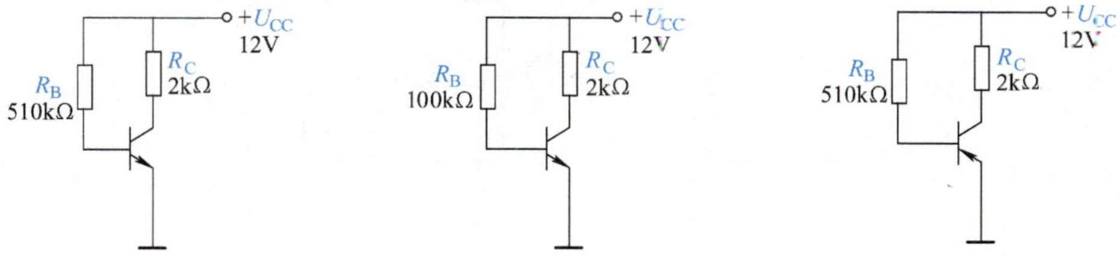

a)　　b)　　c)

图 8-36　题 8-2 图

8-3　电路如图 8-37 所示，已知：$U_{CC}=12V$，$R_B=300k\Omega$，$R_C=4k\Omega$，$\beta=60$。试：(1) 计算放大电路的静态工作点（忽略 U_{BE}）；(2) 画出交流通路；(3) 求晶体管的 r_{be}；(4) 求放大电路的输入电阻 R_i、输出电阻 R_o、电压放大倍数 A_u；(5) 若接上负载 $R_L=4k\Omega$ 后，求电压放大倍数 A_u。

8-4　分压式放大电路如图 8-38 所示，已知 $U_{CC}=16V$，$R_{B1}=60k\Omega$，$R_{B2}=20k\Omega$，$R_C=3k\Omega$，$R_E=2k\Omega$，晶体管的 $\beta=60$，$U_{BE}=0.7V$。试：(1) 画出直流通路；(2) 估算放大电路的静态工作点 I_B、I_C、U_{CE}；(3) 假定环境温度升高，试表述稳定静态工作点的过程。

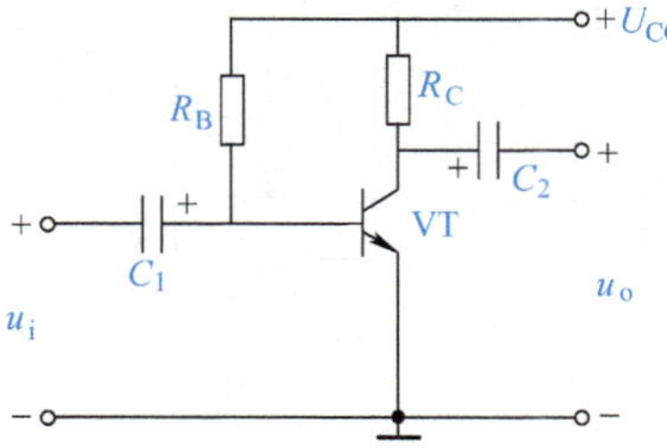

图 8-37　题 8-3 图

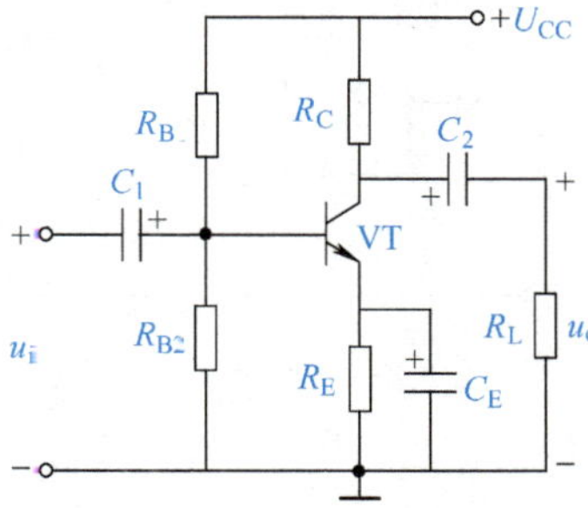

图 8-38　题 8-4 图

8-5　某放大电路不带负载时，测得其输出端开路电压 $U_o'=1.5V$，而带上负载电阻 5.1kΩ 时，测得输出电压 $U_o=1V$，试求该放大器的输出电阻 R_o。

8-6　射极输出器有什么特点？可以应用于什么场合？

8-7　多级放大电路的耦合方式有哪几种？各有什么特点？

8-8　两级放大等效电路如图 8-39 所示，已知 $R_{i1}=3\text{k}\Omega$，$R_{o1}=2\text{k}\Omega$，不带负载时 $A_{u1}=80$；$R_{i2}=4\text{k}\Omega$，$R_{o2}=1\text{k}\Omega$，不带负载时 $A_{u2}=50$；两级放大电路的负载 $R_L=1\text{k}\Omega$，试估算两级放大电路的 R_i、R_o 和 A_u。

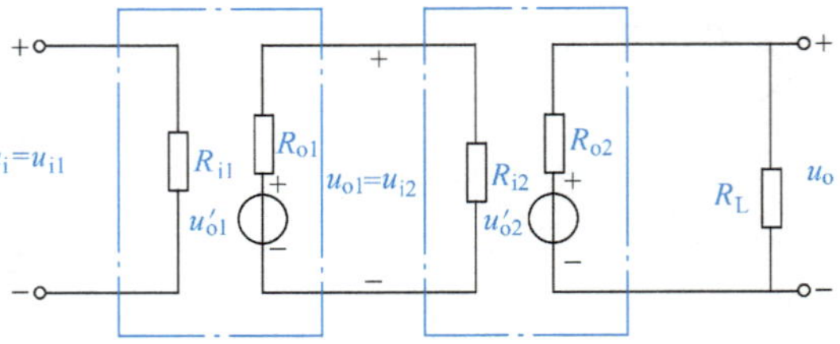

图 8-39　题 8-8 图

8-9　两级放大电路如图 8-40 所示，已知 $\beta_1=\beta_2=40$，$r_{be1}=1\text{k}\Omega$，$r_{be2}=0.6\text{k}\Omega$，求：(1) 各级电压放大倍数；(2) 总的电压放大倍数。

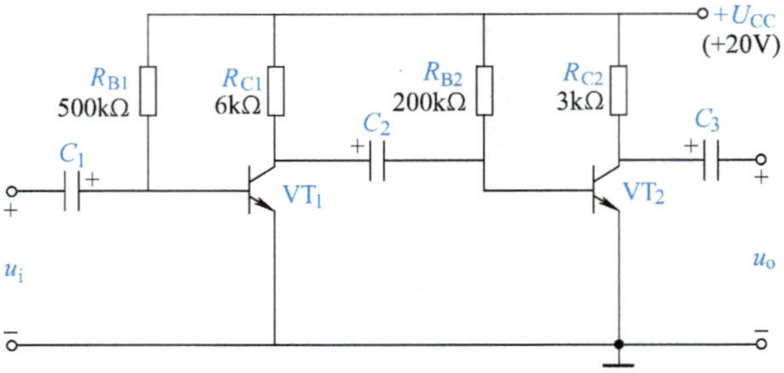

图 8-40　题 8-9 图

8-10　什么是反馈？常见的负反馈有哪几类？

8-11　有一负反馈放大电路，开环放大倍数 $A=100$，反馈系数 $F=1/10$，试求其反馈深度和闭环放大倍数。

8-12　试判断图 8-41 所示电路存在何种负反馈。

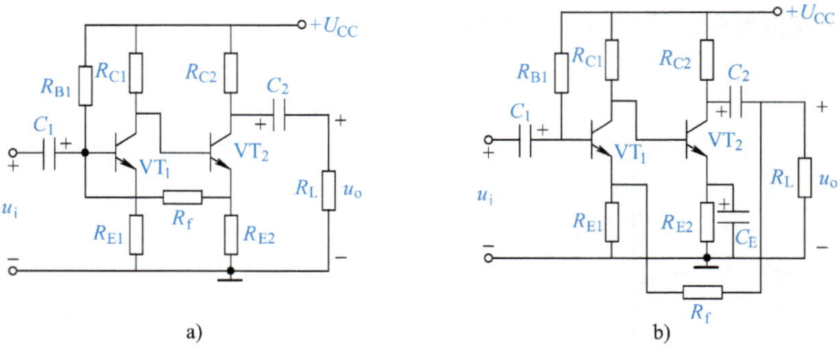

图 8-41　题 8-12 图

8-13　说明引入负反馈后，对放大电路的性能有哪些影响。

8-14　什么叫自激振荡？产生自激振荡的条件是什么？

8-15　试问：图 8-42 所示的电路，A、B、C、D 4 点应如何连接才能产生振荡？

8-16　某超外差收音机的本机振荡电路如图 8-43 所示，C_0 为可变电容，其容量范围为 12～360pF，$C_2=15\text{pF}$，$L=170\mu\text{H}$。试：(1) 说明本电路属于哪种振荡电路；(2) 说明本振荡电路由几部分组成及各部分的作用；(3) 计算在可变电容 C_0 的变化范围内，本机振荡频率的可调范围。

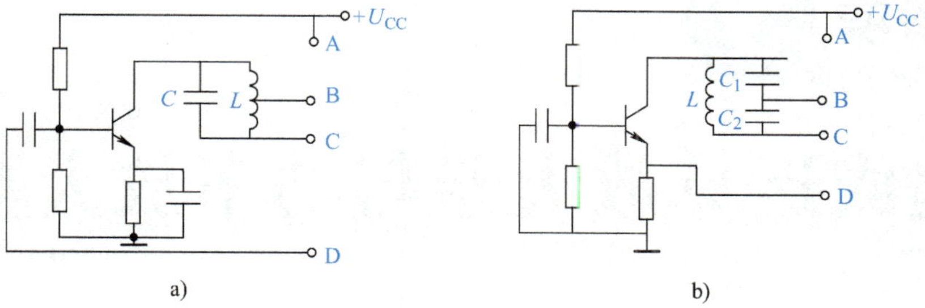

图 8-42 题 8-15 图

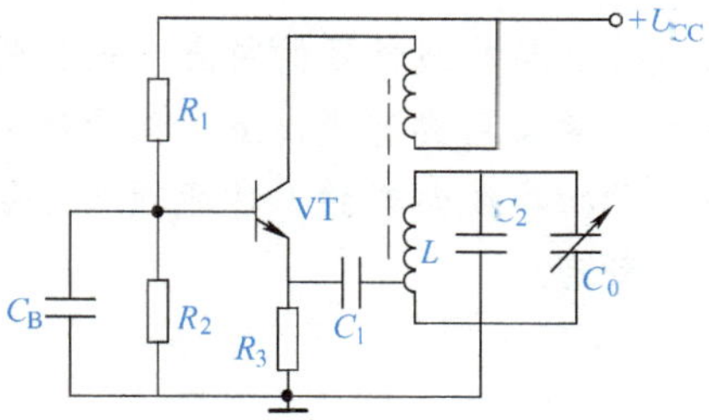

图 8-43 题 8-16 图

8-17 文氏振荡电路如图 8-44 所示，如 C 取值为 0.01μF、0.1μF、1μF，R 的取值为 160Ω～16kΩ，试求振荡频率 f_0 的范围。

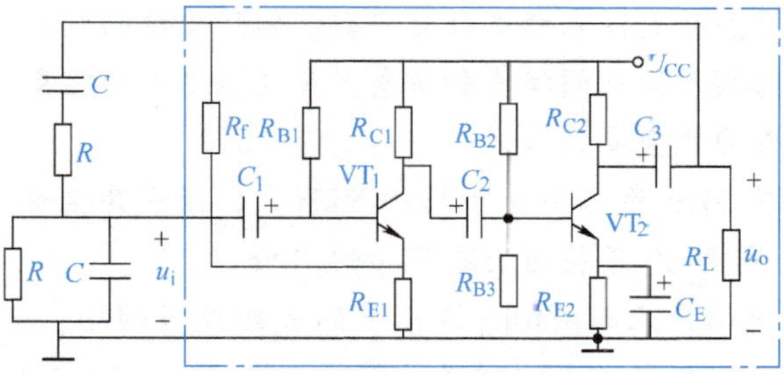

图 8-44 题 8-17 图

8-18 石英晶体振荡器利用石英晶体的什么特性来选频？由石英晶体谐振器的电抗–频率特性分析，在 $f_s<f<f_p$、$f=f_s$ 及其他频率区域，石英晶体呈现什么性质？石英晶体振荡器的基本电路有哪几种？

教学情境 9

集成运算放大器与功率放大器

教学目标： 本章讨论了差分放大器、集成运算放大器等典型电路及应用。通过对本章的学习，要着重理解运算放大器在线性区及非线性区的特点、电压传输特性；理解功率放大电路的基本要求及分类；掌握集成运算放大器典型线性应用信号运算电路和典型非线性应用电压比较器电路的工作原理、互补对称功率放大器的工作原理及交越失真。了解差分放大器抑制零点漂移的原理及差分电路的四种形式。

情境链接

《中国制造 2025》集成电路及专用设备领域技术创新目标

集成电路产业是关系国民经济和社会发展全局的基础性、先导性和战略性产业，是信息产业的核心和基础，也是关系到国家经济社会安全、国防建设的极其重要的核心产业。集成电路产业的竞争力已成为衡量国家间经济和信息产业发展水平的重要标志，是各国抢占经济科技制高点、提升综合国力的重要领域。

中国集成电路市场在 2016 年占全球市场的 53%，已经成为全球第一大集成电路市场。2020 年上升至 60%，而到 2030 年将占全球市场的 70%。

2020 年，我国集成电路产业与国际先进水平的差距逐步缩小，全行业销售收入年均增速超过 20%，企业可持续发展能力大幅增强。移动智能终端、网络通信、云计算、物联网、大数据等重点领域集成电路设计技术达到国际领先水平，产业生态体系初步形成。16nm/14nm 制造工艺实现规模量产，封装测试技术达到国际领先水平，关键装备和材料进入国际采购体系，基本建成技术先进、安全可靠的集成电路产业体系。

到 2030 年，集成电路产业链主要环节有望达到国际先进水平，一批企业进入国际第一梯队，实现跨越式发展。

放大电路在自动控制系统和测量仪器等工业技术领域中的应用非常广泛。最常用的能够有效地放大缓慢变化的直流信号的器件是集成运算放大器，集成运算放大器是把多个晶体管组成的直接耦合的具有高放大倍数的电路集成在一块微小的硅片上。

集成运算放大器最初应用于模拟电子计算机，用于实现加、减、乘、除、比例、积分等运算功能，并因此而得名。随着集成电路的发展，以差分放大电路为基础的各种集成运算放大器迅速发展起来，由于其运算精度的提高和工作可靠性的增强，很快便成为一种灵活的通用器件，在信号变换、测量技术、自动控制领域都获得了广泛的应用。

9.1 差分放大器

差分放大器在电路和性能方面有许多优点，因而成为集成运算放大器的主要组成单元。

工程上常常需要放大直流信号与缓慢变化的信号。例如，温度自动控制过程中，要用传感器将温度信号转换成电信号，由于温度的变化是极为缓慢的非周期性信号，因此转换成的电信号十分微弱，必须经过多级放大，才能驱动执行机构动作。这类信号是频率趋近于零的电信号，必须采用直接耦合方式。

9.1.1 基本差分放大器

1. 零点漂移

直接耦合放大电路的优点是能够放大直流与缓慢变化的信号，但这种耦合方式也带来了问题，主要是“零点漂移”。当输入信号为零，输出信号随外界条件变化而偏离静态值的现象，称为“零点漂移”，简称零漂。

产生零点漂移的原因很多，如温度变化、电源电压波动以及电路元件参数变化等，都会引起静态工作点发生缓慢变化，又由于是直接耦合，该变化量被逐级放大，便会使放大器输出端出现不规则的输出量。由温度引起的零漂最严重，因此又称为温漂。

由于零点漂移的存在，使得输出端既有被放大的真信号，又有零点漂移产生的漂移信号，当漂移信号与输出端的有用信号数量级相同时，有用信号将被淹没。对于一个多级直接耦合放大电路，放大倍数越大，零点漂移越严重。严重时会造成后级放大电路无法正常工作，且第 1 级的零点漂移对多级放大电路影响最大，因此需要抑制。抑制零点漂移最有效的措施是采用差分放大器。

2. 基本差分放大器的电路组成及工作原理

（1）电路组成　图 9-1 所示为基本差分放大器，由两个特性相同的单管共发射极放大电路组成，有两个电源供电，且 $U_{CC}=-U_{EE}$。信号电压通过两基极间输入，从两集电极间输出，输出电压为两集电极电位之差。这个电路有两个输入端、两个输出端，故称为双端输入-双端输出电路。两管的发射极连在一起接 R_E，电路像拖了一个尾巴，所以这种差分放大器又称为长尾式差分放大器。另外，为了保证两边放大电路的对称性，设置了调零电位器 RP。

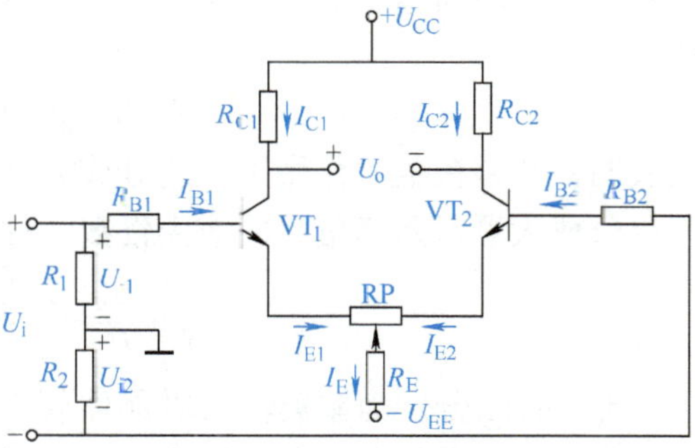

图 9-1　基本差分放大器

（2）工作原理

1）静态分析。静态时 $U_{i1}=U_{i2}=0$ 时，由于 VT_1 和 VT_2 特性相同，$R_{B1}=R_{B2}$，$R_{C1}=R_{C2}$，$-U_{EE}$为 VT_1 和 VT_2 提供偏置电流 I_{B1} 和 I_{B2}。$I_{B1}=I_{B2}$，$I_{C1}=I_{C2}$，$U_{C1}=U_{C2}$，这时，$U_o=U_{C1}-U_{C2}=0$，静态时输出电压为零。实现了零输入、零输出的要求。

2）动态分析：

① 共模信号与差模信号。共模信号是指无用的干扰或噪声信号。在两输入端加入相同的输入信号，使两只晶体管产生相同的变化，通常把这种大小相等、极性相同的输入信号称

为“共模信号”。

差模信号是指要放大的有用信号。在两输入端加入大小相等、极性相反的输入信号时，将使两只晶体管产生相反的变化，通常把这种大小相等、极性相反的输入信号称为“差模信号”。

② 对共模信号的抑制作用。在差分放大器中，无论是温度变化，还是电源电压波动，都会引起两晶体管集电极电流及相应集电极电压产生相同的变化，其效果相当于在两个输入端加了共模信号。

例如温度升高，两晶体管集电极产生相同的变化电流，设 $I_{C1}=I_{C2}$ 增大，它们共同流过 R_E 时，流过 R_E 的电流 $I_E=I_{E1}+I_{E2}$ 增加，这时射极电位 U_E 必然跟着提高，使得晶体管 U_{BE1}、U_{BE2} 均下降，于是 I_{B1}、I_{B2} 将同时减小，两管集电极电流 I_{C1}、I_{C2} 也同时减小，两只晶体管集电极电压 $U_{C1}=U_{C2}$ 保持等量变化，这时 $U_o=U_{C1}-U_{C2}=0$。也就是说，不是不产生零漂，而是不输出零漂。

差分放大器对共模信号的放大倍数，称为“共模放大倍数”，用 A_c 表示。当电路对称时，两晶体管共模输出电压相互抵消，所以共模放大倍数 $A_c=0$。实际上，电路不可能完全对称，因此希望 A_c 尽可能小。

上述过程实质上是一种负反馈过程，电阻 R_E 取值越大，则电流负反馈越强，稳流效果越好，克服零点漂移作用也越显著。

③ 对差模信号的放大作用。图 9-1 中的输入信号 U_i 被两个分压电阻 R_1 和 R_2 分为大小相等、方向相反的差模信号 U_{i1} 和 U_{i2}，分别加到 VT_1 和 VT_2 基极。在差模信号作用下，两晶体管的集电极产生等值而相反的电流变化，它们共同流过 R_E 时相互抵消，因而对差模信号而言，R_E 不会产生影响，可视为短路。

差模信号的输入，在两个晶体管的集电极分别产生 $U_{o1}(-)$ 和 $U_{o2}(+)$，负载上输出的电压为

$$U_o=U_{o1}-U_{o2}=2U_{o1}=2U_{o2}$$

上式表明，在差模信号作用下，差分放大器可以有效地放大差模信号。

差分放大器对差模信号的放大倍数，称为“差模放大倍数”，用 A_d 表示，即

$$A_d=\frac{U_o}{U_i}=\frac{2U_{o1}}{2U_{i1}}=\frac{U_{o1}}{U_{i1}}=A_{d1}=A_{d2} \tag{9-1}$$

式中，A_{d1} 和 A_{d2} 分别为差模输入时晶体管 VT_1 和 VT_2 的单管放大倍数。可见，差放电路的差模放大倍数与单管共发射极放大电路相同。也就是说，差动放大电路是多用一只晶体管来换取对零点漂移的抑制的。

(3) 共模抑制比　共模抑制比的定义是，差模放大倍数 A_d 与共模放大倍数 A_c 之比，用 K_{CMR} 表示，即

$$K_{CMR}=\left|\frac{A_d}{A_c}\right| \tag{9-2}$$

K_{CMR} 描述了差分电路抑制共模信号的能力。K_{CMR} 越大，差动放大电路的性能越好。理想情况下，共模抑制比 K_{CMR} 是无穷大，但实际的差分放大电路不可能做到电路完全对称，所以共模放大倍数 A_c 并不为零，K_{CMR} 达不到无穷大。

由于差分放大器能有效地抑制零漂，因而在集成电路内被较多采用。

例 9-1　在图 9-1 所示的差分放大器中，若已知两晶体管各自的单管放大器的放大倍数 $A_{d1}=A_{d2}=-50$，差分放大器的共模放大倍数 $A_c=0.02$，试求（1）该差动放大器的差模放大倍数 A_d；（2）共模抑制比 K_{CMR}。

解：（1）
$$A_d=A_{d1}=A_{d2}=-50$$
（2）
$$K_{CMR}=\left|\frac{A_d}{A_c}\right|=\left|\frac{-50}{0.02}\right|=2500$$

9.1.2　差分放大器的几种接法

差分放大器输入端可采用双端输入和单端输入两种方式。双端输入是将信号加在两个晶体管的基极。单端输入则是信号只加在一只晶体管的基极和公共地端，而另一只晶体管的输入端接地。差分放大器的输出端可采用双端输出和单端输出两种方式。双端输出时负载接在两个晶体管的集电极，负载不接地端。单端输出时，负载接在某个晶体管的集电极与地端，另一个晶体管无输出。因此，差分放大器有 4 种接法。

1. 双端输入–双端输出接法

双端输入–双端输出差分放大器如图 9-2 所示，差模电压放大倍数同式(9-1)，即

$$A_{d(双-双)}=A_{d1}=A_{d2} \tag{9-3}$$

这种接法适用于输入信号为不接地的浮动电压，如热电偶的热电动势信号，输出端的两端都不接地。由于其利用电路两侧对称性及 R_E 的共模负反馈来抑制零漂，共模抑制比很大，所以常常用作集成运算放大器的输入级。

2. 双端输入–单端输出接法

双端输入–单端输出差分放大器如图 9-3 所示，输出信号 U_o 只从一个晶体管（VT_1）的集电极与地之间取出，U_o 只有双端输出电压的一半，因此差模电压放大倍数也只有双端输出的一半，即

$$A_{d(双-单)}=\frac{1}{2}A_{d(双-双)} \tag{9-4}$$

这种接法常用来把一个两端不接地的浮动电压信号放大，并变换为一个有一端接地的负载电阻 R_L 上的电压。由于单端输出仅靠 R_E 的共模负反馈作用，不能充分利用双管对称补偿原理，所以其抑制零漂的性能不如双端输出的差分电路。

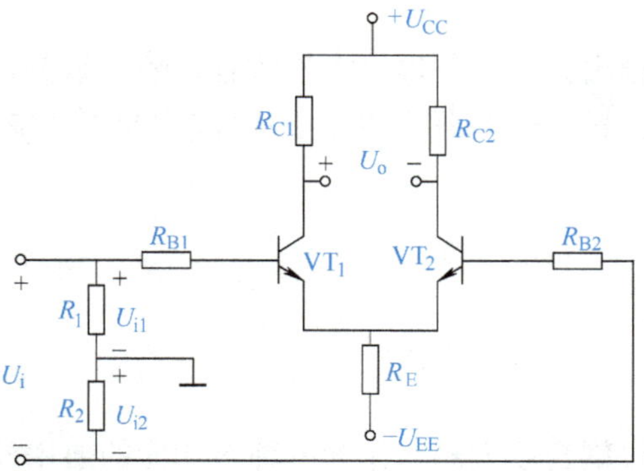

图 9-2　双端输入–双端输出差分放大器

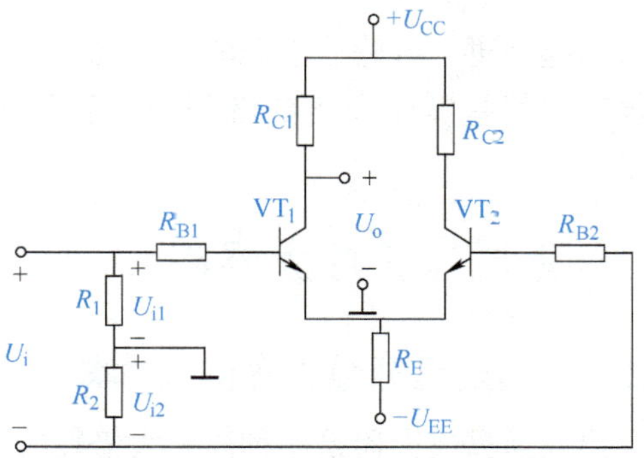

图 9-3　双端输入–单端输出差分放大器

3. 单端输入–双端输出接法

单端输入–双端输出差分放大器如图9-4所示，信号只从一只晶体管（这里是VT_1）的基极与地之间输入，而另一只晶体管的基极接地。对于VT_1和VT_2来说，它们的发射极在U_i施加的输入回路中是串联在一起的。换句话说，单端输入实际上可以看作双端输入的特例，每边仍分配到差模输入信号的一半，因此差模电压放大倍数与双端输入-单端输出接法相同，即

$$A_{d(单-双)}=A_{d(双-双)} \tag{9-5}$$

这种接法可以用来把一个一端接地的输入信号，放大后转换为负载两端都不接地的浮动信号。由于是双端输出，K_{CMR}很大，所以零点漂移很小。

4. 单端输入–单端输出接法

单端输入–单端输出差分放大器如图9-5所示，它既有图9-4单端输入的特点，又有图9-3单端输出的特点，因而差模电压放大倍数与双端输入-单端输出接法一样，即

$$A_{d(单-单)}=A_{d(双-单)} \tag{9-6}$$

由于是单端输出，所以存在共模信号干扰和零点漂移。这种接法，适用于信号源和负载都有一端接地的场合，例如串联型直流稳压电源中的放大电路。

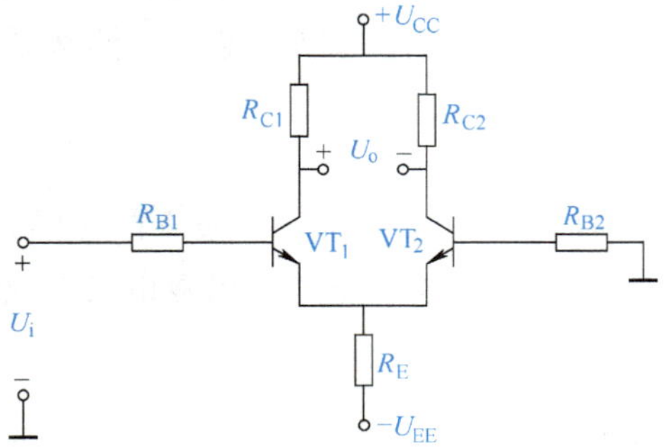

图9-4 单端输入–双端输出差分放大器

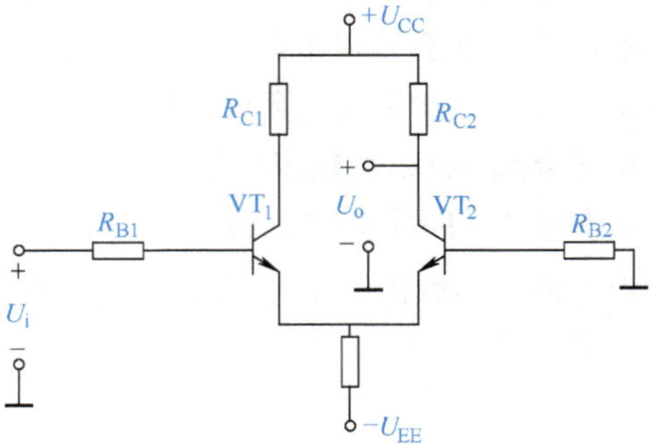

图9-5 单端输入–单端输出差分放大器

单端输出的接法要注意相位问题，输入–输出在同一侧的为反相输出，输入–输出在不同侧的为同相输出。在图9-5中，由VT_1集电极输出时，U_o与U_i反相；由VT_2集电极输出时，U_o与U_i同相。

总起来讲，差分放大器的几种接法中，只有输出方式对差模放大倍数有影响。只要是双端输出，其差模放大倍数就等于单管放大倍数；只要是单端输出，差模放大倍数就减少一半。

9.2 集成运算放大器简介

9.2.1 集成运算放大器的基本知识

集成运算放大器是一种高放大倍数的多级直接耦合放大器，作为一种多功能的通用放大器件，它的应用已超出早期的数学运算范畴，广泛应用于电子技术的各个领域，在许多情况下已经取代了分立元器件放大器。

1. 组成框图

集成运算放大器的组成框图如图 9-6所示。通常包括输入级、中间级、输出级和偏置电路 4 部分。

1）输入级。输入级采用具有较高输入电阻和一定放大倍数的双输入端差分放大器，利用它可以使集成运算放大器获得尽可能高的共模抑制比。

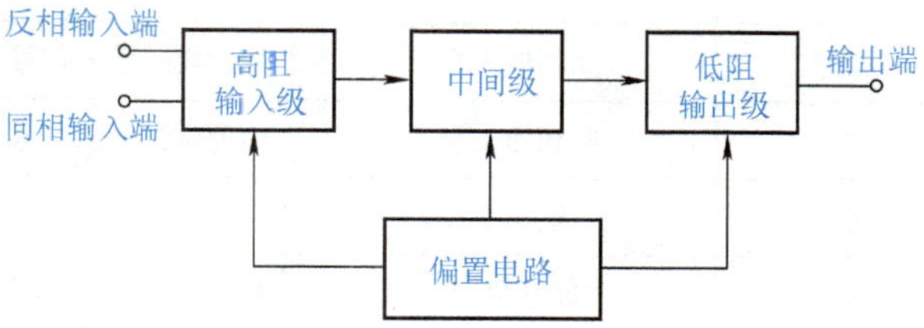

图 9-6　集成运算放大器的组成框图

2）中间级。中间级的主要作用是电压放大，使集成运算放大器具有足够的放大倍数，通常由多级共发射极放大器构成。

3）输出级。输出级的作用是使电路有较大的功率输出和较强的带负载能力，并具有一定的保护功能。输出级一般采用输出电阻很低的射极输出器或由射极输出器组成的互补对称功率放大电路。

4）偏置电路。偏置电路的作用是为各级提供所需的稳定静态工作电流。

2. 封装

集成运算放大器封装有塑料双列直插式、金属圆壳式、陶瓷扁平式等，如图 9-7 所示。其引脚有 8、10、12、14 脚 4 种，不同类型运算放大器的引脚排列规律是不同的。

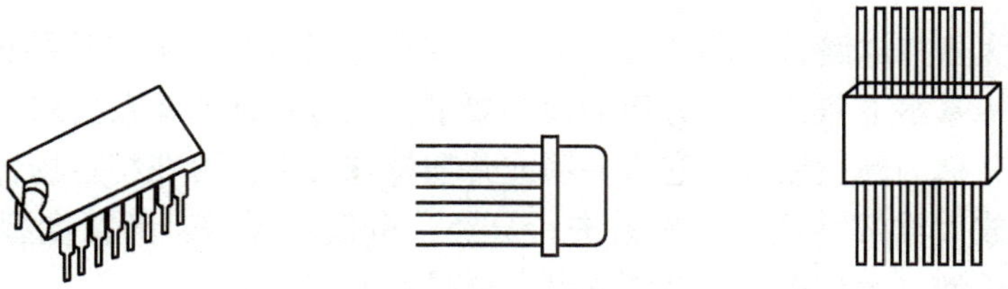

a) 塑料双列直插式　　b) 金属圆壳式　　c) 陶瓷扁平式

图 9-7　集成运算放大器的封装

图 9-8 所示是 LM741 集成运算放大器，它有 8 个引脚，各引脚的作用见表 9-1。

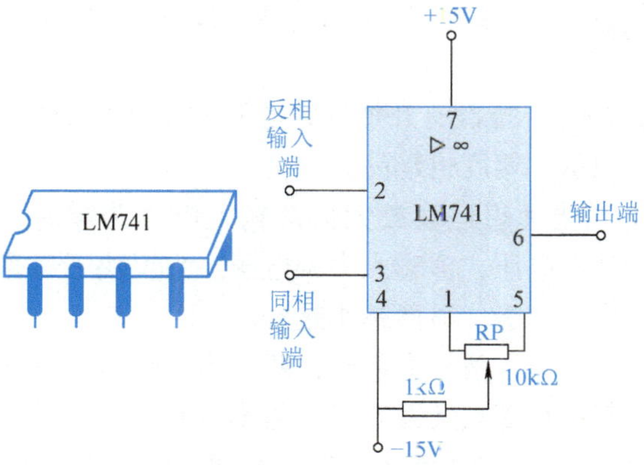

图 9-8　LM741 集成运算放大器

表 9-1 LM741 集成运算放大器各引脚的作用

序 号	名 称	作 用
2	反相输入端	由此端接输入信号，则输出信号与输入信号是反相的
3	同相输入端	由此端接输入信号，则输出信号与输入信号是同相的
6	输出端	
4	负电源端	接 –15V 稳压电源
7	正电源端	接 +15V 稳压电源
1 和 5	外接调零电位器	调节电位器 RP，可使输入信号为零时，输出信号也为零

3. 电路符号

集成运算放大器对外是一个整体，其电路符号如图 9-9 所示。图 9-9a所示是国家新标准规定的符号，“▷” 表示信号传输方向。图 9-9b 所示是旧图形符号。

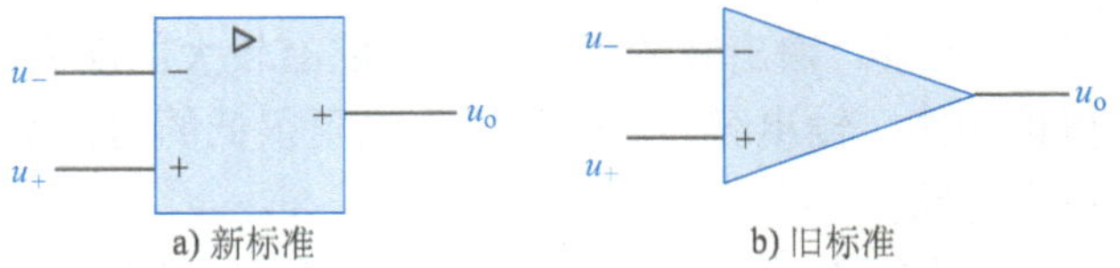

图 9-9 集成运算放大器的电路符号

分析集成运算放大器时，习惯上只画出图示中的三个端，其他接线端因对分析没有影响，故略去不画。

4. 分类

集成运算放大器按电路特性不同可分为通用型和专用型等。所谓通用型，是指这种运算放大器的性能指标基本上兼顾了各方面的使用要求，没有特别的参数要求，能满足一般应用的需要。专用型又称为高性能型，它有一项或几项特殊要求，可在特定场合或特定要求下使用。专用型运算放大器按某项特性参数进行分类，有低功耗型、高精度型、宽带型、高速型、高阻型、高压型、大功率型、低漂移型、低噪声型等。

9.2.2 集成运算放大器的主要参数

为了表征集成运算放大器的性能，生产厂家制定了很多参数。作为合理选择和正确使用集成运算放大器的依据，主要参数如下：

1）最大输出电压 U_{opp}：指在额定的电源下，集成运算放大器的最大不失真输出电压的峰–峰值。

2）开环电压放大倍数 A_{ud}：指没有外加反馈电路时所测出的差模电压放大倍数。A_{ud}越高，所构成的运算电路越稳定，精度也越高。

3）输入失调电压 U_{IO}：当理想运算放大器的输入电压为零时，为使输出电压也为零，需要在其输入端施加一个补偿电压，即输入失调电压。它反映了运算放大器内部输入级的不对称程度。其值一般在几个毫伏级，显然越小越好。

4）输入失调电流 I_{IO}：指输入信号为零时，两个输入端静态电流之差。它反映了输入级电流参数的不对称程度。其值在零点几微安级，越小越好。

5）最大差模输入电压 U_{idm}：指正常工作时，在两个输入端之间允许加载的最大差模电压值，使用时差模输入电压不能超过此值。

6）最大共模输入电压 U_{icm}：指两输入端之间所能承受的最大共模电压。如果共模输入电压超过此值，集成运算放大器的共模抑制性能将明显下降，甚至造成器件的损坏。

7）差模输入电阻 R_{id}：指集成运算放大器两输入端间对差模信号的动态电阻，其值为几十千欧到几兆欧。反映了集成运算放大器输入端向信号源索取电流的大小，要求 R_{id} 越大越好。

8）输出电阻 R_o：指集成运算放大器开环时，输出端对地的电阻，其值为几十到几百欧。反映了集成运算放大器在输出信号时的带负载能力，要求 R_o 越小越好。

9）共模抑制比 K_{CMR}：它反映了集成运算放大器对差模输入信号的放大能力和对共模输入信号的抑制能力，K_{CMR} 越大越好。

集成运算放大器的参数还有温度漂移、转换速率和静态功耗等，请查阅相关集成电路手册。

9.2.3 集成运算放大器的分析方法

1. 理想集成运算放大器的概念

在分析运算放大器时为了简化分析并突出主要性能，通常把集成运算放大器看成是理想放大器。集成运算放大器的理想化条件是：

1）开环差模电压放大倍数 $A_{ud} \to \infty$。

2）开环差模输入电阻 $R_{id} \to \infty$。

3）开环差模输出电阻 $R_{od} \to 0$。

4）共模抑制比 $K_{CMR} \to \infty$。

5）没有失调现象，即当输入信号为零时，输出信号也为零。

采用理想运算放大器分析的结果与实际情况相差很小，理想集成运算放大器的符号如图 9-10所示，其中“∞”表示开环差模放大倍数为无穷大。

2. 理想集成运算放大器的电压传输特性

表示集成运算放大器输出电压与输入电压之间关系的特性曲线称为电压传输特性，如图 9-11所示。电压传输特性分为线性区（虚线框内）和非线性区或称饱和区（虚线框外）两部分。

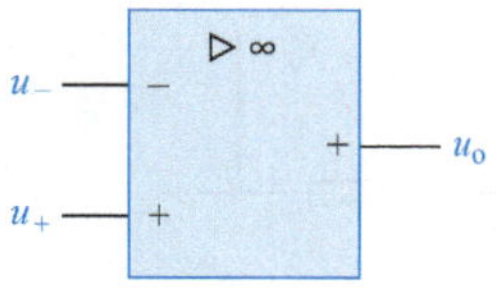

图 9-10 理想集成运算放大器符号

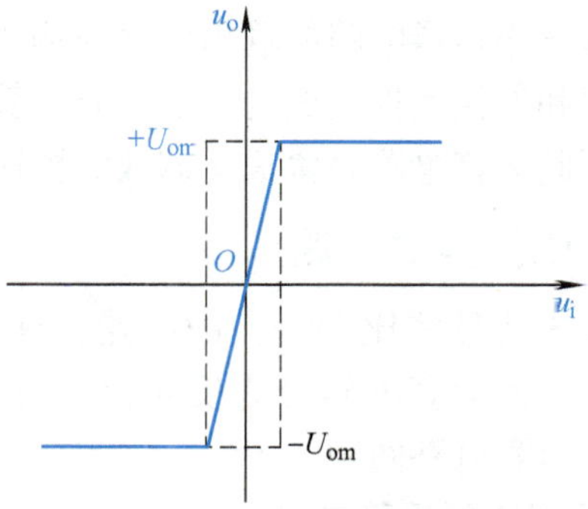

图 9-11 集成运算放大器的电压传输特性

3. 理想集成运算放大器工作在线性区的特点

理想集成运算放大器工作在线性区时有两个重要特点：

(1) 虚短——两输入端电位相等　集成运算放大器工作在线性区时，u_o 与 $(u_+ - u_-)$ 存在着线性放大关系，即

$$u_o = A_{ud}(u_+ - u_-) \tag{9-7}$$

因为理想运算放大器的 $A_{ud} \to \infty$，u_o 最大值为定值，所以

$$u_+ = u_- \tag{9-8}$$

上式表示理想运算放大器的同相输入端与反相输入端的电位相等，好像两点是短路一样。因为是虚假的短路，所以称为“虚短”。

(2) 虚断——理想运算放大器的输入电流等于零　由于理想运算放大器的差模输入电阻 $R_{id} \to \infty$，因此在其两个输入端均没有电流输入，即

$$i_+ = i_- = 0 \tag{9-9}$$

此时，运算放大器的同相输入端和反相输入端的电流都等于零，如同这两个输入端内部被断开一样，故称为“虚断”。

虚短和虚断是两个十分重要的结论，运用这两个结论，将大大简化运算放大器电路的分析。

4. 理想集成运算放大器工作在非线性区的特点

理想集成运算放大器工作在非线性区时，有两个重要特点：

(1) 输出电压 u_o 具有两值性　其值或等于运算放大器的正向最大输出电压 $+U_{om}$，或等于运算放大器的负向最大输出电压 $-U_{om}$。

当 $u_+ > u_-$ 时：　　$u_o = +U_{om}$

当 $u_+ < u_-$ 时：　　$u_o = -U_{om}$

在非线性区内，运算放大器的差模输入电压 $(u_+ - u_-)$ 可能很大，即 $u_+ \neq u_-$。也即“虚短”不再成立。

(2) 理想运算放大器的输入电流等于零　在非线性区内，虽然运算放大器两个输入端的电位不等，但因为理想运算放大器的输入电阻 $R_i \to \infty$，故仍可认为理想运算放大器的输入电流等于零，即 $i_+ = i_- = 0$。也即“虚断”仍然成立。

9.3 集成运算放大器的应用

运算电路是指电路的输出信号与输入信号之间存在某种数学运算关系。运算电路是由运算放大器和外接元件组成的，工作时运算放大器工作于线性区。运算电路可以实现模拟量的运算，因此运算电路是集成运算放大器应用的重要方面。

9.3.1 比例运算电路

将输入信号按比例放大的电路，称为比例运算电路。比例运算电路分为反相比例运算电路和同相比例运算电路两种。

1. 反相比例运算电路

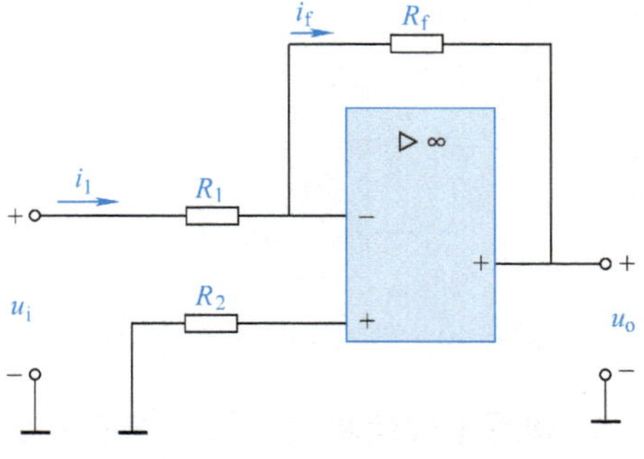

图 9-12　反相比例运算电路

图 9-12 所示为反相比例运算电路。输入信号 u_i 经输入端电阻 R_1 送到反相输入端上，而同相输入端通过电阻 R_2 接地。反馈电阻 R_f 跨接在输出

端和反相输入端之间。图中 R_2 是一平衡电阻，$R_2=R_1/\!/R_f$，其作用是为了与电阻 R_1 和 R_f 保持直流平衡，以消除静态基极电流对输出电压的影响。

根据运算放大器工作在线性区时的两条分析依据可知：

$$i_1 \approx i_f$$

$$u_- = u_+ = 0$$

由图 9-12 可列出：

$$i_1 = \frac{u_i - u_-}{R_1} = \frac{u_i}{R_1}$$

$$i_f = \frac{u_- - u_o}{R_f} = -\frac{u_o}{R_f}$$

由此得出：

$$u_o = -\frac{R_f}{R_1}u_i \tag{9-10}$$

闭环电压放大倍数为

$$A_{uf} = \frac{u_o}{u_i} = -\frac{R_f}{R_1} \tag{9-11}$$

上式表明，输出电压与输入电压是反相比例运算关系。如果 R_1 和 R_f 阻值足够精确，而且运算放大器的开环电压放大倍数很高，就可认为 u_o 与 u_i 的关系只取决于 R_f 与 R_1 的比值，而与运算放大器本身的参数无关。这就保证了比例运算的精度和稳定性。

当 $R_f=R_1$ 时，则由式(9-10) 和式(9-11) 可得

$$u_o = -u_i$$

$$A_{uf} = \frac{u_o}{u_i} = -1 \tag{9-12}$$

这时，图 9-12 所示的电路称为反相器，这种运算称为变号运算。

反相比例运算电路中，因为 $i_+=0$，R_2 中没有电流，所以 $u_+=0$，又因为 $u_+=u_-$，故说明反相输入端是一个不接地的“接地”端，称为“虚假接地”，简称“虚地”。虚地是虚短的特例，是反相输入放大器的重要特性。

2. 同相比例运算电路

图 9-13 所示为同相比例运算电路，输入信号 u_i 经 R_2 加到同相输入端上，反相输入端经 R_1 接地，输出信号 u_o 经过反馈电阻 R_f 接回反相端。R_2 为平衡电阻，$R_2=R_1/\!/R_f$。

根据理想运算放大器在线性区时的分析，可得

$$u_- = u_+ = u_i$$

$$i_1 \approx i_f$$

由图 9-13 可列出：

$$i_1 = -\frac{u_-}{R_1} = -\frac{u_i}{R_1}$$

$$i_f = \frac{u_- - u_o}{R_f} = \frac{u_i - u_o}{R_f}$$

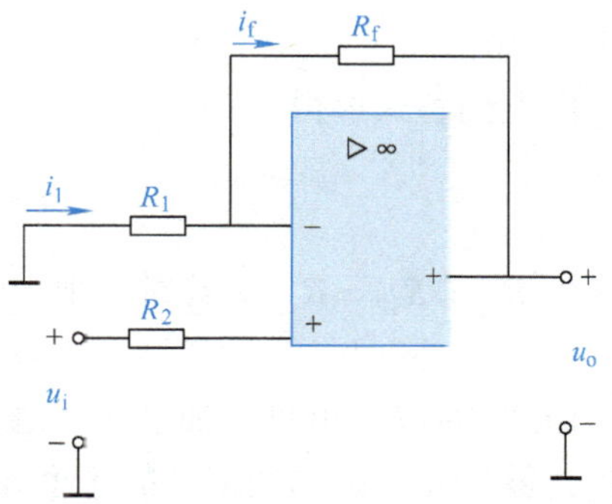

图 9-13 同相比例运算电路

由此得出：

$$u_o = \left(1 + \frac{R_f}{R_1}\right)u_i \tag{9-13}$$

则闭环电压放大倍数为

$$A_{uf} = \frac{u_o}{u_i} = 1 + \frac{R_f}{R_1} \tag{9-14}$$

可见，u_o 与 u_i 为同相比例运算关系，比例系数仅由 R_f 和 R_1 的比值确定，与运算放大器本身的参数无关，其精度和稳定性都很高。

当 $R_1 = \infty$（断开）或 $R_f = 0$ 时，则有

$$u_o = u_i$$

$$A_{uf} = \frac{u_o}{u_i} = 1 \tag{9-15}$$

这就是电压跟随器。由于集成运算放大器的 A_o 和 R_i 很大，所以用集成运算放大器组成的电压跟随器比分立元器件组成的射极跟随器的跟随精度更高。

9.3.2 加法运算电路

加法运算电路是实现若干个输入信号求和功能的电路。如果在反相比例运算电路中增加若干个输入端，则构成反相加法运算电路，如图 9-14 所示，图中 R_2 为平衡电阻，$R_2 = R_{11} // R_{12} // R_{13} // R_f$。

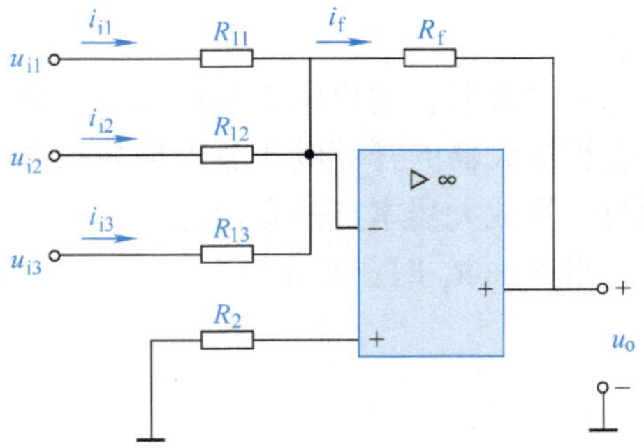

图 9-14 反相加法运算电路

根据“虚短”和“虚断”的概念，由图可列出：

$$i_{i1} = \frac{u_{i1}}{R_{11}}$$

$$i_{i2} = \frac{u_{i2}}{R_{12}}$$

$$i_{i3} = \frac{u_{i2}}{R_{13}}$$

$$i_f = i_1 + i_2 + i_3$$

$$i_f = -\frac{u_o}{R_f}$$

由上列各式可得

$$u_o = -\left(\frac{R_f}{R_{11}}u_{i1} + \frac{R_f}{R_{12}}u_{i2} + \frac{R_f}{R_{13}}u_{i3}\right) \tag{9-16}$$

当 $R_{11} = R_{12} = R_{13} = R_f$ 时，则上式为

$$u_o = -(u_{i1} + u_{i2} + u_{i3}) \tag{9-17}$$

由式(9-17) 可见，加法运算电路也与运算放大器本身的参数无关，只要电阻阻值足够精确，就可以保证加法运算的精度和稳定性。

例 9-2 一个测量系统的输出电压和某些非电量（经传感器变换为电量）的关系为 $u_o =$

$4u_{i1}+2u_{i2}+0.5u_{i3}$，试用集成运算放大器构成信号处理电路，若取 $R_f=100\text{k}\Omega$，求各电阻值。

解： 分析得知输入信号为加法关系，因此第一级采用加法电路，输入信号与输出信号要求同相位，所以再加一级反相器。电路构成如图 9-15 所示。

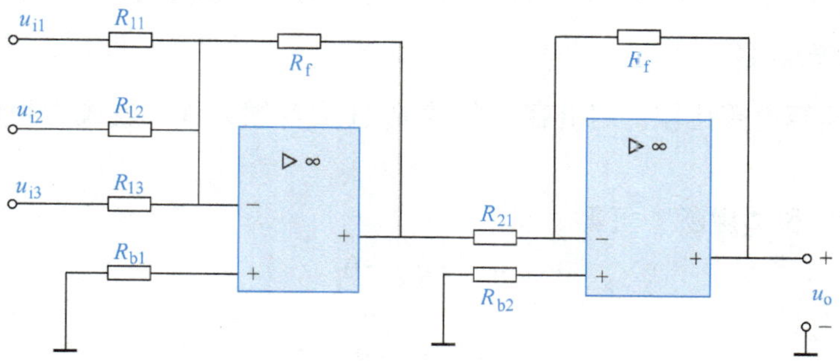

图 9-15 例 9-2 图

推导第一级电路的各电阻阻值：

$$u_o=-\left(\frac{R_f}{R_{11}}u_{i1}+\frac{R_f}{R_{12}}u_{i2}+\frac{R_f}{R_{13}}u_{i3}\right)$$

由 $R_f=100\text{k}\Omega$ 可得

$$R_{11}=25\text{k}\Omega, R_{12}=50\text{k}\Omega, R_{13}=200\text{k}\Omega$$

平衡电阻为

$$R_{b1}=R_f/\!/R_{11}/\!/R_{12}/\!/R_{13}=100\text{k}\Omega/\!/25\text{k}\Omega/\!/50\text{k}\Omega/\!/200\text{k}\Omega=13\text{k}\Omega$$

第二级为反相电路，则有

$$R_{21}=R_f=100\text{k}\Omega$$

平衡电阻为

$$R_{b2}=R_f/\!/R_{21}=100\text{k}\Omega/\!/100\text{k}\Omega=50\text{k}\Omega$$

9.3.3 减法运算电路

如果两个输入端都有信号输入，则为差动输入。差动运算在测量和控制系统中应用很多，减法运算电路就是一种差动运算，如图 9-16 所示。

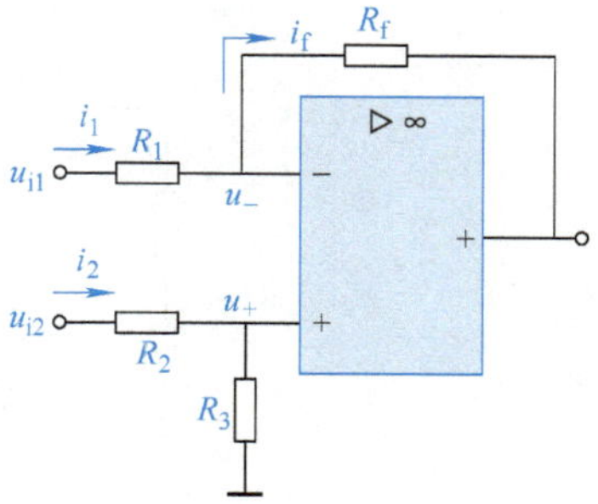

图 9-16 减法运算电路

运用“虚短”和“虚断”概念，由图 9-16 可知：

$$u_-=u_{i1}-i_1R_1=u_{i1}-\frac{R_1}{R_1+R_f}(u_{i1}-u_o)$$

$$u_+=\frac{R_3}{R_2+R_3}u_{i2}$$

因为 $u_-=u_+$，所以有

$$u_o=\left(1+\frac{R_f}{R_1}\right)\frac{R_3}{R_2+R_3}u_{i2}-\frac{R_f}{R_1}u_{i1} \tag{9-18}$$

当 $R_1=R_2$ 和 $R_f=R_3$ 时，则式(9-18) 为

$$u_o = \frac{R_f}{R_1}(u_{i2} - u_{i1})$$

当 $R_f = R_1$ 时，则可得

$$u_o = u_{i2} - u_{i1} \tag{9-19}$$

由式(9-19) 可见，输出电压 u_o 与两个输入电压的差值成反比，可以实现减法运算。

9.3.4 积分运算电路

与反相比例运算电路比较，用电容 C 代替 R_f 作为反馈元件，就成为积分运算电路，如图 9-17a 所示。

根据"虚短"和"虚断"可得

$$u_- = u_+ = 0$$

$$i_C = i_R = \frac{u_i}{R}$$

则有

$$u_o = u_C = -\frac{1}{C}\int i_C \mathrm{d}t = -\frac{1}{C}\int i_R \mathrm{d}t = -\frac{1}{C}\int \frac{u_i}{R}\mathrm{d}t = -\frac{1}{RC}\int u_i \mathrm{d}t \tag{9-20}$$

可见，u_o 与 u_i 的积分成比例，因此称为积分运算电路，$\tau = RC$ 称为时间常数。

若 $u_i = -U$，则由式(9-20) 可得

$$u_o = \frac{U}{RC}t \tag{9-21}$$

此时 u_o 与时间 t 成比例，图 9-17b 所示为 u_o 与 u_i 的波形，可用于波形变换。在自动控制系统中，积分运算可用于延时、移相及波形变换等。

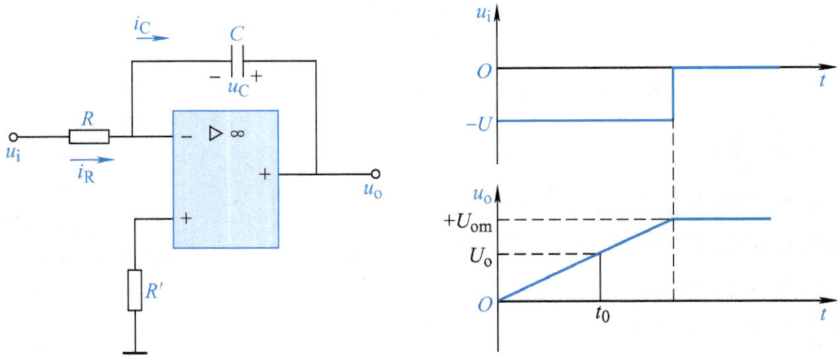

a) 电路图 b) 波形图

图 9-17 积分运算电路

9.3.5 微分运算电路

微分是积分的逆运算，输出电压与输入电压呈微分关系，其电路如图 9-18a 所示。

因为 $i_- = 0$，反相端是虚地，所以有

$$i_R = i_C = C\frac{\mathrm{d}u_C}{\mathrm{d}t} = C\frac{\mathrm{d}u_i}{\mathrm{d}t}$$

则有

$$u_o = -i_R R = -RC\frac{du_i}{dt} \tag{9-22}$$

可见，u_o 与 u_i 的微分成比例，因此称为微分运算电路。在图 9-18b 中，当 u_i 为矩形脉冲时，u_o 为尖脉冲。显然正的尖脉冲比 u_i 的上升沿滞后一个脉冲宽度 t_p，可见微分电路对输入信号的脉冲沿起到延时作用。在自动控制系统中，微分运算可用于延时、定时及波形变换等。

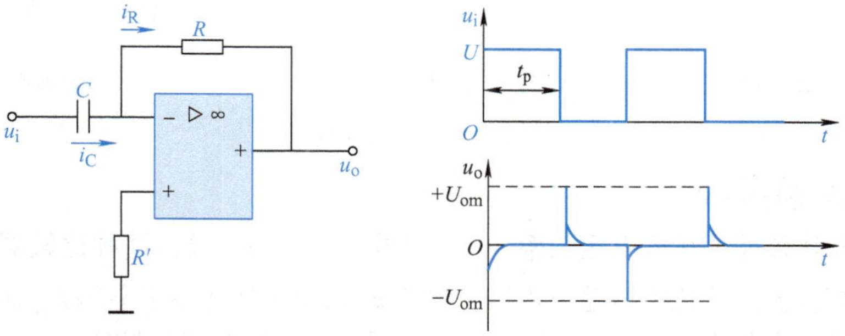

a) 电路图　　b) 波形图

图 9-18　微分运算电路

9.3.6　电压比较器

电压比较器是将输入电压与一个参考电压进行大小比较，并将结果以高低电平的形式输出。电压比较器输入的是连续变化的模拟信号，而输出的是数字电压波形。电压比较器是信号发生、波形变换、模拟–数字转换等电路中常用的单元电路。

此时的运算放大器工作于开环状态，由于开环电压放大倍数很高，即使输入端有一个非常微小的差值信号，也会使输出电压达到饱和，所以运算放大器工作在非线性区。

1. 单门限电压比较器

单门限电压比较器有反相输入和同相输入两种形式，图 9-19a 所示为反相输入形式。其中 U_R 为已知的直流参考电压，加在集成运算放大器的同相输入端，输入电压 u_i 加在反相输入端。

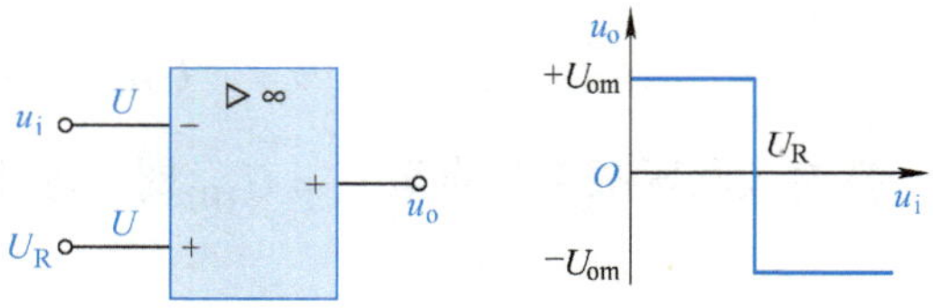

a) 电路图　　b) 电压传输特性

图 9-19　单门限电压比较器

由集成运算放大器的特点可知：

当 $u_i > U_R$ 时，$u_o = -U_{om}$；

当 $u_i < U_R$ 时，$u_o = +U_{om}$；

当 $u_i = U_R$ 时，u_o 发生跳变。

这就是电压比较器输出电压与输入电压的关系，称为电压传输特性，如图 9-19b 所示。门限电压为 U_R。因输入电压只跟一个参考电压 U_R 进行比较，故此电路称为“单门限电压比较器”。

当参考电压为零时，输入电压和零电平进行比较，形成过零比较器，其电路及电压传输特性如图 9-20a、b 所示。在过零比较器的反相输入端输入正弦信号，可以将正弦波转换成方波，其波形变换如图 9-20c 所示。

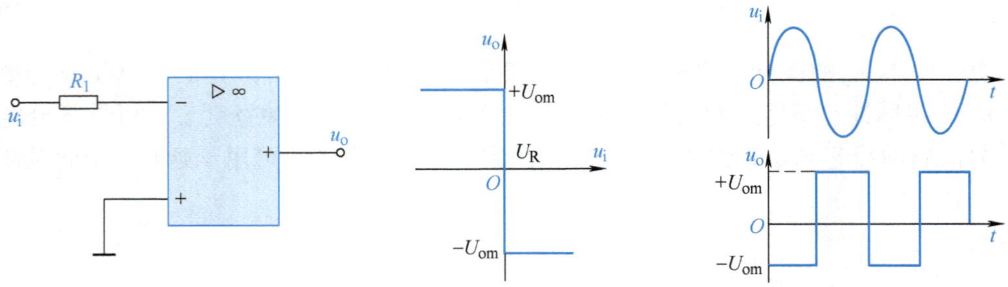

a) 电路图　　b) 电压传输特性　　c) 波形变换

图 9-20　过零比较器

2. 双门限电压比较器

单门限电压比较器的输入电压只跟一个参考电压 U_R 相比较，这种比较器虽然电路结构简单，灵敏度高，但抗干扰能力差。当输入电压 u_i 因受干扰在参考电压 U_R 附近发生微小变化时，输出电压就会频繁地跳变。解决的方案是采用双门限电压比较器。

双门限电压比较器又称为“滞回比较器”，也称“施密特触发器”。其电路如图 9-21a 所示，它是在过零比较器的基础上加上正反馈构成的。

输出电压 u_o 经 R_f 和 R_2 分压加到集成运算放大器的同相输入端，为电路引入了正反馈，所以集成运算放大器工作在非线性区，输出电压只有两种可能值。

当 $u_o=+U_{om}$时，门限电压用 U_{TH1} 表示，即

$$U_{TH1}=+U_{om}\frac{R_2}{R_2+R_f} \tag{9-23}$$

当输入电压上升到 $u_i=U_{TH1}$时，输出电压 u_o 发生跳变，由 $+U_{om}$跳变为 $-U_{om}$，门限电压随之改变为 U_{TH2}，即

$$U_{TH2}=-U_{om}\frac{R_2}{R_2+R_f} \tag{9-24}$$

当输入电压减小，直至 $u_i=U_{TH2}$时，输出电压再次跳变，由 $-U_{om}$跳变为 $+U_{om}$。

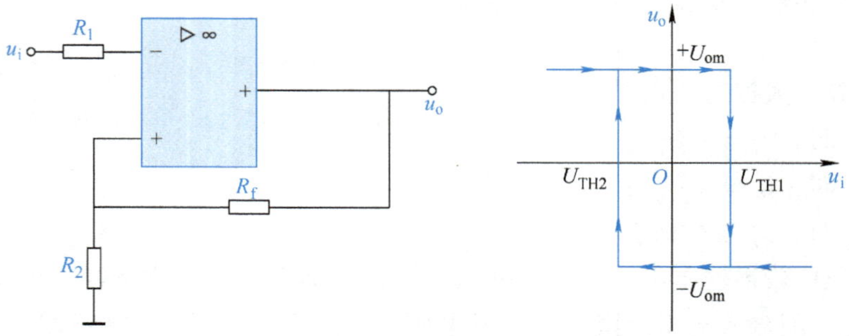

a) 电路　　b) 电压传输特性

图 9-21　双门限电压比较器

这两个门限电压之差称为回差电压，用 ΔU_{TH}表示，即

$$\Delta U_{TH} = U_{TH1} - U_{TH2} = 2U_{om}\frac{R_2}{R_2 + R_f} \tag{9-25}$$

由上式可知，回差电压与参考电压无关。

利用双门限电压比较器，可以大大提高电路的抗干扰能力。例如，当输入电压 u_i 因受干扰或含有噪声信号时，只要变化幅度不超过回差电压，输出电压就不会在此期间发生频繁地跳变，而仍保持为比较稳定的输出电压波形，如图 9-22 所示。

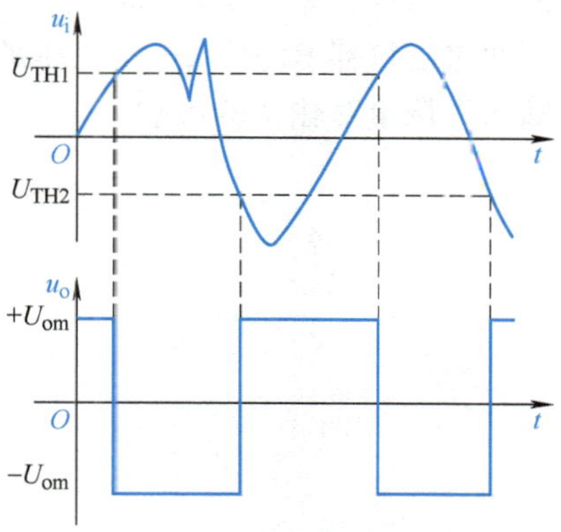

图 9-22 双门限电压比较器的抗干扰作用

3. 集成电压比较器简介

集成电压比较器常用型号有 LM710、LM311（SF31）、BG307 等。其主要特点有：

1）输出高电平 U_{OH} = 3.3V，输出低电平 U_{OL} = −0.4V，适应 TTL 数字电路要求（LM311 型电压范围较宽，以便与 CMOS 电路匹配）。

2）有较大的上升速率 S_R，以适应开关电路对响应速度的要求。

3）适应非线性工作状态，所以没有相位补偿（校正）引出脚。

9.3.7 集成运算放大器的使用常识

1. 消振

由于集成运算放大器开环电压放大倍数很大，很容易产生自激振荡，破坏正常工作。为此，必须设法消振。通常的方法是外接补偿网络，如 *RC* 消振电路或消振电容，以破坏产生自激振荡的条件，如图 9-23 所示。至于是否已消振，可将输入端接地，用示波器观察输出端有无自激振荡信号。消振应在调零之前进行。

目前，由于集成工艺水平的提高，很多运算放大器内部已有消振元件，无须外部消振电路。

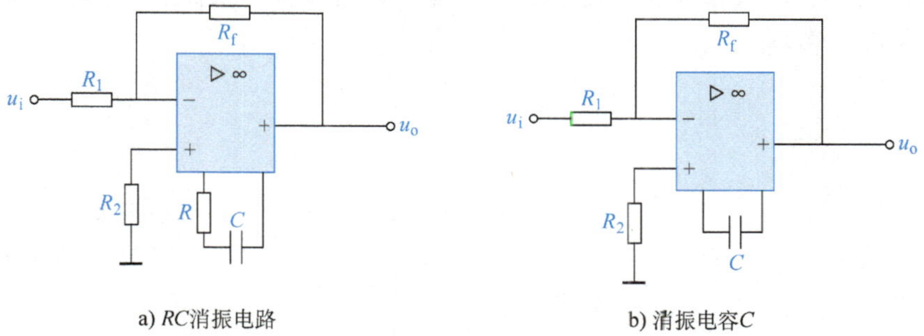

图 9-23 消振电路

2. 电路的调零

由于运算放大器的内部参数不可能完全对称，以致当输入电压为零时，输出电压并

不为零。为此除了要求运算放大器的外接直流通路等效电阻保持平衡，还要外接调零电路。

一般采取以下两种方法。有调零输出端的，如图 9-24 所示的 LM741 型集成运算放大器，它的调零电路由 −15 V 电压、1kΩ 电阻和 10kΩ 调零电位器 RP 组成，通过调整电位器的阻值进行调零；无调零输出端的，可在输入端加入补偿电压，如图 9-25 所示，其利用正、负电源通过电位器 RP 引入一个电压到集成运算放大器的同相输入端，调节电位器 RP 可以补偿输入失调量对输出的影响。

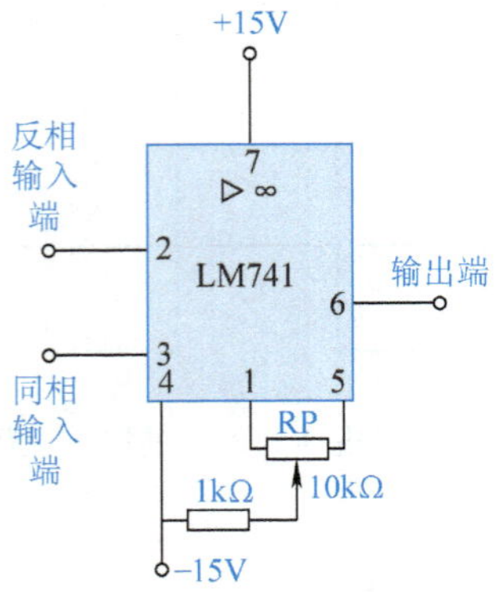

图 9-24 外接调零电位器的调零电路

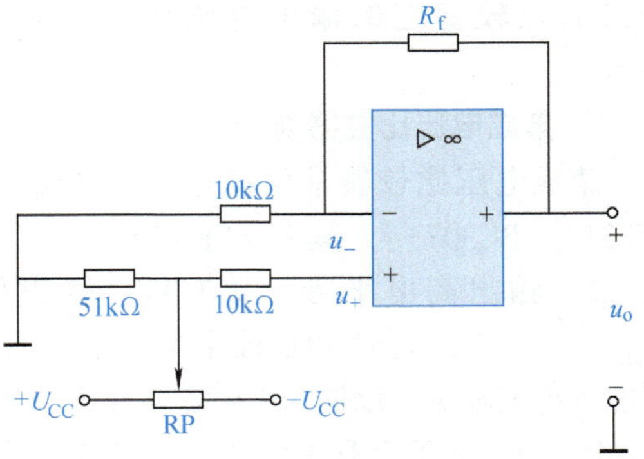

图 9-25 外加补偿电压的调零电路

3. 电源极性错接保护

为了防止电源极性接反而损坏集成电路，可利用二极管的单向导电性，在电源连接线中串接二极管来实现保护，如图 9-26 所示。当电源极性接反时，两只二极管都截止，从而保护了集成电路。

4. 输入保护

输入信号过大会影响集成运算放大器的性能，甚至造成集成运算放大器的损坏。为此，可在运算放大器输入端加限幅保护，如图 9-27 所示，它是利用两个反向并联的二极管，将输入信号幅值限制在二极管的导通电压内。运算放大器正常工作时，输入端的电压（即其净输入电压）极小，两只二极管均处于截止状态（正向偏置的二极管工作于死区），对放大器的正常工作没有影响。

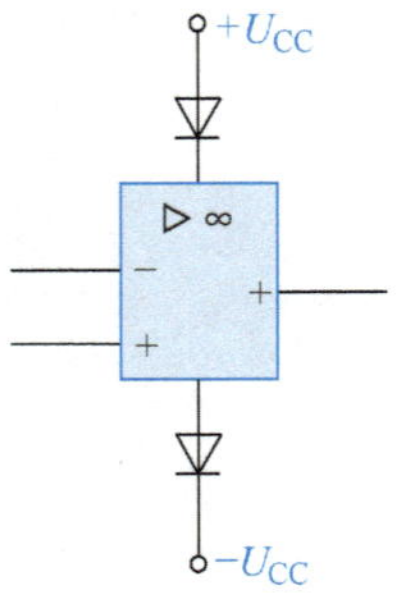

图 9-26 电源端的保护

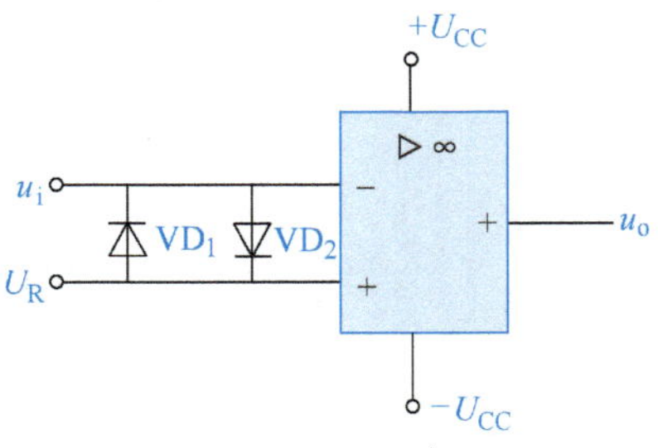

图 9-27 输入端的保护

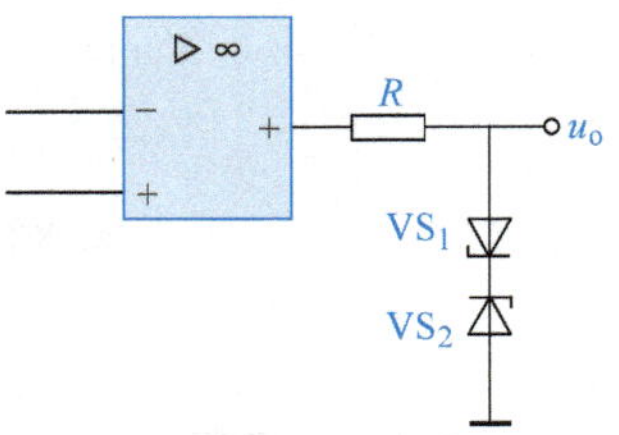

图 9-28 输出端的保护

5. 输出保护

为了防止输出端触及过高电压而引起过电流或击穿，在集成运算放大器输出端可接两个反向串联的稳压二极管加以保护，如图 9-28 所示。正常工作时，输出端电压小于双向稳压二极管的稳压值，稳压二极管相当于开路。当输出端电压大于稳压二极管的稳压值时，稳压二极管击穿，把输出电压幅值限制在稳压范围内。

情境链接

功率放大器与集成功率放大器

电子设备是要驱动负载工作的，如收音机中的扬声器（喇叭）要发出声音，电动机要旋转等。因此要求多级放大电路的末级不仅要向负载提供大的信号电压，而且要向负载提供大的信号电流，也就是需要能输出一定功率的功率放大器。

从能量转换观点来看，功率放大器和电压放大器没有本质区别，但是它们的工作任务是不同的。电压放大器主要是要求它向负载提供不失真的电压信号，是小信号放大器，讨论的是电压放大倍数，输入、输出电阻等问题；功率放大器主要是要求它输出足够大的不失真（或失真很小）的功率信号，是大信号放大器，讨论的是输出功率、效率等问题。

一个性能良好的功率放大器应满足以下几点基本要求：

1. 有足够大的输出功率

为了获得足够大的输出功率，要求功率放大器中的晶体管（简称功放管）的电压和电流都允许有足够大的输出幅值，但又不超过晶体管的极限参数 I_{CM}、$U_{(BR)CEO}$、P_{CM}。

2. 效率要高

功率放大电路输出的功率是由直流电源转换过来的。负载获得的功率 P_o 与电源供给的功率 P_{DC}之比，称为放大电路的效率，用 η 表示为

$$\eta = \frac{P_o}{P_{DC}} \tag{9-26}$$

3. 非线性失真要小

由于功率放大器工作在大信号状态，u_{CE}和 i_C 的变化幅度较大，可能会超越晶体管输出特性曲线的线性范围，所以容易失真。在应用时，要求功率放大器的非线性失真尽可能小，特别是高保真的音响及扩音设备要求更严格。

4. 功放管的散热要好

因功率放大器有一部分电能是以热的形式消耗在功放管上的，会使功放管温度升高，为了使功率放大器输出较大的功率，又不损坏功放管，通常功放管集电极具有金属散热外壳，如图 9-29 所示。通常需要给功放管安装散热片和采取过载保护措施。

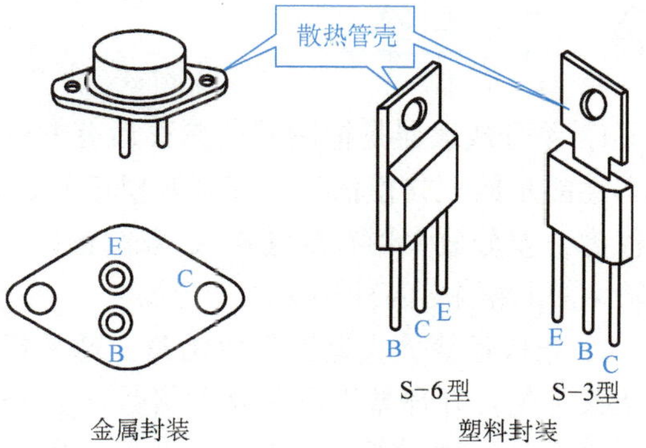

图 9-29　功放管外形图

集成功率放大器就是采用平面集成工艺把功率放大器中的晶体管和电阻等集成在同

一硅片上，制作成单片集成功率放大电路。有时还将过电流、过电压以及过热保护等电路集成在芯片内部，使用更加安全可靠。

LM386型集成功率放大器为8脚双列直插塑料封装结构，图9-30所示为其外形及引脚排列。LM386是一种通用型宽带集成功率放大器，属于OTL功率放大器，适用的电源电压为4～16V，常温（25℃）下功耗在660mW左右。

图9-31所示为LM386的应用电路。LM386典型应用电路常用于电话机或袖珍收音机中，作为音频放大电路，最简电路只需一只输出电容接扬声器。

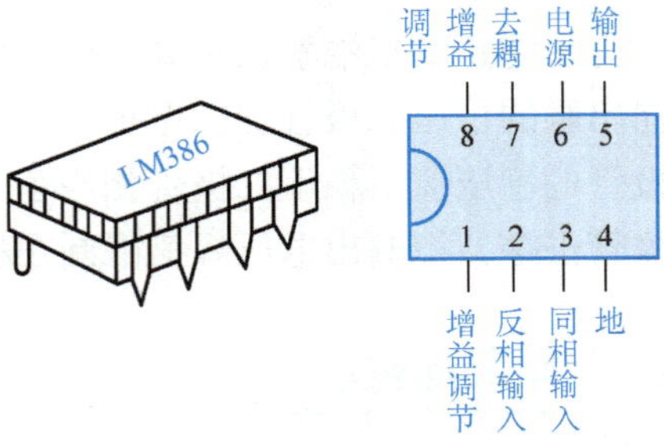

a) 外形 b) 引脚排列

图9-30 LM386外形及引脚排列

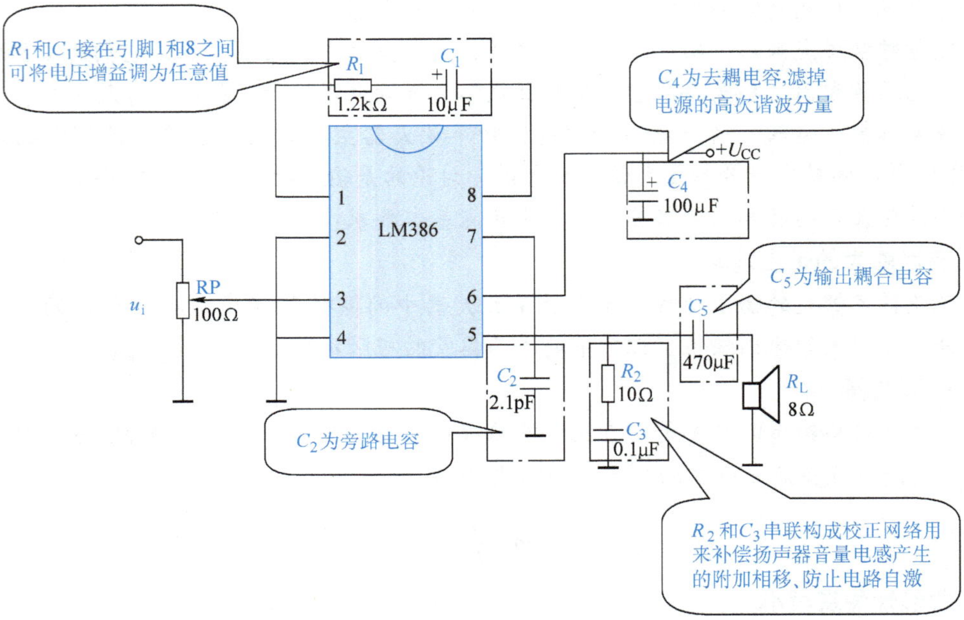

图9-31 LM386的应用电路

情境总结

1. 差分放大器是抑制零点漂移最有效的电路形式，其特点是电路对称。差分放大器的基本性能是放大共模信号、抑制差模信号，通常用共模抑制比 K_{CMR} 来衡量差分放大器的性能优劣。差分放大器有双端输入-双端输出、双端输入-单端输出、单端输入-双端输出、单端输入-单端输出四种接法。

2. 集成运算放大器实际使用时，通常把它看成是一个理想器件，集成运算放大器的理想化条件是：开环差模电压放大倍数 $A_{ud}\to\infty$；开环差模输入电阻 $R_{id}\to\infty$；开环差模输出电阻 $R_{od}\to 0$；共模抑制比 $K_{CMR}\to\infty$；没有失调现象，即当输入信号为零时，输出信号也为零。

3. 集成运算放大器有线性和非线性应用两大类。集成运算放大器在线性应用时可利用“虚短”和“虚断”进行分析。集成运算放大器主要线性应用是在信号运算方面的应用，即比例运算、加减法运算和微积分运算。集成运算放大器在非线性应用时，“虚短”不再成立，而“虚断”的概念仍然可以利用，输出电压只有两种状态，$+U_{om}$和$-U_{om}$。集成运算放大器主要的非线性应用有单门限电压比较器、双门限电压比较器等。

4. 使用集成运算放大器应考虑散热、消振、电路的调零及设置电源极性错接保护、输入保护、输出保护电路等问题。

5. 功率放大器的任务是在允许的失真范围内安全、高效率地输出尽可能大的功率。为了提高功率放大器的效率，应选用乙类互补推挽电路；为克服功率放大器中的交越失真，应采用接近乙类的甲乙类互补对称功率放大器。

习题与思考题

9-1　什么是零点漂移？它对电路会造成什么影响？

9-2　解释什么是共模信号、差模信号、共模放大倍数、差模放大倍数和共模抑制比。

9-3　在图 9-1 所示的差分放大器中，两晶体管各自的单管放大器的放大倍数均为$A_{d1}=A_{d2}=-40$，差分放大器的共模放大倍数$A_c=0.01$，试求：(1) 该差动放大器的差模放大倍数A_d；(2) 共模抑制比K_{CMR}。

9-4　差分放大器有哪几种接法？比较各接法的电压放大倍数。

9-5　集成运算放大器工作在线性区有什么特点？工作在非线性区有什么特点？

9-6　什么叫“虚短”“虚地”“虚断”？什么情况下存在“虚地”？

9-7　在图 9-32 所示的电路中，已知$R_2=100\text{k}\Omega$，$u_i=0.1\text{V}$，$u_o=2.1\text{V}$，试求R_1的阻值。

9-8　在图 9-33 中，已知$u_{i1}=4\text{V}$，$u_{i2}=-3\text{V}$，试计算输出电压u_o和平衡电阻R_4。

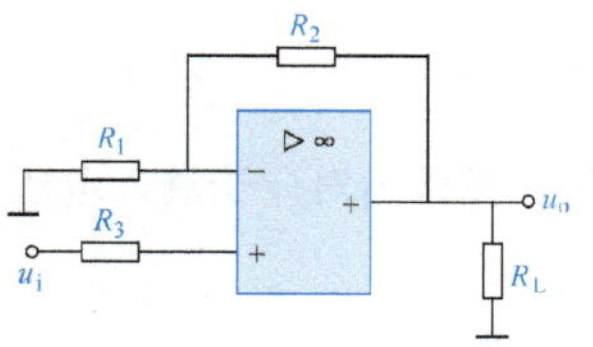

图 9-32　题 9-7 图

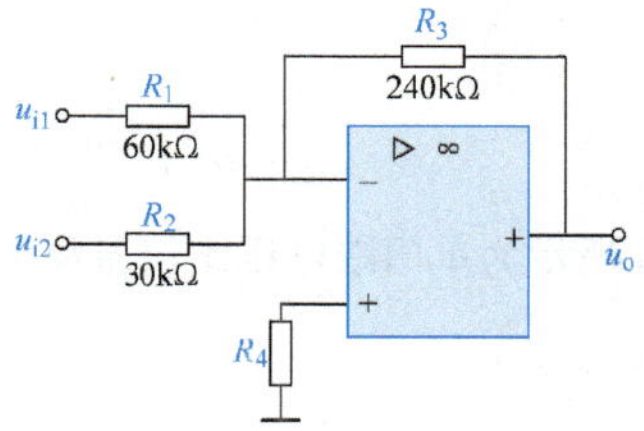

图 9-33　题 9-8 图

9-9　电路如图 9-34 所示。(1) 已知$R_f=200\text{k}\Omega$，$R_1=50\text{k}\Omega$，$R_2=40\text{k}\Omega$，$u_i=2\text{V}$，试求输出电压u_o；(2) 若$R_f=4R_1$，$u_i=-2\text{V}$，求输出电压u_o。

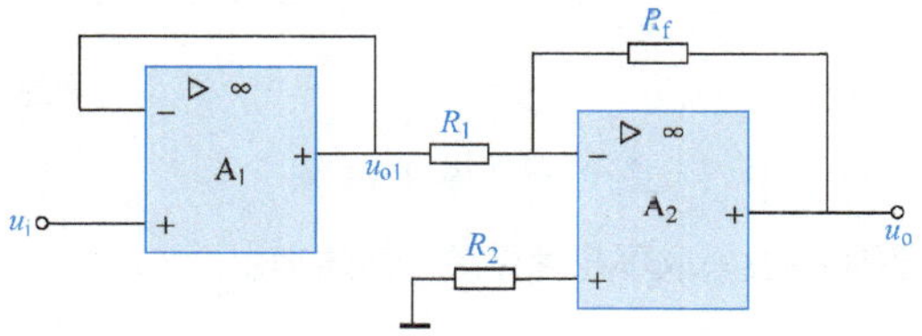

图 9-34　题 9-9 图

9-10 电路如图9-35所示，试求输出电压 u_o 的表达式。

9-11 按下列关系式画出运算电路，并计算各电阻的阻值（括号中已经给出反馈电阻 R_f 的值）。

（1）$u_o=-u_i(R_f=50k\Omega)$。

（2）$u_o=u_i(R_f=50k\Omega)$。

（3）$u_o=30u_i(R_f=20k\Omega)$。

（4）$u_o=-20(u_{i1}+u_{i2}+u_{i3})$（$R_f=100k\Omega$）。

9-12 积分电路如图9-36所示，已知 $R_1=20k\Omega$，$C=5\mu F$，$u_i=1V$，试求 u_o 从0V变化到 -10V时所需要的时间。

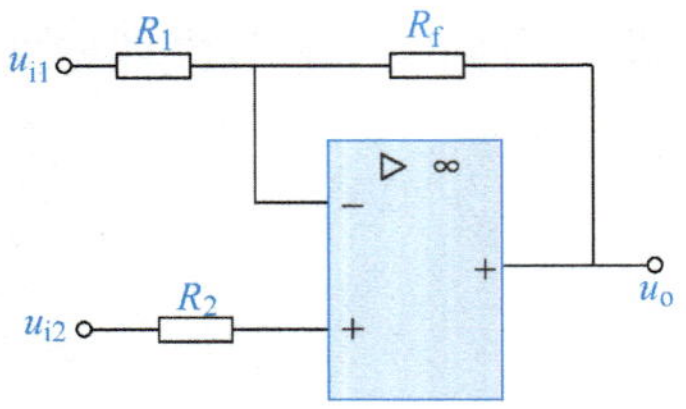

图9-35 题9-10图

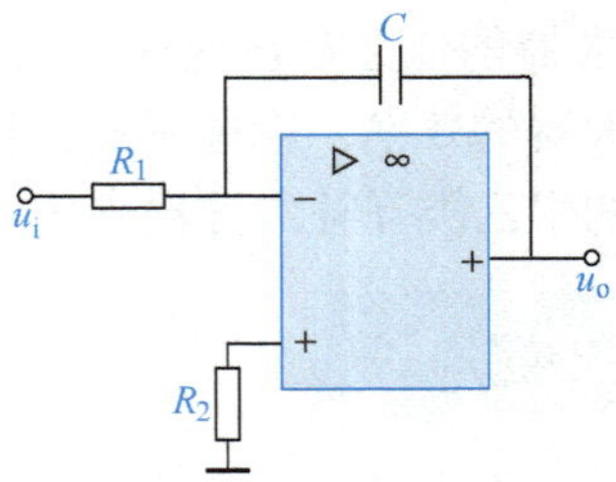

图9-36 题9-12图

9-13 试画出图9-37所示电路的输出波形，已知 $R=10k\Omega$，$C=30\mu F$。

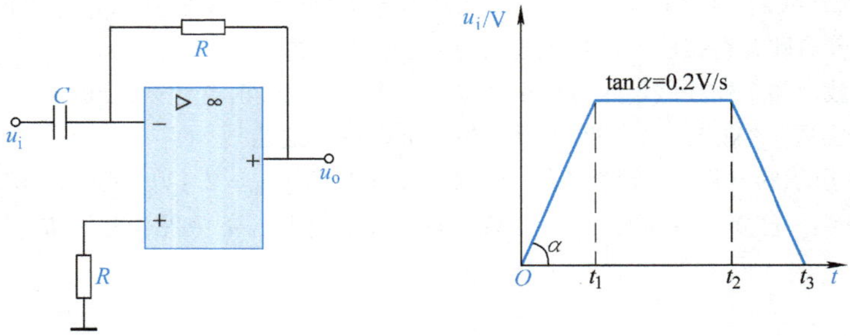

图9-37 题9-13图

9-14 图9-38所示为单门限电压比较器及其输入电压波形，试画出对应于输入电压 u_i 的输出电压 u_o 的波形。

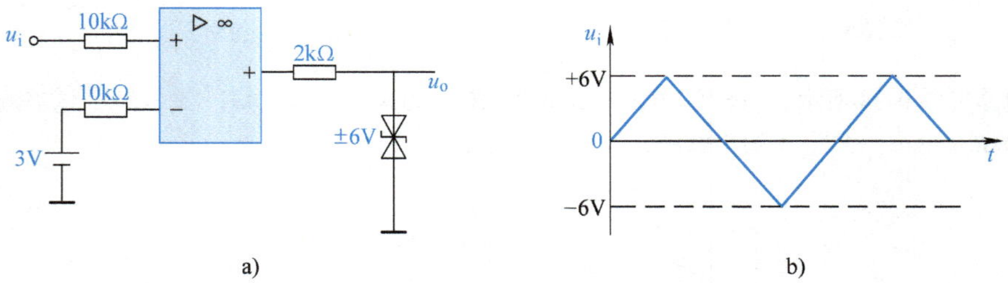

图9-38 题9-14图

9-15 使用集成运算放大器时一般采取哪几种保护？简述理由。

教学情境 10

直流稳压电源

教学目标： 本章从实际应用的角度出发，以直流稳压电源为分析对象，着重讨论直流稳压电源的组成及各部分的结构和工作原理。通过对本章的学习，要着重掌握单相桥式整流电路的结构及工作原理，掌握串联型稳压电路的工作原理，掌握集成三端稳压器的型号及特性，熟悉集成三端固定输出稳压器的型号、参数及应用。

情境链接

直流稳压电源结构及波形变换

直流稳压电源一般由电源变压器、整流电路、滤波电路和稳压电路四部分组成，结构框图及波形变换图如图 10-1 所示。

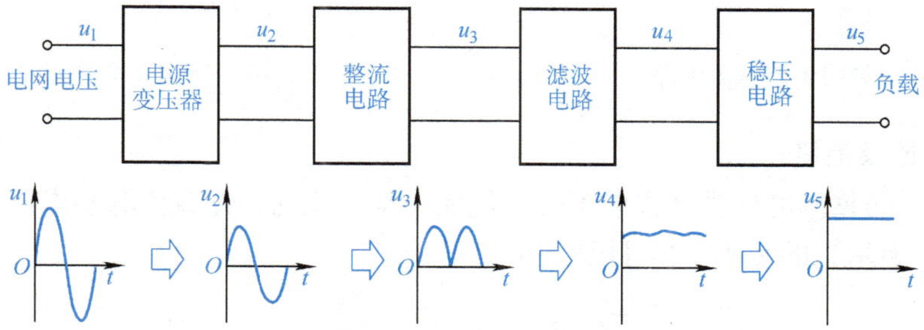

图 10-1　直流稳压电源的结构框图及波形变换图

1）电源变压器：将交流电源（220V 或 380V）变换为整流所需的交流电压。

2）整流电路：利用具有单向导电的器件（如二极管、晶闸管等），将交流电压变成单向的脉动直流电压。

3）滤波电路：滤去单向脉动直流电压中的交流成分，保留直流成分，减小脉动程度。

4）稳压电路：一种自动调节电路，在交流电压波动或负载变化时，通过调节使直流输出电压保持稳定。

10.1　整流电路

利用二极管的单向导电性，将大小和方向都随时间变化的工频交流电变换成单方向的脉动直流电的过程称为整流。整流电路通常有三相整流电路和单相整流电路，当功率比较小

（不大于 1kW）的时候，一般选择单相整流电路。

10.1.1 单相半波整流电路

图 10-2 是单相半波整流电路，由电源变压器 T、整流二极管 VD 及负载电阻 R_L 组成。

1. 工作原理

设变压器二次绕组的电压为 $u_2 = \sqrt{2}U_2\sin\omega t$，波形如图 10-3a 所示。

1）正半周：u_2 瞬时极性为 a 正 b 负，VD 正偏导通，二极管和负载上有电流流过。若二极管正向压降 u_D 忽略不计，则负载电压 $u_o = u_2$。波形如图 10-3b 所示。

2）负半周：u_2 瞬时极性为 a 负 b 正，VD 反偏截止，$u_D = u_2$，波形如图 10-3c 所示。负载上没有电流和电压。因此 R_L 上得到半波整流电压和电流。

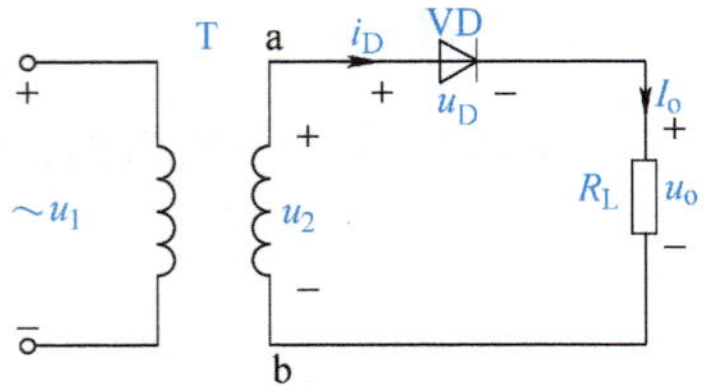

图 10-2 单相半波整流电路

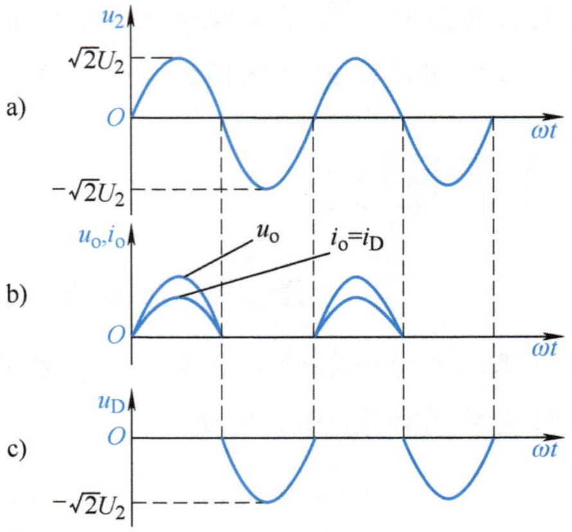

图 10-3 单相半波整流波形

2. 负载电压及电流

负载上得到的整流电压虽然方向不变，但大小是变化的，即直流脉动电压，常用一个周期的平均值 U_o 表示它的大小。U_o 计算如下：

$$U_o = \frac{1}{2\pi}\int_0^{\pi}\sqrt{2}U_2\sin\omega t\mathrm{d}(\omega t) = \frac{\sqrt{2}}{\pi}U_2 = 0.45U_2$$

电阻性负载的平均电流为 I_o，即

$$I_o = \frac{U_o}{R_L} = 0.45\frac{U_2}{R_L}$$

3. 选用二极管的原则

在交流电压的负半周，二极管截止，u_2 电压全部加在二极管上，二极管所承受的最高反向电压 U_{DM} 为 u_2 的峰值，即 $U_{DM} = \sqrt{2}U_2$。二极管导通时的电流为负载电流，所以二极管平均电流 $I_D = I_o$。

为了安全地使用二极管，选用二极管必须满足以下原则，即

$$I_{FM} \geqslant I_D$$
$$U_{RM} \geqslant U_{DM}$$

式中，I_{FM} 为最大整流电流；U_{RM} 为最高反向工作电压。

10.1.2 单相桥式整流电路

单相半波整流的缺点是只利用了电源的半个周期，同时整流电压的脉动较大。为了克服这些缺点，常采用全波整流电路，其中最常用的是单相桥式整流电路。它是用四只整流二极管接成电桥的形式构成，故称为桥式整流电路，如图 10-4 所示。

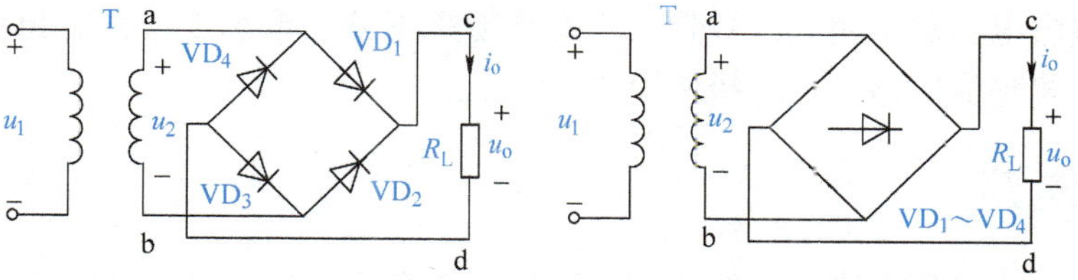

a) 常用画法
b) 简化画法

图 10-4 单相桥式整流电路

为简单起见，在以下分析整流电路时，二极管均认为是理想二极管，即正向导通电压和正向电阻为零，反向电阻为无穷大，且忽略变压器的内阻。

1. 工作原理

在输入电压的正半周，其极性为上正下负，即 a 点的电位高于 b 点的电位，二极管 VD_1 和 VD_3 导通，VD_2 和 VD_4 截止。电流流向为 a→VD_1→c→R_L→d→VD_3→b。在负载电阻 R_L 上得到一个半波电压。波形如图 10-5b 中的 0 ~ π 段所示，实际极性 c 正 d 负。

在输入电压的负半周，其极性为上负下正，即 a 点的电位低于 b 点的电位，二极管 VD_2 和 VD_4 导通，VD_1 和 VD_3 截止，电流流向为 b→VD_2→c→R_L→d→VD_4→a，负载电阻 R_L 上得到另一半波电压，波形如图 10-5b 中 π ~ 2π 段所示，实际极性仍然是 c 正 d 负。

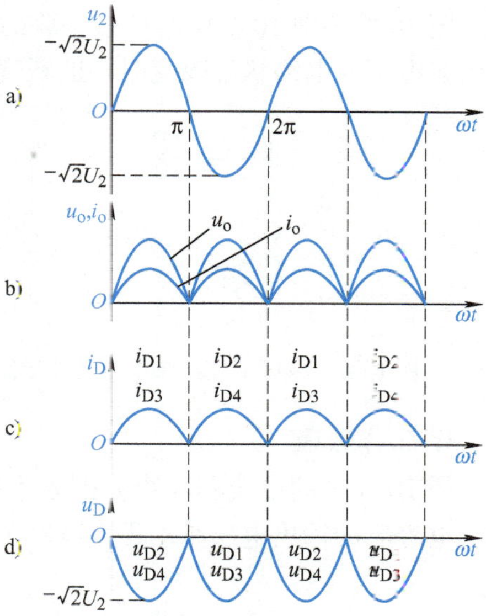

图 10-5 单相桥式整流波形

2. 负载电压和电流

全波整流电路的整流电压的平均值 U_o 比半波整流增加了一倍，即

$$U_o = 2 \times 0.45U_2 = 0.9U_2$$

流过负载电阻的平均电流为 $$I_o = 0.9\frac{U_2}{R_L}$$

3. 选用二极管的原则

由于单相桥式整流电路中，二极管 VD_1、VD_3 和 VD_2、VD_4 轮流导通半个周期，所以流过二极管的电流平均值为

$$I_D = \frac{1}{2}I_o = 0.45\frac{U_2}{R_L}$$

由图 10-4 可见，在 u_2 正半周时，二极管 VD_1、VD_3 导通，VD_2、VD_4 截止而承受反向电压，反向电压的最大值为 u_2 的峰值，即

$$U_{RM}=\sqrt{2}U_2$$

在 u_2 负半周时，二极管 VD_1、VD_3 承受同样大小的反向电压。波形如图 10-5d 所示。

在桥式整流电路中，二极管的选择原则仍然是：$I_{FM}\geqslant I_D$，$U_{RM}\geqslant U_{DM}$。

单相桥式整流电路需用四只二极管，给安装带来不便。市场上早已有出售的硅整流桥，其内部包含了桥式整流电路，可选择使用。

10.2 滤波电路

整流电路的输出电压含有较大的纹波，这远不能满足要求，因此需要采取措施，尽量降低输出电压中的纹波，使输出电压更加平滑。同时还要尽量保留其中的直流成分，使输出电压的值尽可能大。滤波电路的任务就是完成此项工作的。常用的有电容滤波电路、电感滤波电路和复式滤波电路等。

10.2.1 电容滤波电路

图 10-6 和图 10-7 中与负载并联的电容就是一个最简单的滤波电路。电容滤波电路是根据电容电压在电路状态改变时不能跃变的原理设计的。

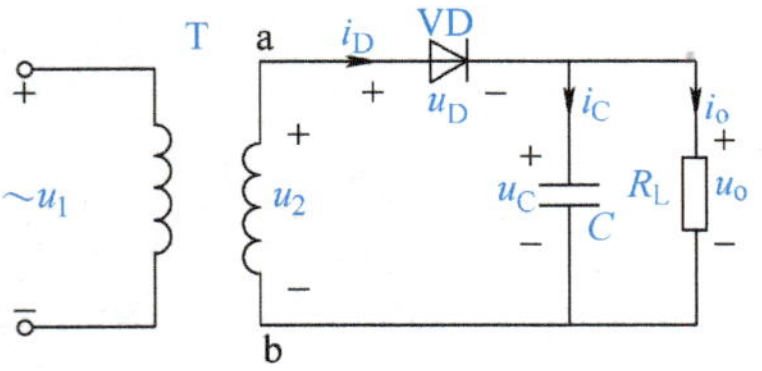

图 10-6 单相半波整流电容滤波电路

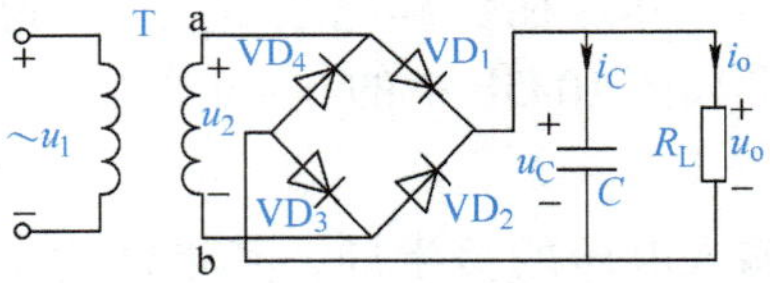

图 10-7 单相桥式整流电容滤波电路

1. 工作原理

图 10-8 中的虚线和实线分别表示整流电路不接滤波电容和接滤波电容的波形。显然，接上电容后的输出电压脉动程度减小了。下面以半波整流电容滤波为例说明滤波原理。

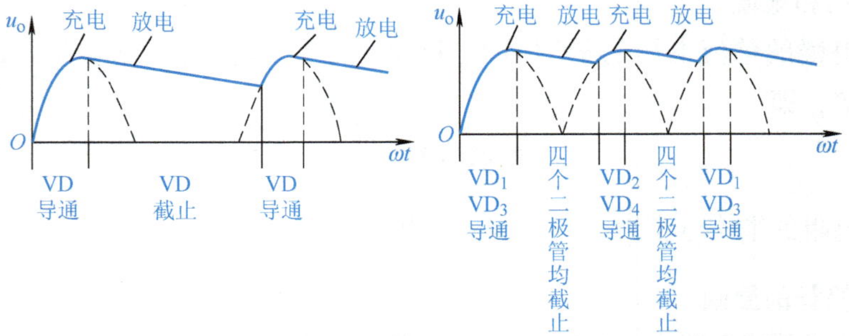

a) 半波整流电容滤波　　b) 桥式整流电容滤波

图 10-8 电容滤波输出波形

当 u_2 由零逐渐增大时，二极管 VD 导通，一方面供电给负载，同时对电容 C 充电，电

容电压 u_C 的极性为上正下负，如果忽略二极管的电压降，则在 VD 导通时，$u_C(u_C=u_o)$ 与 u_2 同步上升，并达到 u_2 的最大值。u_2 达到最大值以后开始下降，当 $u_2<u_C$ 时，VD 反向截止，电源不再向负载供电，而是电容对负载放电。电容放电使 u_C 以一定的时间常数按指数规律下降，直到下一个正半波 $u_2>u_C$ 时，VD 又导通，电容再次被充电……充电放电的过程周而复始，使得输出电压波形如图 10-8a 实线所示。

桥式整流电容滤波的原理与此相同，只不过在一个周期内电容充电、放电两次。由于电容负载放电的时间缩短了，因此输出电压波形比半波整流电容滤波更加平滑，波形如图 10-8b 所示。

2. 电容滤波特点

1）输出电压的直流平均值提高了。因为即使二极管截止，由于电容电压不能跃变，输出电压也不为零，并且 u_o 波形包围的面积明显增大，说明直流平均值 U_o 提高了。

2）只适用于负载电流较小且负载不常变化的场合。电容放电时间常数$\tau(\tau=R_LC)$越大，放电过程越慢，则输出电压越大，滤波效果也越好。为此，应选择大容量的电容和大阻值的 R_L，当然负载电流就较小。另外负载变化会引起τ的变化，当然就会影响放电的快慢，从而影响输出电压平均值的稳定性。这说明电容滤波带负载能力较差，因此电容滤波适用于负载电流较小且负载不常变化的场合。

3）电容滤波电路的输出电压随输出电流而变化，经验上通常取：

$$U_o=U_2(\text{半波})$$

$$U_o=1.2U_2(\text{全波})$$

如果电容和电阻都比较大，$U_o\approx\sqrt{2}U_2$。确定电容值的经验公式为

$$R_LC\geqslant(3\sim5)T/2(\text{全波})$$

式中，T 是电源交流电压的周期。

4）τ越大，二极管的导通角越小，因此整流二极管在短暂的时间内流过较大的冲击电流，常称为浪涌电流，对整流二极管的寿命不利，所以必须选择容量较大的整流二极管。另外从半波整流电容滤波电路图 10-6 的极值点处有 $u_D=u_2-u_C$，因此二极管承受的最高反向电压值 $U_{DM}\approx2\sqrt{2}U_2$。桥式整流电容滤波电路承受的最高反向电压 $U_{DM}=\sqrt{2}U_2$，选择二极管时要注意。

10.2.2 电感滤波电路

在桥式整流电路和负载电阻 R_L 之间串入一电感器 L，便组成桥式整流电感滤波电路，如图 10-9a 所示。电感滤波是利用电感电流不能跃变的原理实现滤波的。

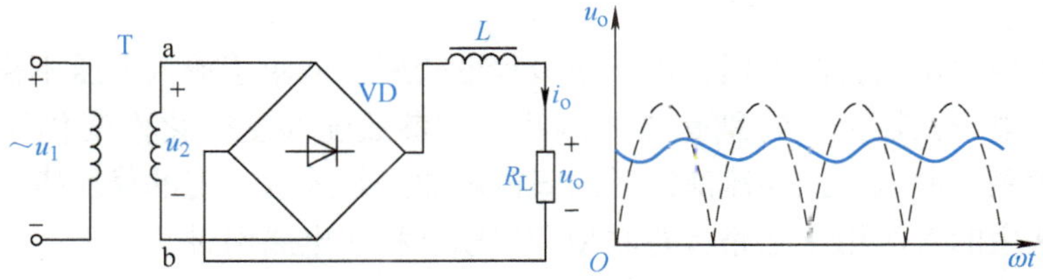

a) 电感滤波电路　　b) 电感滤波输出电压波形

图 10-9　电感滤波电路及其波形

1. 工作原理

当负载电流增加时，电感将产生与电流方向相反的自感电动势，力图阻止电流的增加，延缓了电流增加的速度。当负载电流减小时，电感产生与电流方向相同的自感电动势，力图阻止电流减小，延缓了电流的速度。这样负载电流的脉动成分减小，在负载电阻 R_L 上就能获得一个比较平滑的直流输出电压 u_o，波形如图 10-9b 实线所示。显然，电感 L 值越大，滤波效果越好。

2. 输出电压

若忽略电感线圈的电阻，则电感线圈上无直流电压降，无论负载电阻怎样变动，整流输出的直流分量几乎全部落在 R_L 上，因此电感滤波输出电压平均值较稳定，其值为

$$U_o \approx 0.9U_2$$

3. 电感滤波器的特点

电感滤波适用于电流较大且负载经常变化的场合，但由于电感体积大、成本高，因此，滤波电感常取几毫亨到几十毫亨，并且在小功率的电子设备中很少采用电感滤波。

10.2.3 复式滤波电路

电容滤波和电感滤波各有千秋，且优缺点互补。在一些直流用电设备中，既要求电源电压脉动小，又要求电源能适应负载变化，为此，常采用由电容和电感以及电阻组成的复式滤波电路，如图 10-10 所示。复式滤波进一步提高了滤波效果，同时又不降低带负载能力，这里不再赘述。

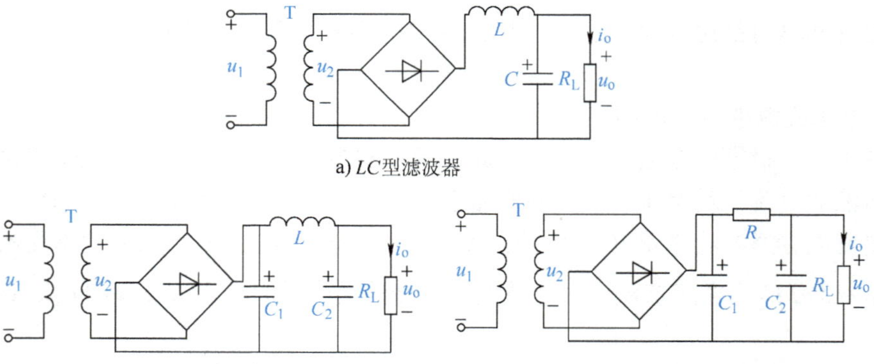

a) LC 型滤波器

b) $LC-\pi$ 型滤波器

c) $RC-\pi$ 型滤波器

图 10-10 复式滤波电路

10.3 稳压电路

经整流滤波后输出的直流电压，虽然平滑程度较好，但由于输入电压不稳定、整流滤波电路存在内阻、电子元器件（特别是导体器件）的参数随温度变化而变化等原因造成输出电压稳定性比较差。所以，经整流滤波后的直流电压必须采取一定的稳压措施才能符合电子设备的需要。常用的直流稳压电路有并联型和串联型稳压电路两种。

10.3.1 并联型稳压电路

并联型稳压电路主要有稳压二极管并联稳压电路和晶体管并联稳压电路。其中稳压二极

管并联稳压电路结构简单，便于分析稳压电路的稳压原理。

图 10-11 是稳压二极管并联型稳压电路。经过桥式整流电路和电容滤波得到直流电压 U_i，再经过稳压电路（由限流电阻 R 和稳压二极管 VS 组成）接到负载电阻 R_L 上，这样，负载上就能得到比较稳定的电压。

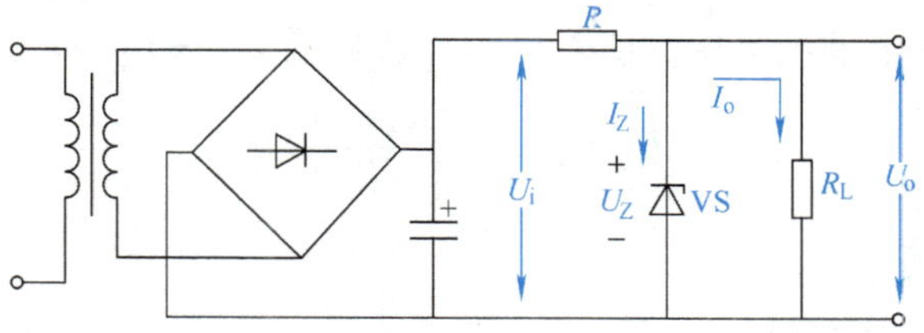

图 10-11　稳压二极管并联型稳压电路

1. 稳压原理

假设输入电压为 U_i，当某种原因导致 U_i 升高时，U_Z 相应升高，由稳压二极管的特性可知，U_Z 上升很小即会造成 I_Z 急剧增大，这样流过 R 上的 I_R 电流也增大，R 两端的电压 U_R 会上升，R 就分担了极大一部分 U_i 升高的值，U_Z 就可以保持稳定，达到负载上电压 U_o 保持稳定的目的。这个过程可用下面的变化关系图表示：

$$U_i\uparrow\rightarrow U_Z\uparrow\rightarrow I_Z\uparrow\rightarrow I_R\uparrow\rightarrow U_R\uparrow\rightarrow U_Z\downarrow$$

相反的，如果 U_i 下降时，可用下面的变化关系图表示：

$$U_i\downarrow\rightarrow U_Z\downarrow\rightarrow I_Z\downarrow\rightarrow I_R\downarrow\rightarrow U_R\downarrow\rightarrow U_Z\uparrow$$

通过前面的分析可以看出，稳压二极管稳压电路中，VS 负责控制电路的总电流，R 负责控制电路的输出电压，整个稳压过程由 VS 和 R 共同作用完成。

2. 稳压二极管的选择

一般取：

$$U_Z=U_o$$

$$I_Z=(1.5\sim3)I_{om}$$

$$U_i=(2\sim3)U_o$$

10.3.2　串联型稳压电路

并联稳压电源具有效率低、输出电压调节范围小和稳定度不高这三个缺点。而串联稳压电源正好可以避免这些缺点，所以现在广泛使用的一般都是串联稳压电源。图 10-12 是串联型稳压电路。电路的组成及各部分的作用介绍如下：

1）R_3 和 VS 构成基准电压电路，基准电压为 U_Z。

2）R_1 和 R_2 构成取样电路，当输出电压变化时，取样电路将 U_o 变化量按比例送到放大器，由图可知：

$$U_-=U_f=\frac{R_1''+R_2}{R_1+R_2}U_o \qquad (10\text{-}1)$$

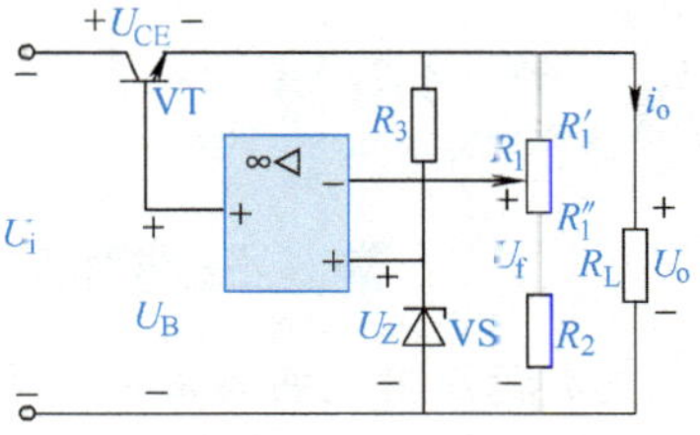

图 10-12　串联型稳压电路

3）由运算放大器构成比较放大器，将 U_f 与 U_Z 比较大小得

$$U_B=A_{uf}(U_Z-U_f)$$

4）晶体管 VT 为调整管，放大器的输出为基极的控制电压，通过基极电压来控制 U_{CE}，从而达到调整输出电压 U_o 的目的。

稳压过程： $U_o\uparrow\rightarrow U_f\uparrow\rightarrow U_B\downarrow\rightarrow I_C\downarrow\rightarrow U_{CE}\uparrow\rightarrow U_o\downarrow$

如果输出电压降低，其稳压过程相反。上述过程实质是一负反馈过程。反馈电压 U_f 与 U_o 成正比，U_f 使运放的净输入减小，因此是串联电压负反馈，故称为串联型稳压电路。

改变电位器就可调节输出电压。由 $U_-=U_+$，以及 $U_+=U_Z$ 和式(10-1) 可得

$$U_o=\left(1+\frac{R_1'}{R_1''+R_2}\right)U_Z$$

10.3.3 集成稳压器

1. 三端固定式线性稳压器

三端固定式线性稳压器分为 78 和 79 两个系列，其中 78 系列输出电压为正极性，79 系列输出电压为负极性。一般有 5V、6V、9V、12V、15V、18V、24V 七个电压档次。输出电流分为 1.5A（用空白表示）、0.1A（用 L 表示）、0.5A（用 M 表示）三个档次。例如 LM78L05：输出电压 +5V，最大输出电流 0.1A。CW7915：输出电压 -15V，最大输出电流 1.5A。

图 10-13a 是 78××作为输出固定正电压的典型电路图。图 10-13b 是 79××作为输出固定负电压的典型电路。图中电容用来补偿频率，防止稳压器自激产生高频干扰和滤除输入端引入的低频干扰。二极管起保护作用，当稳压器输入端短路时，给输出滤波电容提供放电回路。

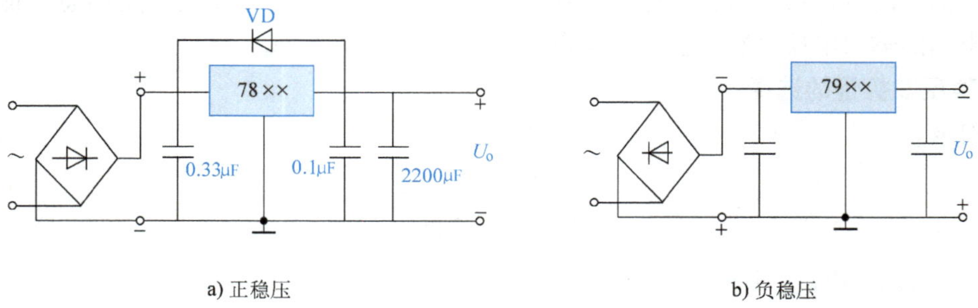

图 10-13 集成稳压器典型应用电路图

情境链接

三端固定式集成稳压器与可调式集成稳压器

集成稳压器又叫集成稳压电路，将不稳定的直流电压转换成稳定的直流电压的集成电路。集成稳压器是用分立元件组成的稳压电源，具有体积小、可靠性高、输出功率大、适应性广的优点。近年来，集成稳压电源已得到广泛应用，其中小功率的稳压电源以三端式串联型稳压器应用最为普遍。

美国仙童半导体公司（现更名为飞兆半导体公司）于 20 世纪 70 年代初首先推出

μA7800 系列和 μA7900 系列三端固定式集成稳压器。它能以最简方式(类似于三极管) 接入电路，并具有较完善的过电流、过电压、过热保护功能。

目前，μA7800 系列和 μA7900 系列已成为世界通用系列，是用途最广、销量最大的集成稳压器。其优点是使用方便，无须进行任何调整，外围电路简单，工作安全可靠，适合制作通用型、标称输出的稳压电源。其缺点是输出电压不能调整，不能直接输出非标称值电压，电压稳定度还不够高。

可调式集成稳压器是 20 世纪 70 年代末至 80 年代初发展起来的，由美国国家半导体公司（NSC）首创的第二代三端集成稳压器。它既保留了三端固定式稳压器结构简单之优点，又克服了电压不可调整的缺点，并且在电压稳定度上比前者提高了一个数量级。适合制作实验室电源及多种供电方式的直流稳压电源。它也可以设计成固定式来代替三端固定式稳压器，进一步改善稳压性能。

2. 三端可调式线性稳压器

LM117/LM317 是美国国家半导体公司生产的三端可调式正稳压器集成电路，是使用极为广泛的一类串联集成稳压器。它的输出电压范围是 1.2～37V，负载电流最大为 1.5A。它的使用非常简单，仅需两个外接电阻来设置输出电压。此外它的线性调整率和负载调整率也比标准的固定稳压器好。LM117/LM317 内置有过载保护、安全区保护等多种保护电路。

图 10-14 是 LM317T 型稳压器的典型应用电路，经过 C_1 滤波后的比较稳定的直流电送到三端稳压集成电路 LM317T 的 V_{in}端（3 脚）。LM317T 由 V_{in}端给它提供工作电压以后，它便可以保持其 $+V_{out}$端（2 脚）比其 ADJ 端（1 脚）的电压高 1.25V。因此，只需要用极小的电流来调整 ADJ 端的电压，便可在 $+V_{out}$端得到比较大的电流输出，并且电压比 ADJ 端恒定的高出 1.25V。另外，还可以通过调整 R_2 的抽头位置来改变输出电压，当抽头向上滑动时，输出电压将会升高。C_2 的作用是对 LM317T 1 脚的电压进行滤波，以提高输出电压的质量。

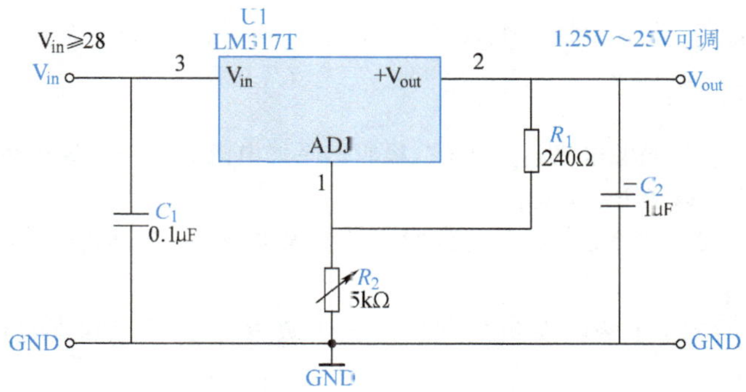

图 10-14 LM317T 型稳压器的典型应用电路图

情境总结

1. 在电子系统中，经常需要将交流电网电压转换成稳定的直流电压，为此要进行整流、滤波和稳压等环节来实现。

2. 在整流电路中，利用二极管的单向导电性将交流电转换成脉动的直流电。为抑制输出电压的纹波通常在整流电路之后接有滤波电路。滤波电路一般分为电容滤波电路和电感滤波电路。

3. 为了保证输出电压不受电网电压、负载、温度等因素的影响，直流稳压电源电路中应接入稳压电路。分立元器件的稳压电路分为并联型和串联型。在小功率供电系统中多采用串联反馈稳压电路。伴随着集成电路技术的发展，各种类型的集成稳压器给稳压电路提供了更为简单的解决方案。

习题与思考题

10-1　有一单相半波整流电路，如图 10-2 所示。已知负载电阻 $R_L=2k\Omega$，变压器二次电压 $U_2=40V$，试求 U_o，I_o 及 U_{RM}，并选择二极管。

10-2　试设计一台输出电压为 24V，输出电流为 1A 的直流电源，电路形式可采用半波整流或全波整流，试确定两种电路形式的变压器二次绕组的电压有效值，并选定相应的整流二极管。

10-3　已知负载电阻 $R_L=50\Omega$，负载电压 $U_o=100V$，今采用单向桥式整流电路，交流电源电压为 380V。

(1) 如何选用二极管？

(2) 求整流变压器的变比及容量。

10-4　有一单相桥式整流电容滤波电路如图 10-7 所示，已知交流电源频率为 $f=50Hz$，负载电阻 $R_L=300\Omega$，要求直流输出 30V，请选择合适的整流二极管和滤波电容器参数。

10-5　设计一单相桥式整流、电容滤波电路，要求输出电压 $U_o=48V$。已知负载电阻 $R_L=100\Omega$，交流电源频率为 50Hz，试选择整流二极管和滤波电容器。

10-6　单相桥式整流滤波电路如图 10-15 所示，电容 C 为 $250\mu F$，且在工频下变压器二次侧 $u_2=20\sqrt{2}\sin\omega t V$，$R_LC=\frac{5}{2}T$。求：

(1) 负载电流 I_o，每个二极管的平均电流 I_D，二极管承受的反向峰值电压 U_{DRM}；

(2) 当 VD_1 发生短路时，求负载电流 I_o 和 VD_4 的电流 I_{VD4}？

(3) 当 VD_1 发生虚焊时，求负载电流 I_o 和 VD_4 的电流 I_{VD4}？

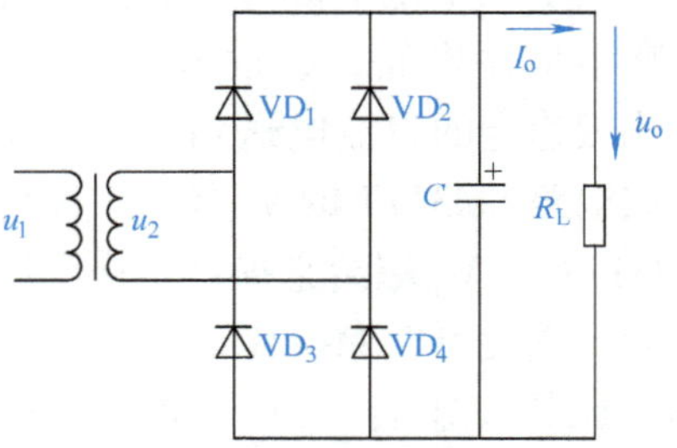

图 10-15　题 10-6 图

10-7　有一并联型稳压电路，如图 10-11 所示，负载电阻 R_L 由开路变为 3kΩ，交流电压经整流滤波后得出 $U_i=30V$，今要求输出直流电压 $U_o=12V$，试选择稳压二极管 VS。

10-8　三端固定式集成稳压器与集成运算放大器构成输出电压扩展电路及恒流源电路，如图 10-16 所示，试计算图 10-16a 的输出电压和图 10-16b 的输出电流。

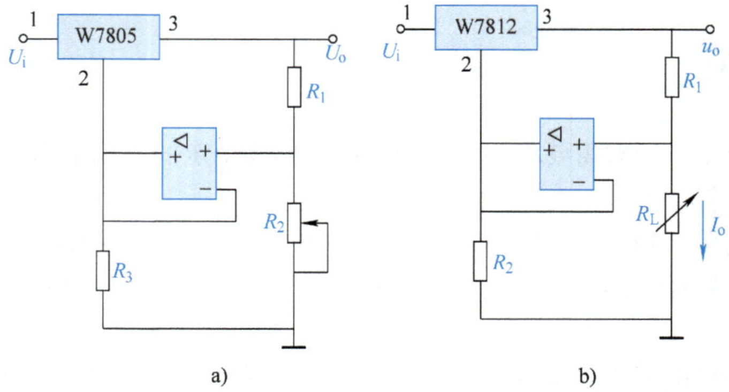

图 10-16　题 10-8 图

教学情境11

数字电路基础

教学目标：数字电路的基础是基本逻辑运算与基本逻辑门电路。通过对本章的学习，需要理解数字信号与数字电路的概念，掌握二进制数表示方法及二进制与十进制、八进制、十六进制的相互转换；掌握基本门电路的逻辑功能、逻辑符号、真值表和逻辑表达式；掌握逻辑函数的基本公式和定律，能用基本公式和定律对逻辑函数进行化简。

11.1 数字信号与数字电路

随着信息时代的到来，“数字”这两个字正以越来越高的频率出现在各个领域。数字仪表、数字电视、数字通信、数字控制……数字化技术已成为当今的发展潮流。数字电路是数字电子技术的核心，是计算机和数字通信的硬件基础。数字电路不仅具有算术运算的能力，而且还具备一定的“逻辑思维”能力，即按照人们设计好的规则，进行逻辑推理和判断。因此，人们才能够制造出各种智能仪表、数控装置和微型电子计算机，实现管理、生产高度自动化。

11.1.1 数字信号

在电子工程中，要处理的电子信号可分为两类：一类为模拟信号，另一类为数字信号。

模拟信号是指随时间连续变化的电信号，如图11-1a所示的正弦波，处理模拟信号的电子电路称模拟电路，晶体管组成的基本放大电路属于模拟电路。处理这类信号时，考虑的是放大倍数、频率特性、非线性失真等，着重分析波形的形状、幅度和频率如何变化。数字信号指在时间上和数值上不随时间连续变化的信号，如图11-1b所示的矩形波。数字信号的表现形式是一系列由高、低电平组成的脉冲波，常用“1”和“0”两个值表示它的大小。

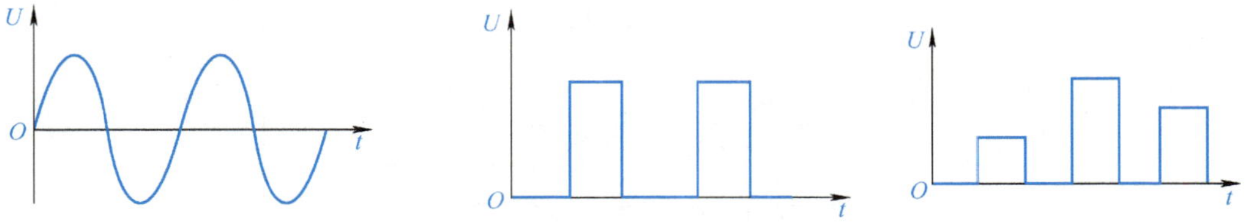

a) 正弦波　　b) 矩形波

图11-1　模拟信号和数字信号

例如对某一机械零件生产线上的产品自动计数，如图11-2所示，当一个零件从电光源与光电转换装置之间穿过时，光敏器件被遮挡一次，相应产生一个电信号；没有零件通过时，光敏器件不产生电信号。产生的电信号经过放大、整形后就是一种典型的数字信号。

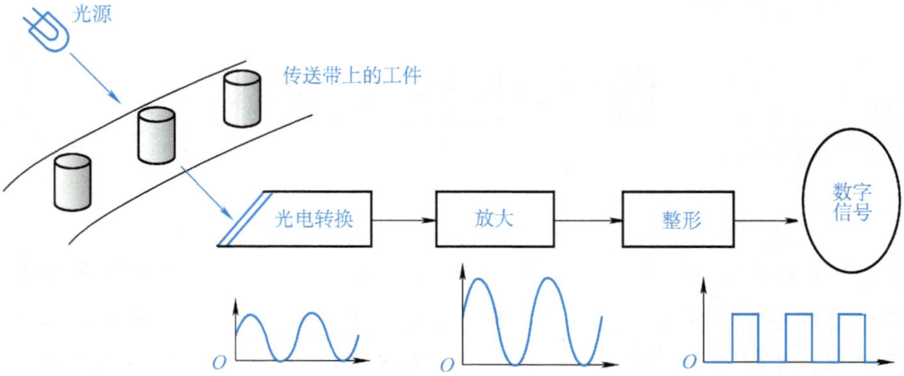

图 11-2 数字信号的产生

处理数字信号的电路称数字电路。数字时钟、电子显示屏是数字电路的典型应用，数字万用表、数字绝缘电阻表、数字电桥等仪器设备的内部电路也属于数字电路。

11.1.2 数字电路应用实例

电动机的转速可以通过被测电动机轴上安装的一只微型测速发电机进行测量。测速发电机将转速这个物理量转化为输出电压，通过控制盘上的电压表读数，即可测知电动机的转速，如图 11-3a 所示，这一电压信号的大小是随转速的高低而变化的，并且这种变化总是连续的，通常称为模拟信号。

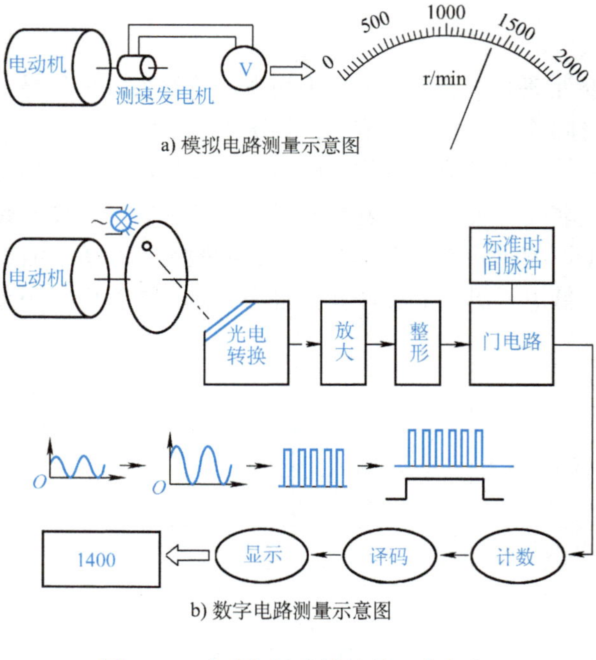

a) 模拟电路测量示意图

b) 数字电路测量示意图

图 11-3 电动机转速测量的两种方案

这种测量方法应用很广，但输出电压会受到电动机本身、生产环境、电压表读数等诸多因素的影响，测量精度不是很高。

在图 11-3b 所示电路中，被测电动机上装一个圆盘，圆盘上打一个孔，用光源照射，光线通过小孔到达光电转换装置中的光敏器件。电动机每转一周，光敏器件被照射一次，输出一个短暂的电流，为脉冲信号。脉冲信号通过一个用标准时间脉冲控制的门电路，然后用计数器计数，并通过译码器和显示器读出数据。这种测量方法可以达到较高的精度。外部的电磁场干扰、器件工作不稳定都只影响脉冲的幅度，不会影响测量结果。因此，数字电路的抗干扰能力强，工作稳定可靠，获得了广泛的应用。

11.1.3 数字电路的特点

1）由于数字电路的工作信号是不连续的，反映在电路上只有高电平和低电平两种状态，所以数字电路在稳态时，电子元器件（如二极管、晶体管）处于开、关状态，即工作在饱和区和截止区。

2）在数字电路中，它的输出、输入电压一般只有两种取值状态：高电平和低电平，通常用二进制的两个数码 1 和 0 来表示高电平和低电平。高电平对应 1，低电平对应 0 时，称为正逻辑关系；反之，称为负逻辑关系，本书采用的都是正逻辑关系。数字电路研究的主要问题是输出信号的状态（0 或 1）与输入信号的状态（0 或 1）之间的关系。这种关系是一种逻辑关系，即电路的逻辑功能，而不是数值关系。因而，数字电路是实现各种逻辑关系的电路，数字电路又称为逻辑电路。分析工具是逻辑代数。

3）数字电路中的信号只要求反映相对的高低和有无，允许信号在数值上有一定范围的误差。这一特点使数字电路具有精度高、速度快、抗干扰能力强等优点。

情境链接

比特与字节

字节（Byte）是计算机信息技术用于计量存储容量的一种计量单位。二进制数中的每个数字被称为一个比特（bit，即二进制位），而计算机处理数字的基本单位是八个比特，也被称为一个字节。例如，二进制数 1011 0101 有八个比特，因此它就是一个字节。你可以用许多方式和计算机进行交互，但是你的单击鼠标、敲击键盘、网络视频等操作都会被转化成比特和字节以供计算机理解。实际上，在处理计算机和其他数字电子装置时，通常会发现比一字节要大得多的数字。计算机上所有的文件都是以字节的形式储存的，但是如果用字节去衡量它们的大小，会发现最终数字会变得很大。因此通常描述文件大小的单位都很大，例如千字节（KB）、兆字节（MB）、吉字节（GB）、太字节（TB）等。

如果计算机的硬盘能够储存 1TB 的数据，那么它内部就能够储存超过 1 万亿字节的数字，也就是 8 万亿个 0 和 1。图 11-4 所示为数字世界中的 0 和 1。

图 11-4 数字世界中的 0 和 1

情境链接

数字构成了计算机中的图像和色彩

为什么计算机里需要8万亿个0和1？实际上，当用计算机进行写作、画图、聊天、游戏或者其他任意操作时，就是在使用这些0和1。

举例来说，计算机是如何在显示器上显示图像的呢？计算机屏幕是由许多个微小的像素点组成的，每个像素点都可以设置成由红、绿、蓝光混合而成的颜色，如图11-5所示。

如果像素点需要展现出最明亮的黄色，需要通过数字告诉计算机像素点上的红色和绿色设置成满值，而蓝色则设置为0（因为红色和绿色混合才能得到黄色）。这就是数字转化成屏幕上的图像的方法。

图11-5 数字构成了计算机的图像和色彩

11.2 数制和码制

11.2.1 数制

数制即计数的方式。通常使用的是十进制计数方式，而在数字电路中采用的是二进制，有时为了表述方便也采用八进制、十六进制。

1. 十进制数

1）定义。十进制有0，1，2，3，4，5，6，7，8，9十个数码，基数为10，计数规律是“逢十进一”或“借一当十”，即9+1=10。

2）位权展开式。十进制数中的每一位数码根据它在数中的位置不同，代表不同的值。它的数值等于系数乘以权。例如十进数1937，它的最低位表示系数7乘以位权10^0。所以十进制数中第i位的位权是基数的（$i-1$）次幂，因而1937的位权展开式为

$$(1937)_{10}=1\times10^3+9\times10^2+3\times10^1+7\times10^0$$

又如$(192.26)_{10}$可以写为

$$(192.26)_{10}=1\times10^2+9\times10^1+2\times10^0+2\times10^{-1}+6\times10^{-2}$$

2. 二进制数

1）定义。二进制只有0，1两个数码，基数为2，计数规律是“逢二进一”或“借一当二”，即1+1=10。

2）位权展开式。二进制数的位权展开方式与十进制数相似，不同的只是二进制的第i位的位权是2^{i-1}次幂，所以二进制数$(1001)_2$的位权展开式为

$$(1001)_2=1\times2^3+0\times2^2+0\times2^1+1\times2^0$$

3. 八进制数

1）定义。八进制数具有0，1，2，3，4，5，6，7八个数码，基数为8，计数时“逢八

进一”或“借一当八”。

2）位权展开式。八进制数的位权展开方式同上，只是八进制的第 i 位的位权是 8^{i-1} 次幂，所以八进制数 $(1001)_8$ 的位权展开式为

$$(1001)_8 = 1\times8^3 + 0\times8^2 + 0\times8^1 + 1\times8^0$$

4. 十六进制数

1）定义。十六进制是以 16 为基数的计数体制，计数规律是“逢十六进一”或“借一当十六”。十六进制数具有 0，1，2，3，4，5，6，7，8，9，A，B，C，D，E，F 共 16 个数码，其中 A～F 分别代表十进制的 10～15。

2）位权展开式。十六进制数第 i 位的位权是 16^{i-1} 次幂，所以 $(2A6)_{16}$ 的位权展开式为

$$(2A6)_{16} = 2\times16^2 + 10\times16^1 + 6\times16^0$$

11.2.2 数制之间的转换

1. 非十进制数转换为十进制数

将一个二进制、八进制或十六进制数转换成十进制数，只要写出该进制数的按位权展开式，然后按十进制数的计数规则相加，就可得到所求的十进制数。

例 11-1 将二进制数 $(1010)_2$ 转换成十进制数。

解： $(1010)_2 = 1\times2^3 + 0\times2^2 + 1\times2^1 + 0\times2^0 = (10)_{10}$

例 11-2 将八进制数 $(236)_8$ 转换成十进制数。

解： $(236)_8 = 2\times8^2 + 3\times8^1 + 6\times8^0 = (158)_{10}$

例 11-3 将十六进制数 $(3FA)_{16}$ 转换成十进制数。

解： $(3FA)_{16} = 3\times16^2 + 15\times16^1 + 10\times16^0 = (1018)_{10}$

2. 十进制整数转换为非十进制数

在将十进制数转换成二进制、八进制、十六进制数时，采用“除基取余法”。例如十进制数 N 转换为 K 进制数的具体步骤如下：

第一步：把给定的十进制数 $(N)_{10}$ 除以相应进制的基数，取出余数，这个余数即为最低位数的数码 K_0。

第二步：将前一步得到的商再除以相应进制的基数，再取出余数，即可得次低位数的数码 K_1。

以下各步类推，直到商为 0 为止，最后得到的余数即为最高位数的数码 K_{n-1}。

例 11-4 将十进制数 $(44)_{10}$ 分别转换成二进制数、八进制数和十六进制数。

解：

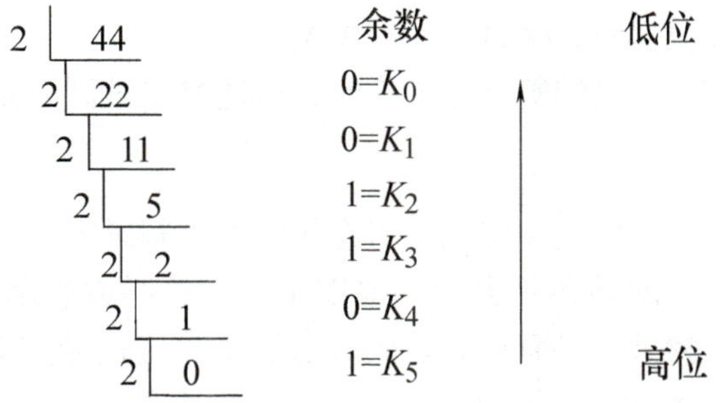

所以，$(44)_{10}=(101100)_2$。

除法	余数	
8 | 44		低位
8 | 5	$4=K_0$	↑
0	$5=K_1$	高位

所以，$(44)_{10}=(54)_8$。

除法	余数	
16 | 44		低位
16 | 2	$12=K_0$	↑
0	$2=K_1$	高位

所以，$(44)_{10}=(2C)_{16}$。

表 11-1 列出了十进制数 0～15 对应的二进制、十六进制数的对应关系。

表 11-1 几种进制数之间的对应关系

十进制数	0	1	2	3	4	5	6	7	8	9	10	11	12	13	14	15
二进制数	0000	0001	0010	0011	0100	0101	0110	0111	1000	1001	1010	1011	1100	1101	1110	1111
十六进制数	0	1	2	3	4	5	6	7	8	9	A	B	C	D	E	F

3. 八进制数、十六进制数与二进制数的相互转换

1）二进制数与八进制数的关系为：三位二进制数可以对应写为一位八进制数，即$(000)_2\sim(111)_2=(0)_8\sim(7)_8$。因此，在转换时，二进制的整数部分从小数点向左每三位一组；小数部分从小数点向右每三位一组，每一组对应转换成一位八进制数，即可实现二进制数转换为八进制数。反之，可以实现八进制数转换为二进制数。

2）二进制数与十六进制数的关系为：四位二进制数可以对应写为一位十六进制数，即$(0000)_2\sim(1111)_2=(0)_{16}\sim(F)_{16}$。所以，二进制数转换成十六进制数的方法是，二进制的整数部分从小数点向左每四位一组；小数部分从小数点向右每四位一组，每一组对应转换成一位十六进制数，即可实现二进制数转换为十六进制数。反之，可以实现十六进制数转换为二进制数。

例 11-5 将八进制数 $(563)_8$ 转换为二进制数。

解：$(563)_8=(101110011)_2$

例 11-6 将二进制数 $(101110011)_2$ 转换为十六进制数。

解：$(101110011)_2=(1,0111,0011)_2=(173)_{16}$

当要求将八进制数和十六进制数互相转换时，可通过二进制来完成。

11.2.3 码制

码制即编码方式，编码即用按一定规则组合成的二进制码来表示数或字符等。

为使二进制和十进制之间转换更方便，常用 4 位二进制数表示 1 位十进制数的编码方式，这种代码称为二-十进制码，简称 BCD 码。由于 4 位二进制数共 16 种状态，去掉 6 种多余状态的方法不同，因而出现不同的 BCD 码，如去掉最后 6 种状态得到的是 8421BCD

码，去掉最前和最后 3 种状态得到的是余 3 码，另外还有格雷码、2421 码、5421 码。表 11-2为常用的 BCD 码。

表 11-2 常用的 BCD 码

十进制数	8421 码	余 3 码	格 雷 码	2421 码	5421 码
0	0000	0011	0000	0000	0000
1	0001	0100	0001	0001	0001
2	0010	0101	0011	0010	0010
3	0011	0110	0010	0011	0011
4	0100	0111	0110	0100	0100
5	0101	1000	0111	1011	1000
6	0110	1001	0101	1100	1001
7	0111	1010	0100	1101	1010
8	1000	1011	1100	1110	1011
9	1001	1100	1101	1111	1100
权	8421			2421	5421

11.3 逻辑代数

逻辑代数又称布尔代数，是分析与设计数字系统的重要工具。虽然它和普通代数一样也用字母表示变量，但变量的取值只有 0 和 1 两种，分别称为逻辑“0”和逻辑“1”。逻辑代数所表示的是逻辑关系，而不是数量关系。这是它与普通代数的本质区别。

情境链接

逻辑推理：橙子 + 榨汁机 = 橙汁

逻辑是一个根据已知真假的信息片段来做出推论的过程，如图 11-6 所示。

举例来说：假设已知下面这段描述为真。

描述：如果冰箱里有橙子，并且有榨汁机，那么就能够制作橙汁。

如果这段描述为真，那么制作橙汁之前就有两个决定条件。

条件 A：冰箱里有橙子。

条件 B：有榨汁机。

如果这两个条件都为真，那么就可以从逻辑上做出可以制作橙汁的推论，如图 11-6 所示。计算机里使用的是布尔逻辑，这是一种利用真和假两种状态来将二进制数转化成动作的逻辑系统。为了让计算机确认是否能制作橙汁，它需要利用布尔逻辑来进行推论。现在让我们试着像计算机一样思考。

首先，在描述里寻找能够决定是否能制作橙汁的条件（见表 11-3）。由于 A 和 B 均为真，那么结论 Q（你可以制作橙汁）就一定为真。

图 11-6 “橙子 + 榨汁机 = 橙汁”逻辑推理图

表 11-3 逻辑分析推理

条件 A（冰箱里有橙子）	条件 B（有榨汁机）	结论 Q（可以制作橙汁）
假	假	假
真	假	假
假	真	假
真	真	真

11.3.1 基本逻辑和常用复合逻辑

1. 基本逻辑

在数字电路中，基本逻辑关系有“与”“或”“非”三种。实现逻辑运算的电路称为门电路。

（1）与逻辑　与逻辑关系是当几个条件同时满足时其结果才成立。电路如图 11-7a 所示，分析开关 A、B 的闭合断开和灯亮灭的关系，列出表 11-4。只有在 A、B 两个开关都接通时灯才能发光。“白炽灯发光”和“开关 A 闭合”“开关 B 闭合”两个条件之间的逻辑关系就是与逻辑关系。

1）逻辑符号。图 11-7b 所示是与逻辑的逻辑符号图。

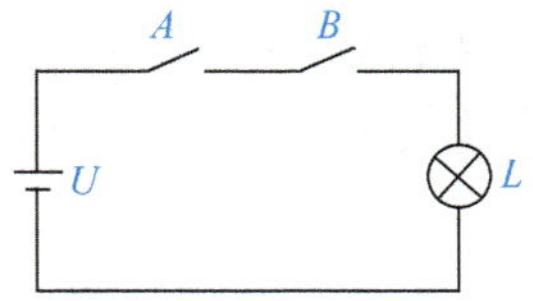

a) 电路图

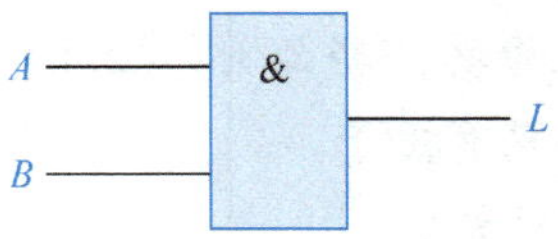

b) 逻辑符号图

图 11-7 与逻辑

2）与逻辑真值表。如果用二值逻辑 0 和 1 来示，并设 1 表示开关闭合或灯亮，0 表示开关断开或灯灭，则由表 11-4 得到的表 11-5 称为与逻辑真值表。

表 11-4 逻辑分析

A	B	灯 L
断开	断开	灭
断开	闭合	灭
闭合	断开	灭
闭合	闭合	亮

表 11-5 与逻辑真值表

A	B	灯 L
0	0	0
0	1	0
1	0	0
1	1	1

3）与逻辑表达式。若用逻辑表达式来描述，则与逻辑可写为 $L = A \cdot B$，其中的“·”表示逻辑乘，一般可以省略不写。

运算的规则为：“输入有 0，输出为 0；输入全 1，输出为 1”。

与运算：　　　　$0 \cdot 0 = 0$，$0 \cdot 1 = 0$，$1 \cdot 0 = 0$，$1 \cdot 1 = 1$

例 11-7　在图 11-8a 中，测定电动机转速时，必须用一个电路来限定在一个单位时间内的脉冲信号通过。试选择一种门电路来实现这一功能。

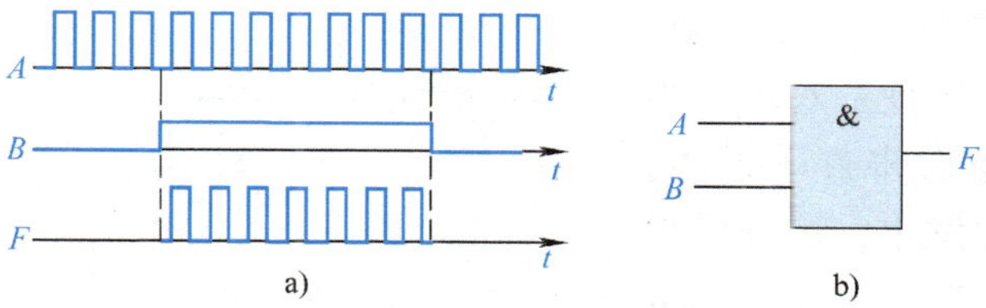

图 11-8　例 11-7 图

解： 用一个双输入端的与门电路即可实现上述功能。

如图 11-8b 所示，以 B 端作为控制端，当 B 端输入为 1 时，F 端的输出信号与 A 端的输入信号相同，相当于门被打开；当 B 端输入为 0 时，不论 A 端输入信号为何种状态，F 端输出均为 0，相当于门被关闭。因此，只要控制 B 端输入为 1 的时间为一个单位，通过的脉冲信号就被限定在此时间之内。

（2）或逻辑　当决定一件事情的几个条件中，只要有一个或一个以上条件具备，这件事情就会发生，把这种因果关系称为或逻辑。例如图 11-9a 所示的白炽灯，只要 A、B 两个开关中有一个接通，白炽灯就发光。“白炽灯发光”和“开关 A 闭合”“开关 B 闭合”两个条件之间就具有或逻辑关系。

1）逻辑符号。图 11-9b 所示为或逻辑的逻辑符号图。

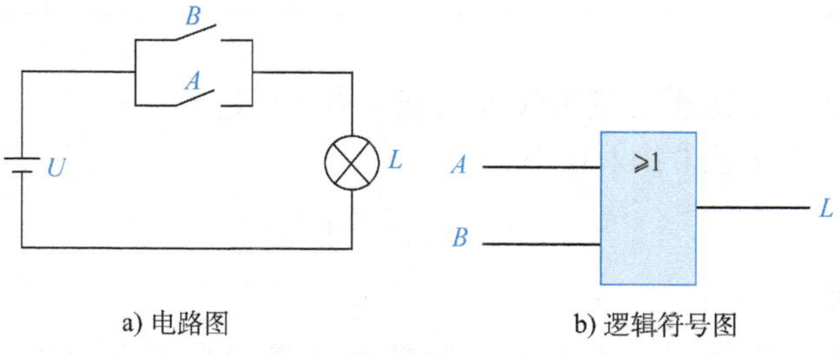

图 11-9　或逻辑

2）或逻辑真值表。分析开关 A、B 的闭合断开和灯亮灭的关系，列出表 11-6。如果用二值逻辑 0 和 1 来表示，并设 1 表示开关闭合或灯亮；0 表示开关断开或灯灭，则得到或逻辑真值表，见表 11-7。

表 11-6 逻辑分析

A	B	灯 L
断开	断开	灭
断开	闭合	亮
闭合	断开	亮
闭合	闭合	亮

表 11-7 或逻辑真值表

A	B	灯 L
0	0	0
0	1	1
1	0	1
1	1	1

3）或逻辑表达式。或逻辑用逻辑代数式表示为 $L=A+B$，称为逻辑加。

运算的规则为："输入有 1，输出为 1；输入全 0，输出为 0"。

或运算： $0+0=0$，$0+1=1$，$1+0=1$，$1+1=1$

（3）非逻辑　某事件发生与否，仅取决于一个条件，而且是对该条件的否定。当条件具备时事件不发生，条件不具备时事件才发生，这种因果关系称为非逻辑。如图 11-10a 所示电路，当开关 A 闭合时，灯不亮；而当 A 断开时，灯亮。

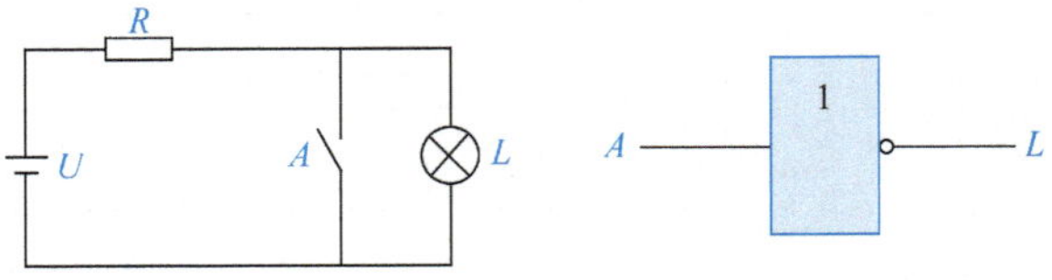

a) 电路图　b) 逻辑符号图

图 11-10 非逻辑

1）逻辑符号。非逻辑符号如图 11-10b所示。

2）非逻辑真值表。分析开关 A 的闭合断开和灯亮灭的关系，列出表 11-8。如果用二值逻辑 0 和 1 来表示，并设 1 表示开关闭合或灯亮，0 表示开关断开或灯灭，则得到非逻辑真值表见表 11-9。

表 11-8 逻辑分析

A	灯 L
断开	亮
闭合	灭

表 11-9 非逻辑真值表

A	灯 L
0	1
1	0

3）非逻辑表达式。非逻辑用逻辑代数式表示为 $L=\overline{A}$。

运算的规则为："入 1 出 0；入 0 出 1"。

或运算： $\overline{0}=1$，$\overline{1}=0$

2. 常用复合逻辑

任何复杂的逻辑运算都可以由上述三种基本逻辑运算组合而成，把与门、或门、非门组成的逻辑运算称为复合门。最常见的复合逻辑有与非、或非、与或非、异或、同或等。

（1）与非逻辑　与非逻辑是由与运算和非运算组合而成，如图 11-11 所示。

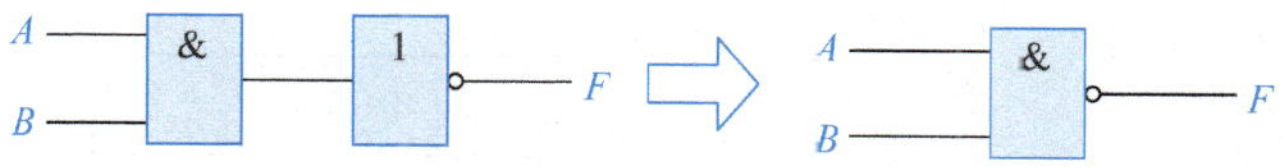

图 11-11　与非门电路及逻辑符号

其逻辑表达式为 $F=\overline{A\cdot B}$。真值表见表 11-10。

（2）或非逻辑　或非逻辑是由或运算和非运算组合而成，如图 11-12 所示。

表 11-10　与非逻辑真值表

输入		输出
A	*B*	*F*
0	0	1
0	1	1
1	0	1
1	1	0

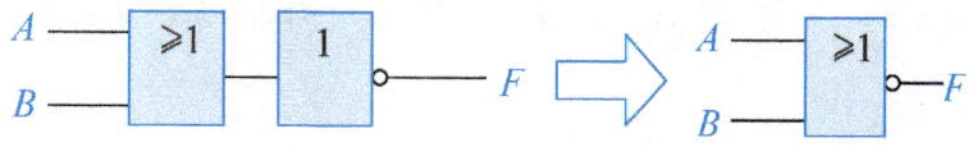

图 11-12　或非门电路及逻辑符号

或非逻辑代数表达式为 $F=\overline{A+B}$。真值表见表 11-11。

（3）与或非逻辑　与或非逻辑门电路由与门、或非门组成，如图 11-13 所示。

表 11-11　或非逻辑真值表

输入		输出
A	*B*	*F*
0	0	1
0	1	0
1	0	0
1	1	0

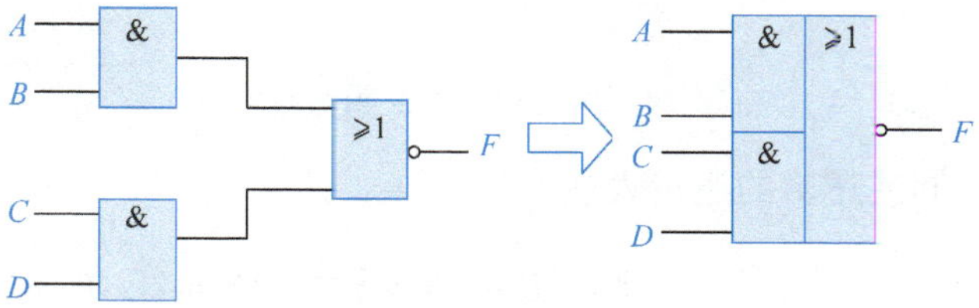

图 11-13　与或非门电路及逻辑符号

其逻辑代数表达式为 $F=\overline{A\cdot B+C\cdot D}$。真值表见表 11-12。四变量真值表共十六行，表中省略的行，读者自行分析。

（4）异或逻辑　异或是一种二变量逻辑运算，当两个变量取值相同时，逻辑函数值为 0，当两个变量取值不同时，逻辑函数值为 1。异或逻辑门电路的组成及逻辑符号如图 11-14 所示。异或逻辑真值表见表 11-13。

表 11-12 与或非逻辑真值表

输入				输出
A	B	C	D	F
0	0	0	0	1
0	0	0	1	1
0	0	1	0	1
0	0	1	1	0
0	1	0	0	1
⋮				⋮
1	1	1	1	0

表 11-13 异或逻辑真值表

输入		输出
A	B	Y
0	0	0
0	1	1
1	0	1
1	1	0

异或逻辑的逻辑表达式为 $Y=\overline{A}\cdot B+A\cdot\overline{B}$

简写为 $Y=A\oplus B$

(5) 同或逻辑　同或也是一种二变量逻辑运算，当两个变量取值相同时，逻辑函数值为 1，当两个变量取值不同时，逻辑函数值为 0。

同或逻辑真值表见表 11-14。显然同或与异或逻辑互反。因此，其逻辑符号在异或逻辑符号上加表示“非”的小圈“○”，如图11-15所示。

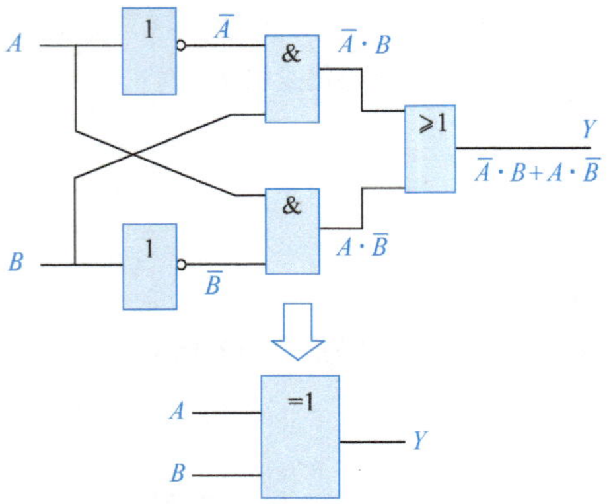

图 11-14 异或逻辑门电路组成及逻辑符号

表 11-14 同或逻辑真值表

输入		输出
A	B	Y
0	0	1
0	1	0
1	0	0
1	1	1

同或逻辑的逻辑表达式为

$$Y=\overline{\overline{A}B+A\overline{B}}=\overline{A}\,\overline{B}+AB=A\odot B$$

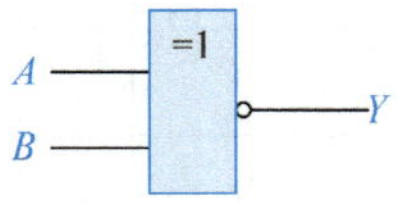

图 11-15 同或逻辑门电路逻辑符号

11.3.2 逻辑函数的表示方法

逻辑函数的表示方法通常有四种，即真值表、逻辑表达式、逻辑图和卡诺图。这里只介绍前三种。

1. 真值表

将输入逻辑变量的各种可能取值及其对应的逻辑函数值排列在一起组成的表格称为真值表。一个输入逻辑变量只有 0 和 1 两种取值，故 n 变量逻辑函数的真值表要列 2^n 行，为避免遗漏，各变量的取值组合应按照二进制递增的次序排列，见表 11-14 同或逻辑的真值表。

真值表的优点是直观明了，输入变量取值一旦确定后，即可在真值表中查出相应的函数值。缺点是当变量比较多时，表比较大，显得过于烦琐。

2. 逻辑表达式

逻辑表达式是用“与”“或”“非”等基本运算符号将逻辑变量连接起来所构成的逻辑代数式。它的优点是逻辑关系表示简单，且便于表示多变量逻辑关系。缺点是不直观。

3. 逻辑图

将逻辑函数式所表示的入-出逻辑关系，用对应的逻辑符号画出的图形称为逻辑图，如图 11-13 所示的与或非逻辑的逻辑图。

逻辑图的优点是贴近工程实际，由逻辑图也可以写出其相应的函数表达式。缺点是不直观。

11.3.3 逻辑代数的基本公式和定律

由与、或、非三种基本的运算规则，可以推出逻辑代数的一些公式和定律。这些公式和定律是设计和分析逻辑电路的理论基础。

1. 八个基本公式

1）变量与常量的关系：

$$A+0=A \qquad A+1=1$$

$$A\cdot 0=0 \qquad A\cdot 1=A$$

2）变量与变量的关系：

$$A+\overline{A}=1 \qquad A\cdot\overline{A}=0$$

$$A+A=A \qquad A\cdot A=A$$

推广：$A+A+\cdots+A=A \qquad A\cdot A\cdots\cdot A=A$

2. 六个定律

（1）与数学普通代数相似的定律

1）交换律：

$$A+B=B+A$$

$$A\cdot B=B\cdot A$$

2）结合律：

$$A+(B+C)=(A+B)+C=B+(A+C)$$

$$A\cdot(B\cdot C)=(A\cdot B)\cdot C=B\cdot(A\cdot C)$$

3）分配律：

$$A+(B\cdot C)=(A+B)\cdot(A+C)$$

$$A\cdot(B+C)=(A\cdot B)+(A\cdot C)$$

（2）逻辑代数中的特殊定律

1）吸收律：

$$A+A\cdot B=A$$

$$A\cdot(A+B)=A$$

$$A+\overline{A}B=A+B$$

2）反演律：

$$\overline{A+B}=\overline{A}\cdot\overline{B}\text{（摩根定律）}$$

$$\overline{A\cdot B}=\overline{A}+\overline{B}$$

3）还原律：

$$\overline{\overline{A}}=A$$

上述公式和定律的正确性，都可以用列真值表的方法加以证明。

11.3.4 逻辑函数的公式法化简

逻辑函数化简的意义：逻辑表达式越简单，实现它的电路越简单，电路工作越稳定可靠。公式法化简是应用逻辑代数的定律和公式进行化简的方法，常用的方法如下：

1. 并项法

运用公式 $A+\overline{A}=1$，将两项合并为一项，消去一个变量。

例 11-8 化简函数 $Y=A\overline{B}C+A\overline{B}\,\overline{C}$。

解： $Y=A\overline{B}C+A\overline{B}\,\overline{C}=A\overline{B}(C+\overline{C})=A\overline{B}$

例 11-9 化简函数 $Y=ABC+A\overline{B}+A\overline{C}$。

解： $Y=ABC+A\overline{B}+A\overline{C}=ABC+A(\overline{B}+\overline{C})=ABC+A\overline{BC}=A(BC+\overline{BC})=A$

2. 吸收法

运用公式 $A+AB=A$ 消去多余的项。

例 11-10 化简函数 $Y=AB+ABCD(E+F)$。

解： $Y=AB+ABCD(E+F)=AB$

3. 消去法

运用公式 $A+\overline{A}B=A+B$ 消去多余的因子。

例 11-11 化简函数 $Y=AB+\overline{A}C+\overline{B}C$。

解： $Y=AB+\overline{A}C+\overline{B}C=AB+(\overline{A}+\overline{B})C=AB+\overline{AB}C=AB+C$

4. 配项法

运用公式 $A+\overline{A}=1$ 或 $A\overline{A}=0$，通过乘以 $A+\overline{A}$ 或加上 $A\overline{A}$，增加必要的乘积项，再用以上方法化简。

例 11-12 化简函数 $Y=AB+\overline{A}C+BCD$。

解：
$$Y=AB+\overline{A}C+BCD=AB+\overline{A}C+BCD(A+\overline{A})=AB+\overline{A}C+ABCD+\overline{A}BCD$$
$$=AB+\overline{A}C$$

在实际化简逻辑函数时，需要灵活运用上述几种方法，才能得到最简式。

11.4 集成逻辑门电路

前面讲过的逻辑电路，都是集成在一个芯片上。产品也有很多品种。其中应用最普遍的是 TTL 系列和 CMOS 系列集成电路。

TTL 系列门电路是由晶体管-晶体管构成的门电路，其逻辑状态仅由晶体管实现，电路中的二极管只用于电平转移和引出电压，电阻仅用于分压和限流。MOS 系列门电路是用 N 沟道或 P 沟道耗尽型场效应晶体管制成的集成电路。若在一个门电路中使用了 N 沟道和 P 沟道 MOS 管互补电路，则称为 CMOS 门电路。

1. TTL 系列数字电路

TTL 系列数字电路分类：TTL 系列数字电路按集成度高低可分为小规模集成电路、中规模集成电路、大规模集成电路和超大规模集成电路。在不同规模的集成电路中包含了各种不同功能的逻辑电路。小规模集成电路集成度比较低，大多数是与门、或门、与非门、或非门、与或非门、反相器、三态门、锁存器、触发器、单稳态、多谐振荡器以及一些扩展门、缓冲器、驱动器等比较简单、通用的数字逻辑单元电路。根据电路设计需要，利用手册，可以选择合适的器件来构成所需的各种数字逻辑电路。中、大规模集成电路的集成度比较高，大多数是一些具有特定逻辑功能的逻辑电路。其中包括：加法器、累加器、乘法器、比较器、奇偶发生器/校验器、算术运算器、多（四、六、八）触发器、寄存器堆、时钟发生器、码制转换器、数据选择器/多路开关、译码器/分配器、显示译码器/驱动器、位片式处理器、异步计数器、同步计数器、A/D 和 D/A 转换器、随机存储器（RAM）、只读存储器（ROM/PROM/EPROM/EEPROM）、处理机控制器和支持功能器件等。

在实际应用中不但要了解各种芯片的逻辑功能，还要综合比较各种参数，使其满足设计要求。各种 TTL 集成电路的重要电特性参数指标，都可以在 TTL 集成电路手册中查到。对于功能复杂的 TTL 集成电路，手册中还提供时序图或波形图、功能表或真值表以及对引脚信号电平的要求。熟练运用集成电路手册，掌握芯片的各种功能与参数指标是正确使用各类 TTL 集成电路的必备条件。在使用 TTL 集成电路时，有些不用的输入端若用小电阻接地，会使此输入端相当于输入一个低电平；若所接电阻过大时，输入端相当于输入一个高电平。因此在处理 TTL 集成电路闲置输入端时，应确保闲置输入端的电平状态不破坏电路的逻辑关系。若闲置输入端悬空时，相当于输入高电平状态。对于闲置输入端的处理，还可以通过电阻将其接至电源 U_{CC}，这种接法不影响电路的逻辑状态。

常用 74 系列 TTL 门电路器件表见表 11-15。表中标有 OC 的门电路是指输出端集电极开路的门电路。

表 11-15 常用 74 系列 TTL 门电路器件表

品种代号	品种名称	品种代号	品种名称
00	2 输入-4 与非门	12	3 输入-3 与非门
01	2 输入-4 与非门（OC）	20	4 输入-2 与非门
02	2 输入-4 或门	21	4 输入与门
03	2 输入-4 或非门（OC）	22	4 输入-2 与非门（OC）
04	6 反相器	27	3 输入-3 或非门
05	6 反相器（OC）	30	8 输入与非门
08	2 输入-4 与门	37	2 输入-4 与非缓冲器
10	3 输入-3 与非门	86	2 输入-4 异或门（OC）

2. MOS 系列数字电路

CMOS 门电路与 TTL 门电路相比，除了结构及电路图不同外，它们的逻辑符号、逻辑表达式完全相同，且真值表（功能表）也完全相同。只是它们的电气参数有所不同，使用方法也有差异而已。

（1）CMOS 数字电路的特点

1）由于 CMOS 的导通内阻比晶体管导通内阻大，所以 CMOS 电路的工作速度比 TTL 电路的工作速度慢。

2）CMOS 电路的输入阻抗很高，超过 10MΩ，在频率不高的情况下，电路可以驱动的 CMOS 电路多于 TTL 电路。

3）CMOS 电路的电源电压允许的变化范围较大，在 5～15V 之间，所以其输出高、低电平的摆幅较大。与 TTL 电路相比，CMOS 电路的抗干扰能力更强，噪音容限可达 30% U_{DD}（U_{DD}为电源电压）。

4）由于 CMOS 工作时总是一管导通，另一管截止，几乎不从电源汲取电流，因此 CMOS 电路的功耗比 TTL 电路小。

5）因 CMOS 集成电路的功耗小，其内部发热量小，所以 CMOS 电路的集成度要比 TTL 电路高。

6）CMOS 集成电路的温度稳定性好，抗辐射能力强，适合于特殊环境下工作。

7）由于 CMOS 电路的输入阻抗高，使其容易受静电感应而击穿，所以在其内部一般都设置了保护电路。

（2）CMOS 集成电路使用注意事项

1）对于各种 CMOS 集成电路来说，在技术手册上都会给出各主要参数的工作条件和极限值，因此一定要在推荐的工作条件范围内使用，否则将导致性能下降或损坏器件。

2）在使用和存放时应注意静电屏蔽。焊接时电烙铁应接地良好或在电烙铁断电情况下焊接。

3）CMOS 电路多余不用的输入端不能悬空，应根据需要接地或接正电源。为了解决由于门电路多余输入端并联后使前级门电路负载增大的影响，根据逻辑关系的要求，可以把多余的输入端直接接地当作低电平输入或把多余的输入端通过一个电阻接到电源上当作高电平输入。这种接法不仅不会造成对前级门电路的影响，而且还可以抑制来自电源的干扰。

4）不同系列集成门电路在同一系统中使用时，由于它们使用的电源电压、输入/输出电平的高低不同，因此需加电平转换电路。

常用 CMOS 门电路见表 11-16 和表 11-17。

表 11-16 常用 CMOS（C000 系列）数字集成电路

品种代号	品种名称	品种代号	品种名称
C001、C031、C061	4 输入-2 与门	C006、C036、C066	2 输入-4 与非门
C002、C032、C062	4 输入-2 或门	C007、C037、C067	4 输入-2 或非门
C003、C033、C063	6 非门	C008、C038、C068	3 输入-3 或非门
C004、C034、C064	4 输入-2 与非门	C009、C039、C069	2 输入-4 或非门
C005、C035、C065	3 输入-3 与非门	C013、C043、C073	双 D 触发器

表 11-17 常用 CMOS（CC4000 系列）数字集成电路

品种代号	品种名称	品种代号	品种名称
CC4011、CD4011、TC4011	2 输入-4 与非门	CC4081、CD4081、TC4081	2 输入-4 与门
CC4001、CD4001、TC4001	2 输入-4 或非门	CC40175、CD40175、TC40175	4D 触发器
CC4013、CD4013、TC4013	双 D 触发器	CC4511、CD4511、TC4511	译码驱动器
CC4069、CD4069、TC4069	6 反相器	CC4553、CD4553、TC4553	十进制计数器

情境总结

1. 数字电路的工作信号是离散的信号，即数字信号。数字电路主要采用二进制数，并采用二进制数进行编码。为了使用方便，还使用八进制和十六进制。用二进制数编码，有很多种方案。对十进制数的编码即 BCD，最常用的是 8421BCD 码。

2. 逻辑代数是分析与设计数字系统的重要工具。逻辑代数包括一些定律和常用公式，使用这些定律和公式，可以对逻辑函数进行简化，以便得到最简单的逻辑关系，实现数字电路设计最简化。

3. 逻辑变量是用来表示逻辑关系的二值量，只有 0 和 1 两种取值。各种复杂的逻辑关系都是由一些基本的逻辑关系组成的。最基本的逻辑关系有与、或、非三种，它们组成的基本逻辑关系主要有与非、或非、与或非、异或、同或等。不同的逻辑关系各有对应的逻辑符号，由各种逻辑符号构成的电路图称为逻辑电路图。

4. 逻辑函数的表示方法主要有逻辑函数表达式、真值表、逻辑图和卡诺图。逻辑函数表达式有多种形式，但一个函数的真值表是唯一的。

习题与思考题

11-1 将下列十进制数转换为二进制、八进制和十六进制数：

(1) $(43)_{10}$　(2) $(27)_{10}$　(3) $(125)_{10}$　(4) $(100)_{10}$

11-2 将下列二进制数转换为十进制、八进制和十六进制数：

(1) $(1011)_2$　(2) $(110111)_2$　(3) $(1111011)_2$

11-3 将下列八进制数转换为十进制、二进制数：

(1) $(43)_8$　(2) $(27)_8$　(3) $(125)_8$

11-4 将下列十六进制数转换为十进制、二进制数：

(1) $(4A3)_{16}$　(2) $(D7)_{16}$　(3) $(825)_{16}$

11-5 写出下列十进制数的 8421BCD 码：

(1) $(345)_{10}$　(2) $(827)_{10}$　(3) $(69)_{10}$　(4) $(102)_{10}$

11-6 写出下列 8421BCD 码对应的十进制数：

(1) $(01000010)_{8421BCD}$　(2) $(100001010011)_{8421BCD}$　(3) $(100100010101)_{8421BCD}$

11-7 逻辑代数中三种最基本的逻辑关系是什么？请分别举出符合三种最基本逻辑关系的实例。

11-8 什么叫真值表？列出下列函数的真值表，指出当 A、B、C 取什么值时，函数 Y 的值为 1。

(1) $Y = AB + BC + AB$

(2) $Y = \bar{A}B + AC$

(3) $Y = A \oplus B \oplus C$

(4) $Y = (A + B + C)(\bar{A} + B + \bar{C})$

11-9 用公式法化简下列逻辑函数为最简与或式：

(1) $Y = A + ABC + A\overline{BC} + BC + \bar{B}C$

(2) $Y = A\bar{B}CD + ABD + A\bar{C}D$

(3) $Y = \bar{A}\bar{B} + (AB + A\bar{B} + \bar{A}B)C$

(4) $Y=A+A\overline{B}\,\overline{C}+\overline{A}CD+(\overline{C}+\overline{D})E$

(5) $Y=(A\oplus B)C+ABC+\overline{A}\,\overline{B}C$

(6) $Y=AD+A\overline{D}+AB+\overline{A}C+\overline{C}D+A\overline{B}EF$

11-10 画出下列逻辑函数的逻辑图：

(1) $Y=AB+BC+AB$

(2) $Y=\overline{A}B+AC$

(3) $Y=A\oplus B\oplus C$

(4) $Y=(A+B+C)(\overline{A}+B+\overline{C})$

11-11 画出用与非门实现下列函数的逻辑图：

(1) $Y=AB+BC+AB$

(2) $Y=\overline{A}B+AC$

（提示：用与非门实现函数，方法是将逻辑函数的与或表达式两次取反，利用反演律整理即得。）

教学情境 12

组合逻辑电路分析

教学目标：有了逻辑代数和基本逻辑门电路的基础知识，本章将学习数字电路中常用集成组合器件。数字电路分成组合逻辑电路和时序逻辑电路两部分。本章学习目标是掌握组合逻辑电路分析与设计的基本方法；掌握常用组合逻辑集成芯片如编码器、译码器、数据选择器等的功能和初步应用知识。

12.1 组合逻辑电路的分析与设计

组合逻辑电路指任何时刻的输出仅取决于该时刻输入信号，而与电路原有的状态无关的电路。其逻辑功能特点是没有存储和记忆作用；组成特点是由门电路构成，不含记忆单元，无反馈。

12.1.1 组合逻辑电路的分析

分析逻辑电路的目的，就是要研究其输出与输入之间逻辑关系，得出电路所实现的逻辑功能。分析的一般步骤为：

1）由已知的逻辑图写出逻辑表达式。一般从输入端逐级写出各逻辑门的表达式，直到写出该电路的逻辑表达式；

2）将逻辑式化简；

3）列出真值表；

4）根据真值表和表达式确定其逻辑功能。

组合逻辑电路的分析流程如图 12-1 所示。

图 12-1 组合逻辑电路的分析流程

例 12-1 试分析如图 12-2 所示电路的逻辑功能。

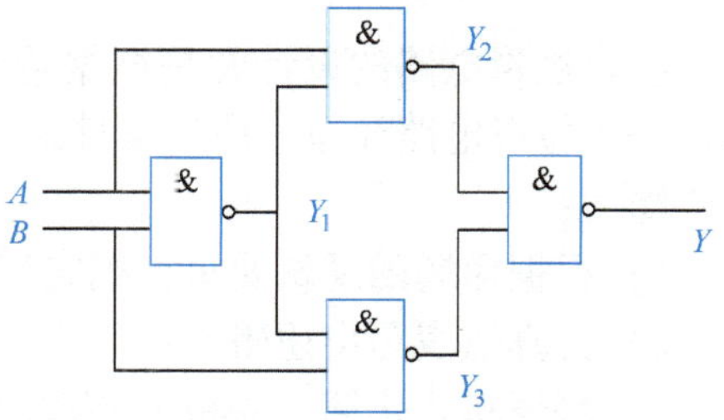

图 12-2 例 12-1 图

解：分析步骤如下：

1）由输入变量 A、B 开始，逐级写出各个门的输出表达式，最后导出输出结果。

$$Y_1 = \overline{AB}$$

$$Y_2=\overline{A\cdot Y_1}=\overline{A\cdot\overline{AB}}=\overline{A}+AB=\overline{A}+B$$

$$Y_3=\overline{B\cdot Y_1}=\overline{B\cdot\overline{AB}}=\overline{B}+AB=A+\overline{B}$$

$$Y=\overline{Y_2Y_3}=\overline{(\overline{A}+B)(A+\overline{B})}$$

2）将输出结果化为最简的与或式。

$$Y=\overline{Y_2Y_3}=\overline{(\overline{A}+B)(A+\overline{B})}=\overline{\overline{A}+B}+\overline{A+\overline{B}}=A\cdot\overline{B}+\overline{A}\cdot B$$

3）列出真值表，见表12-1。

4）分析真值表可知，A、B输入相同时，输出为0；A、B输入不同时，输出为1。即异或逻辑。

例12-2 分析图12-3所示电路的逻辑功能。

表12-1 例12-1的真值表

输入		输出
A	B	Y
0	0	0
0	1	1
1	0	1
1	1	0

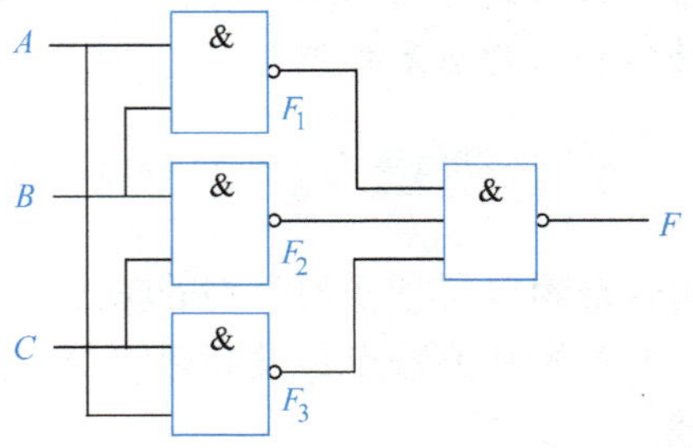

图12-3 例12-2图

解： 1）由输入变量A、B、C开始，逐级写出各个门的输出表达式，最后导出输出结果。

$$F_1=\overline{AB}\qquad F_2=\overline{BC}\qquad F_3=\overline{CA}$$

$$F=\overline{F_1F_2F_3}=\overline{\overline{AB}\cdot\overline{BC}\cdot\overline{CA}}=AB+BC+CA$$

2）由表达式列出真值表，见表12-2，由表可知，当输入A、B、C中有2个或3个为1时，输出F为1，否则输出F为0。所以这个电路实际上是一种3人表决用的组合电路：只要有2票或3票同意，表决就通过。

表12-2 例12-2的真值表

A B C	F	A B C	F
0 0 0	0	1 0 0	0
0 0 1	0	1 0 1	1
0 1 0	0	1 1 0	1
0 1 1	1	1 1 1	1

12.1.2 组合逻辑电路的设计

组合逻辑电路的设计就是根据给出的实际问题，求出能够实现这一逻辑功能的实际电路。一般应以电路简单、所用器件最少为目标，并尽量减少所用集成器件的种类。设计的一般步骤为：

1）根据命题的逻辑要求，确定好输入、输出变量并赋值，即建立真值表；

2）由真值表写出逻辑式；

3）将逻辑式化简，并根据要求把逻辑式转换成适当形式；

4）由逻辑式画出逻辑图。

组合逻辑电路的设计流程如图 12-4 所示。

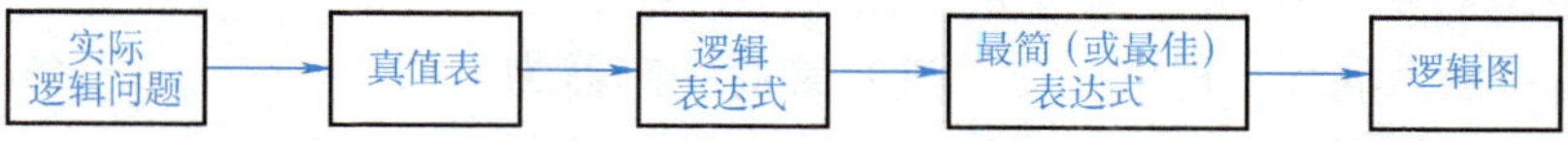

图 12-4 组合逻辑电路的设计流程

从上述步骤可见，组合逻辑电路设计是分析的逆过程。

例 12-3 用与非门设计一个信号灯报警控制电路。信号灯有红、绿、黄 3 种，3 种灯分别单独工作或黄、绿灯同时工作时属正常情况，其他情况均属故障，出现故障时输出报警信号。

解： 1）设红、绿、黄灯分别用 A、B、C 表示，灯亮时为正常工作，其值为 1，灯灭时为故障现象，其值为 0；输出报警信号用 Y 表示，正常工作时 Y 值为 0，出现故障时 Y 值为 1。列出真值表见表 12-3。

表 12-3 例 12-3 的真值表

A B C	Y	A B C	Y
0 0 0	1	1 0 0	0
0 0 1	0	1 0 1	1
0 1 0	0	1 1 0	1
0 1 1	0	1 1 1	1

2）写出逻辑函数式

$$Y=\overline{A}\,\overline{B}\,\overline{C}+A\overline{B}C+AB\overline{C}+ABC$$

化简为

$$Y=\overline{A}\,\overline{B}\,\overline{C}+A\overline{B}C+AB\overline{C}+ABC+ABC$$
$$=\overline{A}\,\overline{B}\,\overline{C}+AC(\overline{B}+B)+AB(\overline{C}+C)$$
$$=\overline{A}\,\overline{B}\,\overline{C}+AC+AB$$
$$=\overline{\overline{\overline{A}\,\overline{B}\,\overline{C}+AC+AB}}$$
$$=\overline{\overline{\overline{A}\,\overline{B}\,\overline{C}}\cdot\overline{AC}\cdot\overline{AB}}$$

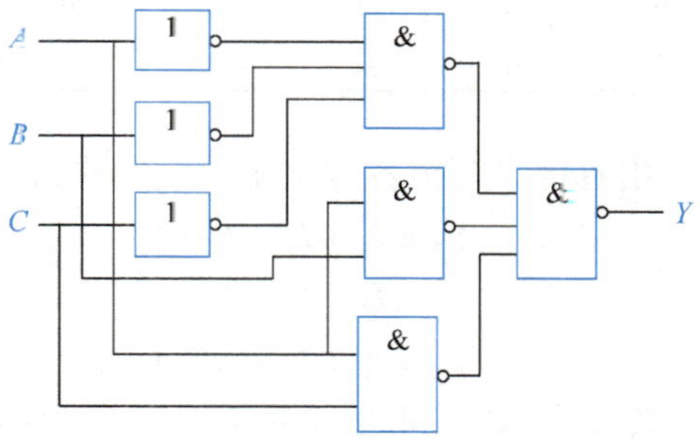

图 12-5 例 12-3 图

3）据整理的逻辑式画出逻辑电路图，如图 12-5所示。

12.2 常用组合逻辑器件

组合逻辑器件是指具有某种逻辑功能的中规模集成组合逻辑电路芯片。常用的有编码器、译码器、数据选择器、分配器、加法器、比较器等。本节主要介绍编码器、译码器、数据选择器的逻辑功能和应用。

12.2.1 编码器

所谓编码就是将特定含义的输入信号（文字、数字、符号）转换成二进制代码的过程。实现编码操作的数字电路称为编码器。按照编码方式不同，编码器可分为普通编码器和优先编码器；按照输出代码种类的不同，可分为二进制编码器和非二进制编码器。

1. 普通二进制编码器

n 位二进制数有 2^n 个不同的取值组合，用 n 位二进制代码对 2^n 个信号进行编码的电路称为二进制编码器。

在普通编码器中，任何时刻只允许输入一个编码信号，否则输出将发生混乱。现以 3 位二进制普通编码器为例，分析普通编码器的工作原理。图 12-6 是 3 位二进制编码器的框图，它的输入是 $I_0 \sim I_7$ 8 个信号，输出是 3 位二进制代码 $Y_2Y_1Y_0$。为此，又把它称为 8 线-3 线编码器。输出与输入的对应关系即真值表，见表 12-4。

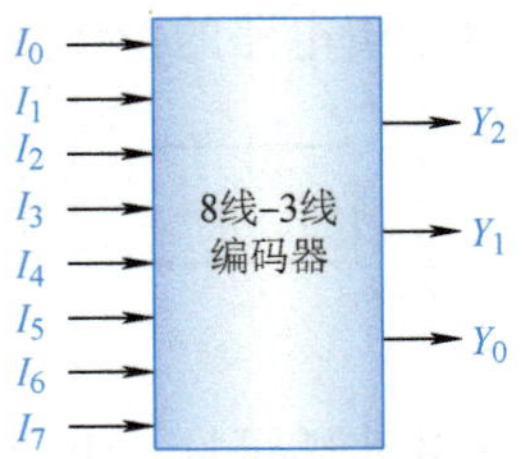

图 12-6 3 位二进制编码器的框图

表 12-4 3 位二进制编码器的真值表

输入								输出		
I_0	I_1	I_2	I_3	I_4	I_5	I_6	I_7	Y_2	Y_1	Y_0
1	0	0	0	0	0	0	0	0	0	0
0	1	0	0	0	0	0	0	0	0	1
0	0	1	0	0	0	0	0	0	1	0
0	0	0	1	0	0	0	0	0	1	1
0	0	0	0	1	0	0	0	1	0	0
0	0	0	0	0	1	0	0	1	0	1
0	0	0	0	0	0	1	0	1	1	0
0	0	0	0	0	0	0	1	1	1	1

由真值表写出各输出函数表达式为

$$Y_2 = I_4 + I_5 + I_6 + I_7$$

$$Y_1 = I_2 + I_3 + I_6 + I_7$$

$$Y_0 = I_1 + I_3 + I_5 + I_7$$

图 12-7 就是根据上述表达式得出的 3 位二进制编码电路。

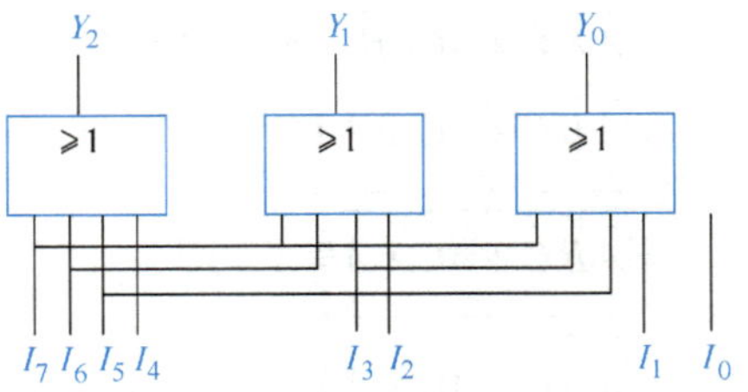

图 12-7 用或门构成的 3 位二进制编码电路

2. 二进制优先编码器

在普通编码器中，一次只允许输入一个编码信号。而优先编码器，允许同时输入两个或两个以上的编码信号。不过在设计优先编码器时已经将所有的输入信号按优先顺序排了队，当几个输入信号同时出现时，只对其中优先权最高的一个进行编码。

74LS148 是一种常用的 8 线-3 线优先编码器。其引脚排列和逻辑符号图如图 12-8 所示。

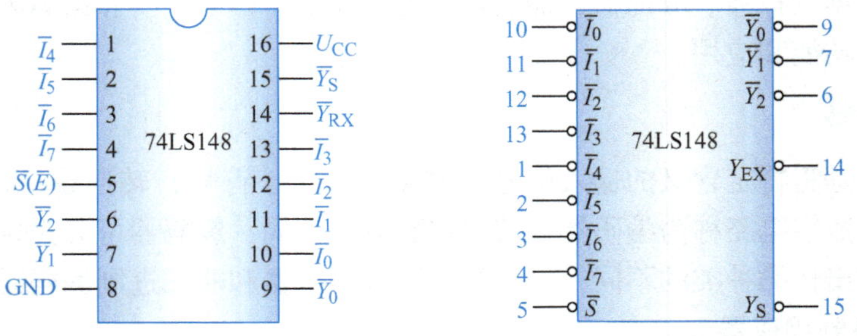

a) 引脚排列图　　b) 逻辑符号图

图 12-8 74LS148 优先编码器

表 12-5 是 741LS148 的功能表。$\overline{I}_0 \sim \overline{I}_7$为编码输入端，低电平有效。$\overline{Y}_0 \sim \overline{Y}_2$为编码输出端，也是低电平有效。$\overline{I}_7$的优先级别最高，$\overline{I}_0$的级别最低。

表 12-5 741LS148 的功能表

输入									输出				
$\overline{S}$	$\overline{I}_0$	$\overline{I}_1$	$\overline{I}_2$	$\overline{I}_3$	$\overline{I}_4$	$\overline{I}_5$	$\overline{I}_6$	$\overline{I}_7$	$\overline{Y}_2$	$\overline{Y}_1$	$\overline{Y}_0$	$\overline{Y}_S$	$\overline{Y}_{EX}$
1	×	×	×	×	×	×	×	×	1	1	1	1	1
0	1	1	1	1	1	1	1	1	1	1	1	0	1
0	×	×	×	×	×	×	×	0	0	0	0	1	0
0	×	×	×	×	×	×	0	1	0	0	1	1	0
0	×	×	×	×	×	0	1	1	0	1	0	1	0
0	×	×	×	×	0	1	1	1	0	1	1	1	0
0	×	×	×	0	1	1	1	1	1	0	0	1	0
0	×	×	0	1	1	1	1	1	1	0	1	1	0
0	×	0	1	1	1	1	1	1	1	1	0	1	0
0	0	1	1	1	1	1	1	1	1	1	1	1	0

由表 12-5 不难看出，$\overline{S}$ 为使能（允许）输入端，低电平有效。在 $\overline{S}=0$ 时，电路允许 $\overline{I}_0 \sim \overline{I}_7$ 当中同时有几个输入端为低电平，即允许编码。$\overline{I}_7$ 的优先级别最高，$\overline{I}_0$ 的级别最低。比如，当 $\overline{I}_7=0$ 时，无论其他输入端有无输入信号（表中以×表示），输出端只给出 $\overline{I}_7$ 的编码，即 $\overline{Y}_2\overline{Y}_1\overline{Y}_0=000$；当 $\overline{I}_7=1$、$\overline{I}_6=0$ 时，无论其余输入端有无输入信号，只对 $\overline{I}_6$ 编码，输出为 $\overline{Y}_2\ \overline{Y}_1\ \overline{Y}_0=001$。在 $\overline{S}=1$ 时，电路禁止编码，输出为 $\overline{Y}_2\ \overline{Y}_1\ \overline{Y}_0=111$。

表中出现的 3 种 $\overline{Y}_2\overline{Y}_1\overline{Y}_0=111$ 的情况可以用 $\overline{Y}_S$ 和 $\overline{Y}_{EX}$ 的不同状态加以区分。$\overline{Y}_S$ 和 $\overline{Y}_{EX}$ 为使能输出端和优先标志输出端，主要用于多级连接进行扩展功能。图 12-9 所示为两块 74LS148 扩展成的一个 16 线-4 线优先编码器。

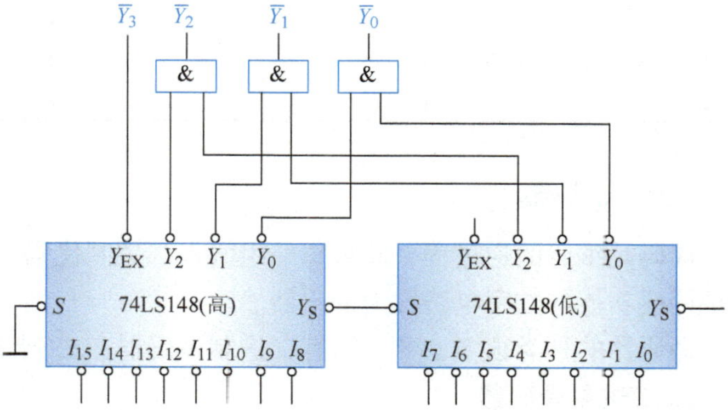

图 12-9 74LS148 扩展成的一个 16 线-4 线优先编码器

3. 二-十进制编码器

将十进制数 0 ~ 9 编成二进制代码的电路就是二-十进制编码器。下面以 74LS147 二-十进制（8421）优先编码器为例加以介绍，其引脚排列和逻辑符号图如图 12-10 所示。

74LS147 编码器的功能表见表 12-6。由该表可见，编码器有 9 个输入端（$I_1 \sim I_9$）和

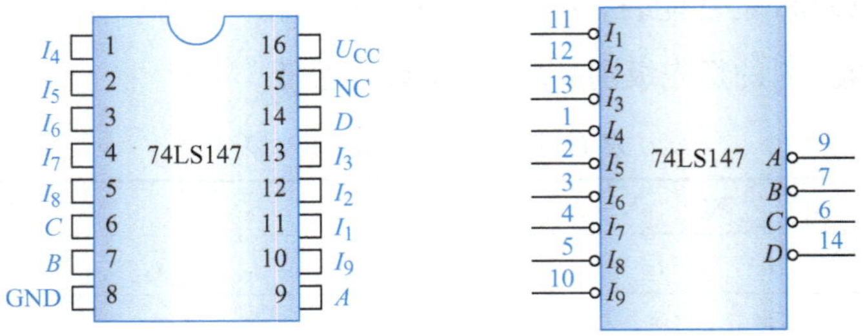

a) 引脚排列图　　b) 逻辑符号图

图 12-10 74LS147 二–十进制（8421）优先编码器引脚排列和逻辑符号图

4 个输出端（A、B、C、D）。其中 I_9 状态信号级别最高，I_1 状态信号的级别最低。$DCBA$ 为编码输出端，以反码输出，D 为最高位，A 为最低位。一组 4 位二进制代码表示一位十进制数。有效输入信号为低电平。若无有效信号输入即 9 个输入信号全为“1”，代表输入的十进制数是 0，则输出 $DCBA=1111$（0 的反码）。若 $I_1 \sim I_9$ 为有效信号输入，则根据输入信号的优先级别输出级别最高信号的编码。

表 12-6 编码器 74LS147 的功能表

输入									输出			
I_9	I_8	I_7	I_6	I_5	I_4	I_3	I_2	I_1	D	C	B	A
1	1	1	1	1	1	1	1	1	1	1	1	1
0	×	×	×	×	×	×	×	×	0	1	1	0
1	0	×	×	×	×	×	×	×	0	1	1	1
1	1	0	×	×	×	×	×	×	1	0	0	0
1	1	1	0	×	×	×	×	×	1	0	0	1
1	1	1	1	0	×	×	×	×	1	0	1	0
1	1	1	1	1	0	×	×	×	1	0	1	1
1	1	1	1	1	1	0	×	×	1	1	0	0
1	1	1	1	1	1	1	0	×	1	1	0	1
1	1	1	1	1	1	1	1	0	1	1	1	0

12.2.2 译码器

译码是编码的逆过程，即将每一组输入二进制代码“翻译”成为一个特定的输出信号。实现译码功能的数字电路称为译码器。

译码器的种类很多，常见的有二进制译码器、二–十进制译码器和数字显示译码器。

1. 二进制译码器

二进制译码器又称为变量译码器，用于把 n 位二进制代码转换成 2^n 个对应输出信号。常见的有 2 线–4 线（2 输入 4 输出）译码器、3 线–8 线（3 输入 8 输出）译码器和 4 线–16 线（4 输入 16 输出）译码器等。

74LS138 为常用的双极型集成 3 线–8 线译码器，其引脚排列和逻辑符号如图 12-11 所示。

图中 $A_2A_1A_0$ 为二进制代码输入端，A_2 为高位。$\overline{Y}_0 \sim \overline{Y}_7$ 为信号输出端，低电平有效。

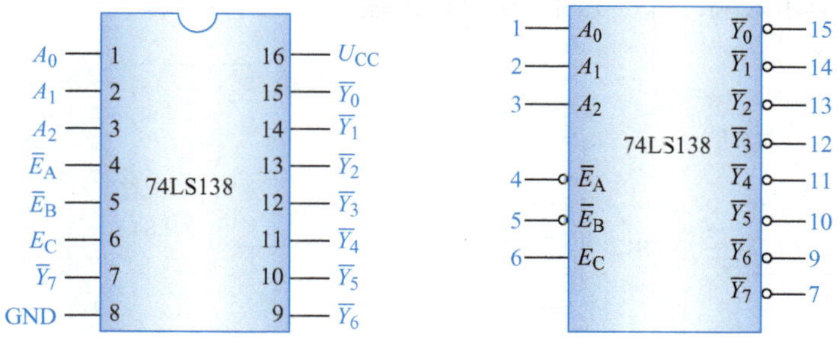

a) 引脚排列图　　　b) 逻辑符号图

图 12-11　集成 3 线-8 线译码器 74LS138

$\overline{E}_A$、$\overline{E}_B$ 和 E_C 为使能端。

74LS138 的功能表见表 12-7。由功能表可知，当 E_C 为高电平、$\overline{E}_A$、$\overline{E}_B$ 都为低电平时，输出 $\overline{Y}_0 \sim \overline{Y}_7$ 中有且仅有一个为 0（低电平有效），其余都是 1，即译码器有有效译码信号输出，否则，译码器不工作，输出全为高电平 1。

表 12-7　译码器 74LS138 的功能表

输入					输出							
E_C	$\overline{E}_A+\overline{E}_B$	A_2	A_1	A_0	$\overline{Y}_0$	$\overline{Y}_1$	$\overline{Y}_2$	$\overline{Y}_3$	$\overline{Y}_4$	$\overline{Y}_5$	$\overline{Y}_6$	$\overline{Y}_7$
×	1	×	×	×	1	1	1	1	1	1	1	1
0	×	×	×	×	1	1	1	1	1	1	1	1
1	0	0	0	0	0	1	1	1	1	1	1	1
1	0	0	0	1	1	0	1	1	1	1	1	1
1	0	0	1	0	1	1	0	1	1	1	1	1
1	0	0	1	1	1	1	1	0	1	1	1	1
1	0	1	0	0	1	1	1	1	0	1	1	1
1	0	1	0	1	1	1	1	1	1	0	1	1
1	0	1	1	0	1	1	1	1	1	1	0	1
1	0	1	1	1	1	1	1	1	1	1	1	0

用 74LS138 可充当组合逻辑函数发生器，如图12-12 所示，用译码器 74LS138 和与非门实现的逻辑关系是 $Y=ABC+\overline{A}\cdot\overline{B}\cdot\overline{C}$，即三变量一致鉴别。

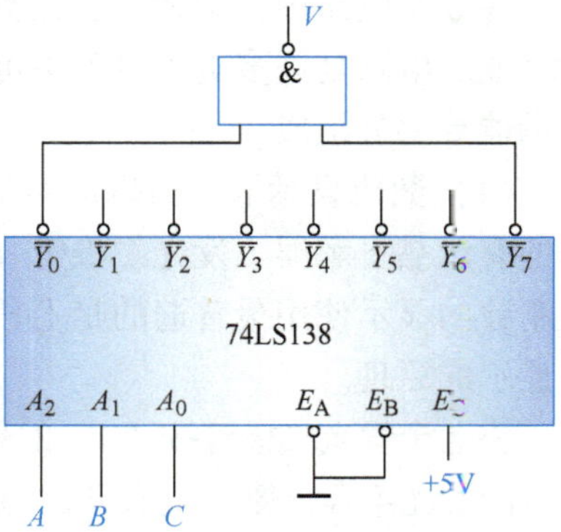

图 12-12　用 74LS138 实现逻辑函数

2. 二–十进制译码器

二–十进制译码器即 BCD 码译码器。它的功能：将 4 位 BCD 代码翻译成 1 位十进制数字。因此，二–十进制译码器有 4 个输入端、10 个输出端，所以又称为 4 线–10 线译码器。

74LS42 集成 8421 BCD 码译码器如图 12-13 所示，其中图 12-13a 为引脚排列，图 12-13b 为逻辑符号。图

中 $A_3A_2A_1A_0$ 为 4 个输入端、$\overline{Y_0}$ ~ $\overline{Y_9}$是 10 个输出端，低电平有效。

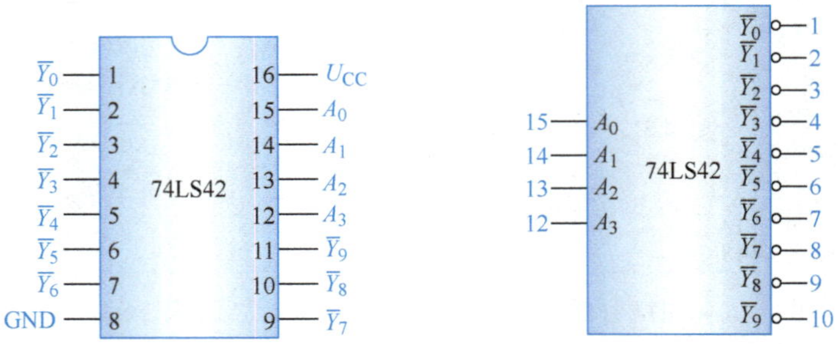

a) 引脚排列图　　b) 逻辑符号图

图 12-13　74LS42 集成 8421 BCD 码译码器

表 12-8 为其逻辑真值表。

表 12-8　译码器 74LS42 逻辑真值表

输入				输出									
A_3	A_2	A_1	A_0	$\overline{Y_0}$	$\overline{Y_1}$	$\overline{Y_2}$	$\overline{Y_3}$	$\overline{Y_4}$	$\overline{Y_5}$	$\overline{Y_6}$	$\overline{Y_7}$	$\overline{Y_8}$	$\overline{Y_9}$
0	0	0	0	0	1	1	1	1	1	1	1	1	1
0	0	0	1	1	0	1	1	1	1	1	1	1	1
0	0	1	0	1	1	0	1	1	1	1	1	1	1
0	0	1	1	1	1	1	0	1	1	1	1	1	1
0	1	0	0	1	1	1	1	0	1	1	1	1	1
0	1	0	1	1	1	1	1	1	0	1	1	1	1
0	1	1	0	1	1	1	1	1	1	0	1	1	1
0	1	1	1	1	1	1	1	1	1	1	0	1	1
1	0	0	0	1	1	1	1	1	1	1	1	0	1
1	0	0	1	1	1	1	1	1	1	1	1	1	0

3. 数字显示译码器

在数字电路中，常常需要把测量或处理的结果直接用十进制数的形式显示出来，因此，数字显示电路是许多电子设备不可缺少的组成部分。数字显示电路通常由译码器、驱动器和显示器等部分组成。

（1）数码显示器　数码显示器件种类繁多，其作用是用以显示数字、文字或符号。常用的有液晶显示器、发光二极管（LED）显示器、辉光数码管以及荧光数码管等。目前，十进制数的显示使用最普遍的是七段显示器。下面以应用较多的 LED 七段数码管为例介绍数码显示的原理。

将七个发光二极管按“8”的形状排列封装在一起，即称为半导体数码管。利用七个 LED 的不同发光组合，便可显示出 0，1，2，…，9 十个不同的数字。半导体数码管的外形和显示的数字图形如图 12-14 所示。图 12-14 a 中圆点 h 为圆形发光二极管，用于显示小数点。

LED 显示器有共阳极和共阴极两种接法。共阴极接法如图 12-15a 所示，各发光二极管

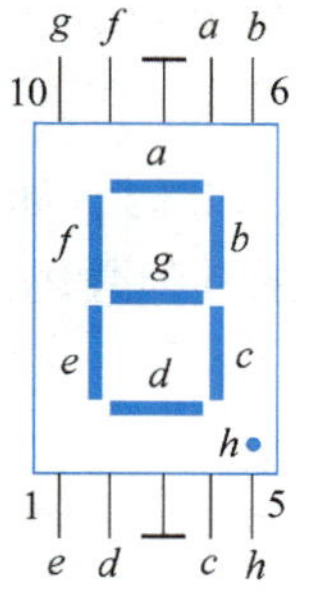

a) 外引线排列图

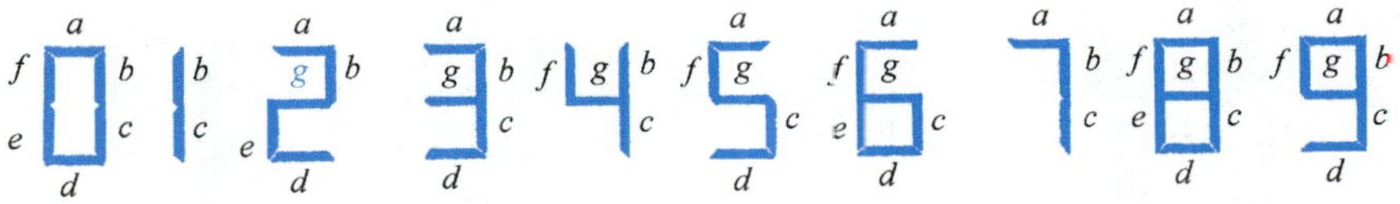

b) 显示的字形

图 12-14　半导体数码管的外形和显示的数字

阴极相接，对应阳极接高电平时亮。图 12-15b 所示为发光二极管的共阳极接法，共阳极接法是各发光二极管的阳极相接，对应阴极接低电平时亮。

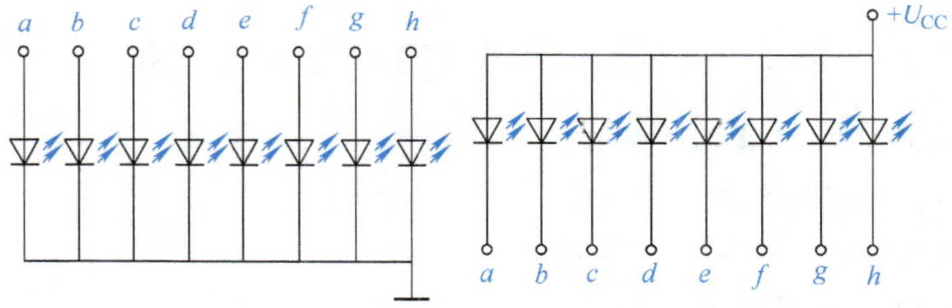

a) 共阴极接法　　b) 共阳极接法

图 12-15　七段显示器的接法

(2) 七段显示译码器　供 LED 显示器用的显示译码器有多种类型，如 74LS47、74LS48、74LS49。其中 74LS47 和 74LS48 引脚相同，不同的是 74LS47 输出低电平有效，74LS48 输出高电平有效。与 74LS47 和 74LS48 相比，74LS49 只有试灯端，没有灭零控制。显示译码器有四个输入端，七个输出端，它将 8421 代码译成七个输出信号以驱动七段 LED 显示器。图 12-16 是显示译码器和 LED 显示器的连接示意图。

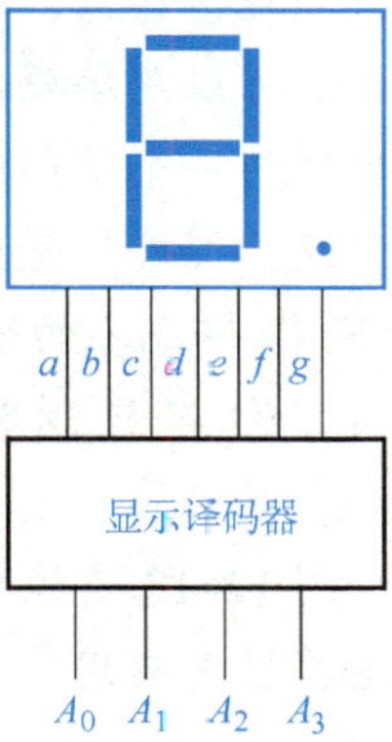

图 12-16　显示译码器和 LED 显示器的连接示意图

图 12-17 给出了 74LS48 译码器的引脚排列图和逻辑符号图。图中 $A_3A_2A_1A_0$ 为 4 个输入端、$Y_a \sim Y_g$ 是 7 个输出端。控制信号端 $\overline{LT}$、$\overline{I}_B/\overline{Y}_{BR}$、$\overline{I}_{BR}$ 的作用如下：

1）试灯输入 $\overline{LT}$。该输入端用于测试七段数码管发光段的好坏。当 $\overline{LT}=0$、$\overline{I}_B/\overline{Y}_{BR}=1$ 时，若七段均完好，显示字形是“8”。

2）熄灭输入信号 $\bar{I}_B$（即 $\bar{I}_B/\bar{Y}_{BR}$）。其是为了降低系统的功耗而设置的。$\bar{I}_B=0$ 时，不管输入如何，数码管不显示数字。

3）灭零输入信号 $\bar{I}_{BR}$。当 $\overline{LT}=1$，$\bar{I}_{BR}=0$ 时，如果输入 $A_3A_2A_1A_0=0000$，则数码管不显示任何数字；如果输入 $A_3A_2A_1A_0$ 是非零的其他数码，则数码管照常显示。

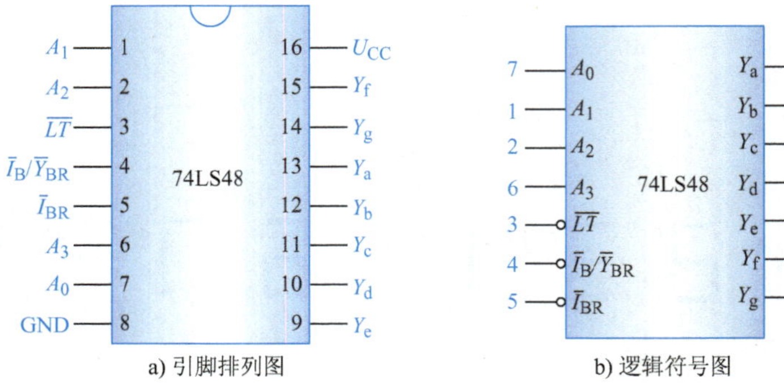

图 12-17 74LS48 译码器的引脚排列图和逻辑符号图

情境链接

编码器与译码器的应用实例

编码器的应用是非常广泛的。例如，常用的计算机键盘，其内部就是一个字符编码器。它将键盘上的大、小写英文字母和数字及符号还包括一些功能键（回车、空格）等编成一系列的七位二进制数码，送到计算机的中央处理单元 CPU，然后再进行处理、存储、输出到显示器或打印机上。还可以用编码器监控炉罐的温度，若其中任何一个炉温超过标准温度或低于标准温度，则检测传感器输出一个低电平到 74LS148 编码器的输入端，编码器编码后输出三位二进制代码到微处理器进行控制。

图 12-18 是编码器、显示译码器构成的抢答器的应用。

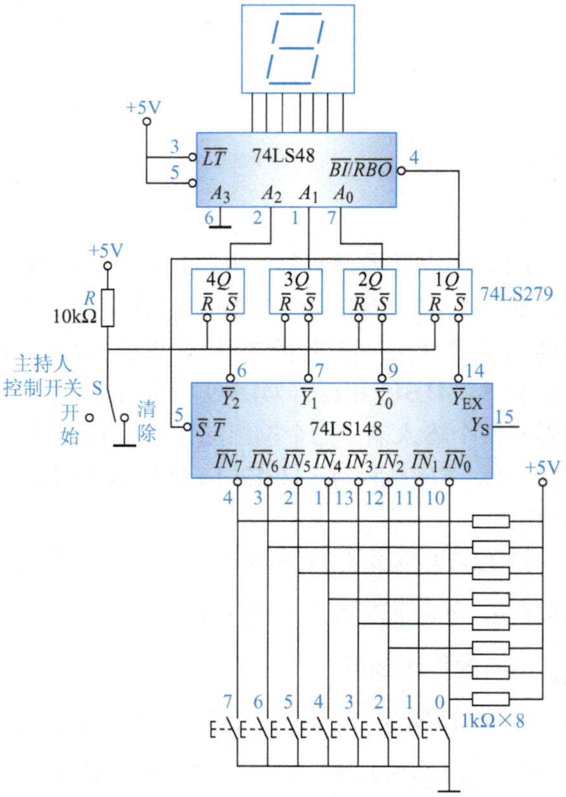

图 12-18 编码器、显示译码器构成的抢答器

12.2.3 数据选择器

所谓数据选择器，就是在选择控制信号作用下，能够根据需要从多路输入数据中挑选一路输出。它的基本功能类似于

图 12-19所示的单刀多掷开关。

集成数据选择器的种类很多，有 4 选 1、8 选 1 和 16 选 1 等。下面以 8 选 1 为例，介绍数据选择器的基本功能和应用知识。

图 12-20 所示为 74LS151 8 选 1 数据选择器的引脚排列和逻辑符号。

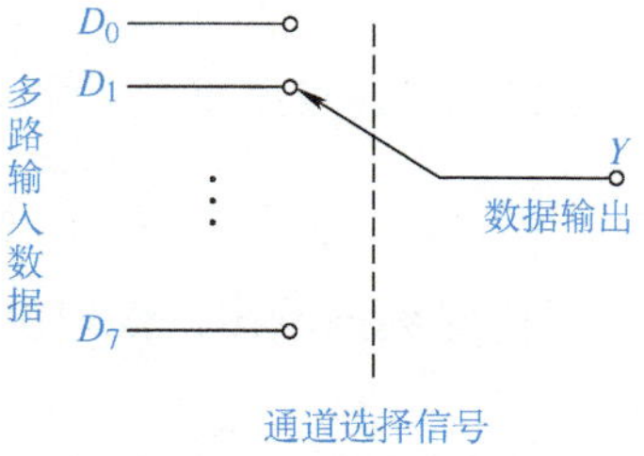

图 12-19 数据选择器示意图

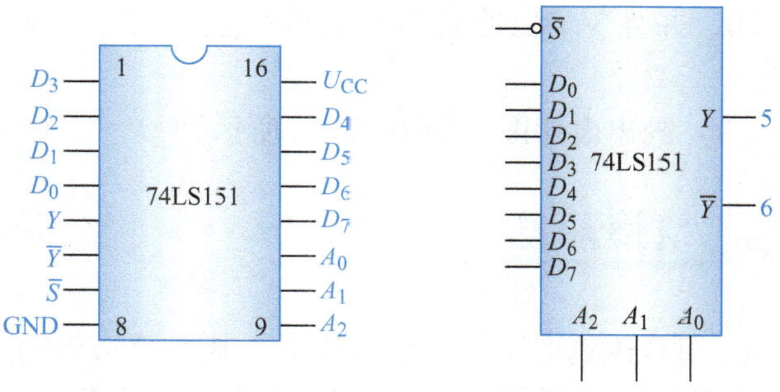

a) 引脚排列图　b) 逻辑符号图

图 12-20 74LS151 的引脚排列和逻辑符号

74LS151 有 8 个数据输入端 $D_7 \sim D_0$，3 个地址端 $A_2A_1A_0$，1 个使能端 $\overline{S}$，2 个互补输出端 Y 和 $\overline{Y}$。其功能表见表 12-9。

当 $\overline{S}=1$ 时，74LS151 禁止工作，不能进行数据选择，$Y=0$ 和 $\overline{Y}=1$；当 $\overline{S}=0$ 时（有效），74LS151 接通工作，根据地址代码选择 $D_7 \sim D_0$ 中某一路输出。

表 12-9 74LS151 的功能表

输入				输出	
A_2	A_1	A_0	$\overline{S}$	Y	$\overline{Y}$
×	×	×	1	0	1
0	0	0	0	D_0	$\overline{D}_0$
0	0	1	0	D_1	$\overline{D}_1$
0	1	0	0	D_2	$\overline{D}_2$
0	1	1	0	D_3	$\overline{D}_3$
1	0	0	0	D_4	$\overline{D}_4$
1	0	1	0	D_5	$\overline{D}_5$
1	1	0	0	D_6	$\overline{D}_6$
1	1	1	0	D_7	$\overline{D}_7$

由此可得其逻辑表达式为

$$Y=\overline{A}_2\overline{A}_1\overline{A}_0D_0+\overline{A}_2\overline{A}_1A_0D_1+\overline{A}_2A_1\overline{A}_0D_2+\overline{A}_2A_1A_0D_3+$$
$$A_2\overline{A}_1\overline{A}_0D_4+A_2\overline{A}_1A_0D_5+A_2A_1\overline{A}_0D_6+A_2A_1A_0D_7$$

数据选择器不仅用作数据传输，而且可用于实现组合逻辑函数。

例 12-4 试用 8 选 1 数据选择器（74LS151）实现函数 $Y=AB+AC+BC$。

解：（1）整理逻辑函数的表达式为

$Y = AB + AC + BC = AB(C+\overline{C}) + AC(B+\overline{B}) + BC(A+\overline{A}) = ABC + AB\overline{C} + A\overline{B}C + \overline{A}BC$

（2）与74LS151 8选1数据选择器的逻辑表达式对比后，令 $D_3 = D_5 = D_6 = D_7 = 1$，$D_0 = D_1 = D_2 = D_4 = 0$，并且3个地址端 $A_2A_1A_0$ 作变量 A、B、C 输入端。

（3）画出电路图，如图12-21所示。

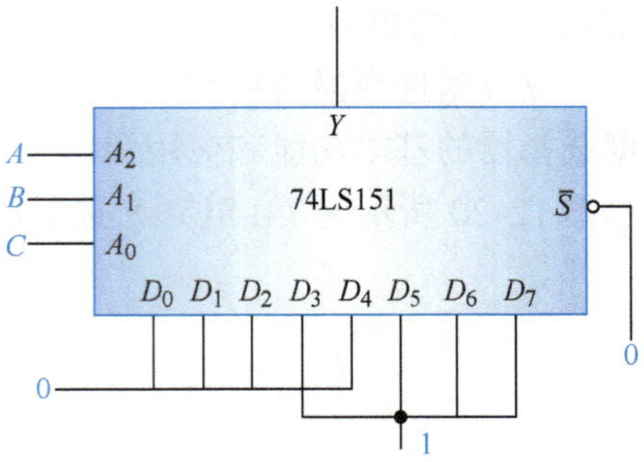

图12-21 例12-4图

情境总结

1. 组合逻辑电路一般是由若干个基本逻辑单元组合而成，任何时刻的输出，仅取决于该时刻的输入，而与电路的原状态无关，即电路没有记忆功能。

2. 要求掌握组合逻辑电路的一般分析方法和设计方法。组合逻辑电路的分析是给出逻辑电路图，通过一定的步骤找出该电路的逻辑功能；组合逻辑电路的设计是给出逻辑功能要求，通过一定的步骤设计并画出逻辑电路图。

3. 对于常用的典型组合逻辑电路主要是编码器、译码器、数据选择器等，必须掌握它们的特点和逻辑功能。

习题与思考题

12-1 组合逻辑电路的结构及逻辑功能有什么特点？

12-2 组合逻辑电路的分析有哪几个步骤？组合逻辑电路的设计有哪几个步骤？

12-3 常用的集成组合逻辑电路有哪些？各有什么功能？

12-4 分析图12-22所示逻辑电路的功能。

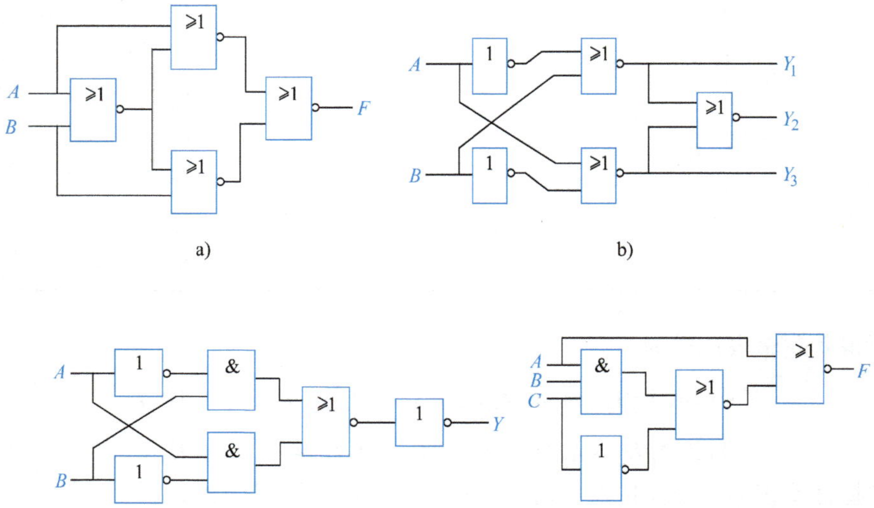

a) b) c) d)

图12-22 题12-4图

12-5 试设计一个组合逻辑电路，3 个输入信号 A、B、C 决定电路输出 Y。当输入中有 2 个或 3 个为 1 时，Y 为 1。试列出该逻辑电路的真值表，并用与非门实现。

12-6 某同学参加四门课程考试，规定如下：

1）课程 A 及格得 1 分，不及格得 0 分；

2）课程 B 及格得 2 分，不及格得 0 分；

3）课程 C 及格得 4 分，不及格得 0 分；

4）课程 D 及格得 5 分，不及格得 0 分。

若总得分大于 8 分（含 8 分），就可结业。试用与非门画出实现上述要求的逻辑电路。

12-7 有三个班学生上自习，大教室能容纳两个班学生，小教室能容纳一个班学生。设计两个教室是否开灯的逻辑控制电路，要求如下：

（1）一个班学生上自习，开小教室的灯；

（2）两个班上自习，开大教室的灯；

（3）三个班上自习，两教室均开灯。

12-8 设计一个不一致逻辑电路，要求三个输入变量不一致时，输出为 1，反之为 0。

12-9 为使 74LS138 译码器的第 10 引脚输出为低电平，请标出各输入端应置的逻辑电平。

12-10 图 12-23 是由 3 线-8 线译码器和与非门构成的电路，写出 Y_1 和 Y_2 的表达式，列出真值表，说明其逻辑功能。

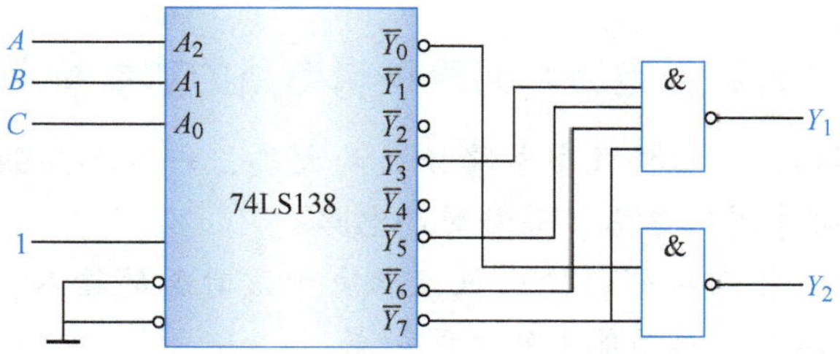

图 12-23 题 12-10 图

12-11 试用 3 线-8 线译码器 74LS138 和适当的门电路实现以下函数：

（1）$Y=ABC+A\overline{C}$

（2）$Y=AB+\overline{B}C+A\overline{C}$

12-12 用 8 选 1 数据选择器实现以下函数：

（1）$Y=A\overline{B}\cdot\overline{C}+A\overline{B}C$

（2）$Y=AB+\overline{A}C+\overline{B}C$

12-13 有一水箱由大、小两台水泵 M_1 和 M_2 供水，如图 12-24所示。水箱中设置了 3 个水位检测元件 A、B、C。水面低于检测元件时，检测元件给出高电平；水面高于检测元件时，检测元件给出低电平。现要求当水位超过 C 点时两个水泵同时停止工作；水位低于 C 点而高于 B 点时 M_2 单独工作；水位低于 B 点而高于 A 点时 M_1 单独工作；水位低于 A 点时 M_1 和 M_2 同时工作。试用门电路设计一个控制两台水泵运行的逻辑电路。

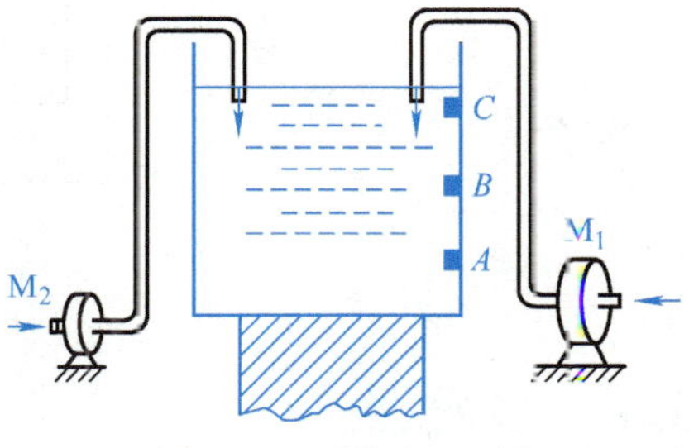

图 12-24 题 12-13 图

教学情境 13

时序逻辑电路分析

教学目标：数字电路分为组合逻辑电路和时序逻辑电路。组合逻辑电路没有存储功能，具有存储功能的电路是时序逻辑电路。触发器是构成时序逻辑电路的基本单元。本章学习目标是掌握各种触发器的逻辑功能及其描述方法；熟悉时序逻辑电路的分析方法；掌握中规模集成时序电路（计数器、寄存器）的逻辑功能和使用方法；掌握555定时器的功能及三种典型的应用电路。

情境链接

组合逻辑电路与时序逻辑电路的功能特点

根据逻辑功能的不同，可以将数字电路分成两大类，一类称为组合逻辑电路（简称组合电路），另一类称为时序逻辑电路（简称时序电路）。

在组合逻辑电路中，任意时刻的输出仅仅取决于该时刻的输入，与电路原来的状态无关。这就是组合逻辑电路在逻辑功能上的共同特点。

在时序逻辑电路中，任意时刻的输出信号不仅取决于当时的输入信号，而且还取决于电路原来的状态，或者说，还与以前的输入有关。具备这种逻辑功能的电路称为时序逻辑电路，以区别于组合逻辑电路。组合逻辑电路没有存储功能，很多实际场合是不适用的，具有存储功能的电路是时序逻辑电路。时序逻辑电路的结构框图如图13-1所示。

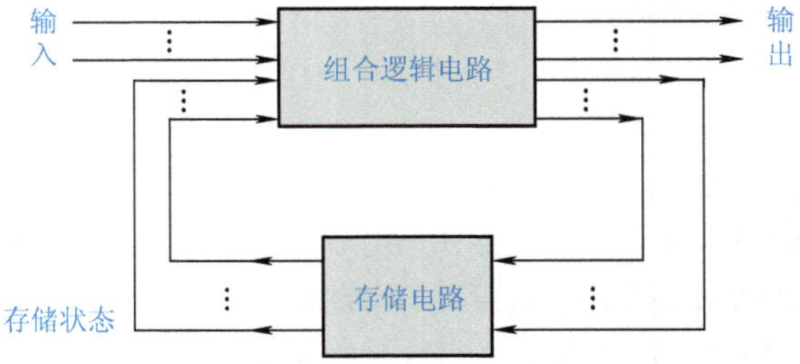

图13-1　时序逻辑电路的结构框图

13.1　触发器

根据触发器电路结构的不同，可以把触发器分为基本 *RS* 触发器、同步触发器、边沿触发器等。根据触发器逻辑功能的不同，又可以把触发器分为 *RS* 触发器、*D* 触发器、*JK* 触发器、T 和 T'触发器等。

13.1.1 *RS* 触发器

1. 基本 *RS* 触发器

基本 RS 触发器又称直接复位、置位触发器。它是构成各种功能触发器的最基本单元。

（1）电路构成及逻辑符号 图 13-2a 所示为由两个与非门的输入输出交叉反馈连接而组成的基本 RS 触发器的逻辑图，图 13-2b 为其逻辑符号。Q 与 $\overline{Q}$ 是触发器的两个互补输出端。触发器的状态以 Q 端为标志，当 $Q=1$（$\overline{Q}=0$）时称为 1 态；反之称为 0 态；$\overline{R}$ 和 $\overline{S}$ 是两个信号输入端，$\overline{R}$ 称为复位端，$\overline{S}$ 称为置位端，通常两输入端处于高电平，有信号输入时为低电平，故该电路称为低电平触发。R、S 上的“非”号和逻辑符号中的小圆圈都表示输入信号只在低电平时才对触发器起作用。

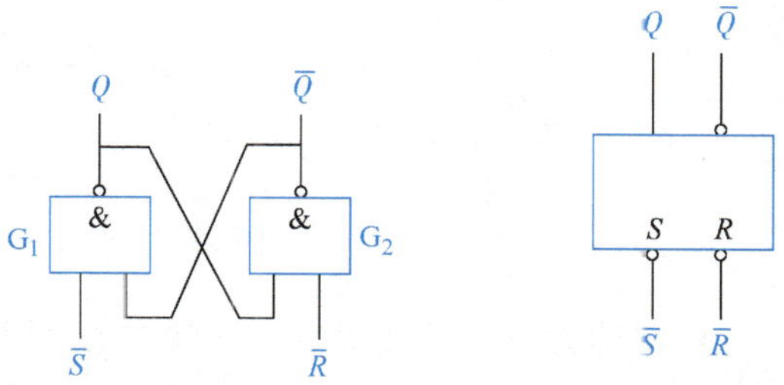

a) 逻辑图　　b) 逻辑符号

图 13-2 与非门构成的基本 RS 触发器

（2）逻辑功能分析 基本 RS 触发器如图 13-2a 所示，当 $\overline{S}=1$，$\overline{R}=1$ 时，触发器保持原态不变。如果原输出状态 $Q=0$，则 G_2 门输出 $\overline{Q}=1$，这样 G_1 门的两个输入端均为 1，所以输出 $Q=0$，即触发器保持原来的 0 态。同样，当原状态 $Q=1$ 时，触发器也将保持 1 态不变。这种由过去的状态决定现在状态的功能就是触发器的记忆功能。

当 $\overline{S}=0$，$\overline{R}=1$ 时，因 G_1 门有一个输入端为 0，故输出 $Q=1$，这样 G_2 的两个输入端均为 1，所以输出 $\overline{Q}=0$，即触发器处于 1 状态，也称为置位状态，故 $\overline{S}$ 端被称为置位或置 1 端。

当 $\overline{S}=1$，$\overline{R}=0$ 时，因 G_2 有一个输入端为 0，故输出 $\overline{Q}=1$，这样 G_1 的两个输入端均为 1，所以输出 $Q=0$，即触发器为复位状态，故 $\overline{R}$ 端也称为复位端或清零端。

当 $\overline{S}=0$，$\overline{R}=0$ 时，显然 $Q=\overline{Q}=1$，此状态不是触发器定义状态。当负脉冲除去后，触发器的状态为不定状态，因此，此种情况在使用中应该禁止出现。

上述逻辑关系可用表 13-1 表示。表 13-1 中，Q^n、Q^{n+1}分别表示输入信号作用前后触发器的输出状态。Q^n 称为初态或原态，Q^{n+1}称为次态或新态。

表 13-1 基本 *RS* 触发器的特性表

输　入	输　出	功能说明
$\overline{R}$　$\overline{S}$	Q^{n+1}	
0　0	不定	不允许
0　1	0	置 0
1　0	1	置 1
1　1	Q^n	保持

总之，基本 *RS* 触发器具有记忆（保持）、直接置位（置1）、直接复位（置0）的功能。但存在“不定态”和输出状态直接受输入信号控制的缺点。

(3) 时序图 时序图又称为波形图，是以输出状态随时间变化的波形图来描述触发器的逻辑功能。图 13-3 为基本 *RS* 触发器的时序图。设原态为 0 态。

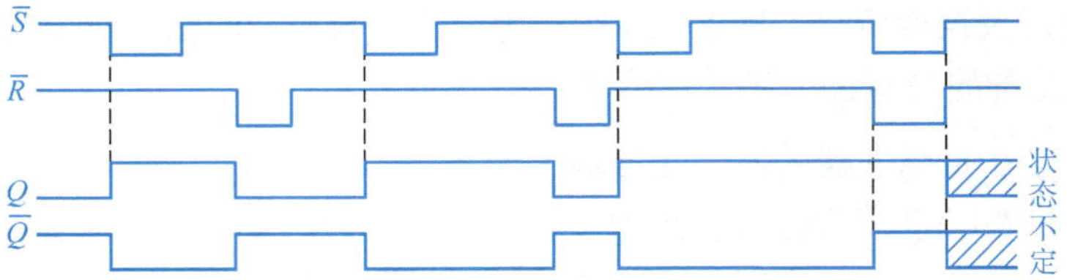

图 13-3 基本 *RS* 触发器的时序图

(4) 特性方程 反映触发器新状态 Q^{n+1} 与原状态 Q^n 及输入 $\overline{S}$、$\overline{R}$ 之间关系的逻辑表达式称为特性方程。根据表 13-1 可得 *RS* 触发器的特性方程为

$$\begin{cases} Q^{n+1} = S + \overline{R} \cdot Q^n \\ \overline{R} + \overline{S} = 1 \end{cases}$$

式中，$\overline{R} + \overline{S} = 1$ 为约束条件，表示两输入端 $\overline{R}$、$\overline{S}$ 不能同时为 0。

综上所述，触发器的功能描述有特性表、特性方程、时序图（波形图）等方法。

2. 同步 *RS* 触发器

上述基本 *RS* 触发器，当 *S* 和 *R* 的输入信号发生变化时，触发器的状态就立即改变。在实际使用中，通常要求触发器按一定的时间节拍动作。这就要求触发器的翻转时刻受时钟脉冲的控制，而翻转到何种状态由输入信号决定，从而出现了同步 *RS* 触发器。

(1) 电路构成及逻辑符号 在基本 *RS* 触发器的基础上，加上两个与非门即可构成同步 *RS* 触发器，其逻辑图和逻辑符号如图 13-4 所示。*S* 为置位输入端，*R* 为复位输入端，*CP* 为时钟脉冲输入端。

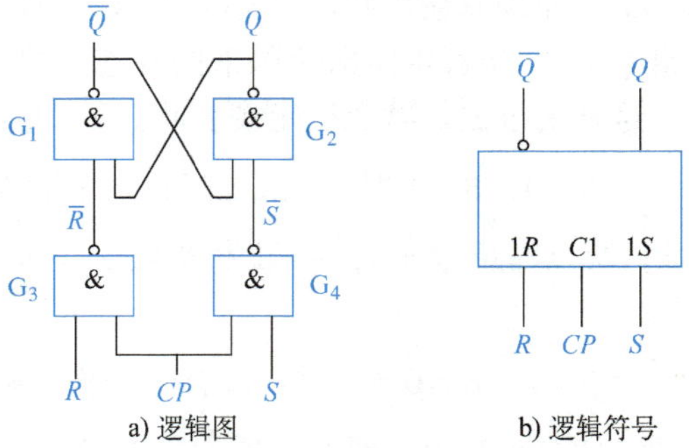

图 13-4 同步 *RS* 触发器

(2) 逻辑功能 同步 *RS* 触发器的逻辑功能，即特性表见表 13-2。

表 13-2 同步 *RS* 触发器的特性表

脉冲	输入	输出	功能说明
CP	*R* *S*	Q^{n+1}	
0	× ×	Q^n	保持
1	0 0	Q^n	保持
1	0 1	0	置 1
1	1 0	1	置 0
1	1 1	不定	不允许

13.1.2 JK 触发器

JK 触发器是一种功能较完善、应用很广泛的触发器。

1. 主从 JK 触发器

（1）逻辑电路图和逻辑符号　主从 JK 触发器的逻辑图和逻辑符号如图 13-5a、b 所示。它由主触发器、从触发器和非门组成。Q_m 和$\overline{Q}_m$是主触发器输出端（内部）；Q 和 $\overline{Q}$ 为从触发器输出端，J 和 K 是信号输入端，时钟信号为 CP。

有时为了在时钟脉冲 CP 到来之前，预先将触发器置成某一初始状态，在集成触发器电路中设置了专门的直接置位端（用 S_D 或$\overline{S}_D$表示）和直接复位端（用 R_D 或$\overline{R}_D$表示），用于直接置 1 和直接置 0。图 13-5c 是带直接置位和复位端的主从 JK 触发器的逻辑符号，图中 R_D 和 S_D 用小圆圈或字母上加“非”符号，表示低电平有效，$C1$ 是时钟 CP 的输入端，以数字 1 标记的数据输入如图中 $1J$、$1K$ 受 $C1$ 影响。直角符号“¬”表示主从触发器延迟输出。

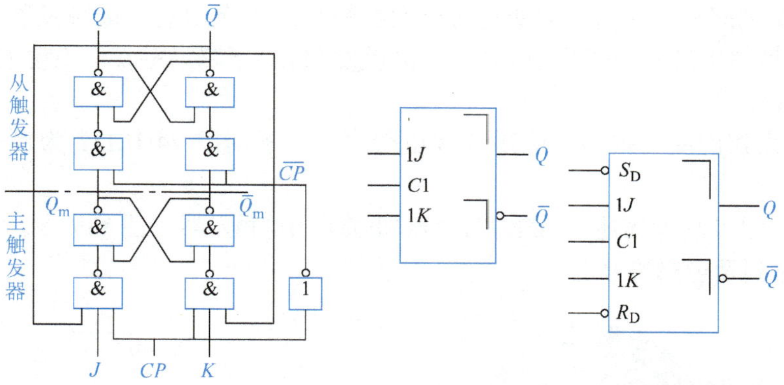

a) 逻辑图　　b) 逻辑符号　　c) 带直接置位和复位端的主从JK触发器逻辑符号

图 13-5　主从 JK 触发器的逻辑图和逻辑符号

（2）逻辑功能　由 JK 四种不同输入组合的分析，可得出逻辑功能见表 13-3。

表 13-3　JK 触发器特性表

J　K	Q^n	Q^{n+1}	功能说明
0　0	0 1	0 1	$Q^{n+1}=Q^n$ 保持
0　1	0 1	0 0	$Q^{n+1}=0$ 置 0
1　0	0 1	1 1	$Q^{n+1}=1$ 置 1
1　1	0 1	1 0	$Q^{n+1}=\overline{Q^n}$ 翻转功能

JK 触发器的逻辑函数表达式（即特性方程）为

$$Q^{n+1}=J\overline{Q^n}+\overline{K}Q^n$$

图 13-6 是主从 *JK* 触发器的波形图，由此能更直观地看出触发器的状态改变是在时钟脉冲从 1→0 时才发生的。

早期生产的集成 *JK* 触发器大多数是主从型的，如 7472、7473、7476 系列等都是 TTL 主从 *JK* 触发器产品。但由于主从 *JK* 触发器工作速度慢且易受噪声干扰，所以我国目前只保留有 CT2072、CT1111 两个品种的主从 *JK* 触发器。随着工艺的发展，*JK* 触发器大都采用边沿触发工作方式。

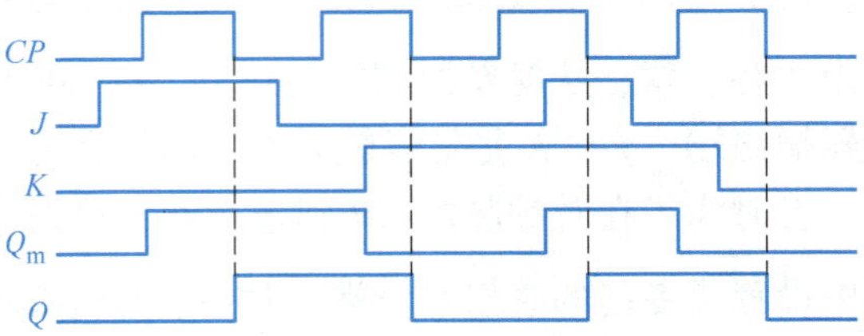

图 13-6 主从 *JK* 触发器的波形图

2. 边沿 *JK* 触发器

边沿触发器只在时钟脉冲的上升沿（或下降沿）的瞬间，才根据输入信号作出响应并引起状态翻转，也就是说，只有在时钟的有效边沿附近的输入信号才是真正有效的，而在 *CP* =0 或 *CP* =1 期间，输入信号的变化对触发器的状态均无影响。按触发器翻转所对应的 *CP* 时刻不同，可把边沿触发器分为 *CP* 上升沿触发和 *CP* 下降沿触发，也称 *CP* 正边沿触发和 *CP* 负边沿触发。

边沿 *JK* 触发器的种类很多，应用范围也很广泛，下面以 74HC112 为例介绍其功能及应用。

（1）逻辑符号及功能描述 74HC112 为双下降沿 *JK* 触发器，图 13-7 a、b、c 分别为其实物图、引脚排列及逻辑符号图。

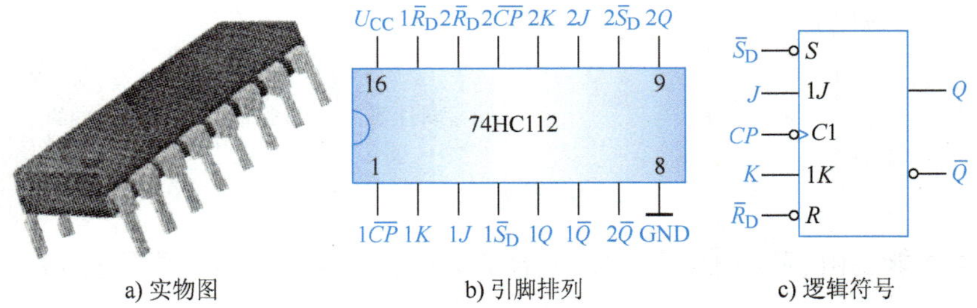

a) 实物图　b) 引脚排列　c) 逻辑符号

图 13-7 74HC112 边沿 *JK* 触发器的实物图、引脚排列及逻辑符号

引脚排列图中，字母符号上横线表示加入低电平有效；两个触发器以上的多触发器集成器件，在它的输入、输出符号前加同一数字，如 1*J*、1*K*、1*Q*、1 $\overline{CP}$等，都属于同一触发器的引出端。逻辑符号图中脉冲输入端 *C*1 端加了符号“ >”，表示边沿触发，*CP* 端小圈表示触发器是下降沿触发。

边沿 *JK* 触发器的功能用特性表（见表 13-4）、特性方程、波形描述如下：

逻辑函数表达式（即特性方程）为

$$Q^{n+1}=J\overline{Q^n}+\overline{K}Q^n$$

图 13-8 所示为负边沿 *JK* 触发器的波形图，由此能更直观地看出触发器的状态改变是在时钟脉冲下降沿瞬间改变的。

表 13-4 下降沿触发型 *JK* 触发器的特性表

CP	$\overline{S}_D$ $\overline{R}_D$	*J* *K*	Q^n	Q^{n+1}	功能说明
×	0 1	× ×	×	1	直接置 1
×	1 0	× ×	×	0	直接置 0
↓	1 1	0 0	0	0	$Q^{n+1}=Q^n$
↓	1 1	0 0	1	1	保持
↓	1 1	0 1	0	0	$Q^{n+1}=0$
↓	1 1	0 1	1	0	置 0
↓	1 1	1 0	0	1	$Q^{n+1}=1$
↓	1 1	1 0	1	1	置 1
↓	1 1	1 1	0	1	$Q^{n+1}=\overline{Q^n}$
↓	1 1	1 1	1	0	翻转功能

(2) 应用举例 用一片 74HC112 可以构成图 13-9 所示的单按钮电子开关电路。图中引出端 2、3、16 接电源 $+U_{CC}$，即有 $1J=1K=1$，电路为计数翻转状态。4、15 端也与电源连接，即 $1\ \overline{S_D}=1\ \overline{R_D}=1$，异步置 1、置 0 功能处于无效状态。每按一下开关 S，1*Q* 的输出状态就翻转一次。若原来 1*Q* 为低电平，它使晶体管 VT 截止，继电器 KA 失电不工作，按一下开关 S，1*Q* 翻转为高电平，VT 饱和导通，继电器 KA 得电工作。若再按一下 S，则 2*Q* 翻转恢复为低电平，VT 截止，继电器 KA 失电停止工作。通过继电器 KA，可以控制其他电器的启停，如台灯、电风扇等。

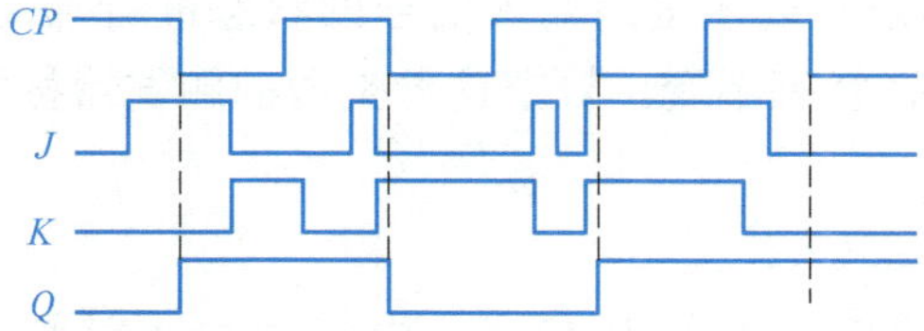

图 13-8 下降沿触发型 *JK* 触发器的波形图

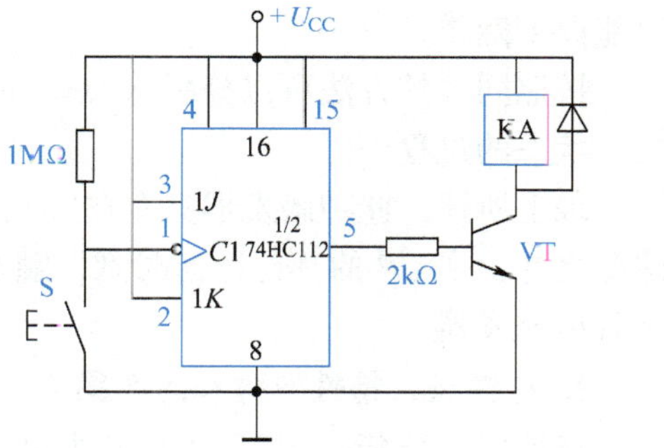

图 13-9 用 74HC112 构成的单按钮电子开关电路

13.1.3 *D* 触发器

边沿 *D* 触发器又称维持阻塞 *D* 触发器，应用也很广泛。

1. 逻辑电路图和逻辑符号

图 13-10a 所示是边沿 *D* 触发器的逻辑图，其中 G_1、G_2 两个与非门组成基本 *RS* 触发器，$G_3 \sim G_6$ 组成维持阻塞控制电路。$\overline{R}_D$、$\overline{S}_D$是直接复位、置位端，不受 *CP* 脉冲控制，当 $\overline{R}_D=0$，$\overline{S}_D=1$ 时，无论 *CP* 是 0 还是 1，触发器能可靠置 0；$\overline{R}_D=1$，$\overline{S}_D=0$ 时，无论 *CP* 是 0 还是 1，触发器能可靠置 1。在图 13-10b 中，脉冲输入端 *C*1 端加了符号 “ >”，表示边沿触发。*C*1 端无小圆圈表示触发器在 *CP* 上升沿触发。

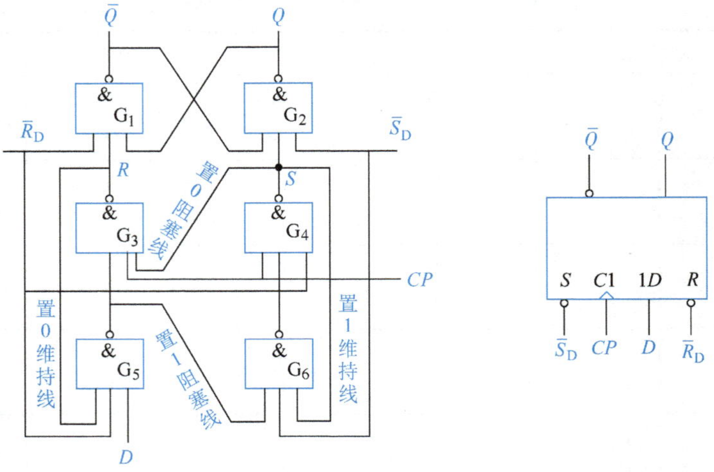

a) 逻辑图　　　　b) 逻辑符号

图 13-10　维持阻塞 D 触发器逻辑图和逻辑符号

2. 功能分析

在 CP 上升沿（$CP\uparrow$）到来之前，$CP=0$，$\bar{R}_D=1$，$\bar{S}_D=1$，使基本 RS 触发器保持原态。设 $CP=0$ 时 $D=0$，则 G_5、G_6 门的输出为 $G_5=1$，$G_6=0$，在脉冲 CP 到来后，$G_3=\overline{G_5}=0$，一方面使触发器状态置 0，另一方面又经过置 0 维持线反馈至 G_5 的输入端，封锁 G_5（克服了空翻），使触发器输出状态维持 0 不变。在 $CP=1$ 期间，G_5 输出的 1 还通过置 1 阻塞线反馈至 G_6 的输入端，使 G_6 输出为 0，从而可靠地保证 G_4 输出为 1，阻止触发器状态可能向 1 翻转。

按照同样的方法可以分析出 $D=1$ 时，触发器在 CP 从 0 到 1 的作用下将触发器 Q 端置成 1 状态的过程。

综上所述，此种触发器只有在 CP 的上升沿到来时刻才按照输入信号的状态进行翻转，除此之外，在 CP 的其他任何时刻，触发器都将保持状态不变，故把这种类型的触发器称为上升沿触发器。

3. 特性表、特性方程和时序图

根据以上分析，可以归纳出边沿 D 触发器的特性表见表 13-5。由特性表不难画出图 13-11所示的时序图。

由特性表不难得出 D 触发器的特性方程为

$$Q^{n+1}=D$$

表 13-5　正边沿 D 触发器的特性表

CP	D	Q^n	Q^{n+1}
↑	0	0	0
↑	0	1	0
↑	1	0	1
↑	1	1	1

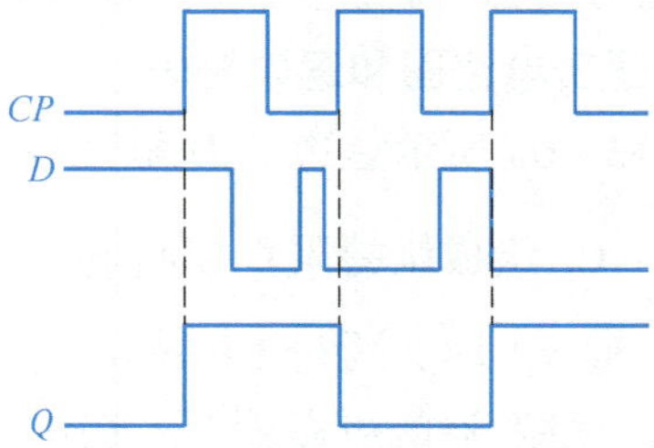

图 13-11　边沿 D 触发器的时序图

4. 集成 *D* 触发器的应用举例

用 74LS74 边沿双 *D* 触发器接成图 13-12a 所示电路，加入频率为 1kHz 时钟脉冲，试分析电路的作用，画出时序图。

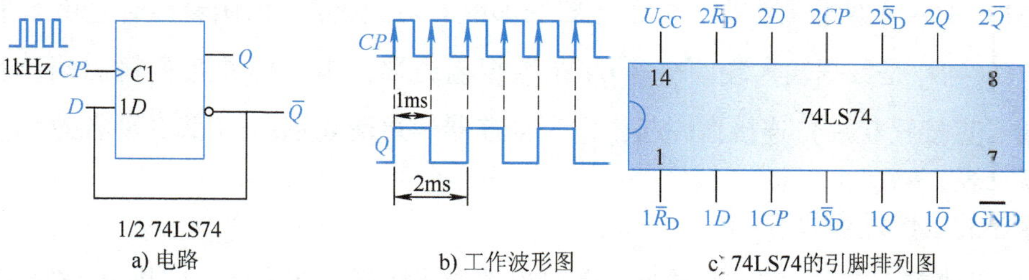

图 13-12 74LS74 集成 *D* 触发器构成的应用电路及工作波形

由图 13-12a 所示电路，可以写出： $D=\overline{Q}$

根据 *D* 触发器的特性方程，有 $Q^{n+1}=D=\overline{Q}^n$，因此，输入一个时钟脉冲，在 *CP* 上升沿到来时，触发器的输出改变一次状态。

据此，可画出 *Q* 端波形，如图 13-12b 所示。由 *Q* 端波形可见该电路实现了二分频。

图 13-12c 所示是 74LS74 双 *D* 触发器的引脚排列图。

13.1.4 *T* 和 *T'* 触发器

如果把 *JK* 触发器的两个输入端 *J* 和 *K* 相连，并把相连后的输入端用 *T* 表示，就构成了 *T* 触发器。

把 $J=K=T$ 代入 *JK* 触发器的特性方程 $Q^{n+1}=J\overline{Q}^n+\overline{K}Q^n$，可得到 *T* 触发器的特性方程为

$$Q^{n+1}=T\overline{Q}^n+\overline{T}Q^n$$

由特性方程列出其特性表见表 13-6。*T* 触发器具有保持和翻转功能。

如果在 *T* 触发器中令 $T=1$，则特性方程为

$$Q^{n+1}=\overline{Q}^n$$

此式表明，每输入一个脉冲，触发器的状态就翻转一次。这种只具有翻转功能的触发器称为 *T'* 触发器。

表 13-6 *T* 触发器特性表

T	Q^{n+1}	功能说明
0	Q^n	保持
1	$\overline{Q}^n$	翻转

13.2 集成寄存器

寄存器是一种重要的数字逻辑部件，常用来接收、暂存、传递数码或指令等信息。寄存器按功能可分为数码寄存器和移位寄存器两大类。

13.2.1 数码寄存器

在数字系统中，用以暂存数码的数字部件称为数码寄存器，它只有接收、暂存和清除数码的功能。现在以74LS175集成四位数码寄存器来说明数码寄存器的电路结构和功能。

74LS175是一个四位寄存器，它的逻辑图如图13-13所示。由图看出它是由4个D触发器组成。$D_0 \sim D_3$是数据输入端。$Q_0 \sim Q_3$是数据输出端，$\overline{Q}_0 \sim \overline{Q}_3$是反码输出端。各触发器的复位端（直接置0端）连接在一起，作为寄存器的总清0端$\overline{R}_D$（低电平有效）。74LS175的功能表见表13-7。

寄存器的工作过程如下：

1）异步清零。在$\overline{R}_D$端加负脉冲，各触发器异步清零。清零后，应将$\overline{R}_D$接高电平。

2）并行数据输入。在$\overline{R}_D=1$的前提下，将所要存入的数据D加到数据输入端，例如存入的数码为1010，则寄存器的输入$D_3D_2D_1D_0$为1010。D触发器的逻辑功能是$Q^{n+1}=D$。因而在CP脉冲上升沿一到，寄存器的状态$Q_3Q_2Q_1Q_0$就变为1010，数据被并行存入。

3）记忆保持。只要使$\overline{R}_D=1$，CP无上升沿（通常接低电平），则各触发器保持原状态不变，寄存器处在记忆保持状态。这样就完成了接收并暂存数码的功能。这种寄存器在接收数码时同时输入；取出数码时，也是同时输出。因此，这种寄存器称为并行输入、并行输出数码寄存器。

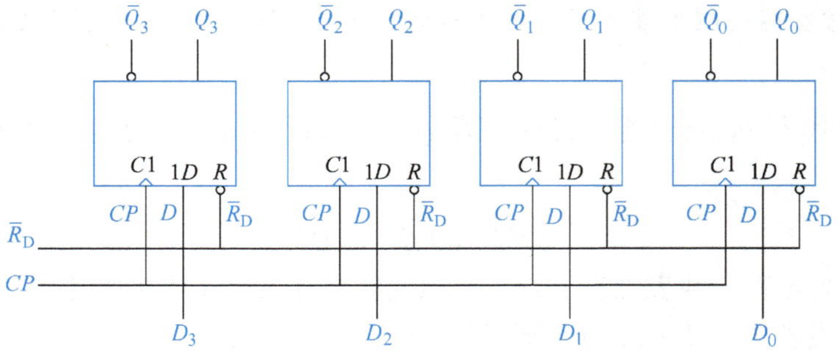

图13-13 四位数码寄存器

表13-7 74LS175的功能表

输入			输出	
$\overline{R}_D$	CP	D	Q^{n+1}	$\overline{Q}^{n+1}$
0	×	×	0	1
1	↑	1	1	0
1	↑	0	0	1
1	0	×	Q^n	$\overline{Q}^n$

13.2.2 移位寄存器

移位寄存器具有数码寄存和移位两个功能。所谓移位功能，就是寄存器中所存数据，可以在脉冲作用下逐次左移或右移。若在时钟脉冲的作用下，寄存器中的数码依次向右移动一位，则称右移；如依次向左移动，则称为左移。移位寄存器具有单向移位功能的称为单向移位寄存器；既可右移又可左移的称为双向移位寄存器。

1. 单向移位寄存器

图 13-14 所示电路是用 D 触发器组成的四位右移位寄存器。其中 FF_3 是最高位触发器，FF_0 是最低位触发器。每个高位触发器的输出端 Q 与低一位的触发器的输入端 D 相接。整个电路只有最高位触发器 FF_3 的输入端接收数据。所有触发器的复位端接在一起作为清零端，时钟端连在一起作为移位脉冲的输入端 CP，显然它是同步时序电路。

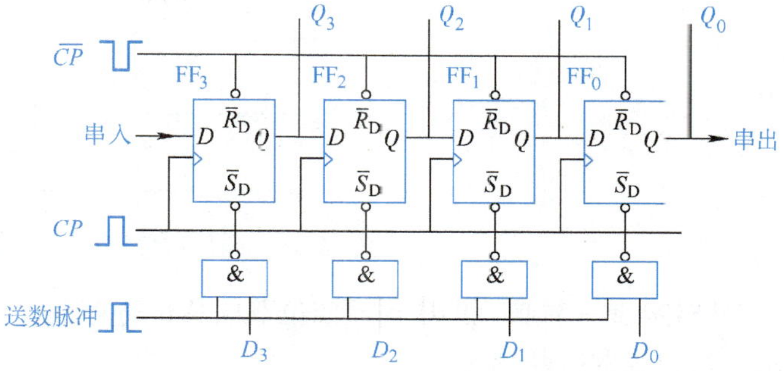

图 13-14 四位右移位寄存器

工作原理：接收数码前，寄存器应清零，令 $\overline{CR}=0$。接收数码时，$\overline{CR}=1$。每当移位脉冲上升沿到来时，输入数据便一个接一个地依次移入 FF_3 中，同时其余触发器的状态也依次移给低一位触发器，这种输入方式称为串行输入。假设要存入的数码为 $D_3D_2D_1D_0=1101$，根据数码右移的特点，首先输入最低位 D_0，然后由低位到高位，依次输入。

当输入最低位数 $D_0=1$ 时，在第一个 CP 脉冲上升沿到来后，D_0 移入 FF_3 中，而其他三个触发器保持 0 态不变。寄存器的状态为 $Q_3Q_2Q_1Q_0=1000$；当输入数码 $D_1=0$ 时，在第二个脉冲上升沿到来后，$D_1=0$ 移到 FF_3 中，而 $Q_3=1$ 则移到 FF_2 中，此时 Q_1、Q_0 仍为 0 态。寄存器的状态为 $Q_3Q_2Q_1Q_0=0100$；同样的分析，输入数码 $D_2=1$ 时，在第三个脉冲上升沿到来后，寄存器的状态为 $Q_3Q_2Q_1Q_0=1010$；输入数码 $D_3=1$ 时，第四个脉冲上升沿到来后，寄存器的状态为 $Q_3Q_2Q_1Q_0=1101$。

综上分析，经过四个 CP 脉冲作用后，四位数码 1101 就恰好全部移入寄存器中。表 13-8是四位右移寄存器的状态表。图 13-15 是其工作波形。

表 13-8 四位右移寄存器状态表

移位脉冲	输入数据	输出			
		Q_3	Q_2	Q_1	Q_0
初始	1	0	0	0	0
1	0	1	0	0	0
2	1	0	1	0	0
3	1	1	0	1	0
4		1	1	0	1

2. 双向移位寄存器

现以 74LS194 为例介绍集成双向移位寄存器的功能和应用。

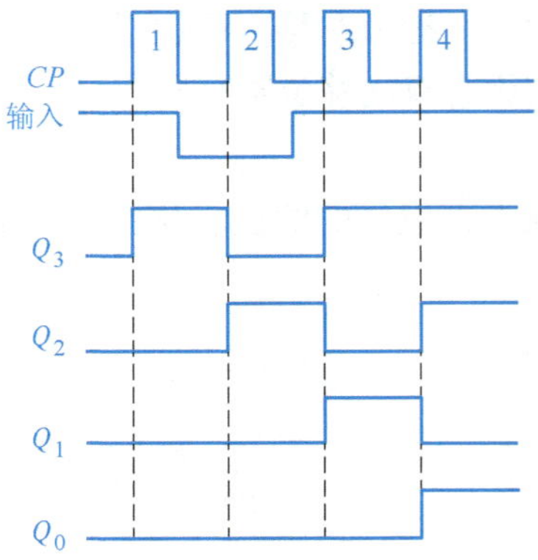

图 13-15 四位右移寄存器工作波形

74LS194 是一种典型的中规模四位双向移位寄存器。其引脚排列图及逻辑符号如图 13-16 所示，其功能表见表 13-9。

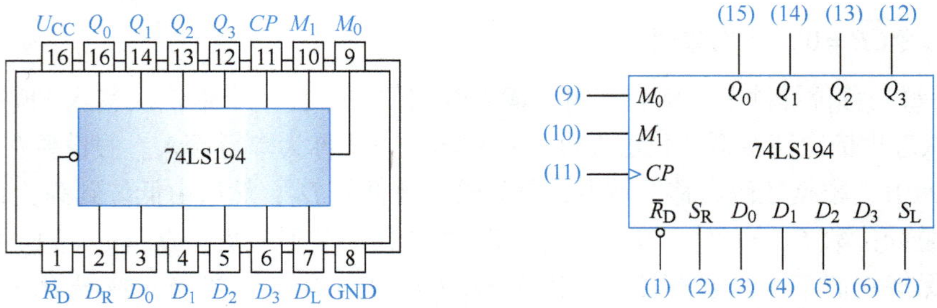

a) 引脚排列　　b) 逻辑符号

图 13-16 74LS194 四位双向移位寄存器

由表 13-9 可知，当清零端 $\overline{R}_D$ 为低电平时，输出端 $Q_0 \sim Q_3$ 均为低电平。在 $R_D=1$ 的前提下，当 $M_1M_0=00$ 时，移位寄存器保持原来状态；当 $M_1M_0=01$ 时，在 CP 脉冲作用下进行右移位，每来一个 CP 脉冲的上升沿，寄存器中的数据右移一位，并且由 S_R 端输入一位数据；当 $M_1M_0=10$ 时，在 CP 脉冲作用下进行左移位，每来一个 CP 脉冲的上升沿，寄存器中的数据左移一位，并且由 S_L 端输入一位数据；当 $M_1M_0=11$ 时，在 CP 脉冲的配合下，并行输入端的数据存入寄存器中。

表 13-9 74LS194 的功能表

$\overline{R_D}$	M_1	M_0	CP	S_R	S_L	D_0	D_1	D_2	D_3	Q_0	Q_1	Q_2	Q_3	功能说明
0	×	×	×	×	×	×	×	×	×	0	0	0	0	异步置 0
1	×	×	0	×	×	×	×	×	×	Q_0	Q_1	Q_2	Q_3	静态保持
1	0	0	↑	×	×	×	×	×	×	Q_0	Q_1	Q_2	Q_3	动态保持
1	0	1	↑	D_{IR}	×	×	×	×	×	D_{IR}	Q_0	Q_1	Q_2	右 移
1	1	0	↑	×	D_{IL}	×	×	×	×	Q_1	Q_2	Q_3	D_{IL}	左 移
1	1	1	↑	×	×	D_0	D_1	D_2	D_3	D_0	D_1	D_2	D_3	并行输入

总之，74LS194 除具有清零，保持，实现数据左移、右移功能外，还可实现数码并行或串行输入输出。

例 13-1 逻辑电路如图 13-17 所示，试分析它的逻辑功能。

解： 当启动信号端输入一个低电平脉冲时，使 G_2 门输出为 1，此时 $M_0=M_1=1$，寄存器执行并行输入功能，$Q_0Q_1Q_2Q_3=D_0D_1D_2D_3=0111$。启动信号撤除后，由于寄存器输出端 $Q_0=0$，使 G_1 门的输出为 1，G_2 门的输出为 0，$M_1M_0=01$，在 CP 脉冲的作用下执行右移操作。因为此时 $S_R=Q_3=1$，所以最低位不断送入 1，当 $Q_3=0$ 时，最低位则送入 0。所以，在移位过程中，G_1 门的输入端总有一个为 0，因此总能保持 G_1 的输出为 1，从而使 G_2 的输出为 0，维持 $M_1M_0=01$，右移移位不断进行下去。右移位情况见表 13-10。由此可见，电路可按固定的时序输出低电平脉冲，该电路是四相时序脉冲产生器。

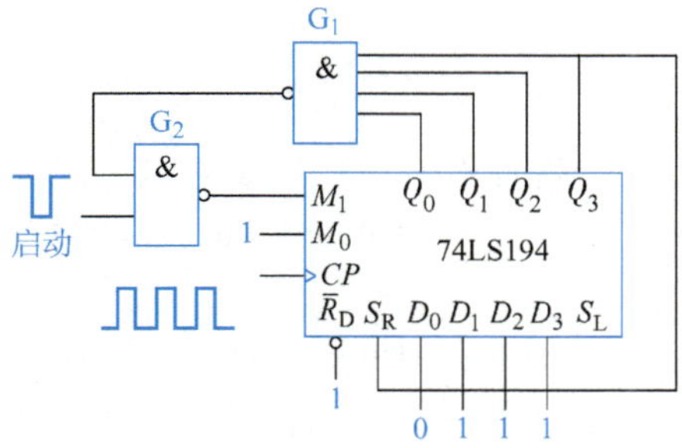

图 13-17 例 13-1 逻辑电路图

表 13-10 例 13-1 状态转换表

脉冲序号	右移 S_R	输出状态 $Q_0\ Q_1\ Q_2\ Q_3$
1	1	0 1 1 1
2	1	1 0 1 1
3	1	1 1 0 1
4	0	1 1 1 0
5	1	0 1 1 1

13.3 计数器

计数器是应用最为广泛的时序逻辑电路之一，它不仅可以累计输入脉冲的个数，而且还常用于数字系统的定时、延时、分频等。

计数器按数字的增大或减小可分为加法计数器、减法计数器以及能加能减的可逆计数器；按进制不同可分为二进制计数器、十进制计数器和 N 进制计数器；按引入脉冲方式不同可分为同步计数器和异步计数器。

13.3.1 同步计数器

图 13-18 是由三个 JK 触发器组成的三位同步二进制加法计数器。

分析时序电路的基本方法如下：

1）写时钟方程、驱动方程：

时钟方程为

$$CP_0=CP_1=CP_2=CP\downarrow$$

驱动方程为

$$J_0=K_0=1$$

$$J_1=K_1=\overline{Q_0^n}$$

$$J_2=K_2=\overline{Q_0^n}\cdot\overline{Q_1^n}$$

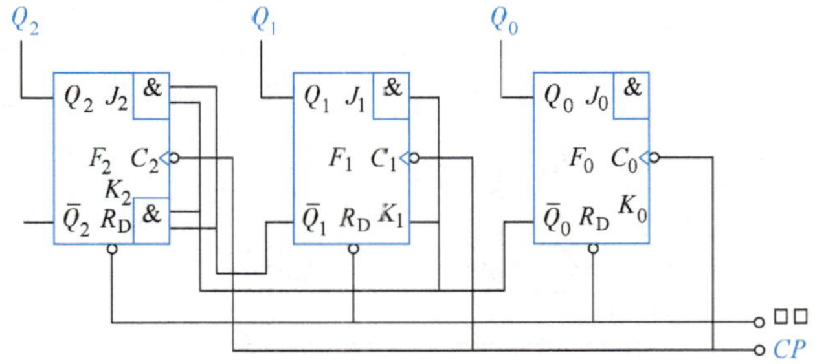

图 13-18 三位同步二进制加法计数器

2）求状态方程：JK 触发器的特性方程为

$$Q^{n+1}=J\overline{Q^n}+\overline{K}Q^n$$

将对应驱动方程式分别代入 JK 触发器特性方程式，进行化简变换可得状态方程为

$$Q_0^{n+1}=J_0\overline{Q_0^n}+\overline{K}_0Q_0^n=\overline{Q_0^n}(CP\downarrow)$$

$$Q_1^{n+1}=J_1\overline{Q_1^n}+\overline{K}_1Q_1^n=\overline{Q_0^n}\ \overline{Q_1^n}+\overline{\overline{Q_0^n}}Q_1^n=\overline{Q_1^n}\ \overline{Q_0^n}+Q_1^n\ Q_0^n(CP\downarrow)$$

$$Q_2^{n+1}=J_2\overline{Q_2^n}+\overline{K}_2Q_2^n=\overline{Q_2^n}\ \overline{Q_1^n}\ \overline{Q_0^n}+Q_2^n\ \overline{Q_1^n}\ \overline{Q_0^n}(CP\downarrow)$$

3）进行状态计算，列出状态表（表 13-11），画状态图，如图 13-19 所示。

表 13-11 三位二进制同步计数器状态表

CP 个数	$Q_2^n\ Q_1^n\ Q_0^n$	$Q_2^{n+1}\ Q_1^{n+1}\ Q_0^{n+1}$
0	0 0 0	0 0 0
1	0 0 0	1 1 1
2	1 1 1	1 1 0
3	1 1 0	1 0 1
4	1 0 1	1 0 0
5	1 0 0	0 1 1
6	0 1 1	0 1 0
7	0 1 0	0 0 1
8	0 0 1	0 0 0

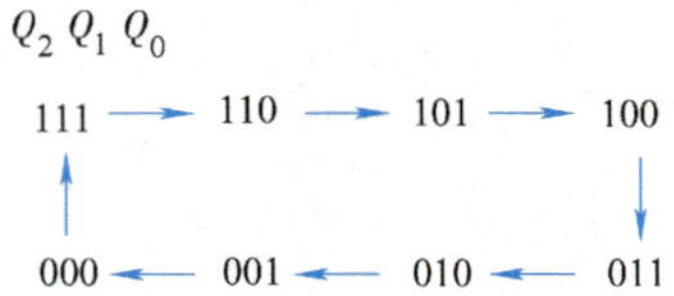

图 13-19 三位二进制同步计数器状态图

综上分析可见，此电路是同步三位二进制减法计数器。

13.3.2 异步计数器

异步二进制计数器如图 13-20 所示，它由三个 JK 触发器组成，三个触发器的状态受不同 CP 控制，因此为异步计数器。

一般地说，异步计数器的分析方法和同步计数器相似，在此不再赘述。

图 13-20 所示电路的状态表见表 13-12，时序波形图和状态图如图 13-21 所示。

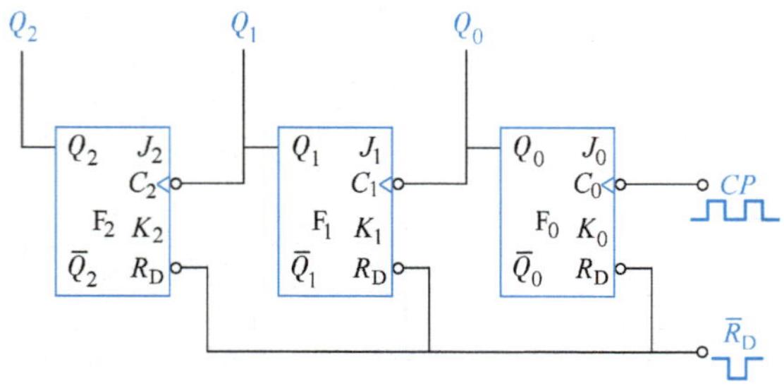

图 13-20 异步二进制计数器

表 13-12 三位二进制异步计数器状态表

CP 个数	$Q_2^n\ Q_1^n\ Q_0^n$	$Q_2^{n+1}\ Q_1^{n+1}\ Q_0^{n+1}$
0	0 0 0	0 0 0
1	0 0 0	0 0 1
2	0 0 1	0 1 0
3	0 1 0	0 1 1
4	0 1 1	1 0 0
5	1 0 0	1 0 1
6	1 0 1	1 1 0
7	1 1 0	1 1 1
8	1 1 1	0 0 0

由此可得出下列结论：图 13-20 所示电路每来一个计数脉冲，计数器的状态加 1，所以它是一个异步三位二进制加法计数器。

由于异步计数器各触发器翻转不同步，故用时序图分析其功能更为方便。

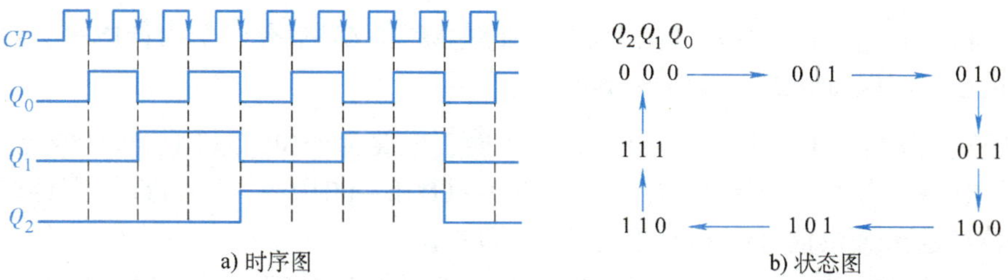

图 13-21 三位二进制异步计数器时序图和状态图

13.3.3 集成计数器

计数器除用触发器直接构成外，实用中更多是利用集成计数器改接而成。集成计数器具有功能较完善、通用性强、功耗低、工作速度高且可以自扩展等优点，因而得到广泛应用。下面以 74LS161、74LS192 为例介绍集成计数器的功能及应用。

1. 74LS161 集成计数器

(1) 74LS161 的功能 74LS161 是四位二进制同步计数器，具有计数、保持、预置、清零功能，其引脚排列图和逻辑符号如图 13-22 所示。图中，$\overline{LD}$为同步置数控制端；D_0、D_1、D_2、D_3 为并行数据输入端；$\overline{R}_D$ 为异步置零端；EP 和 ET 为使能输入端；C 为进位输出端，当计到 1111 时，产生进位信号，进位输出端 C 送出进位信号（高电平有效），即 $C=1$。

74LS161 的功能表见表 13-13。由表 13-13 可知，74LS161 具有如下功能：

1）异步清零。当清零控制端 $\overline{R}_D=0$ 时，输出端清零，与 CP 无关。

2）同步预置数。在 $\overline{R}_D=1$ 的前提下，当预置数端 $\overline{LD}=0$ 时，在置数输入端 $D_0\ D_1\ D_2\ D_3$ 预置某个数据，同时在 CP 脉冲上升沿作用下，将 $D_0\ D_1\ D_2\ D_3$ 端的数据置入计数器。

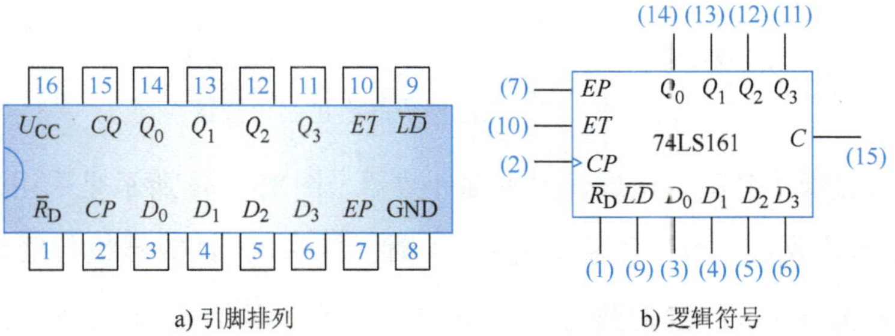

图 13-22 74LS161 的引脚排列和逻辑符号

表 13-13 74LS161 的功能表

输入									输出				功能说明
CP	$\overline{R}_D$	$\overline{LD}$	EP	ET	D_0	D_1	D_2	D_3	Q_0	Q_1	Q_2	Q_3	
×	0	×	×	×	×	×	×	×	0	0	0	0	异步清零
↑	1	0	×	×	D_0	D_1	D_2	D_3	D_0	D_1	D_2	D_3	并行置数
×	1	1	0	×	×	×	×	×	Q_0	Q_1	Q_2	Q_3	保持
×	1	1	×	0	×	×	×	×	Q_0	Q_1	Q_2	Q_3	保持
↑	1	1	1	1	×	×	×	×					计数

3）保持。当 $\overline{R}_D=1$、$\overline{LD}=1$ 时，只要控制端 EP 和 ET 中有一个为低电平，就使计数器处于保持状态。在保持状态下，CP 不起作用。

4）计数。当 $\overline{R}_D=1$、$\overline{LD}=1$、$EP=ET=1$ 时，电路为四位二进制加法计数器。在 CP 脉冲作用下，电路按自然二进制递加，即由 0000→0001→0010→…→1111。当计到 1111 时，进位输出端 C 送出进位信号（高电平有效），即 $C=1$。

（2）74LS161 应用 74LS161 不但能实现模 16 的计数功能，还可以构成任意进制的计数器。常用的方法有：预置数端复位法、进位输出置最小数法和异步清零复位法。

1）预置数端复位法，构成任意进制计数器。图 13-23a 所示为 74LS161 连成的十进制计数器。将输出端 Q_0、Q_3 通过与非门接至 74LS161 的预置数 $\overline{LD}$ 端，其他功能端 $EP=ET=1$，$\overline{R}_D=1$。令预置输入端 $D_0\,D_1\,D_2\,D_3=0000$（即预置数"0"），以此为初态进行计数。输入计数脉冲，只要计数器未计到 1001（9），Q_0、Q_3 总有一个为 0，与非门输出为 1（即 $\overline{LD}=1$），计数器处于计数状态。当输出端 $Q_0\,Q_1\,Q_2\,Q_3$ 对应的二进制代码为 1001 时，Q_0、Q_3 为 1，使与非门输出为 0（即 $\overline{LD}=0$），电路处于计数状态，在下一个计数脉冲（第 10 个）到来后，计数器输出状态进行同步预置数，使 $Q_0Q_1Q_2Q_3=D_0D_1D_2D_3=0000$，随即 $\overline{LD}=\overline{Q_0Q_3}=1$，开始重新计数。计数器的状态图如图 13-23b 所示。

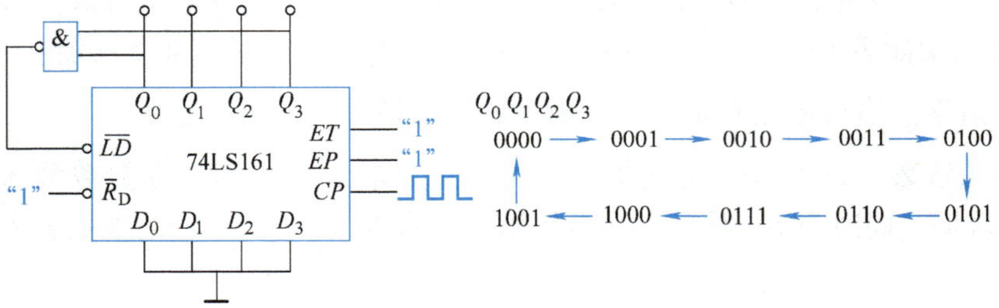

a) 构成电路　　b) 状态图

图 13-23 预置数法构成的十进制计数器

2）进位输出置最小数法，构成任意进制计数器。图 13-24a 所示是采用进位输出置最小数法构成的八进制计数器。当进位输出端 $C=1$ 时，$\overline{LD}=0$，计数器执行置数功能，即计数器被置成 $Q_0Q_1Q_2Q_3=1000$，这时进位输出端 C 变为 0，则 $\overline{LD}$ 变为 1，电路执行计数功能。当计到 $Q_0Q_1Q_2Q_3=1111$ 时，进位输出端 C 又为 1，$\overline{LD}$ 为 0，计数器恢复到 1000 状态。对应状态图如图 13-24b 所示，从 1000～1111 共八个有效状态。

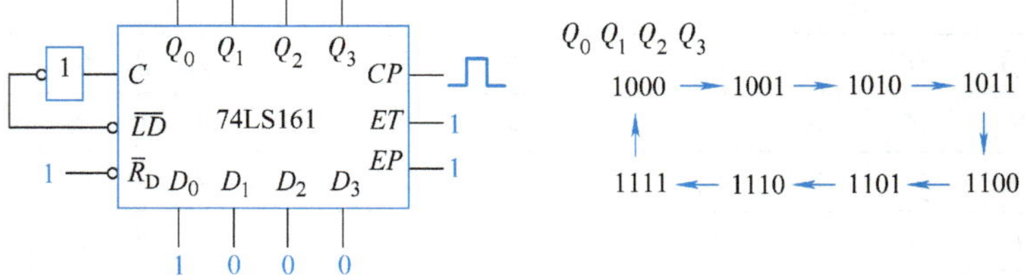

a) 构成电路　　b) 状态图

图 13-24 进位输出置最小数法构成的八进制计数器

3）异步清零复位法，构成任意进制计数器。图 13-25a 所示是采用异步清零复位法构成的十进制计数器。$ET=EP=1$，置位端$\overline{LD}=1$，将输出端 Q_0 和 Q_2 通过与非门接至 74LS161 的复位端。电路取 $Q_0Q_1Q_2Q_3=0000$ 为起始状态，则计入十个脉冲后电路状态为 1010，与非门的输出为$\overline{Q_0Q_3}=0$，计数器清零。图 13-25b 是计数状态图，图中虚线表示在 1010 状态有短暂的过渡。

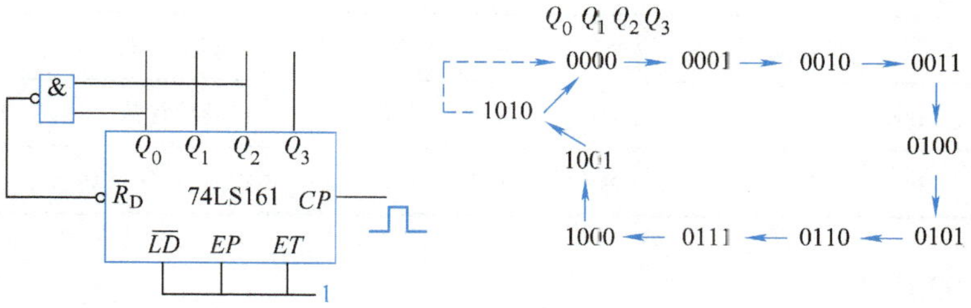

a) 构成电路　　b) 状态图

图 13-25　异步清零复位法构成的十进制计数器

2. 74LS192 集成计数器

（1）74LS192 的功能　74LS192 是一个同步十进制可逆计数器。其引脚排列图和逻辑符号如图 13-26 所示。74LS192 的功能表见表 13-14，功能叙述如下：

1）预置并行数据。当预置并行数据控制端$\overline{LD}$为低电平时，不管 CP 状态如何，可将预置数 $D_0D_1D_2D_3$ 置入计数器（为异步置数）；当$\overline{LD}$为高电平时，禁止预置数。

2）可逆计数。当计数时钟脉冲 CP 加至 CP_U 且 CP_D 端为高电平时，在 CP 上升沿作用下进行加计数；当计数时钟脉冲 CP 加至 CP_D 端且 CP_U 为高电平时，在 CP 上升沿作用下进行减计数。

3）具有清零端 CR（高电平有效）和进位端$\overline{CO}$及借位输出端$\overline{BO}$。作加法计数时，在 CP_U 端第 9 个输入脉冲上升沿作用后，计数状态为 1001，当其下降沿到来时，进位输出端$\overline{CO}$产生一个负的进位脉冲，第 10 个脉冲上升沿作用后，计数器复位；计数器作十进制减法计数时，设初始状态为 1001。在 CP_D 端第 9 个输入脉冲上升沿作用后，计数状态为 0000，当其下降沿到来后，借位输出端$\overline{BO}$产生一个负的借位脉冲。第 10 个脉冲上升沿作用后，计数状态恢复为 1001。将进位输出（或借位输出）与后一级的脉冲输入端 CP_U（或 CP_D）相连，可以实现多位计数器级联。

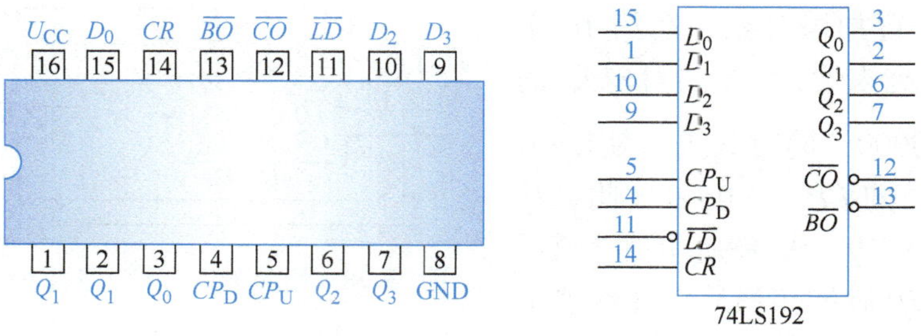

a) 引脚排列　　b) 逻辑符号

图 13-26　74LS192 的逻辑符号

表 13-14 74LS192 功能表

输入								输出	功能说明
CR	$\overline{LD}$	CP_U	CP_D	D_0	D_1	D_2	D_3	Q_0 Q_1 Q_2 Q_3	
1	×	×	×	×	×	×	×	0 0 0 0	异步清零
0	0	×	×	D_0	D_1	D_2	D_3	D_0 D_1 D_2 D_3	并行置数
0	1	↑	1	×	×	×	×	加法计数	
0	1	1	↑	×	×	×	×	减法计数	
0	1	1	1	×	×	×	×	Q_0 Q_1 Q_2 Q_3	保持

（2）74LS192 应用

1）构成任意进制计数器。74LS192 用预置数法接成的五进制减法计数器如图 13-27a 所示。将预置数输入端 $D_0\ D_1D_2D_3$ 设置为 0101，按图 13-27b 所示状态图循环计数。它是利用计数器到达 0000 状态时，借位输出端$\overline{BO}$产生的借位信号反馈到预置数端，将 0101 重新置入计数器来完成五进制计数功能。

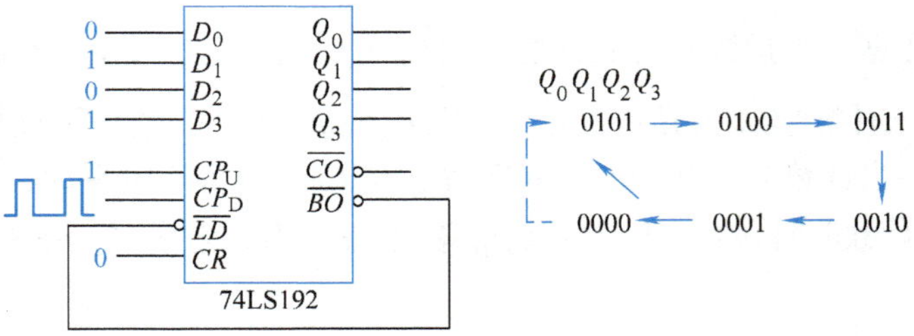

a) 构成电路　　b) 状态图

图 13-27 74LS192 用预置数法接成的五进制减法计数器

2）将多个 74LS192 级联可以构成高位计数器。例如用两个 74LS192 可以构成 100 进制计数器，其连接方式如图 13-28 所示。

在$\overline{LD}$端输入“1”，CR 端输入“0”，使计数器处于计数状态。在个位 74LS192 的 CP_U 端逐个输入计数脉冲 CP，个位的 74LS192 开始进行加法计数。在第 10 个 CP 脉冲上升沿到来后，个位 74LS192 的状态从 1001→0000，同时其进位输出$\overline{CO}$从 0→1，即十位的 CP_U 由 0→1，此上升沿使十位的 74LS192 从 0000 开始计数，直到第 100 个 CP 脉冲作用后，计数器由 1001 1001 恢复为 0000 0000，完成一次计数循环。

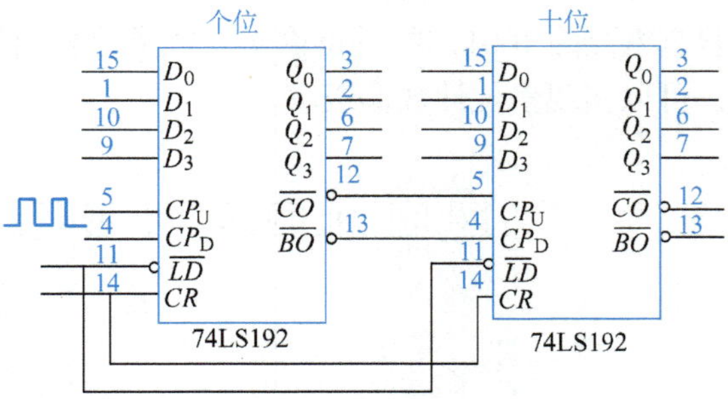

图 13-28 用两个 74LS192 构成 100 进制计数器

情境链接

柔性电子技术与智能运动装备

柔性电子是一种技术的通称，是将有机或无机材料电子器件制作在柔性可延性基板上的新兴电子技术。柔性电子设备是指在存在一定范围的形变（弯曲、折叠、扭转、压缩或拉伸）条件下仍可工作的电子设备（见图 13-29）。

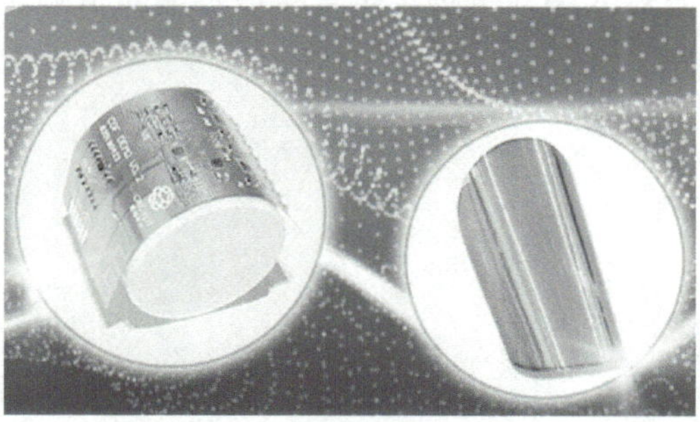

图 13-29 柔性电子设备

图 13-30 智能运动装备

柔性电子技术在生物医疗领域有非常重要的应用。其在无创血糖测量、光电血氧传感器、基于攀爬仿生的 3D 螺旋形绕电极、坐骨神经电信号采集、类皮肤柔性变形传感器、碳纳米纤维泡沫柔性压力传感器、类皮肤柔性压力传感器等柔性医疗电子产品方面都有很好的体现。在运动装备中安装生物传感器，比如 Athos 智能运动装备（图 13-30），会采集人体的生物数据，并将这些数据传送到手机或网络上，通过互联网传输给医疗服务人员，让医生清楚了解病人的身体状况、心跳速率、呼吸和运动强度等。

柔性电子技术以其独特的柔性、延展性以及高效、低成本的制造工艺，在信息、能源、医疗、国防等领域具有广泛应用前景，如柔性电子显示器、有机发光二极管、无线射频识别印刷标签、薄膜太阳能电池板、电子用表面粘贴等。

柔性电子技术可以颠覆性地改变传统信息器件、系统的刚性物理形态，可实现信息与人、物体、环境的高效共融，实现信息获取、处理、传输、显示以及能源的柔性化，更好地实现“万物皆互联”。

13.4 555 定时器及应用

555 定时器是一种将数字电路和模拟电路结合在一起的集成电路。其结构简单、使用方便灵活、用途广泛。只要外接少数几个阻容元件便可组成施密特触发器、单稳态触发器、多谐振荡器等电路。它在脉冲波形的产生与变换、仪器与仪表、测量与控制、家用电器与电子玩具等领域都有着广泛的应用。

TTL 单定时器型号的最后 3 位数字为 555，双定时器的为 556；CMOS 单定时器的最后 4 位数为 7555，双定时器的为 7556。它们的逻辑功能和外部引线排列完全相同。下面以 TTL 单定时器（555 定时器）为例介绍。

13.4.1 555 定时器的电路结构及其功能

1. 电路结构

图 13-31a、b 是555 定时器内部结构原理图和外引线排列图。它包括两个电压比较器 A_1 和 A_2，一个基本 RS 触发器，一个放电开关晶体管 VT 以及由三个 5kΩ 的电阻构成的电阻分压器。电阻分压器为两个比较器 A_1 和 A_2 提供基准电平。如引脚 5 悬空，则比较器 A_1 的基准电平为 $2U_{CC}/3$，比较器 A_2 的基准电平为 $U_{CC}/3$。如果在引脚 5 外接电压，则可改变两个比较器 A_1 和 A_2 的基准电平。当引脚 5 不外接电压时，通常接 0.01μF 的电容，再接地，以抑制干扰。引脚 2 是低触发输入端，引脚 6 是高触发输入端，引脚 4 是直接清零端，引脚 3 是输出端，引脚 8 是电源端。

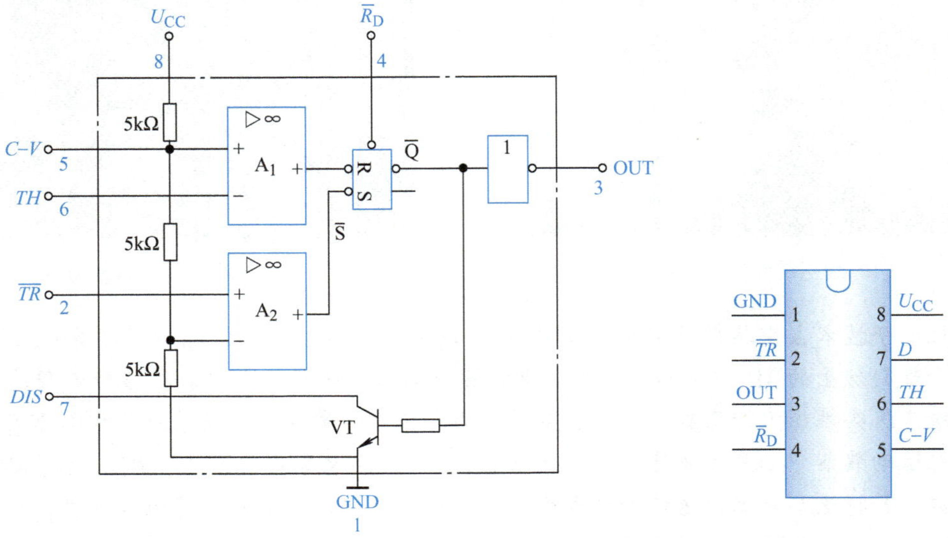

a) 内部结构原理图　　b) 外引线排列图

图 13-31　555 定时器的内部结构原理图和引线排列图

2. 功能分析

定时器的主要功能取决于两个比较器输出对 *RS* 触发器和放电管 VT 状态的控制。

当引脚6 电压 $U_6>2U_{CC}/3$、引脚2 电压 $U_2>U_{CC}/3$ 时，比较器 A_1 输出为0，A_2 输出为1，基本 *RS* 触发器被置 0，VT 饱和导通，U_0输出为低电平。

当 $U_6<2U_{CC}/3$、$U_2<U_{CC}/3$ 时，比较器 A_1 输出为 1，A_2 输出为 0，基本 *RS* 触发器被置 1，VT 截止，U_0输出高电平。

当 $U_6<2U_{CC}/3$、$U_2>U_{CC}/3$ 时，A_1、A_2 的输出均为 1，基本 *RS* 触发器的状态保持不变，因而 VT 和 U_0输出状态也维持不变。

因此可以归纳出 555 定时器的功能表见表 13-15。

表 13-15　555 定时器功能表

清零端（$\overline{R}_D$）	高触发端（*TH*）	低触发端（$\overline{TR}$）	输出（U_0）	放电管 VT
0	×	×	0	导通

（续）

清零端（$\overline{R_D}$）	高触发端（TH）	低触发端（$\overline{TR}$）	输出（U_0）	放电管 VT
1	$<2U_{CC}/3$	$<U_{CC}/3$	1	截止
1	$>2U_{CC}/3$	$>U_{CC}/3$	0	导通
1	$<2U_{CC}/3$	$>U_{CC}/3$	不变	不变

13.4.2　555 定时器的典型应用

555 定时器的应用十分广泛，它可以构成单稳触发器、双稳触发器、多谐振荡器和施密特触发器等。

1. 用 555 定时器构成单稳态触发器

（1）电路组成　如图 13-32a 所示，其中输入触发脉冲接在低电平触发端，6、7 两引脚相连并与定时元件 R、C 相接。外部复位端引脚 4 接直流电源 U_{CC}（即接高电平），电压控制端 5 不接外加控制电压，通过一个旁路电容 0.01μF 接地。

（2）原理分析　电源接通后，电源 $+U_{CC}$通过 R 对电容 C 充电，u_C 不断升高。当 $u_C>2U_{CC}/3$ 时，输出 $u_o=0$，定时器内部放电管 VT 饱和导通。随后，电容 C 经引脚 7 迅速放电，使 u_C 迅速减小到 0V。一旦放电管 VT 导通，电容被旁路，无法充电，这就是接通电源后电路所处的稳定状态。这时输出为低电平，$u_o=0$。当引脚 2 输入一幅值低于 $U_{CC}/3$ 的窄负脉冲触发信号时，输出 u_o 为高电平，放电管 VT 截止，电路由稳态进入暂稳态。随后电容 C 开始充电，当 u_C 上升到略大于 $2U_{CC}/3$ 时，输出 u_o 变为低电平，放电管 VT 饱和导通，电容充电结束，经引脚 7 迅速放电，u_C 迅速下降为 0，电路从暂态又返回到稳态时的低电平状态。工作波形如图 13-32b 所示。

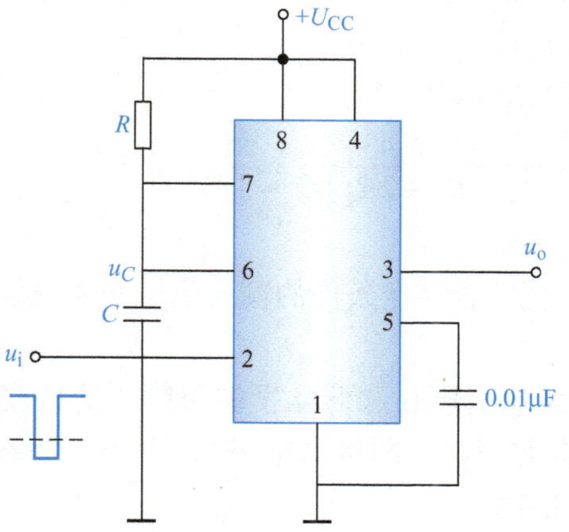

a) 电路

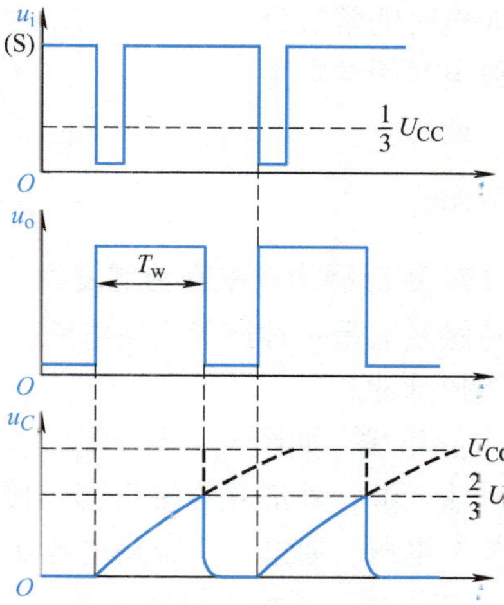

b) 工作波形

图 13-32　定时器构成的单稳态触发器

输出定时脉冲的宽度为

$$T_w \approx 1.1RC$$

式中，R 单位取 Ω（欧），电容 C 的单位取 F（法）时，输出定时时间单位就为 S（秒）。

2. 用 555 定时器构成多谐振荡器

（1）电路组成　如图 13-33a 所示，把引脚 2 和 6 连接，引脚 7 与电源端 8 脚间接入电阻 R_1，引脚 6 与 7 之间接入电阻 R_2。外部复位端 4 脚接直流电源 U_{CC}（即接高电平），电压控制端 5 不接外加控制电压，通过一个旁路电容 0.01μF 接地。

（2）工作原理　电源接通后，$+U_{CC}$ 经 R_1、R_2 给电容 C 充电，使 u_C 逐渐升高，在 $u_C < U_{CC}/3$ 时，u_o 输出高电平。当 u_C 上升到大于 $U_{CC}/3$ 时，电路仍保持输出高电平。

当 u_C 继续上升略超过 $2U_{CC}/3$ 时，输出变为低电平，定时器内部放电管 VT 饱和导通。随后，电容 C 经 R_2 及放电管 VT 到地放电，u_C 开始下降。当 u_C 下降到略低于 $U_{CC}/3$ 时，输出又为高电平，同时放电管 VT 截止，电容 C 放电结束，又再次充电，u_C 再次上升。如此循环下去，输出端就连续输出矩形脉冲，电路的输出波形如图 13-33b 所示。

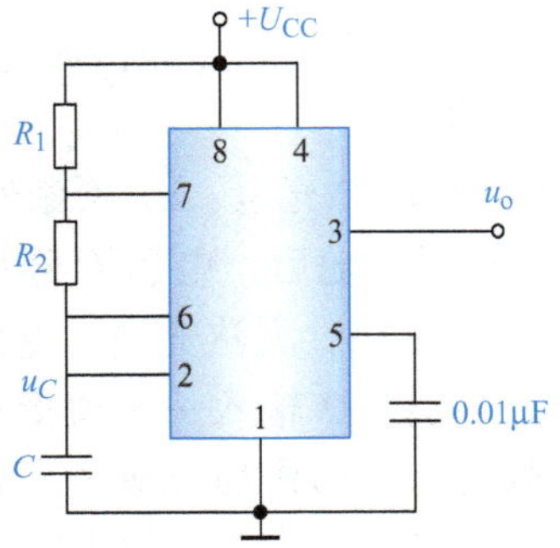

a) 电路

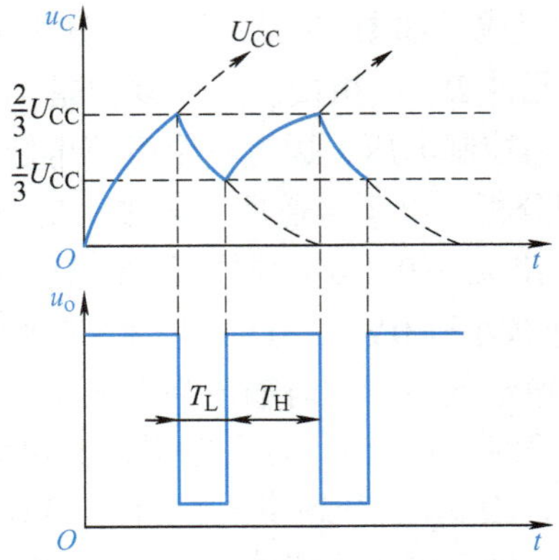

b) 工作波形

图 13-33　定时器构成的多谐振荡器

电容充电时间常数为　$T_H \approx 0.7(R_1 + R_2)C$

电容放电时间常数为　$T_L \approx 0.7R_2C$

振荡周期为　$T = T_H + T_L \approx 0.7(R_1 + 2R_2)C$

振荡频率为　$f = \dfrac{1}{T} = \dfrac{1}{0.7(R_1 + 2R_2)C} = \dfrac{1.43}{(R_1 + 2R_2)C}$

3. 用 555 定时器构成施密特触发器

施密特触发器是一种波形变换电路，它可以把符合特定条件的输入信号变换成数字电路所需要的矩形脉冲。

（1）电路组成　如图 13-34a 所示，将高触发端引脚 6 和低触发端引脚 2 连接在一起作为电路信号输入端；外部复位端引脚 4 接直流电源 U_{CC}（即接高电平），电压控制端引脚 5 不接外加控制电压，通过一个旁路电容 0.01μF 接地。

（2）工作原理　当输入信号 $u_i < U_{CC}/3$ 时，输出 u_o 为高电平，若 u_i 增加，使得 $U_{CC}/3 < u_i < 2U_{CC}/3$ 时，电路维持原态不变，输出 u_o 仍为高电平；如果输入信号增加到 $u_i \geqslant 2U_{CC}/3$ 时，输出 u_o 为低电平；u_i 再增加，只要满足 $u_i \geqslant 2U_{CC}/3$，电路维持该状态不变。若 u_i 下降，只要满足 $U_{CC}/3 < u_i < 2U_{CC}/3$，电路状态仍然维持不变；只有当 u_i 降到 $U_{CC}/3$ 时，触发器再次置 1，电路又翻转回输出高电平的状态。

显然，555 定时器构成的施密特触发器，其上限触发阈值电压 VT_+ 为 $2U_{CC}/3$，下限触发阈值电压 VT_- 为 $U_{CC}/3$，回差电压为

$$\Delta V_T = VT_+ - VT_- = \frac{1}{3}U_{CC}$$

工作波形如图 13-34b 所示。

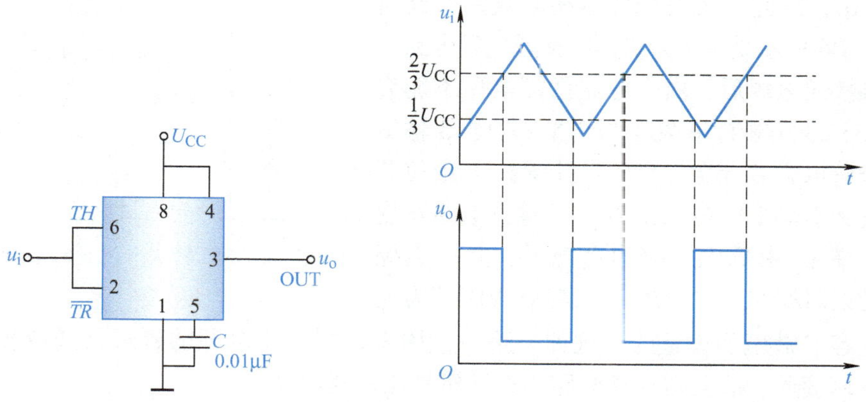

图 13-34 555 定时器构成的施密特触发器

13.4.3 555 定时器的综合应用实例

1. 定时应用

单稳态触发器可以构成定时电路，与继电器或驱动放大电路配合，可实现自动控制、定时开关的功能，图 13-35 所示是一个典型定时电路。

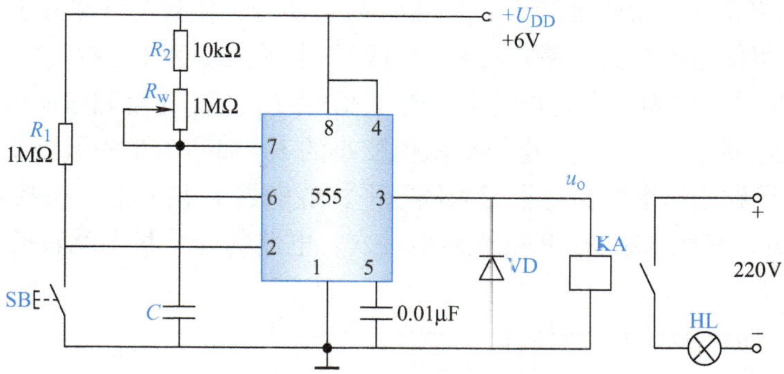

图 13-35 555 构成的定时电路

平时按钮开关 SB 为常开状态，555 定时器的引脚 3 输出为低电平，此时定时器内部放电管截止，电容 C 上的电压为 0。继电器 KA（当继电器无电流通过时，常开触头处于断路状态）无通过电流，故形不成导电回路，灯 HL 不亮。当按下按钮开关 SB 时，低电平触发端引脚 2 接地，触发电路翻转，555 的引脚 3 输出由低电平变为高电平，继电器 KA 通过电流，使常开触头闭合，形成导电回路，灯 HL 发亮。SB 按下时刻起，电路进入暂稳态，即定时开始，定时时间为 $T_w \approx 1.1RC$。若改变电路中的电阻 R_w 或 C，均可改变定时时间。

每按动一次开关 SB，电路就进入定时状态一次，所以这种电路适用于需要手动控制定时的工作场合。

2. 延时应用

从图 13-32b 单稳态触发器的工作波形图中，可以看到输出脉冲的下降沿比输入脉冲的下降沿滞后了 $T_w \approx 1.1RC$，因此单稳态触发器还常被用作延时电路。图 13-36 所示是一个开机延时接通电源电路。

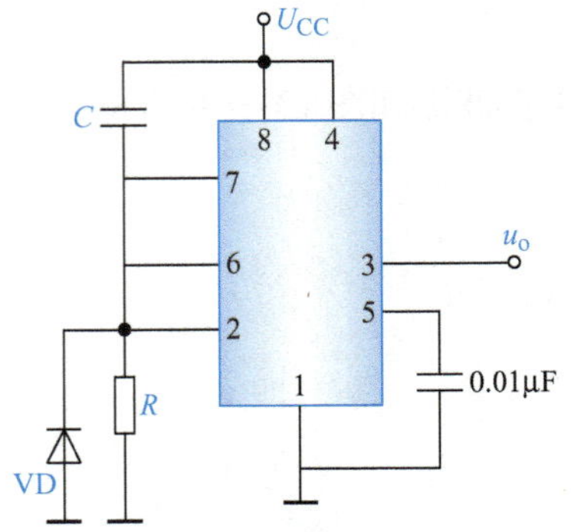

图 13-36 555 构成开机延时接通电源电路

当开机接通电源后，由于电容两端电压不能突变，所以 555 的引脚 2、6 处于高电平，引脚 3 输出低电平。随着电容 C 充电，555 的引脚 2、6 电位开始下降，直到引脚 2 电位低于 $U_{CC}/3$ 时，电路发生翻转，输出端 u_o 由低电平变为高电平，并一直保持下去。延迟时间 $T_w = 1.1RC$。二极管 VD 是为电源断电后电容 C 放电而设置的。这种电路一般用来控制高压电源的延迟接通或控制其他电源电路的延迟接通，故又把这种电路叫作开机高压延时电路。

3. 光控开关电路

555 构成的光控开关电路如图 13-37 所示。当无光照时，光敏电阻 R_G 的阻值远大于 R_3、R_4，由于 R_3、R_4 阻值相等，此时 555 定时器的引脚 2、6 的电平为 $U_{CC}/2$，输出端引脚 3 输出低电平，继电器 K 不工作，其常开触头 K_{1-1} 将被控电路置于关机状态。当有光照射到光敏电阻 R_G 上时，R_G 的值迅速变得小于 R_3、R_4，并通过 C_1 并联到 555 的引脚 2 与地之间。由于无光照时输出为 0，则定时器内部放电管导通，电容 C_1 两端电压为 0，因而在 R_G 阻值变小的瞬间，会使定时器的引脚 2 电位迅速下降到 $U_{CC}/3$ 以下，处于低电平，触发 IC 翻转，输出端 U_o 翻转为高电平，继电器吸合，其触头 K_{1-1} 闭合，使被控电路置于开机状态。当光照消失后，R_G 的阻值迅速变大，使定时器的引脚 2 电平又变为 $U_{CC}/2$，输出仍保持在高电平状态，此时定时器的引脚 7 为截止状态，电容 C_1 经 R_1、R_2 充电到电源电压 U_{CC}。若再有光照射光敏电阻 R_G 时，则 C_1 上的电压经阻值变小的 R_G 加到 555 的引脚 2，使引脚 2 的电位大于 $2U_{CC}/3$，导致输出端由高电平变为低电平，继电器 K 被释放，被控电路又回到了关机状态。由此可见，光敏电阻 R_G 每受光照射一次，电路的开关状态就转换一次，起到了光控开关的作用。

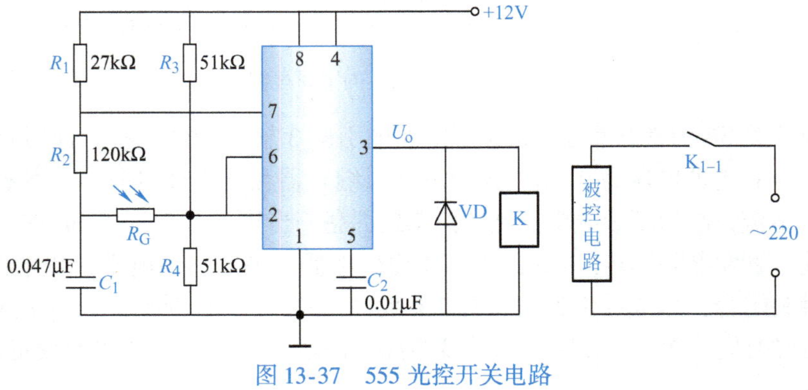

图 13-37 555 光控开关电路

情境链接

555“叮咚”双音门铃

555 定时器构成多谐振荡器时，适当调节振荡频率，可构成各种声响电路。图 13-38 所示是利用 555 定时器构成的“叮咚”双音门铃电路。

未按开关 S 时，引脚 4 电位为 0，输出低电平，门铃不响；当按下开关 S 时，经 VD_2 给 C_2 充电，引脚 4 电位为 1，电路起振，发出“叮”的音响，因 VD_1 导通，频率由 R_2、R_3、C 决定；断开开关 S 时，发出“咚”的音响，因 VD_1、VD_2 均不导通，“咚”的频率由 R_1、R_2、R_3 和 C_2 决定，同时 C_2 经 R_4 放电，到引脚 4 电位为 0 时停振。

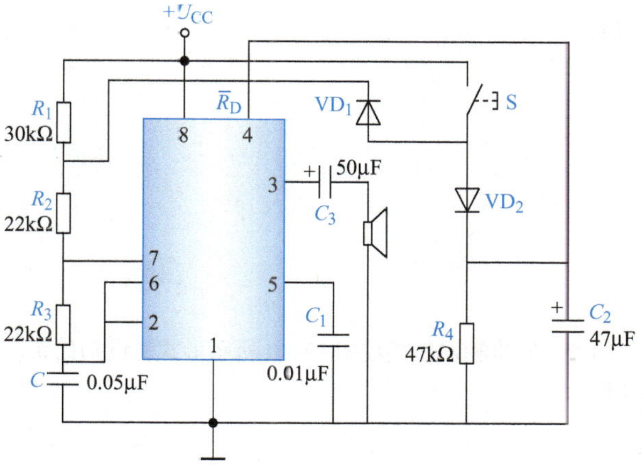

图 13-38 555“叮咚”双音门铃电路

情境总结

1. 触发器是数字系统中极为重要的基本逻辑单元。它有两个稳定状态：1 态（$Q=1$）和 0 态（$Q=0$）。在外加触发信号的作用下，可以从一种稳定状态转换到另一种稳定状态。当外加信号消失后，触发器仍维持其现状态不变，因此，触发器具有记忆作用，每个触发器只能记忆（存储）一位二进制数码。

2. 触发器的逻辑功能是指触发器输出的次态与输出的现态及输入信号之间的逻辑关系。描写触发器逻辑功能的方法主要有特性表、特性方程、波形图（又称时序图）等。

3. 根据逻辑功能划分，触发器主要有 *RS* 触发器、*D* 触发器、*JK* 触发器、*T* 触发器和 *T′* 触发器等。类型不同而功能相同的触发器，其状态表、状态图、特征方程均相同，只是逻辑符号图和时序图不同。

4. 时序逻辑电路是数字系统中非常重要的逻辑电路，与组合逻辑电路既有联系，又有区别，常用的时序逻辑电路有计数器和寄存器。

寄存器按功能可分为数码寄存器和移位寄存器，移位寄存器既能接收、存储数据，又可将数据按一定方式移动。

计数器是统计时钟脉冲个数的电路。计数器除用于计数、分频外，还广泛用于数字测量、运算和控制等。根据计数脉冲输入方式的不同，可将计数器分为同步计数器和异步计数器两类；根据计数进制不同又可以分为二进制计数器、十进制计数器和任意进制计数器。学习的重点是集成计数器的特点和功能应用。

5. 555 定时器是一种将数字电路和模拟电路结合在一起的集成电路。只要外接少数几个阻容元件便可组成施密特触发器、单稳态触发器、多谐振荡器等电路。

习题与思考题

13-1 分析图 13-39 所示 RS 触发器的功能，并根据输入波形画出 $\overline{Q}$ 和 Q 的波形（设初态 $Q=0$、$\overline{Q}=1$）。

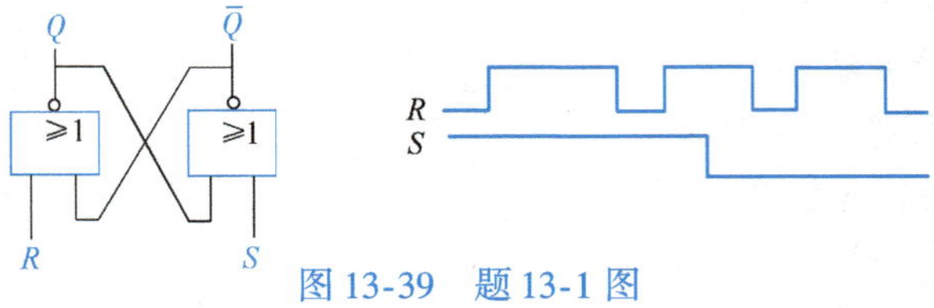

图 13-39 题 13-1 图

13-2 同步触发器接成图 13-40 所示形式，设初始状态为 0，试根据图示的 CP 波形画出各触发器的输出波形。

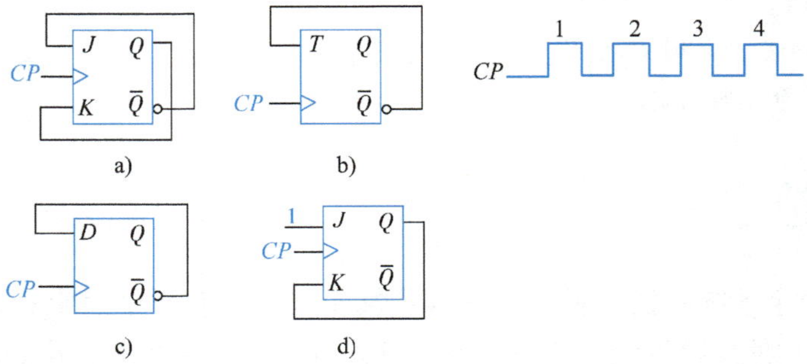

图 13-40 题 13-2 图

13-3 在主从 JK 触发器中，CP、J、K 的波形如图 13-41 所示，设初态为 0 态，试对应画出 $\overline{Q}$ 和 Q 的波形。

13-4 在图 13-42a 所示触发器中，输入信号 D、CP 和异步置位、复位端的波形如图 13-42b 所示，试画出 $\overline{Q}$ 和 Q 的波形。

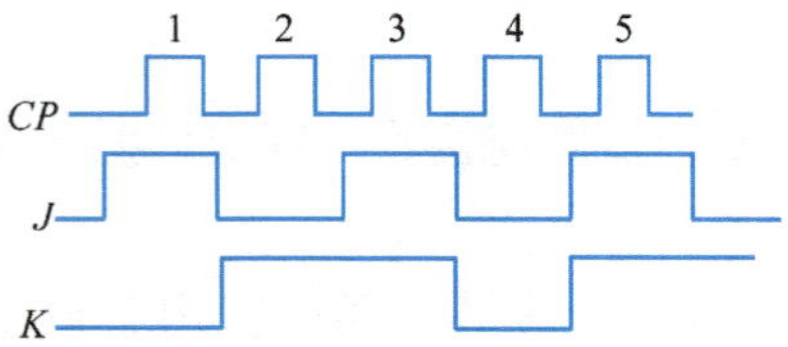

图 13-41 题 13-3 图

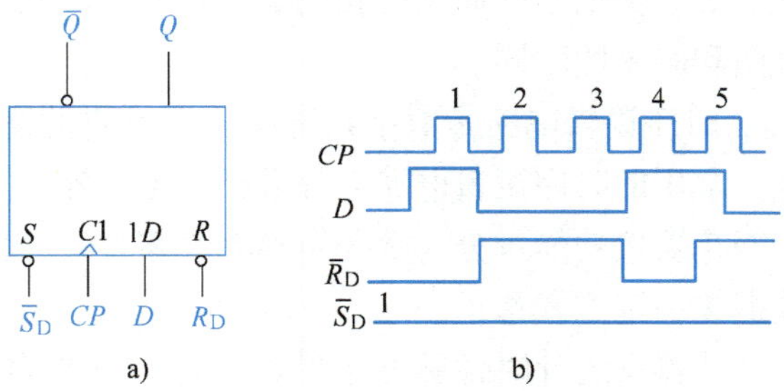

图 13-42 题 13-4 图

13-5 边沿触发器构成的电路如图 13-43 所示，设初状态均为 0，试根据 CP 波形画出 Q_1、Q_2 的波形。

13-6 图 13-44 所示为某时序电路的工作波形图，由此画出状态图或状态表，判定该时序电路是几进制计数器？

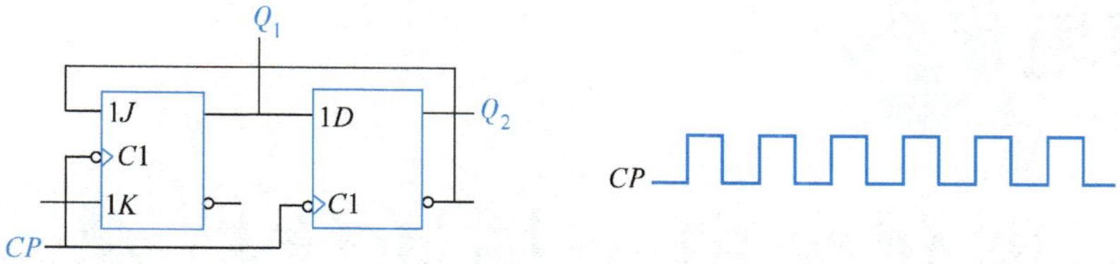

图 13-43 题 13-5 图

13-7 用 74LS194 集成移位寄存器构成图 13-45 所示电路，列出电路的状态转换表，指出电路的功能。

13-8 74LS161 用集成计数器组成起始状态为 0100 的九进制计数器，要求：

（1）列出状态表；（2）画出电路图。

13-9 由计数器 74LS161 构成图 13-46 所示两电路，（1）画出电路的状态转换表或状态图；（2）分析是几进制计数器。

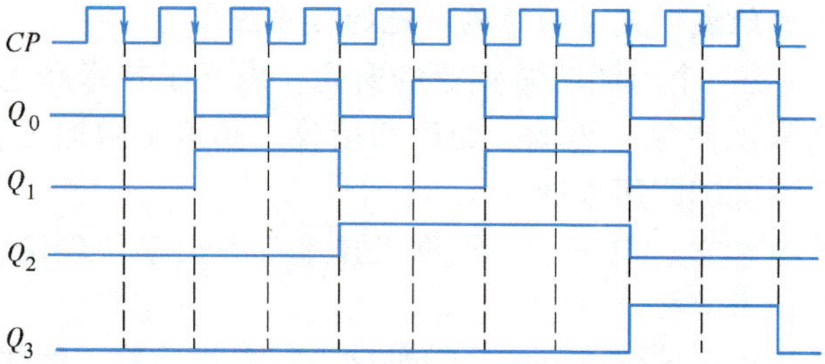

图 13-44 题 13-6 图

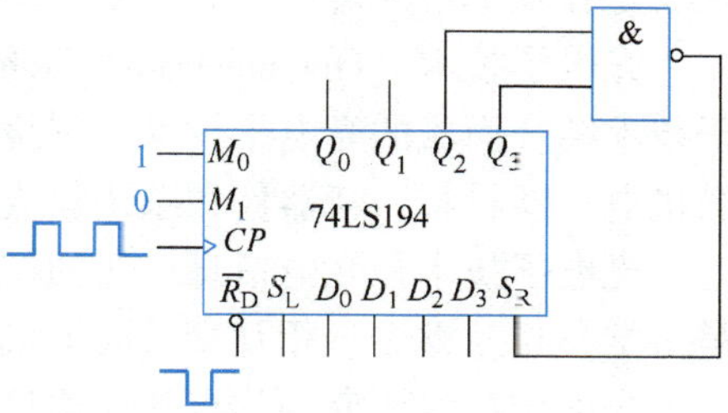

图 13-45 题 13-7 图

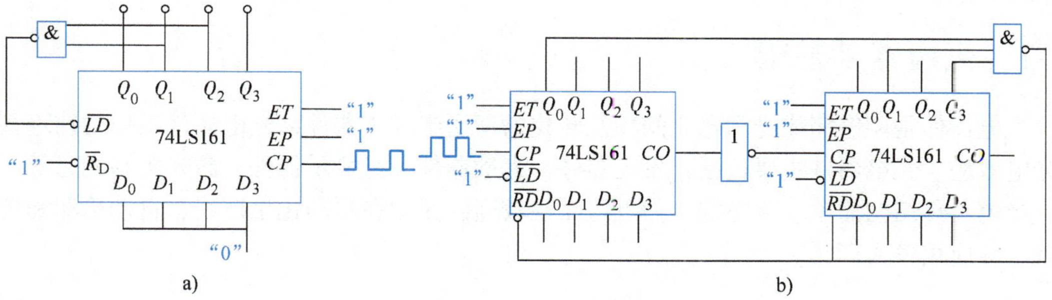

图 13-46 题 13-9 图

13-10 简述你理解中的 555 定时器的综合应用。

教学情境 14

现代光电子与通信技术

教学目标： 光电子技术是现代工业和信息产业的支柱与基础，通过对本章的学习，需要认识到光电子技术在现代社会和现代工业中的地位和作用，掌握主要光电器件的结构和功能，掌握光电检测及控制技术的方式方法，深刻理解光机电一体化技术的特征及发展趋势，掌握现代通信技术的概念以及数字光纤通信系统的组成、光纤的结构及光的传输原理。

光电子技术（Optoelectronic Technology）是一个内涵非常宽泛的概念，由光子技术和电子技术结合而成的光电子技术，围绕着光信号的产生、传输、处理和接收，涵盖了微加工、微机电、新材料、新器件和系统集成等一系列基础应用领域。

光电子技术是光电信息产业的基础，涉及光学、电子学、计算机技术等前沿学科理论，是多学科相互渗透、相互交叉而形成的高新技术学科。

光电子技术研究的热点在光通信领域，这对全球信息高速公路的建设起着举足轻重的作用。目前，国内外正掀起一股光子学和光子产业的热潮。光子时代的到来，将给现代工业和现代社会带来巨大的影响。

14.1 光电器件基础

光电器件是能够完成光和电之间相互转化的新型半导体器件，光电器件工作的物理基础是光电效应。光电器件主要包括：发光器件、光敏器件、光显示器件、激光头和光盘等。

光电器件结构简单、响应快，而且可靠性较高，因此在自动化生产线、自动检测和控制系统中的应用较为广泛。

情境链接

爱因斯坦与光电效应

在发表狭义相对论的同一年，即 1905 年，阿尔伯特·爱因斯坦（Albert Einstein）还发表了另一篇论文，阐述了自己的理论，解释了另一个已困扰科学家很久的物理问题，这就是爱因斯坦所称的“光电效应”。爱因斯坦发现当光照射到金属板时，金属板有时会释放出电荷，但仅限于某些波长的光，如图 14-1 所示。爱因斯坦意识到，光以一系列“包”的形式照射到金属板上，

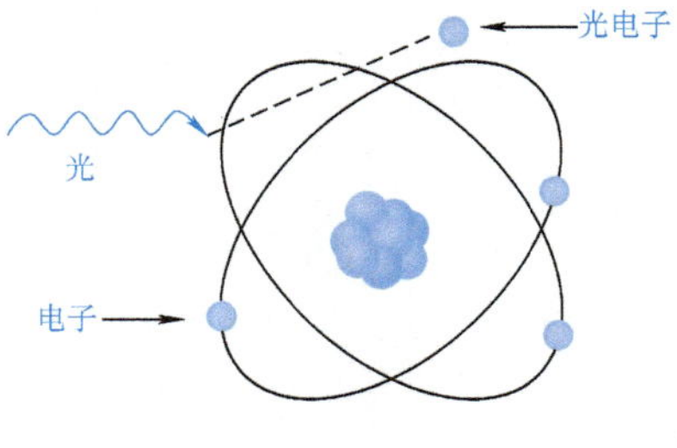

图 14-1 光电效应

他称这种“包”为“量子”。光量子的能量取决于光的颜色，紫外线的能量最高，红外线的能量最低。光量子必须具有足够的能量让原子吸收并释放出电子——即科学家见到的电荷。

14.1.1　发光器件

发光二极管

1. 发光二极管

发光二极管简称为 LED，是由镓（Ga）、砷（As）、磷（P）等化合物制成的。用这些材料制成的 PN 结，加上正偏电压，就可以将电能转化成光能而发光，发光二极管的外形及符号如图 14-2 所示。

发光二极管的颜色取决于制作 PN 结所用的材料，由磷砷化镓材料制成的二极管发红光，由碳化砷半导体材料制成的二极管发黄光，由磷化镓半导体材料制成的二极管发绿光，由砷化镓和砷铝化镓半导体材料制成的二极管会发红外光。还有一种能发双色光的二极管，它是将两个管芯封装在一个外壳之内，可以发红光，也可以发绿光。有的发光二极管将塑料封装的外壳制成红色或绿色，发光时就会呈现红色或绿色。

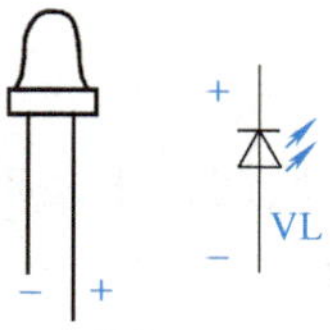

图 14-2　普通发光二极管的外形及符号

发光二极管还可作为光源器件将电信号变换成光信号，广泛应用于光电检测技术领域中。

2. 红外发光二极管

红外发光二极管所发出的光波波长为 940nm，属于红外光波段。它可以和硅光敏器件（接收红外光波长在 900nm 左右）相配用，组成红外遥控系统，广泛用于音响、电视机、空调的遥控控制。它具有耗电少、效率高、响应快和坚固耐用等优点。红外发光二极管是在正向电流的作用下发光，是一种电流驱动器件，工作时电路上应串联相应的限流电阻。红外发光二极管的外形、符号及实物如图 14-3 所示。

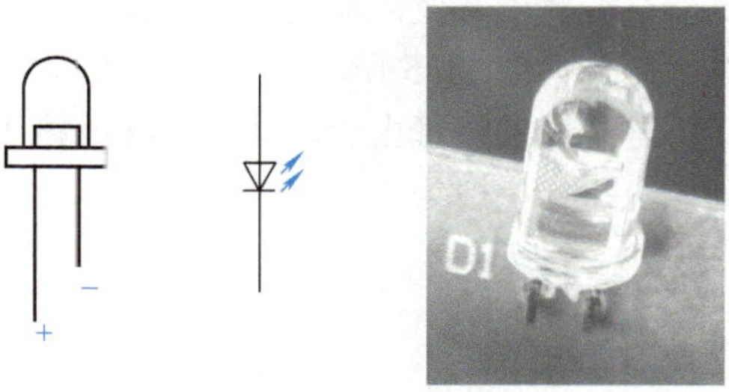

图 14-3　红外发光二极管的外形、符号及实物图

3. 红光半导体激光二极管

红光半导体激光二极管可以制成激光器，广泛用于激光条码阅读器、激光打印机、音频光盘（CD）、视频光盘（VCD）以及激光测量等领域。红光激光二极管具有体积小、寿命长（5 万小时以上）、电压低、耗电少、价格便宜等一系列优点。其性能远优于红光氦氖激光管，迅速占领了激光应用领域。

红光半导体激光二极管的内部结构及电路符号如图 14-4 所示。VD_1 是激光发射二极管，其阴极外接电源，其阳极与激光接收二极管 VD_2 的阴极连接，连通外壳，作为公共端。VD_2 受光后转换出光电流 I_M，可在与其相串联的电阻 R 上产生电压信号，以反映出发射光功率的大小。

红光激光二极管发出光波波长为 670nm 左右，它的核心是由铟镓铝磷（InGaAlP）半导体材料制成的二极管。工作原理是：激光发射二极管在正向偏置电压作用下 PN 结区有过剩的大量电子注入，并与该处空穴复合，由于形成极大的光子密度，受激发射，在内部又形成

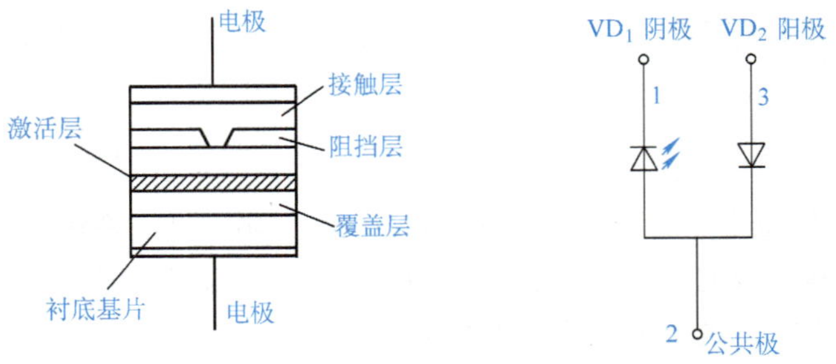

图 14-4 红光半导体激光二极管的内部结构及电路符号

反射反馈，于是产生了极强的相干光单色激光束，这时外部所加的工作电流要超过阈值电流。

4. 闪烁发光二极管

闪烁发光二极管是利用半导体集成电路工艺，将一个CMOS电路芯片和一个发光管芯连接封装在一个发光管外壳中。外观和普通发光管外形相似，仔细观察，可以通过透明封装材料看到集成电路芯片。它可以在固定电源电压下发出每秒1~5次的闪烁光，故称闪烁发光二极管。集成电路芯片内有振荡器、分频器和驱动器三部分。闪烁发光二极管的外形及内部电路结构如图14-5所示。

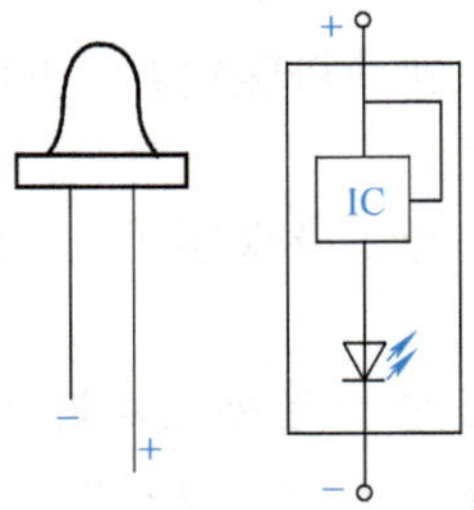

图 14-5 闪烁发光二极管的外形及内部电路结构

闪烁发光二极管由于内部CMOS电路工作需要，电源电压为固定电压，一般为4.75~5.52V。

14.1.2 光敏器件

1. 光敏电阻

光敏电阻是用半导体材料制成的光敏器件。光敏电阻没有极性，是一个纯粹的电阻器件，使用时既可加直流电压，也可以加交流电压。

无光照时，光敏电阻的电阻值（暗电阻）很大，电路中的电流（暗电流）很小。当受到一定波长范围的光照射时，光敏电阻的电阻值（亮电阻）急剧减少，电路中电流迅速增大。一般希望暗电阻越大越好，亮电阻越小越好，此时光敏电阻的灵敏度高。实际光敏电阻的暗电阻值一般在兆欧级，亮电阻在几千欧以下。

图14-6为光敏电阻的结构与工作原理图。涂于玻璃底板上的一薄层半导体物质两端装有金属电极，金属电极与引出线端相连接，光敏电阻通过引出线端接入电路。

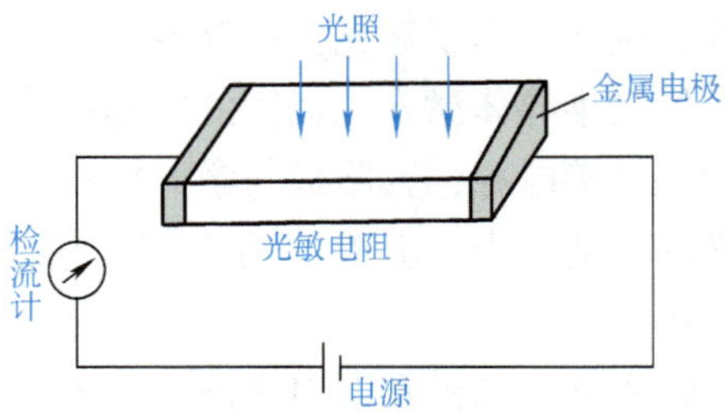

图 14-6 光敏电阻的结构与工作原理图

光敏电阻的主要参数：

（1）暗电阻和暗电流 光敏电阻在室温条件下，在全暗后经过一定时间测量的电阻值，称为暗电阻。此时流过的电流，称为暗电流。

（2）亮电阻和亮电流　光敏电阻在某一光照下的阻值，称为该光照下的亮电阻，此时流过的电流称为亮电流。

（3）光电流　亮电流与暗电流之差，称为光电流。

2. 光电二极管

光电二极管俗称光敏二极管。光电二极管是一种光电转换器件，其基本原理是当光线照射在 PN 结上时，光能被吸收，转换成为电能。光电二极管是施加反向电压，二极管中的反向电流会随光线照射强度增加而增加，光线越强，反向电流越大。光电二极管的外形、电路符号及特性曲线如图 14-7 所示。

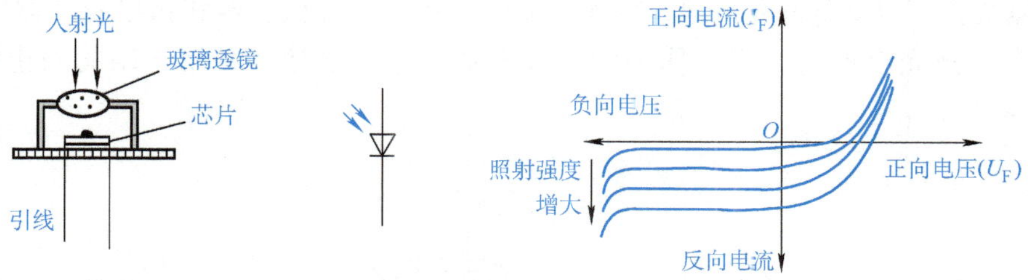

a) 外形　b) 电路符号　c) 特性曲线

图 14-7　光电二极管的外形、电路符号及特性曲线

从光电二极管的光照特性曲线可以看出：当无光照时，光电二极管的反向电流（称为暗电流）很小，当有光线照射时，电流会增加，称为光电流。光电流在一定反向电压下呈现恒流的特性，基本上不随外加电压而改变，只是在光照强度增加时，光电流会更大。另外光电二极管对不同波长（颜色）的光线敏感度也不尽相同，即表现出明显的光谱响应特性。

知识拓展

碳纳米管

美国康奈尔大学研究人员利用碳纳米管代替传统硅管，制造出了高效的太阳能电池。这一技术的关键是用碳纳米管代替传统硅管制造出光电二极管，后者是构成太阳能电池的基本器件。研究人员利用不同颜色的激光对这种二极管进行研究发现，在将光能转化成电能的过程中，它可以使电流强度加倍。

研究人员说，碳纳米管是一种理想的光电二极管，因为它可以充分利用多余光能，而传统太阳能电池中的多余能量往往以热量的形式流失。

3. 光电晶体管

光电晶体管与光电二极管的结构相似，不过它具有两个 PN 结，大多数光电晶体管基极无引线。当有光照时，一个反偏 PN 结能产生几微安电流，即该 PN 结中激发的光电流将被放大 β 倍而使其导通。一般光电晶体管壳体的顶部都是用透明材料制成的集光镜，当有光照射时就会导通，光电晶体管的外形、结构及电路符号如图 14-8 所示。

4. 硅光电池

光电池是一种将光能直接转换成电能的半导体器件。目前广泛应用的光电池，多为硅半

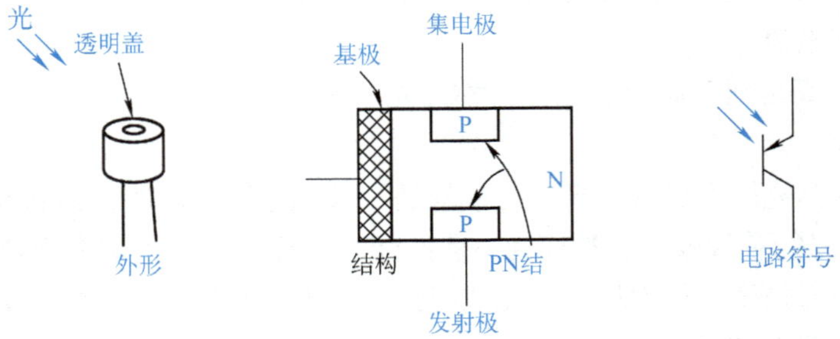

图 14-8 光电晶体管的外形、结构及电路符号

导体材料制成，所以又称硅光电池。硅光电池广泛用于计算机、照相机以及仪器仪表之中。大面积的多个硅光电池组，可以作为太阳能电源。硅光电池的外形、结构及电路符号如图 14-9所示。

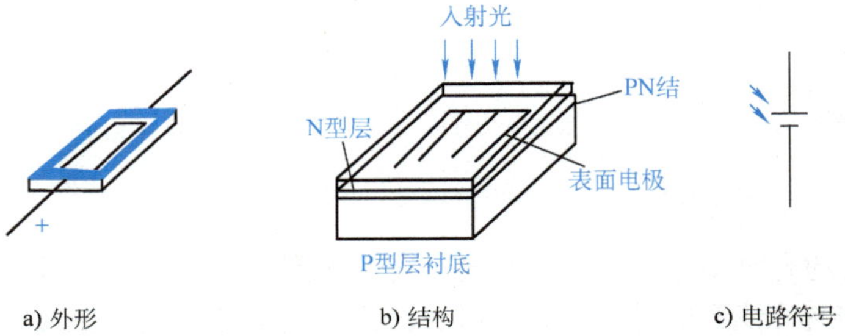

图 14-9 硅光电池的外形、结构及电路符号

在 P 型硅衬底材料上，利用扩散法形成极薄的 N 型层，生成 PN 结，再在硅片上下各制成引线电极，这就制成了一个单体硅光电池，硅光电池实际上是一个面积很大的 PN 结。

当光线照射硅光电池表面时，一部分光子被硅材料吸收，光子的能量传递给了硅原子，使电子发生了跃迁，成为自由电子，并在 PN 结两侧集聚形成了电位差，当外部接通电路时，在该电压的作用下，将会有电流流过外部电路。这是一个光子能量转换成电能的过程。

情境链接

太阳能电池

太阳能电池是利用半导体材料的光电效应，将太阳能转换成电能的装置，如图 14-10 所示。当多个电池串联或并联起来就可以成为有比较大的输出功率的太阳能电池方阵了。太阳能绿色环保，是一种取之不尽用之不竭的可再生能源。

太阳能电池所用半导体材料以硅为主，其中又以单晶硅和多晶硅为代表。硅太阳能电池是当前开发最快的一种，在应用中占主导地位，由于制造工艺上的不同，可分为单晶硅太阳能电池和多晶硅太阳能电池两种，如图 14-11 所示。

(1) 原材料硅砂——多晶硅 将原材料工业硅经过一系列的物理化学反应提纯后，就能得到具有一定纯度的电子材料——多晶硅。多晶硅是制造硅抛光片、太阳能电池及高纯硅

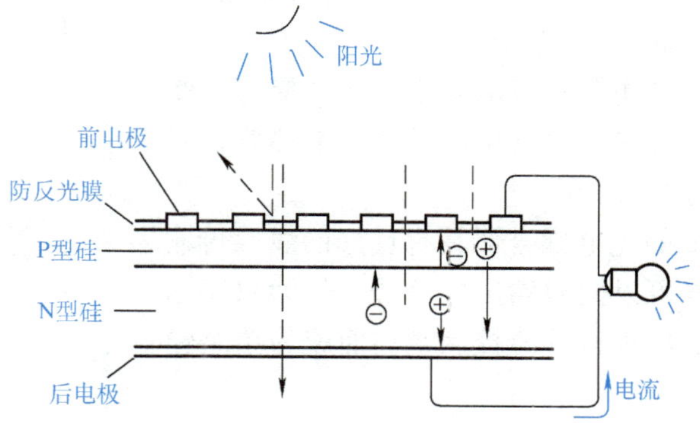

图 14-10　太阳能电池原理图

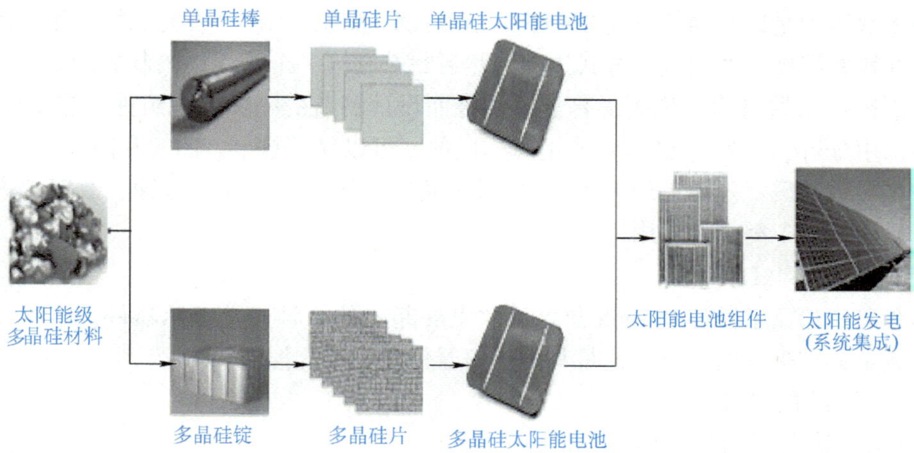

图 14-11　硅太阳能电池

制品的主要原料，是信息产业和新能源产业最基础的原材料。按纯度要求不同，可分为电子级和太阳能级。

（2）多晶硅——硅片　将太阳能级多晶硅材料加工成硅片，可以通过多种不同的工艺途径。可以将太阳能级多晶硅直拉单晶，制成单晶硅棒，然后切割加工成硅片；也可以将太阳能级多晶硅铸成多晶硅锭，然后切片。

（3）硅片——太阳能电池片　将硅片经过抛磨、清洗等工序，制成待加工的原料硅片，然后经过表面织构化、发射区钝化、分区掺杂等烦琐的电池工艺后，硅片就成为半导体材料，产品就是能进行光电效应的太阳能电池单体片。

（4）太阳能电池片——太阳能电池组件　最后用串联或并联的方法，将太阳能电池单体片按所需要的规格用框架和材料进行封装，就得到了太阳能电池组件（太阳能电池板）。太阳能电池组件、太阳能控制器、蓄电池（组）、逆变器等通过集成，组成了太阳能发电系统，就能够发电了。

5. 光电耦合器

光电耦合器是以光为媒介，用来传输电信号的器件。通常是把发光器（发光二极管）与受光器（光电二极管）封装在同一管壳之内。当有电信号输入时，发光管发出光线，光电二极管接受光照之后就产生了光电流，由输出端输出。从而实现了“电→光→电”的转换。

光电耦合器内部的发光管一般都采用发光二极管，受光管采用光电二极管，或者灵敏度更高的光电晶体管，光电耦合器内部电路如图14-12所示。

用光电二极管做成的光电耦合器具有良好的线性传输特性。两个光电二极管可以同时输出电信号，作为双路输出。也可以利用一路输出进行反馈控制端，而成为单路输出的光电耦合器。

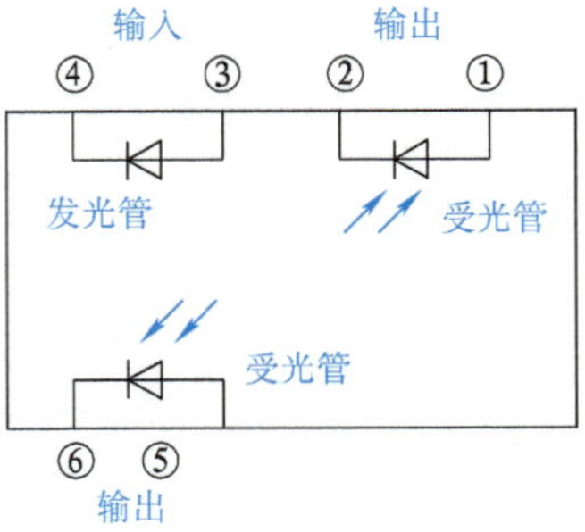

图 14-12 光电耦合器内部电路

14.1.3 光电显示器件

1. 半导体数码显示器

半导体数码管是以半导体发光二极管（LED）为基础，用多个发光二极管组成数字的各个笔段，并按共阴极或共阳极的方式连接，然后封装在同一个管壳之内制成的。

LED点阵显示器是为实现大屏幕显示功能而设计制造的一种通用组件。它是以LED为基础器件，用分行、分列的LED组成矩阵构成的，可以显示数字、图表和图像。

LED半导体数码显示器是组合LED中用途最广泛的一种，数字时钟、数字仪表以及在其他数字显示技术中都大量应用。

2. 液晶显示器（LCD）

液晶数码管和显示器件是1968年之后才发展起来的一种光电显示器件，这种显示器件的最大特点是具有极低的功耗，这是其他任何器件所无法比拟的。

LCD显示器的内部结构如图14-13所示。其上下两片玻璃上制有电极，中间注入TN型液晶体，四周用胶密封，形成一个几微米厚的液晶盒子。TN型液晶体是一种特殊材料，它虽是液体，但具有晶体的有序分子排列，在外电场的作用下晶体排列会发生改变。

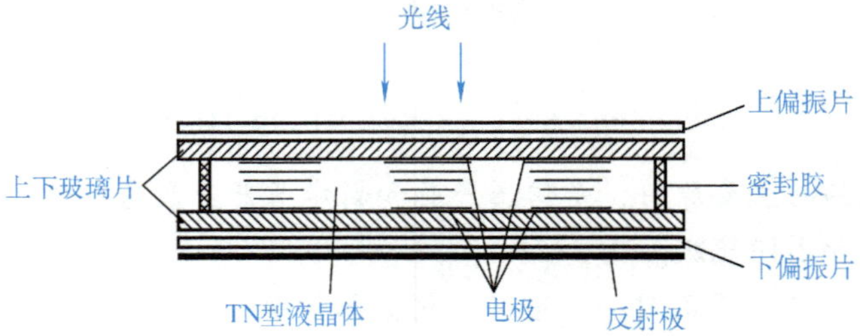

图 14-13 LCD显示器的内部结构

当有光线照射在液晶片上时，光线通过上偏振片，形成偏振光，此光线通过液晶，到达下偏振片后再经反射片，可将光线反射回来，液晶片不显示任何符号或图形。在液晶片的上下电极上施加一定电压时，这一电压造成的电场使液晶体分子排列发生改变，从而形成不透明的部分，从表面看去显示黑色。

将电极制成各种文字或符号的笔画形，液晶片就显示出文字或符号。需要指出的是，液晶片及文字符号本身并不发光，而是通过对入射光的投射或反射来形成明暗的图形，显示出文字符号，正是由于用以改变液晶分子排列所需能量极微，所以液晶显示器具有极低的功耗。

光电显示器件种类繁多，半导体（LED）数码显示器、液晶（LCD）显示器、辉光数码管、荧光数码管、等离子显示器等都是常用的光电数码显示器件。

14.1.4 激光头与光盘

1. 激光头

现代数字音频和视频产品的核心器件是激光头。激光头是利用激光来读取和存储数字信息的，以完成光电信号的转换。没有激光头就没有 CD/VCD/DVD 等数字音频、视频技术。

激光头按功能可以分为只读式激光头，能读能写式激光头，能读、能写、能擦式激光头。激光头主要由激光发射系统、传播系统和接收系统组成，如图 14-14 所示。

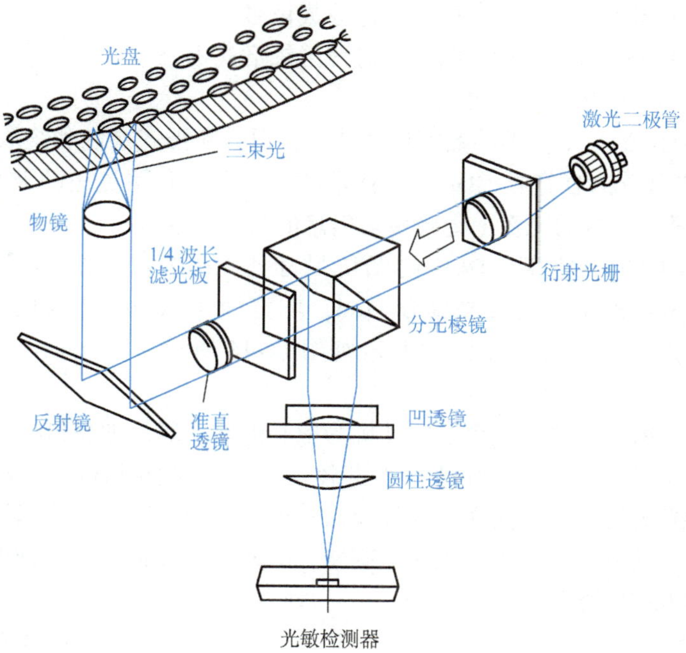

图 14-14 激光头的结构组成

激光发射系统主要由半导体激光二极管和衍射光栅组成。激光二极管能发射出波长、相位一致的激光、其波长为 0.65 ~ 0.78μm。衍射光栅可以把激光二极管发射出的单束光分裂成三束光，即分成主光束和两支辅助光束共同读取信号。

激光传播系统由起不同作用的光学镜片组成，并形成光路。由图 14-14 可以看出，激光传播系统由分光棱镜、1/4 波长滤光板、准直透镜、物镜等构成光传播路径，将激光二极管发出的激光束入射到光盘面上；由物镜、准直透镜、1/4 波长滤光板、分光棱镜和圆柱透镜等构成反射光路径，把从光盘反射回来的激光引入到光敏检测器的光靶上，把光信号转变成电信号。

2. 光盘

光盘是记录存储音、视频信号的载体，它采用数码信号进行记录和重放。光盘的优点是能够高保真、高速度地记录，寿命长、功能多、体积小。

兼容性好是光盘的特点之一，VCD 不仅能在 VCD 机上播放，还可在安装有 CD-ROM 驱动器和 MPEG1 解码卡的个人计算机上播放，同样光盘也能在装有 MPEG2 解码卡的计算机上播放。

（1）CD/VCD 的结构　CD 的结构尺寸如图 14-15 所示。CD 的直径为 ϕ120mm，厚度为

1.2mm，质量为15g。光盘的中心孔直径为ϕ15mm，节目从内圈ϕ50mm开始到直径为ϕ116mm处结束。播放时间最长为74min。

CD是由透明塑料聚碳酸酯基片制成的，由衬底层、反射层及保护层组成。光盘的信息是通过激光反射原理从信息面通过透明资料来读取的，在反射层中用坑来表示信息。当激光头的激光束照射这些凹凸坑时，产生强弱不同的反射光，再将这些反射光变为大小不同的电流，经解码电路还原成信号。

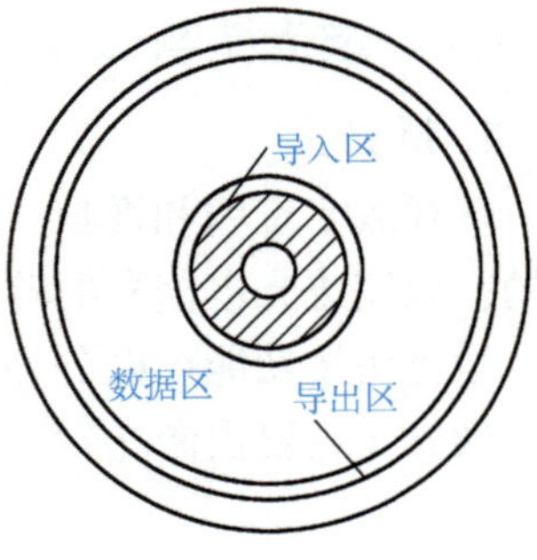

图14-15 CD的结构

VCD的结构与CD的结构完全相同。光盘的记录格式由三部分组成，即导入区、数据区、导出区。

VCD采用MPEG1的技术标准的数字压缩技术，以数字形式录制和读取。

(2) DVD的结构 DVD是在CD/VCD技术的基础上，利用更短的波长和MPEG2的压缩技术，在同CD尺寸一样的光盘上记录更多信息的数字光盘。

为了提高DVD的记录密度，DVD的凹坑尺寸比CD的尺寸缩小了很多，其坑长为0.47μm（CD光盘为0.83μm），坑高为0.1μm，坑宽为0.3μm，坑与坑的间距为0.74μm（CD为1.6μm），CD与DVD信息凹坑的比较如图14-16所示。

3. 光驱

光驱的驱动机械部分主要由3个小电动机为中心组成。碟片加载机构由控制进、出盒的电动机组成，主要完成光盘进盒（加载）和出盒（卸载）。激光头进给机构由进给电动机驱动，完成激光头沿光盘的半径方向由内向外或由外向内平滑移动，以快速读取光盘数据。主轴旋转机构主要由主轴电动机驱动完成光盘旋转，即光盘的转轴就是主轴电动机的转轴，光驱的外观结构如图14-17所示。

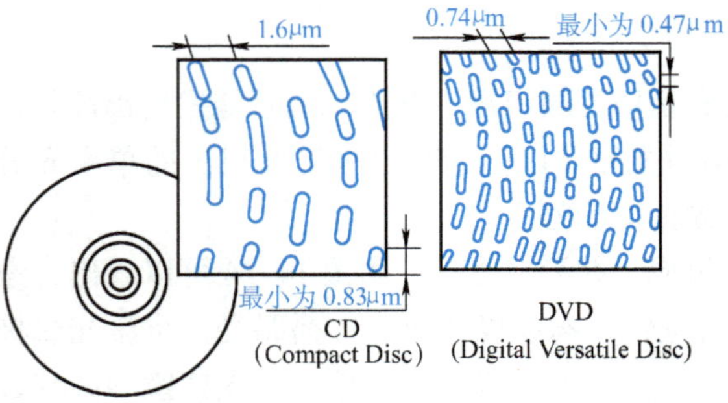

图14-16 CD与DVD信息凹坑的比较

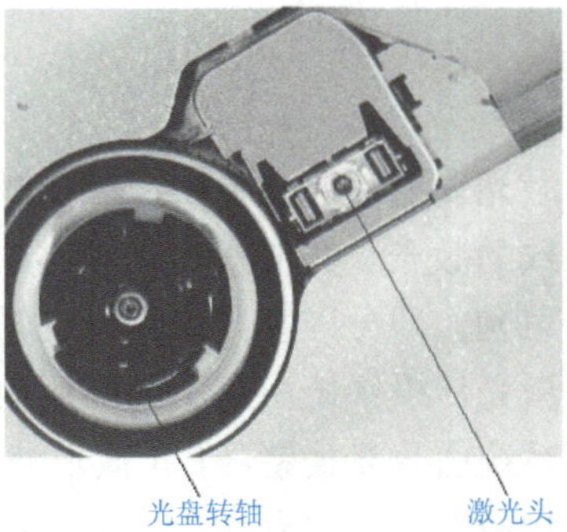

图14-17 光驱的外观结构

14.2 光电检测及控制技术

14.2.1 光电检测装置

光电检测装置是利用发光管作为发射器，利用光敏管作为接收器而组成的“开放”式的光电耦合器。它的发光管与接收管是独立存在的，根据发送和接收光线的方式，光电检测装置可以有多种形式。

1. 反射式光电检测装置

反射式光电检测装置的检测原理如图 14-18a 所示。其发光管与接收管在同一边，当有反射物体接近时，利用光线遇到物体反射的原理，接收管会接收到反射回来的光线，从而产生光电流，完成检测功能，发出相应的信号或产生相应的动作。

图 14-18b 所示为一种反射式光电检测装置的实物图。所用发光管为红外发光二极管，发红外光，和硅光敏器件相配用，组成红外检测系统，它具有检测效率高、响应快的特点。

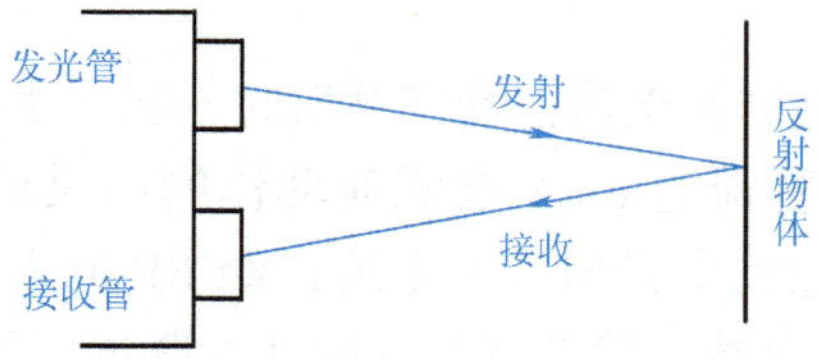

a) 检测原理示意图

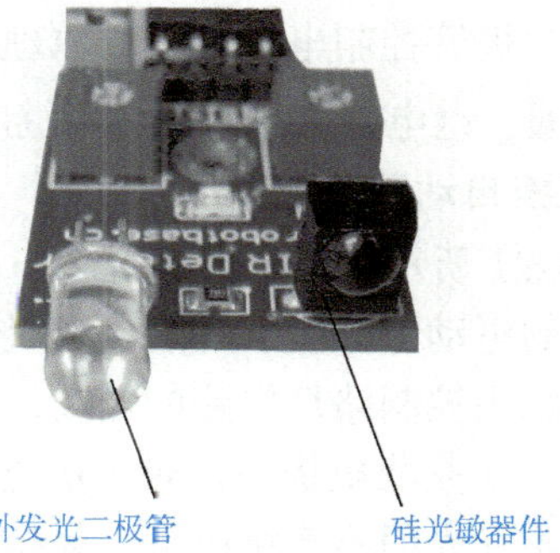

b) 实物图

图 14-18 反射式光电检测装置

2. 其他形式的光电检测装置

根据发送和接收光线的方式不同，还有许多其他形式的光电检测装置，图 14-19a 所示为光纤式，它是利用光纤来完成细小物体的检测；图 14-19b 所示为沟道式，它是利用光线发射和接收在一个沟道内，利用光线被遮挡来检测被测物体；图 14-19c 所示为对射式，发射与接收分别在两端，中间通过被检测物体；图 14-19d 所示为聚焦式，它是在光发射器输出端加了聚焦透镜，在一定距离上光线聚焦，在聚焦点位置上检测被测物体。

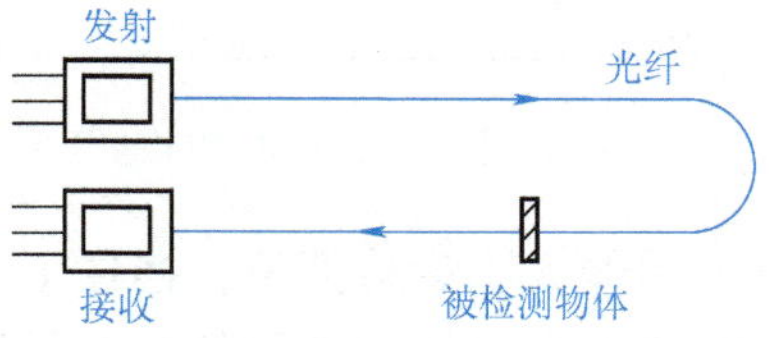

a) 光纤式

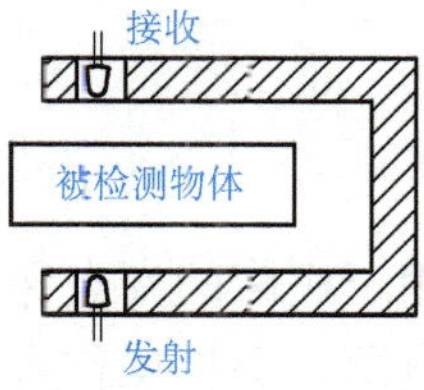

b) 沟道式

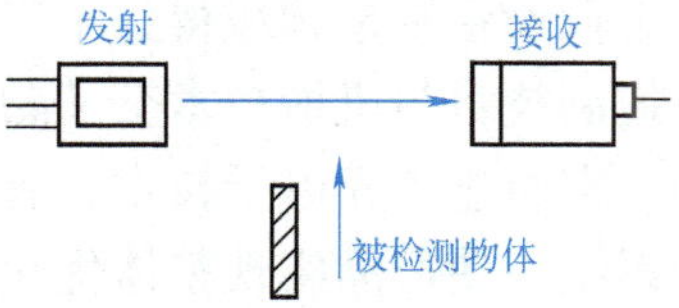

c) 对射式

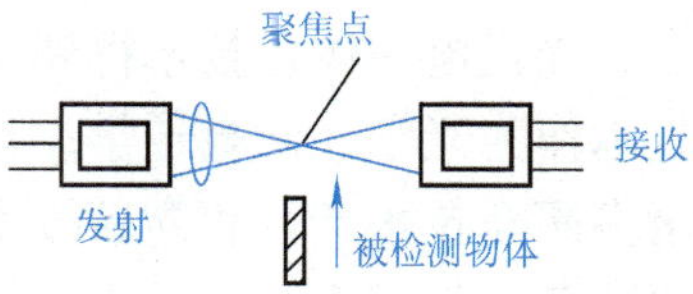

d) 聚焦式

图 14-19 光电检测装置的其他形式

各种不同类型的光电检测组件，适用于不同类型的检测场合，测试距离从几毫米到几十米，可以完成工作环境极恶劣条件下的检测和控制（例如：高温、高压、强腐蚀等）。光电检测组件根据应用场合可以有多种外形和安装方式。广泛用于机械、电子、化工、印刷、自动包装等各个领域。它是一种光机电一体化新型组件的关键部件。

14.2.2 光电控制技术及应用

1. 光电二极管控制的电器装置

光电二极管控制电器装置的原理图如图 14-20 所示。当有光线照射时，VT_1 导通，同时 VT_2 也导通，继电器 KA 动作，用继电器触头可以控制电器装置的开或关。

2. 光控自动开关电路

图 14-21 所示为路灯自动开关电路。2CR44 是硅光电池，受光照射时，能产生随光照强弱而变化的电动势并提供电流。继电器 KA 是一种流过 6mA 电流就动作的高灵敏继电器，它的常闭触头控制路灯电路的通断。白天，硅光电池受光照产生电流，经 RP 流入晶体管基极成为 I_B，于是集电极中出现大的电流 I_C 流经继电器，使常闭触头断开，路灯熄灭。晚上，硅光电池不受光照不产生电流，晶体管没有基极电流，集电极电流近似为零，继电器常闭触头闭合，路灯电源接通。调整电位器 RP 可以调整基极电流 I_B，也就调整了控制路灯开关的周围环境光的强度。

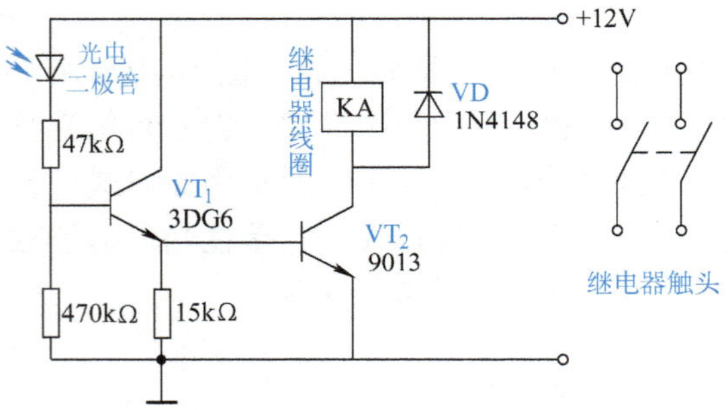

图 14-20 光电二极管控制电器装置的原理图

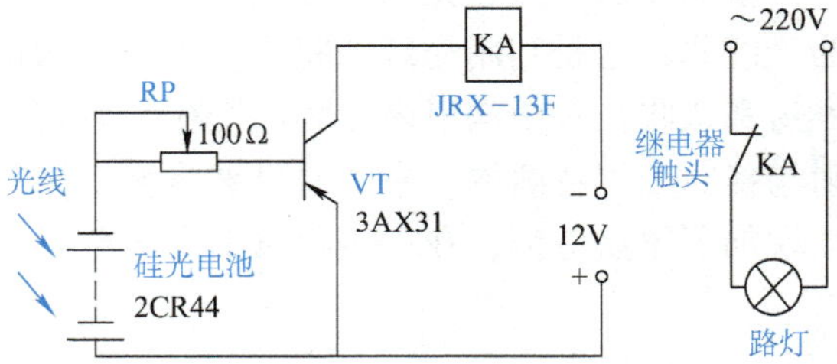

图 14-21 路灯自动开关电路

类似的电路也可用于机床的安全保护，如果人手伸入了危险部位，挡住了光源，控制电路就马上动作，切断电源，保护操作人员。各种各样的半导体敏感器件配合晶体管的放大作用，就可以构成电工设备中各种各样的控制电路。

14.3 光机电一体化技术

近些年来，光机电一体化技术得到迅猛发展，在工业设备制造领域得到了广泛应用。光机电一体化技术作为光学、微电子学、计算机信息、控制技术与机械技术交叉融合构成的高新技术，是诸多高新技术产业和高新技术装备的基础。它引进了光电子技术，有效地改进传统机电一体化装备的传感系统、动力系统和信息处理系统，使产品实现整体优化。因此，光机电一体化技术成为当今机械工业技术发展的一个主要趋势。

14.3.1 光机电一体化技术的特征

光机电一体化系统主要由动力、机构、执行器、计算机和传感器五个部分组成，相互构成一个功能完善的柔性自动化系统。其中计算机软硬件和传感器是光机电一体化技术的重要组成要素。

光机电一体化产品的研究开发涉及许多学科和专业知识，包括机械工程学、光学、数学、物理学、化学、声学、电子学、电工学、系统工程学、控制理论和计算机科学等。例如人们非常熟悉的数码激光冲印设备（见图 14-22），光机电一体化技术将光电子技术、传感器技术、控制技术与机械技术各自的优势结合起来，衍生出了许多功能更强、性能更好的新一代技术装备和产品，如集复印、打印、传真于一体的多功能一体机（见图 14-23）。

图 14-22 柯达全套激光数码冲印系统设备

图 14-23 兄弟 FAX-2480C 多功能一体机

14.3.2 光机电一体化技术的发展

机械学与电子学的结合，使得机电一体化得到飞速发展。“机电一体化”通常可解释为：利用包括机、电两个学科在内，对产品和制造系统进行设计的多学科集成方法。因此，机电一体化的对象是产品以及生产产品的制造系统。

光机电一体化技术的兴起，正在引导着世界一场新技术领域的深刻变革，国际上光机电一体化系统研究发展迅速。欧美、日本等一些发达国家在设备制造业、电器工业和汽车工业有着坚实的基础，而这些行业与机电一体化技术密切相关。

14.3.3 高端装备制造

光机电一体化技术已经渗透到各个学科领域，成为一种新兴的学科，并逐渐成为一种产业，而这些产业作为新的经济增长点越来越受到高度重视。从世界科学技术的发展情况来看，高端装备制造技术是未来科技发展的热点技术。

情境链接

国家战略性新兴产业——高端装备制造业

制造业是经济社会发展的物质基础，在国民经济建设中处于支柱和主导地位，高端装备制造产业的振兴是我国实现工业化社会的基础。

高端装备制造产业指装备制造业的高端领域，“高端”主要表现在三个方面：第一，技术含量高，表现为知识、技术密集，体现多学科和多领域高精尖技术的继承；第二，处于价值链高端，具有高附加值的特征；第三，在产业链占据核心部位，其发展水平决定产业链的整体竞争力。

作为战略新兴产业之一的高端装备制造业主要包括航空产业、卫星及应用产业、轨道交通装备业、海洋工程装备以及智能制造装备五个细分领域。中国高端装备制造业将迎来黄金增长，将成为国民经济重要的支柱产业。2015 年，中国高端装备制造业销售收入超过 6 万亿元，在装备制造业中的占比提高到 15%；到 2020 年，高端装备制造产业销售收入在装备制造业中的占比提高到 25%，高端装备制造业将培育成为国民经济的支柱产业。

高端制造产业可以理解为：技术高端，表现为知识、技术密集，体现多学科和多领域高、精、尖技术的集成；价值链高端，具有高附加值特征。

高端装备产业包括：

（1）传统产业转型升级的重大成套设备　围绕满足石化、冶金、轻工、煤炭、汽车等行业的转型升级、节能降耗、自动化、智能化需要的装备。

（2）节能、环保与资源开发利用装备　围绕资源开发利用、二氧化碳减排等重大工程所需的成套装备，如新能源、核电、清洁煤燃烧、智能电网、海洋工程装备等。

（3）先进运输设备　包括航空运输、远洋运输、城市轨道交通和新能源汽车等。

（4）智能化的基础制造装备　它包括突破数字化制造技术、高档数控系统、高精度轴承及机床功能部件等关键技术，开发先进工艺技术所需的专用装备。

（5）基础元件及仪器仪表　把通用基础元件（液压、气动）、大型铸锻件、关键特种材料（高档绝缘材料）、控制系统的元器件（包括仪器仪表）、数控机床的功能部件等作为优先发展领域，以改变高档液压元件和控制元件依赖进口的局面。

（6）新兴产业专用装备　围绕生物医药、电子信息、新材料等新兴产业发展所需要的装备。

14.3.4　机器视觉技术

机器视觉是使机器具有像人一样的视觉，从而实现各种检测、判断、识别等功能。一个典型的工业机器视觉系统组成包括（见图 14-24）：

（1）图像采集单元　光源、镜头、相机（包括 CCD 相机和 COMS 相机）、采集卡等。

（2）图像处理分析单元　工控主机、图像处理软件、图形交互界面等。

（3）执行单元　电力、液压、气压传动。

机器视觉是一项综合技术，包括图像处理、机械工程技术、控制、电光源照明、光学成像、传感器、模拟与数字视频技术、计算机软硬件技术等。机器视觉系统的工作原理示意图如图 14-25 所示。

机器视觉系统最基本的特点就是提高生产的灵活性和自动化程度。在一些不适于人工作业的危险工作环境或者人工视觉难以满足要求的场合，常用机器视觉来替代人工视觉。同时，在大批量重复性工业生产过程中，用机器视觉检测方法可以大大提高生产的效率和自动化程度。

纺织企业是大型劳动和技术密集型企业，在大批量的布匹检测中，用人工检查产品质量效率低且精度不高，用机器视觉检测方法可以大大提高生产效率和生产的自动化程度。“布匹检测”流水线（图 14-26）是实时、准确、高效的流水线，在流水线上，所有布匹的颜色、数量都要进行自动确认。采用机器视觉的自动识别技术完成以前由人工来完成的检测工作。

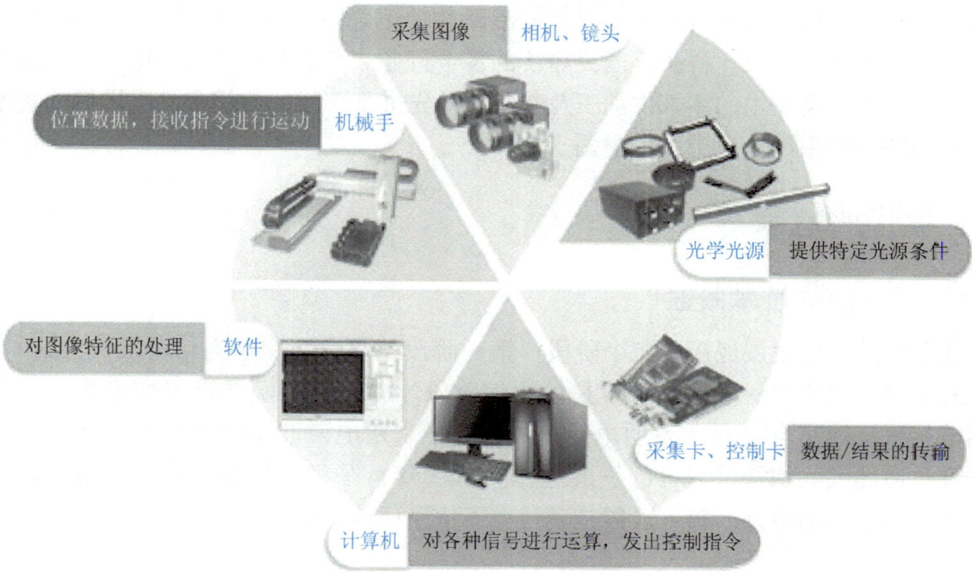

图 14-24 机器视觉系统的构成

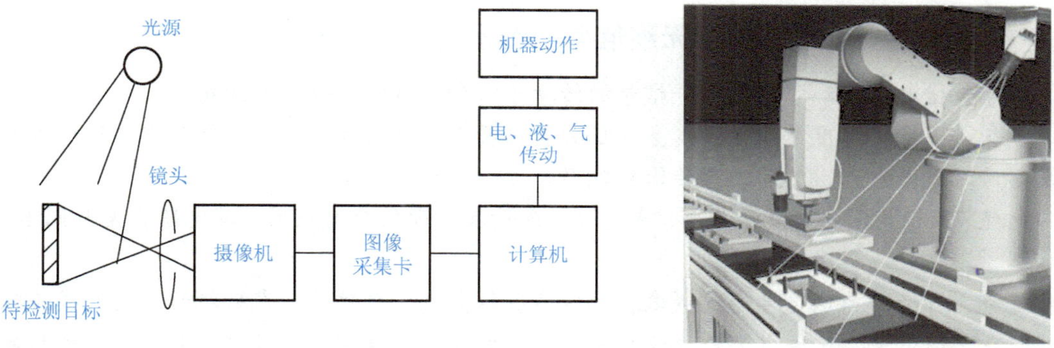

图 14-25 机器视觉系统的工作原理示意图

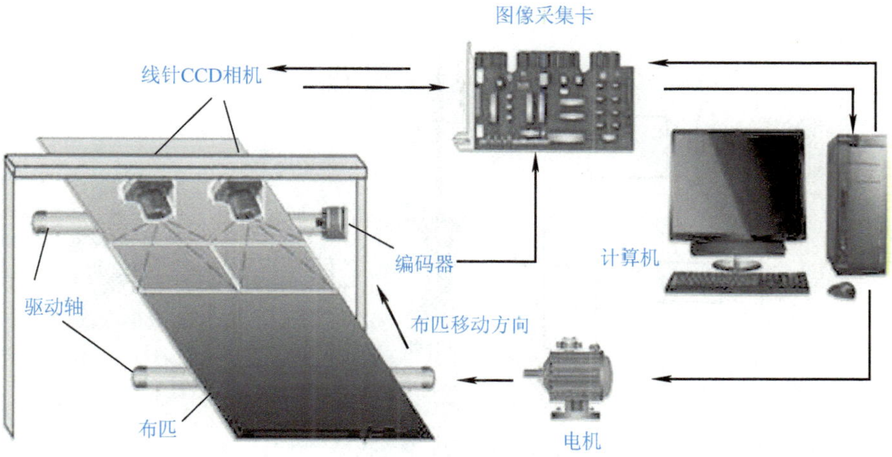

图 14-26 纺织企业“布匹检测”流水线

如今，中国正成为世界机器视觉发展最活跃的地区之一，应用范围涵盖了工业、农业、医药、军事、航天、气象、科研等国民经济的各个行业。其重要原因是中国已经成为全球制造业的加工中心，高要求的零部件加工及其相应的先进生产线，使许多具有国际先进水平的机器视觉系统和应用经验也进入了中国。

14.4 现代通信技术

14.4.1 现代通信技术概述

现代通信技术的发展经历了三个阶段：第一阶段是语言和文字通信阶段。在这一阶段，通信方式简单，内容单一。第二阶段是电通信阶段。1837 年，莫尔斯发明电报机，并设计莫尔斯电报码。1876 年，贝尔发明电话机。这样，利用电磁波不仅可以传输文字，还可以传输语音，由此大大加快了通信的发展进程。1895 年，马可尼发明无线电设备，从而开创了无线电通信发展的道路。第三阶段是现代电子信息通信阶段。

情境链接

无线信号的传输与处理

信号包括电信号和非电信号，信号的传输可以分为有线传输和无线传输。

声音、图像、温度、湿度、流量、压力等都属于非电信号，非电信号可以通过电气装置或设备转变成电信号，然后进行传输和处理。

电视节目的发射与接收就是电信号转换、传输和处理的典型应用，其电路框图如图 14-27 所示。

图像、声音等非电信号通过摄像机和传声器转变成了电信号，发射机和发射天线将电信号转变成无线电波，无线电波被接收后又转换为电信号，电信号经过传递和处理，送到显像管和扬声器，将图像、声音、文字等信息再还原出来。

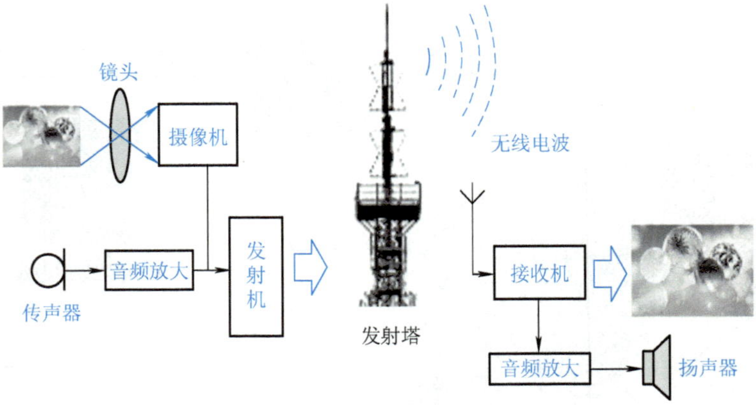

图 14-27 电视节目的发射与接收

在信号传递和处理的过程中，电源或信号源的电压、电流都被称为激励，它是驱动电路工作的原动力。在激励的作用下，电路中各元器件上产生的电压或流过该元器件的电流则被称为响应。激励是表示电源供给电路以能量，响应则表示该元器件对该能量所作出的反应。

通信技术实际上就是通信系统和通信网的技术。通信系统是指点对点通信所需的全部设施，而通信网是由许多通信系统组成的多点之间能相互通信的全部设施。而现代的主要通信技术有数字通信技术、程控交换技术、信息传输技术、通信网络技术、数据通信与数据网、ISDN 与 ATM 技术、宽带 IP 技术、接入网与接入技术。

信息传输技术主要包括光纤通信、数字微波通信、卫星通信、移动通信以及图像通信等。

光纤是以光波为载频，以光导纤维为传输介质的一种通信方式，其主要特点是频带宽，比常用微波频率高 104 ~ 105 倍；损耗低，中继距离长；具有抗电磁干扰能力；线经细，重量轻；还有耐腐蚀，不怕高温等优点。

数字微波中继通信是指利用波长为 1mm ~ 1m 范围内的电磁波通过中继站传输信号的一种通信方式。其主要特点为信号可以“再生”、便于数字程控交换机的连接、便于采用大规模集成电路、保密性好、数字微波系统占用频带较宽等。数字微波通信与光纤通信，卫星通信一起被国际公认为最有发展前途的三大传输手段。

卫星通信简而言之就是利用人造地球卫星作为中继站而进行的无线通信。其主要特点是：通信距离远，而投资费用和通信距离无关；工作频带宽，通信容量大，适用于多种业务的传输；通信线路稳定可靠；通信质量高等。

移动通信是进行无线通信的现代化技术，这种技术是电子计算机与移动互联网发展的重要成果之一。移动通信终端是指可以在移动中使用的计算机设备，广义上包括智能手机、笔记本、平板电脑、POS 机甚至包括车载电脑等。但是大部分情况下是指手机或者具有多种应用功能的智能手机以及平板电脑。

在过去的半个世纪中，移动通信的发展对人们的生活、生产、工作、娱乐乃至政治、经济和文化都产生了深刻的影响，30 年前幻想中的无人机、智能家居、网络视频、网上购物等均已实现。移动通信技术经历了模拟传输、数字语音传输、互联网通信、个人通信、新一代无线移动通信 5 个发展阶段。

14.4.2 数字光纤通信系统的基本组成

数字光纤通信系统基本上由光发射系统、光传输系统和光接收系统组成，如图 14-28 所示。

发射系统的主要任务是把电信号转变成为光信号，即电–光转换。在发射端，电端机把模拟信号（如语音）进行模/数转换，用转换后的数字信号去调制发射机中的光源器件（一般是半导体激光器，英文简称为 LD），则光源器件就会发出携带信息的光波。比如，当数字信号为“1”时，光源器件发射一个“传号”光脉冲；当数字信号为“0”时，光源器件发射一个“空号”（不发光）。光发射机的作用就是把数字化的信息码流（如 PCM 语音信号）转换成光信号脉冲码流并输入到光纤中进行传输。

光纤的主要功能是传输光信号，光波经光纤传输后到达接收端。

在接收端，光接收机把数字信号从光波中检测出来送给电端机，而电端机再进行数/模转换，恢复成原来的模拟信号，完成一次通信的全过程。

光信号在光纤中传输一段距离后，其幅度将被衰减，波形也产生失真。为了使光信号能

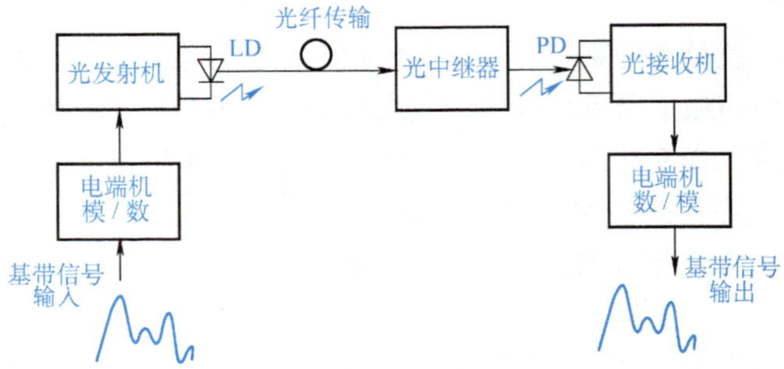

图 14-28 数字光纤通信系统的基本组成

长距离传送，每隔一段距离即设置光中继器。光中继器的主要作用：对光信号进行放大，补偿光信号的衰减；对失真的信号波形进行整形。

14.4.3 光纤的结构与光的传输原理

1. 光纤的结构

光通信中使用的光纤是横截面积很小的可挠曲透明长丝，光纤具有长距离束缚和传输光的功能。

图 14-29 是光纤的基本结构图。可以看出，光纤主要是由纤芯、包层和涂覆层构成。纤芯是由高度透明的材料制成的；包层的折射率略小于纤芯，从而造成一种光波导效应，使大部分的光波被束缚在纤芯中传输；涂覆层的作用是保护光纤不受水汽的侵蚀和机械的擦伤，同时又增加光纤的柔韧性，在涂覆层外有塑料外套。

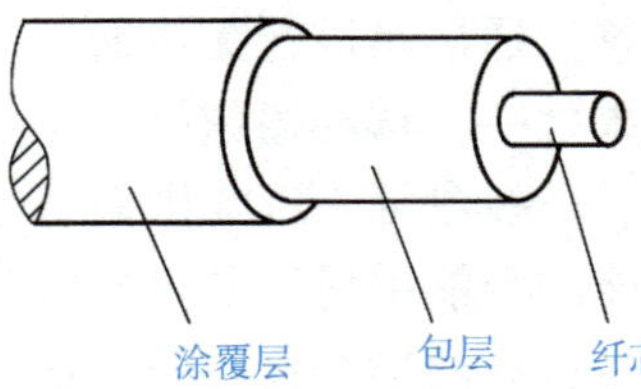

图 14-29 光纤的基本结构

为了便于工程上安装和敷设，常常将若干根光纤组合成光缆。光缆的结构繁多，图 14-30 所示的是我国普遍采用的层绞式和骨架式光缆。光缆中有钢质加强芯，可以提高其抵抗张力的能力，由于钢质加强芯的膨胀系数小于塑料，能抵制塑料的伸缩，从而使光缆的温度特性有所改善。

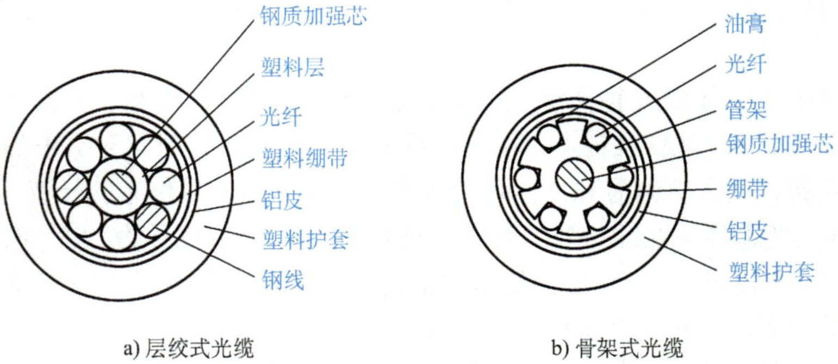

a) 层绞式光缆　　b) 骨架式光缆

图 14-30 光缆的结构

2. 光纤的分类及应用

（1）石英系光纤 纤芯和包层都由高纯的 SiO_2 掺适量（约百分之几）其他物质制成。

石英系光纤损耗小，强度和可靠性较高，适合于大容量、长距离光纤通信系统使用，目前应用最广泛。缺点是成本高，与光源耦合困难。

（2）全塑料光纤　纤芯和包层都由塑料制成。它的损耗大，可靠性不高，但机械性能好、价廉。适用于室内短距离的光纤通信场合。

（3）多组分玻璃光纤　这种光纤的主要成分为钠玻璃（$SiO_2 \cdot Na_2O \cdot CaO$）。其特点是损耗较低，但可靠性也较低。

（4）石英芯、塑料包层光纤　光纤的纤芯由石英制成，包层用硅树脂。其特点是价廉、容易耦合，适用于短距离（数百米）通信或组网。

3. 光的传输原理

光在空间中是沿着直线传播的。在光纤中，光的传输限制在光纤内部，随着光纤能够传送到很远的距离，光的传输是基于光的全内反射原理。光在光纤内部以一定的角度反复逐次反射，直至传播到另一端面。

光在光纤中传播的轨迹如图 14-31 所示。

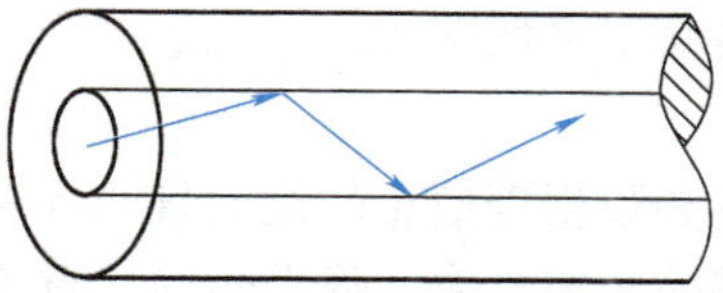

a) 光传播示意图

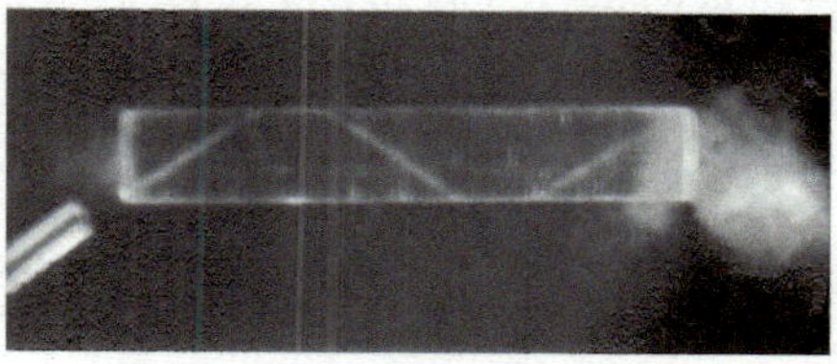

b) 微观摄影照片

图 14-31　光纤中的光传播轨迹

由于光纤传输具有极低的衰减系数（目前已达 0.19dB/km 以下），若配以适当的光发射、光接收设备以及放大器，可使中继距离达到数百至数千千米，这是传统的电缆（1.5km）、微波（50km）等传输方式无法与之相比拟的。

另外，光波的传输只在光纤的芯区进行，基本上没有光泄漏出去，因此其信息传输的保密性能极好。

情境链接

光纤通信与激光技术

光纤通信是以光波为载波、以光导纤维（光纤）为传输介质的一种通信方式。用光纤代替电缆进行通信不仅是传输手段和形式上的变化，也是通信史上一场深刻的革命。它不仅为通信网络提供了几乎无限的带宽资源，而且触发了一系列观念上的重大转变，光纤通信已经为世界电信的面貌带来了巨大的变化，它将对未来世界产生更加深刻而长远的影响。

光电子技术的核心内容是激光技术在电子信息领域中的应用。20 世纪 60 年代激光问世以来，最初应用于激光测距等少数应用，到 70 年代，由于有了室温下连续工作的半导体激光器和传输损耗很低的光纤，光电子技术才迅速发展起来。现在全世界敷设的通信光纤总长超过 1000 万公里，主要用于建设宽带综合业务数字通信网。以光盘为代表的信息存储技术和发光二极管大屏幕显示为代表的信息显示技术为市场上的主导电子产品。

14.4.4 光纤通信技术的特点与应用

1. 光纤通信技术的特点

1）通信容量大。从理论上讲，一根仅有头发丝粗细的光纤可以同时传输100亿个话路。虽然目前远未达到如此高的传输容量，但用一根光纤同时传输50万个话路的试验已经取得成功，它比传统的同轴电缆、微波等的传输容量要高出几千甚至几十万倍。一根光纤的传输容量如此巨大，而一根光缆中包括几十至上千根光纤，如果再加上波分复用技术把一根光纤当作几十根、几百根光纤使用，其通信容量之大就更加惊人了。

2）适应能力强。其有抗外界强电磁场的干扰、耐腐蚀、可挠性强（弯曲半径大于250mm时其性能不受影响）等特点。

3）中继距离长、保密性能好。

4）体积小、重量轻、便于施工和维护。光缆的敷设方式方便灵活，既可以直埋、管道敷设，又可以水底或架空敷设。

5）原材料来源丰富。制造石英光纤的最基本原材料是二氧化硅，而二氧化硅在大自然界中几乎是取之不尽、用之不竭的，因此其潜在价格是十分低廉的。

2. 光纤通信技术的应用

人类社会现在已发展到了信息社会，声音、图像和数据等信息的交流量非常大。过去的通信手段已经不能满足时代的需要，而光纤通信以其信息容量大、保密性好、重量轻、体积小、中继距离长等优点得到了广泛的应用。光纤通信的应用遍及工农业生产、通信、医疗、教育、航空航天等各个领域，并正在向更广更深的层次发展。

光纤通信技术是当今世界上发展最快的技术，光及光纤的应用给人类社会带来了深刻的影响与变革。

情境链接

全球移动通信技术主导者——中国“5G”

移动通信是进行无线通信的现代化技术，这种技术是电子计算机与移动互联网发展的重要成果之一。通信设备产业是指利用现代通信技术获取、传递、处理和应用信息的系统和装置，是信息化的基础性产业。我国通信设备产业技术和产业能力已进入世界强国行列，形成较为完整的产业体系和创新体系，成为第五代移动通信5G国际标准、技术和产业的主导者。无线移动通信系统设备产业保持国际第一阵营，移动终端产业进入国际第一阵营。

5G移动通信技术是改变世界的主要技术之一。为实现我国在5G无线移动通信技术、标准、产业、服务与应用方面的全球领先目标，以及5G技术在公网、专网、国防等多市场的应用与融合，由5G标准主导单位、5G设备制造商、电信运营商、应用单位等联合实施，部署5G预商用示范网络工程。应用我国自主创新5G技术优势与系统能力，支持10Gbit/s峰值速率、频谱效率提升3倍以上、端到端传输试验达1ms和5Tbit/s/km^{2}以上的流量密度，测试和验证5G射频、基带等核心芯片和终端、测试仪表、系统设备等。

无线移动通信关键技术包括大规模天线阵列技术、超密集组网技术新型多址接入技术、高频段通信技术、信道编码、终端间通信技术、新型核心网架构技术、5G 增强型技术（100Gbit/s，以用户为中心和具有高感知的接入网与核心网）等关键技术。

第五代移动通信技术的应用如图 14-32 所示。5G 给我们带来物联网（IOT）和人工智能（AI）等领域全新的体验。在基础级技术领域，5G 将提供比 4G 更快的数据速度，更高的数据容量，更好的覆盖范围，更低的延迟或更快的响应时间。这些优势的组合将超越提高智能手机使用体验，5G 的诞生，将进一步改变我们的生活。

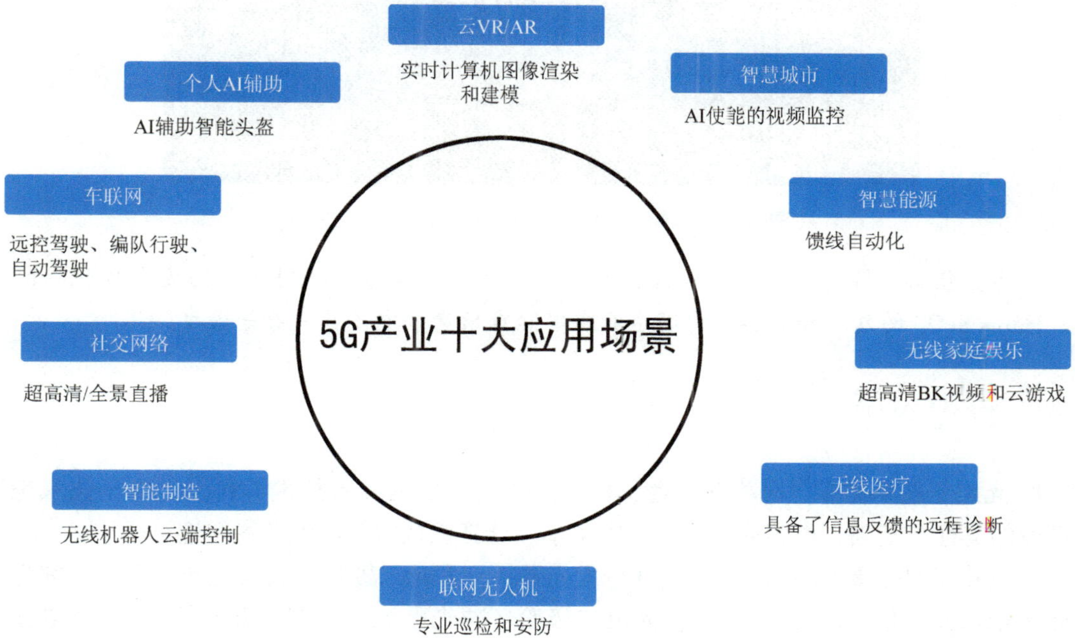

图 14-32　5G 产业十大应用场景

情境链接

信息时代　万物互联——“HarmonyOS”

2021 年 6 月 2 日，华为正式发布了一个世界级的操作系统：鸿蒙系统（HarmonyOS）。HarmonyOS 是一款全新的面向全场景的分布式操作系统，创造一个超级虚拟终端互联的世界，将人、设备、场景有机地联系在一起，将消费者在全场景生活中接触的多种智能终端实现极速发现、极速连接、硬件互助、资源共享，用最合适的设备提供最佳的场景体验。

HarmonyOS 是华为开发并面向多智能终端、全场景的分布式操作系统，可以连接手机和其他智能家居设备，实现华为鸿蒙战略：信息时代　万物互联。

HarmonyOS 就是不同设备的统一语言。用同一个系统适配不同的硬件，是全世界 2700 多万开发者梦寐以求的事，而 HarmonyOS 做到了这一点。自发布以来，华为一直在强调 HarmonyOS 是一款全新的基于微内核的面向全场景的分布式操作系统（图 14-33）。也就是说，智能手机仅仅是 HarmonyOS 的一个关键场景之一。

HarmonyOS 的诞生，是因为在全场景智慧时代，华为认为需要进一步提升操作系统的跨

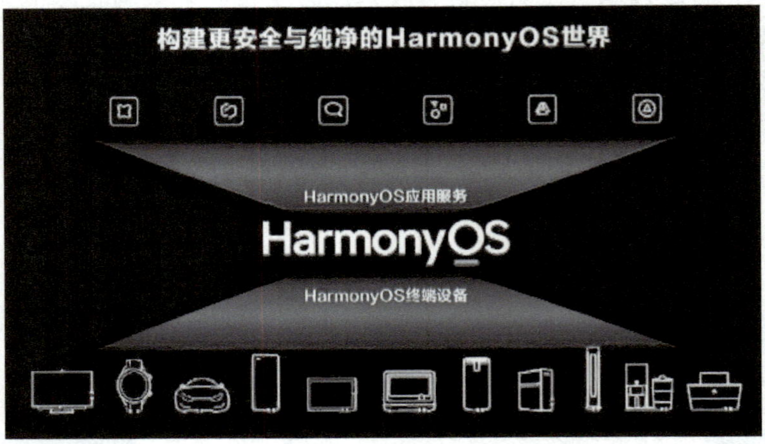

图 14-33 构建更安全与纯净的 HarmonyOS 世界

平台能力，包括支持全场景、跨多设备和平台的能力以及应对低时延、高安全性挑战的能力。HarmonyOS 的发布和完善让中国企业在国际市场竞争中多了一份话语权。

情境总结

1. 光电子技术是多学科相互渗透、相互交叉而形成的高新技术学科。光电子技术是信息产业的支柱与基础，内容涉及光学、电子学、计算机技术等前沿学科理论。

2. 光电器件主要包括以下几类：1）发光器件：发光二极管、红外发光二极管、红光半导体激光二极管等。2）光敏器件：光电二极管、硅光电池、光电耦合器等。3）光电显示器件：半导体数码显示器、液晶显示器等。4）激光头、光盘和光驱等。

3. 光电检测及控制技术得到了极为广泛的应用，如光电二极管对电器装置的控制、光控自动开关电路等。

4. 光机电一体化系统主要由动力、机构、执行器、计算机和传感器五个部分组成，相互构成一个功能完善的柔性自动化系统。其中计算机软硬件和传感器是光机电一体化技术的重要组成要素。

5. 机器视觉是一项综合技术，包括图像处理、机械工程技术、控制、电光源照明、光学成像、传感器、模拟与数字视频技术、计算机软硬件技术等。

6. 现代通信技术主要包括光纤通信、数字微波通信、卫星通信、移动通信等。数字光纤通信系统基本上由光发射系统、光传输系统和光接收系统组成。光纤主要有四种类型：石英系光纤，全塑料光纤，多组分玻璃光纤和石英芯、塑料包层光纤。光纤通信技术有通信容量大、中继距离长、保密性能好、适应能力强、原材料来源丰富等特点。

习题与思考题

14-1 简述现代光电子技术的特征及应用领域。

14-2 发光二极管（LED）的主要功能是什么？它的颜色是由什么决定的？

14-3 红光半导体激光二极管的工作条件是什么？主要应用在哪些领域？

14-4 比较光电二极管和发光二极管结构及功能上的差别。

14-5 简述硅光电池的工作原理。

14-6 激光头是由哪几部分组成的？

14-7 设计一裁纸机的安全保护电路。选择合理的光电检测装置，当人手伸入危险部位挡住光源时，控制电路就立刻切断电源，保护操作人员安全。

14-8 光机电一体化系统一般有哪些组成部分？其产品研发涉及哪些学科和专业知识？

14-9 简述数字光纤通信系统的发射、传输和接收过程。

14-10 光纤有哪几种类型？各应用于什么场合？

——实验部分——

实验1　电路元件伏安特性测绘

1. 实验目的

1）掌握线性电阻元件、非线性电阻元件伏安特性的测量方法。

2）掌握实验台上直流电工仪表和设备的使用方法。

2. 实验设备

可调直流稳压电源一台；万用表一块；直流数字毫安表一块；直流数字电压表一块；二极管一个；稳压二极管一个；白炽灯一盏。

3. 实验原理

任何一个二端元器件的特性可用该元器件上的端电压 u 与通过该元件的电流 i 之间的函数关系 $u=f(i)$ 来表示，或用 u-i 平面上的一条曲线来描述，这条曲线称为该元件的伏安特性曲线。

1）线性电阻元件的阻值为常数，其电压和电流的关系满足欧姆定律。线性电阻元件的伏安特性是一条通过坐标原点的直线，如实验图1-1中曲线 a 所示，该直线的斜率等于该电阻阻值的倒数。

2）一般的白炽灯在工作时灯丝处于高温状态，其灯丝电阻随着温度的升高而增大，通过白炽灯的电流越大，其温度越高，阻值也越大，所以它的伏安特性如实验图1-1中曲线 b 所示。

3）普通二极管是一个非线性器件，具有单向导电性，正向电压降很小（一般锗管为0.2～0.3V，硅管为0.5～0.7V），正向电流随正向电压降的升高而急骤上升。加反相电压时，二极管截止，所以反向电压从零一直增加到十几至几十伏时，其反向电流增加很小，粗略地可视为零。但反向电压加得过高，超过二极管的极限值，则会导致二极管击穿损坏。二极管伏安特性如实验图1-1中曲线 c 所示。

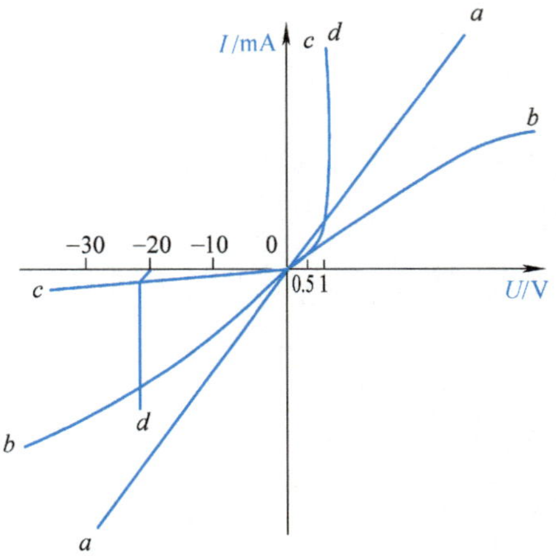

实验图1-1　二端元器件伏安特性曲线

4）稳压二极管是一种特殊的二极管，其正向特性与普通二极管类似，但其反向击穿特性比普通二极管更陡，如实验图1-1中曲线 d 所示。

4. 实验内容及步骤

（1）测定线性电阻器的伏安特性　按实验图1-2接线，调节稳压电源的输出电压 U，从

0开始缓慢地增加，一直到10V，记下相应的电压表和电流表的读数 U_R、I，填入实验表1-1中。

（2）测定非线性白炽灯的伏安特性　将实验图1-2中的 R 换成一盏12V、0.1A的白炽灯，重复步骤1。U_L 为白炽灯的端电压。将所测数据填入实验表1-2中。

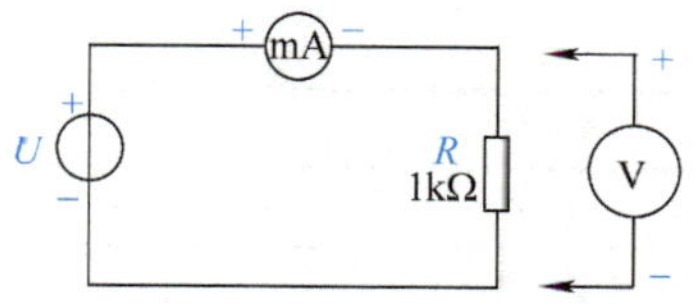

实验图1-2　电阻伏安特性测试电路

实验表1-1　线性电阻器的伏安特性

U_R/V	0	2	4	6	8	10
I/mA						

实验表1-2　非线性白炽灯的伏安特性

U_L/V	0.1	0.5	1	2	3	4	5
I/mA							

（3）测定二极管的伏安特性　按实验图1-3接线，R 为限流电阻器。测二极管的正向特性时，其正向电流不得超过35mA，二极管VD的正向施压 U_{D+} 可在0～0.75V之间取值。在0.5～0.75V之间应多取几个测量点。测反向特性时，只需将实验图1-3中的二极管VD反接，且其反向施压 U_{D-} 可达30V。并将所得数据填入实验表1-3和实验表1-4中。

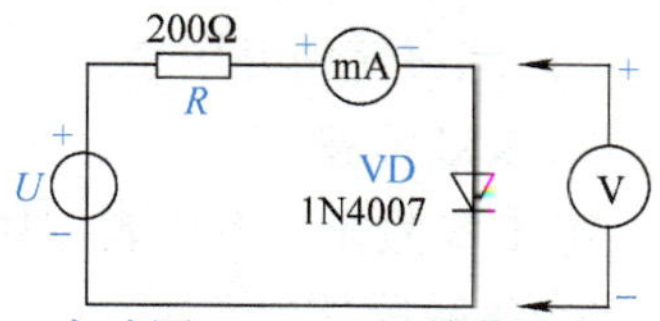

实验图1-3　二极管伏安特性测试电路

实验表1-3　二极管正向特性

U_{D+}/V	0.10	0.30	0.50	0.55	0.60	0.65	0.70	0.75
I/mA								

实验表1-4　二极管反向特性

U_{D-}/V	0	-5	-10	-15	-20	-25	-30
I/mA							

（4）测定稳压二极管的伏安特性

1）正向特性实验：将实验图1-3中的二极管换成稳压二极管，重复实验内容（3）中的正向测量。U_{Z+} 为稳压二极管的正向施压。将对应数据填入实验表1-5中。

实验表1-5　稳压二极管正向特性

U_{Z+}/V	
I/mA	

2）反向特性实验：将实验图1-3中的 R 换成510Ω，稳压二极管反接，测量其反向特性。稳压电源的输出电压 U_O 从0到20V，测量稳压二极管两端的电压 U_{Z-} 及电流 I，由 U_{Z-} 可看出其稳压特性。将对应数据填入实验表1-6中。

实验表 1-6 稳压二极管反向特性

U_0/V	
U_{Z-}/V	
I/mA	

5. 实验报告要求

1）根据各实验数据，在坐标纸上分别绘出各被测元器件的伏安特性曲线（二极管的正、反向特性曲线要画在同一坐标中）。

2）根据实验结果，总结、归纳被测各元器件的特性。

3）必要的误差分析。

实验 2　基尔霍夫定律

1. 实验目的

1）验证基尔霍夫电流定律和电压定律。

2）练习使用万用表。

2. 实验设备

电工实验箱；万用表一块；稳压电源一台。

3. 实验原理

1）基尔霍夫电流定律：电路中任意时刻流进节点和流出节点的电流的代数和等于0，即$\sum I=0$。

它表明基尔霍夫电流定律规定了节点上支路电流的约束关系而与支路上元器件的性质无关，无论元器件是线性或是非线性的、含源或是不含源的、时变的或是时不变的等都是适用的。

2）基尔霍夫电压定律：电路中任意时刻沿闭合电路的电压降的代数和等于0，即$\sum U=0$。

基尔霍夫电压定律是电压与路径无关性的反映，同样，这一结论只与电路的结构有关而与支路中元器件的性质无关，无论元器件是线性或是非线性的、含源或是不含源的、时变的或是时不变的等都是适用的。

4. 实验内容及步骤

1）按实验图 2-1 连线，E_1 接稳压电源 3V，E_2 接 6V。

2）调整 R_P 为任意值，把万用表调在 mA 档，表笔依次串入 I_1、I_2和 I_3 支路，正确读取数据记录在实验表 2-1 中。

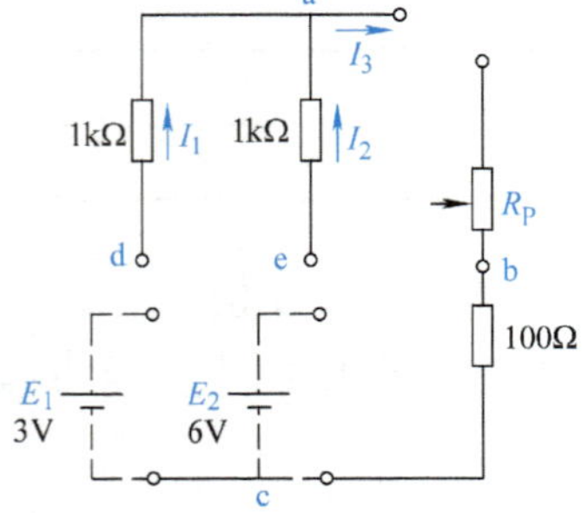

实验图 2-1　基尔霍夫定律验证电路

实验表 2-1　基尔霍夫电流定律验证数据

I/mA \ E/V	I_1	I_2	I_3
$E_1=3$V $E_2=6$V			
$E_1=4.5$V $E_2=1.5$V			

3）调节电压源，分别使 E_1、E_2 等于4.5V和1.5V，测取电流数据（注意电流方向）。

4）验证各种情况下的 $\sum I$ 是否为零。

5）在同样的实验线路上用万用表的直流电压档依次读取abcda、aecda、abcea回路的支路电压并记入实验表2-2中，验证 $\sum U$ 是否为零。

实验表2-2　基尔霍夫电压定律验证数据

	测量值/V			
abcda	U_{ab}	U_{bc}	U_{cd}	U_{da}
aecda	U_{ae}	U_{ec}	U_{cd}	U_{da}
abcea	U_{ab}	U_{bc}	U_{ce}	U_{ea}

5. 实验报告要求

1）利用测量结果验证基尔霍夫定律。

2）将实验结果和理论计算进行比较，分析误差原因。

实验3　电压源与电流源的等效变换

1. 实验目的

1）掌握建立电源模型的方法。

2）掌握电源外特性的测试方法。

3）验证电压源与电流源等效变换的条件。

2. 实验设备

可调直流稳压电源；可调直流恒流源；直流数字电压表；直流数字毫安表；万用表；电阻器；可调电阻箱。

3. 实验原理

1）理想直流电压源具有端电压保持恒定不变，而输出电流的大小由负载和其端电压确定的特性，其外特性曲线，即其伏安特性曲线 $U=f(I)$ 是一条平行于 I 轴的直线。

理想电流源具有输出电流保持恒定不变，而端电压的大小由负载和其输出电流决定的特性，其外特性曲线，即其伏安特性曲线 $I=f(U)$ 是一条平行于 U 轴的直线。

2）实际电源都有内阻，其端电压或端电流并不是恒定的，而是随负载的改变而改变。故在实验中，用一个小阻值的电阻与稳压源相串联来模拟一个实际的电压源，称为电压源模型。用一个大阻值的电阻与恒流源并联来模拟一个实际的电流源，称为电流源模型。

3）一个实际的电源，就其外部特性而言，既可以用电压源模型表示，又可以用电流源模型表示。若表示为电压源模型，则可用一个理想的电压源 E_S 与一个电阻 R_{01} 相串联的组合来表示；若表示为电流源模型，则可用一个理想电流源 I_S 与一个电阻 R_{02} 相并联的组合来表示。如果有两个电源，它们能向同样大小的负载供应同样大小的电流和端电压，则称这两个电源是等效的，即具有相同的外特性。

一个电压源与一个电流源等效变换的条件为

$$I_S = \frac{E_S}{R_{01}},\ R_{01} = R_{02} \quad 或 \quad E_S = I_S R_{02},\ R_{01} = R_{02}$$

电压源与电流源等效电路如实验图 3-1 所示。

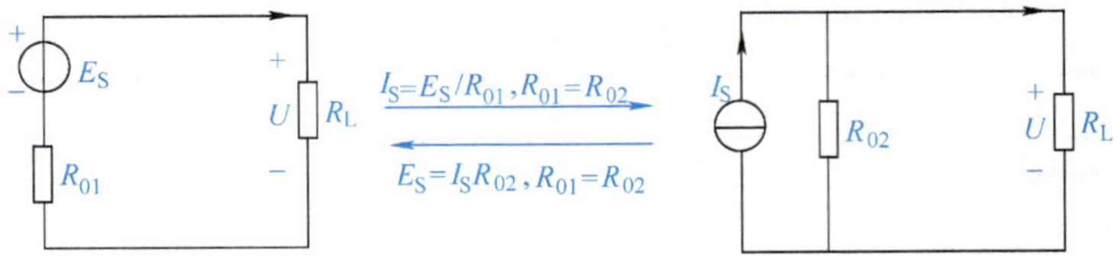

实验图 3-1 电压源与电流源等效电路

4. 实验内容

(1) 测量电压源的外特性

1) 电路如实验图 3-2 所示，U_S 为 +6V 直流稳压电源，调节电位器 R_2，令其阻值由大至小变化，记录两表的读数。实验结果填入实验表 3-1。

实验表 3-1 理想电压源外特性

U/V						
I/mA						

2) 电路如实验图 3-3 所示，调节电位器 R_2，令其阻值由大至小变化，记录两表的读数，实验结果填入实验表 3-2。

(2) 测量电流源的外特性 电路如实验图 3-4 所示，I_S 为直流恒流源，调节其输出为 5mA，令 R_0 分别为 1kΩ 和∞，调节电位器 R_L(0～470Ω)，测出这两种情况下的电压表和电流表的读数。自拟数据表格，记录实验数据。

实验表 3-2 实际电压源外特性

U/V						
I/mA						

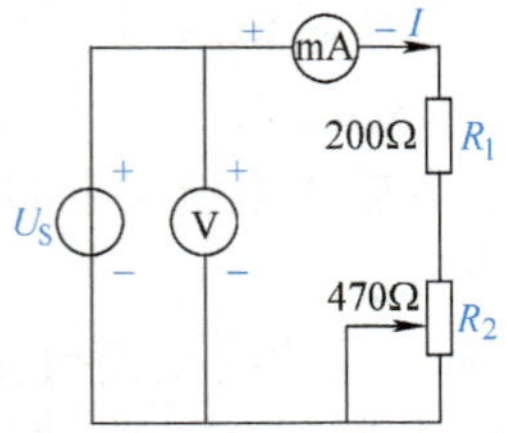

实验图 3-2 理想电压源

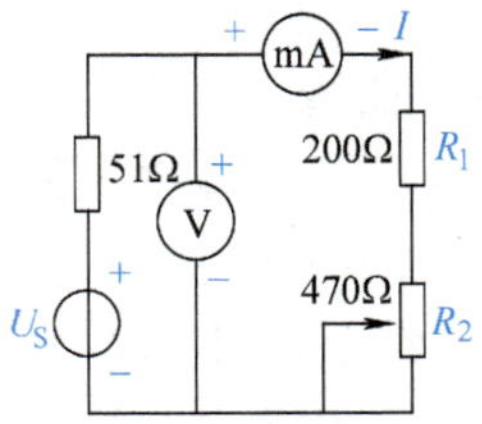

实验图 3-3 实际电压源

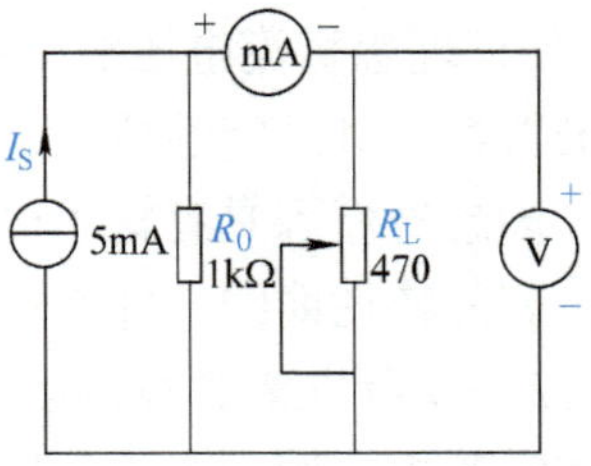

实验图 3-4 电流源

(3) 测定电源等效变换的条件 电路如实验图 3-5 所示，首先读取实验图 3-5a 中两表的读数，然后调节实验图 3-5b 中恒流源 I_S，令两表的读数与实验图 3-5a 中的数值相等，记录 I_S 的值，验证等效变换条件的正确性。

注意：1) 在测电压源外特性时，不要忘记测空载时的电压值；测电流源外特性时，不要忘记测短路时的电流值，注意恒流源负载电压不可超过 20V，负载更不可开路。

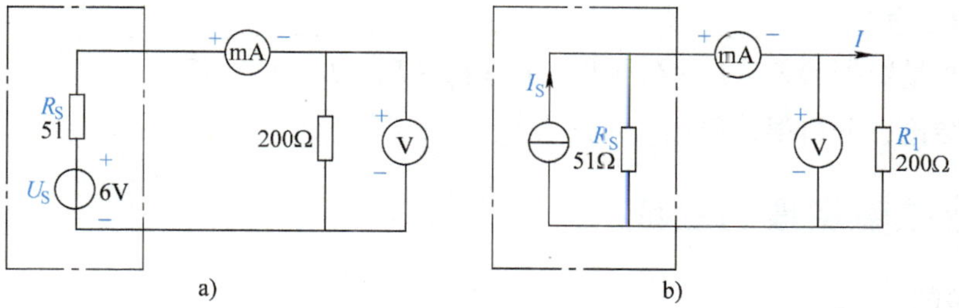

实验图 3-5　测定电源等效变换电路

2）换接线路时，必须关闭电源开关。

3）直流仪表的接入应注意极性与量程。

5. 实验报告要求

1）根据实验数据绘出电源的四条外特性曲线，并总结、归纳各类电源的特性。

2）根据实验结果验证电源等效变换的条件。

实验 4　叠加定理的验证

1. 实验目的

1）验证叠加定理，从而进一步理解叠加定理。

2）求出包含两个以上电源的线性网络中，任一支路中的电流。

2. 实验设备

电工实验箱；万用表一块；一号电池一节；稳压电源一台。

3. 实验原理

叠加定理：在具有两个以上电源的线性电路中，任一支路的电流等于各电源单独作用时所产生的电流的代数和。

4. 实验内容及步骤

1）按实验图 4-1 接线。

2）使 E_1 和 E_2 同时供电，用万用表电流档依次测取 I_1、I_2 和 I_3，记入实验表 4-1 中。

3）E_1 单独供电时（取下 E_2，短路 ec），测出 I'_1、I'_2和 I'_3，记入实验表 4-1 中（注意电流方向变化）。

4）E_2 单独供电时（取下 E_1，短路 dc），测出 I''_1、I''_2和 I''_3，记入实验表 4-1 中（注意电流方向变化）。

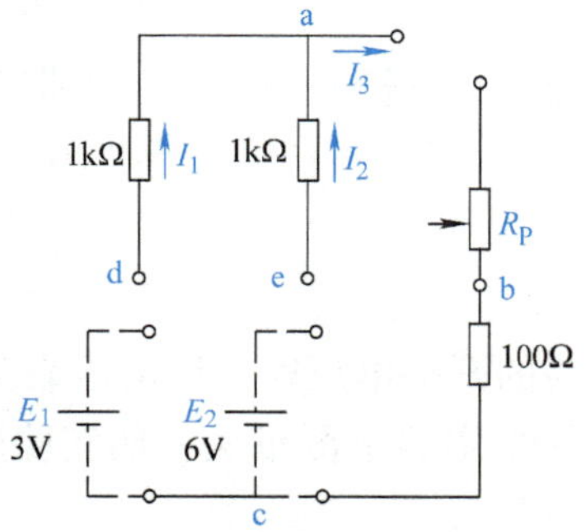

实验图 4-1　叠加定理验证电路

实验表 4-1　实验数据

E \ I	I_1	I_2	I_3
$E_1=3V$ $E_2=6V$			
$E_1=3V$ $E_2=0$			
$E_1=0$ $E_2=6V$			

5. 实验报告要求

1）根据测量数据验证：$I_1 = I'_1 + I''_1$　$I_2 = I'_2 + I''_2$　$I_3 = I'_3 + I''_3$。

2）写出结论，分析误差原因。

实验5　戴维南定理的验证

1. 实验目的

1）验证戴维南定理的正确性，加深对该定理的理解。

2）掌握测量有源二端网络等效参数的一般方法。

2. 实验设备

可调直流稳压电源；可调直流恒流源；直流数字电压表；直流数字毫安表；戴维南定理实验电路板；电阻器；可调电阻箱。

3. 实验原理

（1）戴维南定理　戴维南定理指出：任何一个有源二端线性网络，总可以用一个理想电压源与一个电阻的串联来等效代替，此电压源的电动势 E_s 等于这个有源二端网络的开路电压 U_o，其等效内阻 R_0 等于该网络中所有独立电源全部置零（将各个理想电压源短接，其电动势为零；将各个理想电流源开路，其电流为零）后得到的无源网络两端之间的等效电阻。

$U_o(E_s)$ 和 R_0 称为有源二端网络的等效参数。

（2）有源二端网络等效参数的测量方法

1）等效电阻的测量方法。

方法一：开路电压、短路电流法测 R_0。在有源二端网络输出端开路时，用电压表直接测其输出端的开路电压 U_o，然后再将其输出端短路，用电流表测其短路电流 I_S，则等效内阻为

$$R_0 = \frac{U_o}{I_S}$$

如果二端网络的内阻很小，若将其输出端短路则易损坏其内部元件，因此不宜用此法。

方法二：伏安法测 R_0。用电压表、电流表测出有源二端网络的外特性曲线，如实验图5-1所示。根据外特性曲线求出斜率 $\tan\varphi$，则内阻为

$$R_0 = \frac{\Delta U}{\Delta I} = \frac{U_o}{I_S}$$

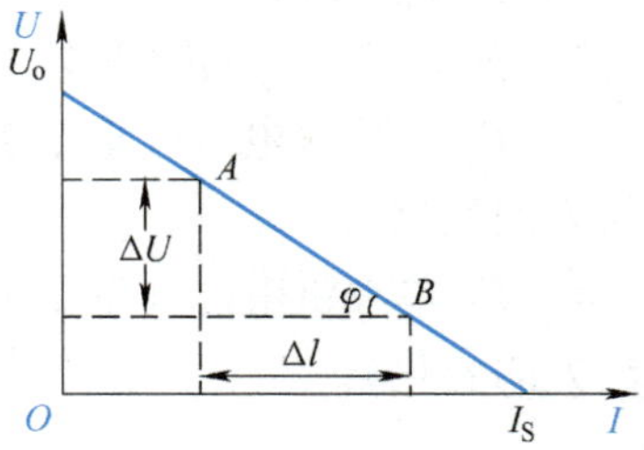

实验图5-1　外特性曲线

也可以先测量开路电压 U_o，再测量电流为额定值 I_N 时的输出端电压 U_N，则内阻为

$$R_0 = \frac{U_o - U_N}{I_N}$$

2）开路电压的测量。在测量具有高内阻有源二端网络的开路电压时，用电压表直接测量会造成较大的误差。为了消除电压表内阻的影响，往往采用零示测量法，如实验图5-2所示。

零示测量法原理是用一低内阻的稳压电源与被测有源二端网络进行比较，当稳压电源的输出电压与有源二端网络的开路电压相等时，电压表的读数将为“0”。然后将电路断开，测量此时稳压电源的输出电压，即被测有源二端网络的开路电压。

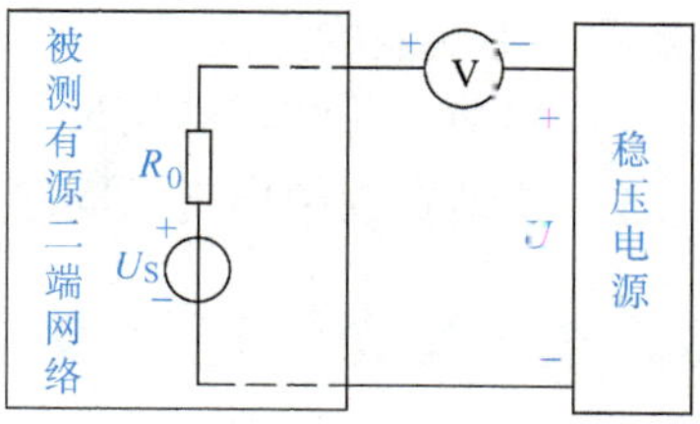

实验图 5-2　零示测量法

4. 实验内容

被测有源二端网络如实验图 5-3a 所示。

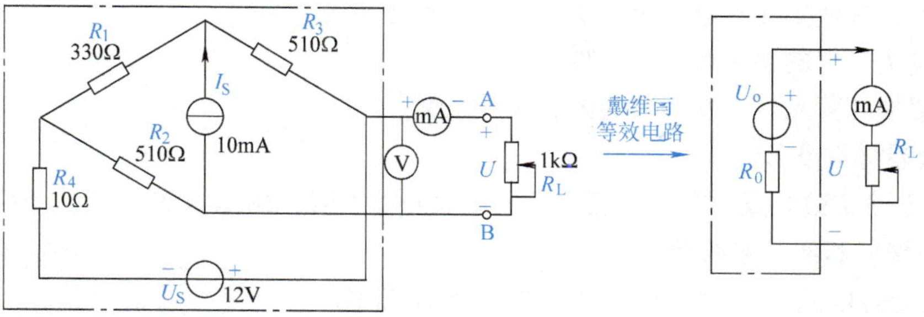

a)　　b)

实验图 5-3　有源二端网络

1）用开路电压、短路电流法测定戴维南等效电路的 U_o、R_0 和诺顿等效电路的 I_S、R_0。按实验图 5-3a 接入稳压电源 $U_S=12V$ 和恒流源 $I_S=10mA$，不接入 R_L。测出 U_o 和 I_S，并计算出 R_0（测 U_o 时，不接入 mA 表）。记录到实验表 5-1 中。

实验表 5-1　实验数据 1

U_o/V	I_S/mA	R_0/Ω

2）负载实验。按实验图 5-3a 接入 R_L。改变 R_L 阻值，测量有源二端网络的外特性曲线。数据记录到实验表 5-2。

实验表 5-2　实验数据 2

R_L/Ω	0							∞
U/V								
I/mA								

3）验证戴维南定理：从电阻箱上取得第 1）步所得的等效电阻 R_0 的值，然后令其与直流稳压电源（调到第 1）步时所测得的开路电压 U_o 之值）相串联，如实验图 5-3b 所示，仿照第 2）步测其外特性，对戴维南定理进行验证。数据记录到实验表 5-3 中。

实验表 5-3　实验数据 3

R_L/Ω	0							∞
U/V								
I/mA								

5. 实验报告要求

1）根据实验内容中第 2）步和第 3）步，分别绘出曲线，验证戴维南定理的正确性，并分析产生误差的原因。

2）归纳、总结实验结果。

3）总结实验中出现的问题及解决的方法。

实验6 荧光灯电路及功率因数的提高

1. 实验目的

1）了解荧光灯电路的组成、工作原理和电路的连接。

2）学习正确使用交流电流表、交流电压表和功率表。

3）测量荧光灯的功率并学会计算功率因数。

4）了解提高荧光灯功率因数的方法及其意义。

2. 实验器材与设备

荧光灯电路实验装置；交流电流表；电压表和功率表；耐压400V以上的电容器等。

3. 实验说明和实验电路图

（1）荧光灯电路　荧光灯电路由灯管、镇流器和辉光启动器三部分组成，如实验图6-1所示。灯管是细长的玻璃管，内壁均匀涂有荧光粉，管内充有水银蒸气和惰性气体，灯管两端装有灯丝，灯丝上涂有发热后易发射电子的氧化物，镇流器是一个带有铁心的电感线圈。

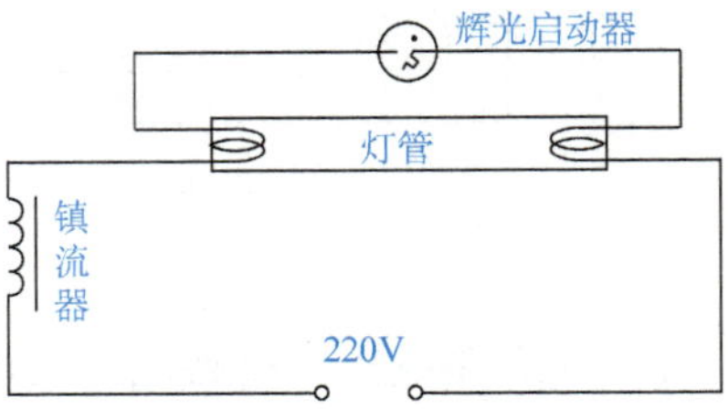

实验图6-1　荧光灯电路

（2）荧光灯的启辉过程　当接通电源后，由于荧光灯没点亮，电源电压全部加在辉光启动器的两端，使辉光管内两个电极放电，放电产生热使双金属片受热趋向伸直，与固定触头接通。这时荧光灯的灯丝与辉光管内的电极、镇流器构成回路，灯丝因通过电流而发热，从而使氧化物发射电子。同时辉光管内两个电极接通时极间电压为零，辉光放电停止。双金属片因温度下降而复原，两电极脱离，在电极脱开的瞬间，回路中的电流因突然切断，立即使镇流器两端感应电压比电源电压高得多，这个感应电压连同电源电压一起加在灯管两端，使灯管内惰性气体分子电离而产生弧光放电，管内湿度逐步升高，水银蒸气游离，并猛烈撞击惰性气体分子而放电，同时辐射出不可见的紫外线，而紫外线激发管壁的物质发出可见光。荧光灯点亮后两端电压较低，灯管两端的电压不足以使辉光启动器辉光放电，因此辉光启动器只在荧光灯启辉时起作用。一旦荧光灯点燃，辉光启动器处于断开状态。此时，镇流器、灯管构成一个电流通路，由于镇流器与灯管串联并且感抗很大，因此可以限制和稳定电路的工作电流。

4. 实验内容与要求

1）实验电路如实验图6-2所示。把荧光灯管看成电阻，把镇流器看成感性元件。

2）连接实验电路，进行测试，记录数据：

① 首先点亮荧光灯，测试电源电压 U、灯管电压 U_R、镇流器电压 U_L、电流 I 及功率 P，计算功率因数，并填入自拟表格中；

② 并联不同的电容（1～5μF），再分别测试各电压及灯管电流 I_R、电容电流 I_C、总电流 I 及功率 P，并计算功率因数，并填入自拟表格中。

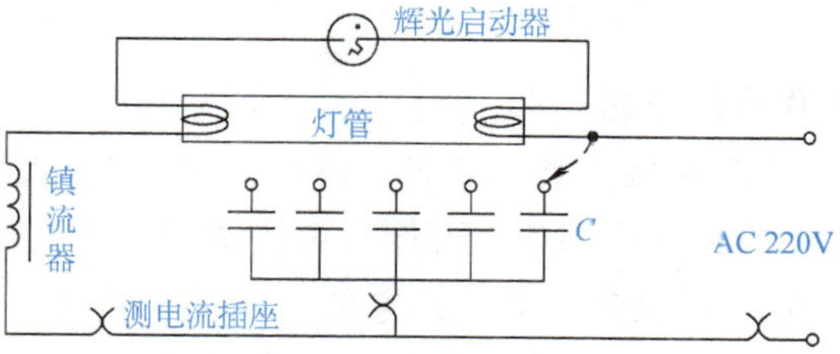

实验图 6-2　荧光灯实验电路

5. 实验注意事项

1）荧光灯启动电流较大，启动时要小心电流表的量限，以防损坏电流表。

2）不能将 220V 的交流电源不经过镇流器而直接接在灯管两端，否则将损坏灯管。

3）在拆除实验电路时，应先切断电源，稍后将电容器放电，然后再拆除。

4）电路接好后，必须经教师检查允许后方可接通电源，在操作过程中要注意人身及设备安全。

6. 实验报告要求

1）画出实验电路图并简述其工作原理。

2）将所测得的实验数据和计算数据填写在自己所设计的表格内。

3）根据所得数据，按比例画出电源电压和荧光灯支路电流 I_R、电容支路电流 I_C、总电流 I 的相量图。

实验 7　晶体管共发射极单管放大电路

1. 实验目的

1）掌握放大电路的静态工作点调试方法，分析静态工作点对放大电路性能的影响。

2）学习测量静态工作点、电压放大倍数的方法。

2. 实验设备

函数信号发生器；双踪示波器；万用表；电子实验箱。

3. 实验原理

实验图 7-1 为共发射极单管放大电路实验电路图。它的偏置电路采用 R_{B1} 和 R_{B2} 组成的分压电路，并在发射极中接有电阻 R_E，以稳定放大电路的静态工作点。当在放大电路的输入端加入输入信号 U_i 后，在放大电路的输出端便可得到一个与 U_i 相位相反、幅值被放大了的输出信号 U_o，从而实现了电压放大。在实验图 7-1 电路中，静态工作点可用下式估算，即

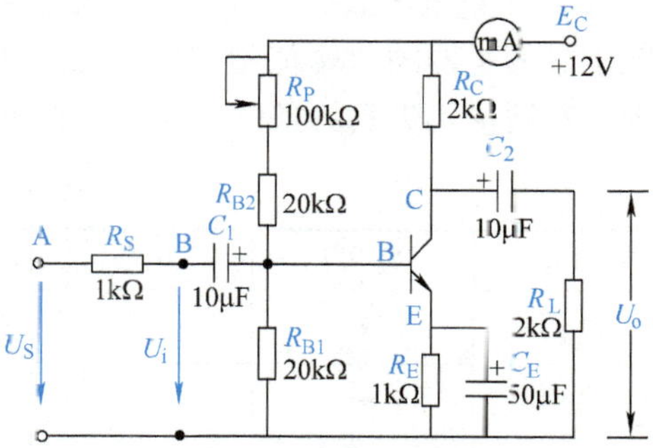

实验图 7-1　共发射极单管放大电路实验电路图

$$I_E = \frac{U_B - U_{BE}}{R_E} \approx I_C \qquad U_B \approx \frac{R_{B1}+R_{B2}}{R_{B1}} U_{CC} \qquad U_{CE} = U_{CC} - I_C R_C - I_E R_E$$

电压放大倍数为
$$A_U = -\beta \frac{R_C \ /\!/ R_L}{r_{be}}$$

(1) 放大电路静态工作点的测量与调试

1) 静态工作点的测量。测量放大器的静态工作点，应在输入信号 $U_i=0$ 的情况下进行，即将放大电路输入端与地短接，然后用数字万用表选择适当的直流电流档和直流电压档，分别测量晶体管的集电极电流 I_C 以及各极对地的电位 U_B、U_C 和 U_E。

2) 静态工作点的调试。放大电路动态工作点的调试是指对晶体管集电极电流 I_C（或 U_{CE}）的调整与测试。

静态工作点是否合适，对放大电路的性能和输出波形都有很大影响，如工作点偏高，放大电路在加入交流信号以后易产生饱和失真，此时 U_o 的负半周将被削底。

改变电路参数 U_{CC}、R_C、R_B（R_{B1}、R_{B2}）都会引起静态工作点的变化。

(2) 电压放大倍数的测量　调整放大电路到合适的静态工作点，然后加入输入电压 U_i，在输出电压不失真的情况下，用示波器测出 U_{ip-p}。和 U_{op-p}的峰峰值，则
$$A_U = U_{op-p}/U_{ip-p}$$

4. 实验内容及步骤

实验电路如实验图 7-1 所示。

(1) 测量静态工作点　接通电源前，先将 R_P 调至最大，函数信号发生器"幅值旋钮"转至零。接通 +12V 电源、调节 R_P，使 I_C = 2mA（即 U_E = 2V），用万用表直流电压档测量 U_B、U_E、U_C，用万用表电阻档测量 R_{B2}值，记入实验表 7-1。

实验表 7-1　静态工作点的测量数据

测　量　值				计　算　值		
U_B/V	U_E/V	U_C/V	R_{B2}/kΩ	U_{BE}/V	U_{CE}/V	I_C/mA

(2) 测量电压放大倍数　在放大电路输入端加入频率为 f = 1kHz 的正弦信号 U_S，调节函数信号发生器的"幅值旋钮"使 U_i = 10mV，同时用示波器观察放大电路输出电压 U_o 的波形，在波形不失真的条件下计算三种情况下的 U_o 值，记入实验表 7-2。

实验表 7-2　电压放大倍数测量数据

R_C/kΩ	R_L/kΩ	U_o/V	A_U	观察记录一组 U_o 和 U_i 波形
2	∞			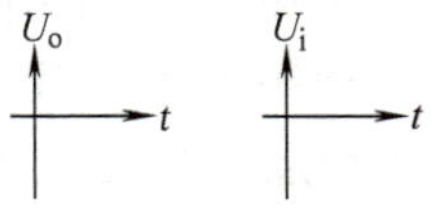
1	∞			
2	2			

(3) 观察静态工作点对输出波形失真的影响　置 R_C = 2kΩ，R_L = 2kΩ，U_i = 0，使 I_C = 2mA，测出 U_{CE}值，再逐步加大输入信号，使输出电压 U_o 足够大但不失真。然后保持输入信号不变，分别增大和减小 R_P 使波形出现失真，绘出 U_o 的波形，并测出失真情况下的 I_C 和 U_{CE}，记入实验表 7-3。

实验表 7-3　波形失真

I_C/mA	U_{CE}/V	U_o/V	U_o 波形	失真情况	晶体管工作状态

5. 实验报告要求

1）列表整理测量结果，并把实测的静态工作点、电压放大倍数与理论计算值比较（取一组数据进行比较），分析产生误差原因。

2）讨论静态工作点变化对放大电路输出波形的影响。

实验 8　集成运算放大器的线性应用

1. 实验目的

1）研究由集成运算放大器组成的比例、加法、加减基本运算电路的功能。

2）了解集成运算放大器在实际应用中应考虑的一些问题。

2. 实验设备

模拟电路实验箱；信号发生器；双踪示波器；交流毫伏表；数字万用表；集成运算放大器；电阻器；电解电容器；调零电位器。

3. 实验原理

运算放大器是一种具有高放大倍数的直接耦合放大电路。集成运算放大器具有使用方便、工作可靠、体积小、耗电低等一系列显著的优点，用途广泛。因此，应该全面了解集成运算放大器组成的各种电路的功能，以及实际应用中应该注意的一些问题。

集成运算放大器配接不同的外围元件可以方便灵活地构成各种不同功能的电路（线性放大电路和非线性电路）。用集成运算放大器组成的运算电路（也叫运算器），可以实现输入信号与输出信号之间的数学运算和函数关系，是集成运算放大器基本的用途之一，这些运算电路包括比例器、加法器、减法器、对数运算器、积分器、微分器、模拟乘法器等各种模拟运算功能电路。模拟运算器具有使用方便、简单可靠、响应速度快、信号连续平滑变化、无量化误差等优点，广泛应用在仪器仪表及各种实时控制电路之中。下面介绍一些线性基本运算电路。

（1）同相比例电路（同相比例器）　电路如实验图 8-1 所示，输出电压与输入电压的运算关系为

$$U_o = \left(1 + \frac{R_F}{R_1}\right)U_i$$

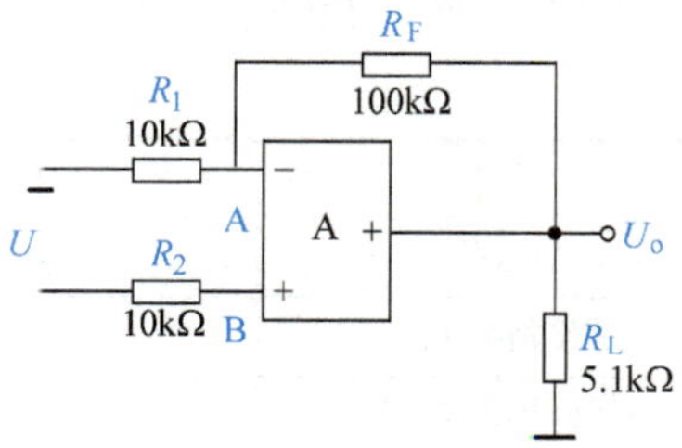

实验图 8-1　同相比例放大器

（2）反相比例电路（反相比例器）　电路如实验图 8-2 所示。对于理想运算放大器，该电路输入电压与输出电压

的运算关系为

$$U_o = -\frac{R_F}{R_1}U_i$$

（3）反相求和电路（反相加法器） 电路如实验图8-3所示。输入电压与输出电压的运算关系为

$$U_o = -\left(\frac{R_F}{R_1}U_{i1} + \frac{R_F}{R_2}U_{i2}\right)$$

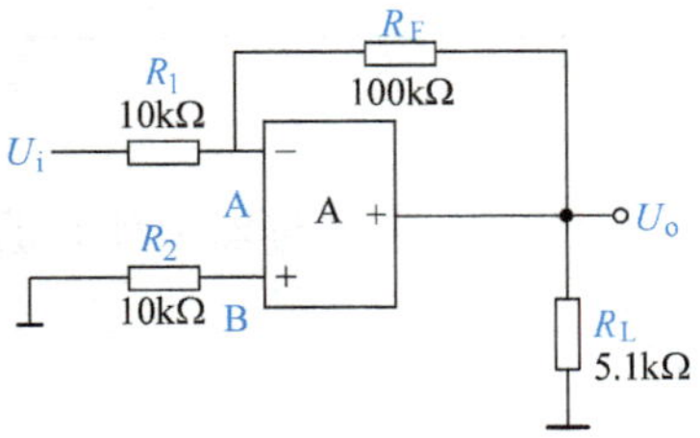

实验图8-2 反相比例放大器

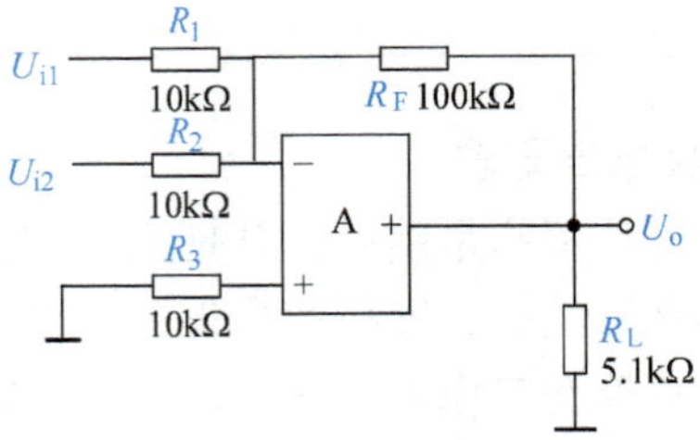

实验图8-3 反相求和放大器

4. 实验内容

（1）反相比例放大器 实验电路如实验图8-1所示，按实验表8-1内容实验并测量记录。

实验表8-1 反相比例放大器实验数据

U_i/mV	50	100	500	1000	2000
理论估算 U_o/mV					
实际测量 U_o/mV					
误 差					

（2）同相比例放大电路 实验电路如实验图8-2所示，按实验表8-2内容实验并测量记录。

实验表8-2 同相比例放大电路实验数据

U_i/mV	50	100	500	1000
理论估算 U_o/mV				
实际测量 U_o/mV				
误 差				

（3）反相求和放大电路 实验电路如实验图8-3所示，按实验表8-3内容实验并测量记录。

实验表8-3 反相求和放大电路实验数据

U_{i1}/V	0.3	0.3	-0.3
U_{i2}/V	0.2	-0.2	0.2
理论估算 U_o/V			
实际测量 U_o/V			

5. 实验报告要求

1）整理实验数据，画出波形图（注意波形间的相对关系）。

2）将理论计算结果和实测数据相比较，分析产生误差的原因。

3）分析实验中出现的现象和问题。

实验 9　基本门电路逻辑功能测试

1. 实验目的

1）熟悉电子实验箱的功能及使用方法。

2）掌握逻辑门电路逻辑功能的测试及应用的基本方法。

3）掌握逻辑门电路的替换方法。

2. 实验设备

电子实验箱；74LS20 双 4 输入与非门；7400 四 2 输入与非门。

3. 实验原理

集成门电路是数字集成电路中最基本的单元电路，因此掌握各种逻辑门，尤其是集成与非门的逻辑功能与参数是十分必要的。

（1）与非门的逻辑功能　与非门的逻辑功能是当输入端有一个或一个以上是低电平时，输出为高电平；只有当输入端全部为高电平时，输出才是低电平。

（2）利用与非门组成其他逻辑门电路　如果要使用其他逻辑功能的门电路，但只有与非门一种器件，这时就必须将要实现的逻辑关系转换成全部由与非运算组成的逻辑式，才能只使用与非门实现这个门电路的逻辑功能。转换的过程要用到摩根定理，即

$$\overline{A+B}=\overline{A}\cdot\overline{B} \text{ 或 } \overline{A\cdot B}=\overline{A}+\overline{B}$$

4. 实验内容

（1）与非门逻辑功能测试　选用 74LS20 双 4 输入与非门集成块一片，按实验图 9-1 所示电路图和所标引脚接线，输入端 A、B、C、D 分别接四个电平开关，开关接通“+5V”时输入高电平，接通“地”时输入低电平。输出端 Y 输出的信号经过晶体管放大后驱动发光二极管（点画线内电路在实验箱内部已接好），发光二极管亮时输出为高电平，发光二极管灭时输出为低电平。根据实验表 9-1 输入状态，分别测量输出端 Y 的电压及逻辑状态，结果填入实验表 9-1 中。

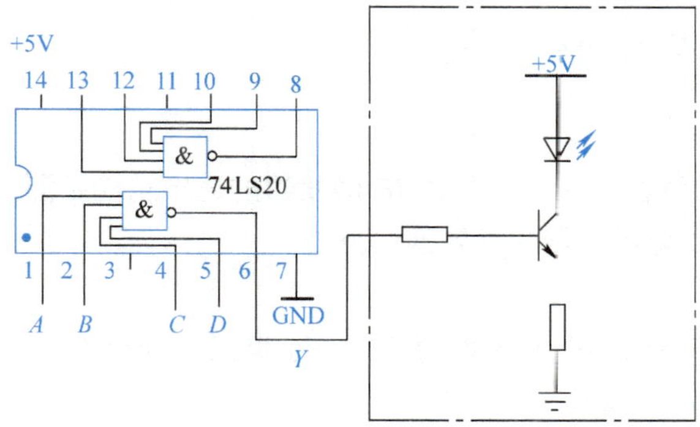

实验图 9-1　门电路测试原理图

实验表 9-1 4 输入与非门测试

输 入 端	输出端 Y		输 入 端	输出端 Y	
A B C D	电压/V	逻辑状态	A B C D	电压/V	逻辑状态
0 0 0 0			0 1 0 1		
0 0 1 0			1 0 0 1		
0 0 1 1			1 1 1 0		
0 1 0 0			1 1 1 1		

（2）用与非门控制信号输出 用一片 7400 集成块，按实验图 9-2 所示电路图分别在实验箱上接线，S 接电平开关，Y 接指示灯即发光二极管，观察 S 对输出脉冲的控制作用。

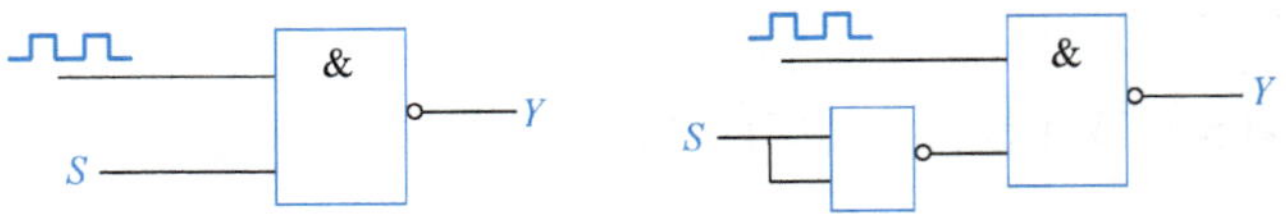

实验图 9-2 控制输出电路原理图

（3）利用与非门组成其他逻辑门电路

1）用 2 输入与非门组成或门。转换公式如下：

$$Y=A+B=\overline{\overline{A+B}}=\overline{\overline{A}\cdot\overline{B}}$$

2）用 2 输入与非门组成与门：$Y=A\cdot B$。

3）用 2 输入与非门组成同或门：$Y=A\odot B$。

4）用 2 输入与非门组成异或门：$Y=A\oplus B$。

写出以上门电路转换公式，画出电路图，在实验箱上接线验证，根据实验表 9-2 的式样填真值表。

实验表 9-2 用与非门组成____门

输 入		输 出
A	B	Y
0	0	
0	1	
1	0	
1	1	

5. 实验报告要求

1）按照实验操作过程记录、整理实验内容和结果，填好测试数据。分析、确认实验结果的正确性，说明实验结论。

2）对门电路转换实验，要求写出设计过程（转换公式）。

3）在实验总结中写上实验中遇到的问题、解决办法、体会、建议等，要求简洁、务实。

实验 10 触发器逻辑功能的测试

1. 实验目的

1）掌握基本 RS 触发器，D 触发器和 JK 触发器的逻辑功能及测试方法。

2）了解不同逻辑功能触发器相互转换的方法。

2. 实验设备

电子试验箱；示波器；74LS00 四 2 输入与非门；74LS74 双 D 型上升沿触发器；74LS112 双 JK 型下降沿触发器。

3. 实验原理

触发器是能够存储一位二进制数字信号的基本逻辑单元电路。根据逻辑功能的不同，可以把触发器分为基本 *RS* 触发器、*D* 触发器、*JK* 触发器 *T* 和 *T'* 触发器等 。在实际工作中，集成触发器因其高速性能和使用灵活方便，不仅作为独立的集成器件而被大量使用，而且还是组成计数器、移位寄存器或其他时序逻辑电路的基本单元电路。

（1）*D* 触发器　*D* 触发器的型号很多，本实验中采用 74LS74 维持阻塞双 *D* 触发器，*D* 触发器的逻辑符号如实验图 10-1 所示，其特性方程为 $Q^{n+1}=D$（*CP* 脉冲上升沿有效）。$\overline{R}_D$ 为异步置“0”端，$\overline{S}_D$ 为异步置“1”端，*D* 为数据输入端，*CP* 为时钟脉冲端，Q 和 $\overline{Q}$ 为输出端。

（2）*JK* 触发器　本实验中采用 74LS112 双 *JK* 型下降沿触发器，*JK* 触发器的逻辑符号如实验图 10-2 所示，其中，$\overline{R}_D$ 为异步置“0”端，$\overline{S}_D$ 为异步置“1”端，*J*、*K* 为控制输入端，*CP* 为时钟脉冲端，Q 和 $\overline{Q}$ 为输出端。*JK* 触发器的特性方程为：$Q^{n+1}=J\overline{Q}^n+\overline{K}Q^n$（*CP* 脉冲下降沿有效）。

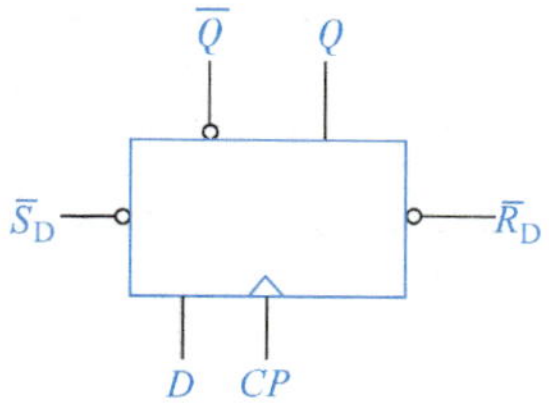

实验图 10-1　*D* 触发器的逻辑符号

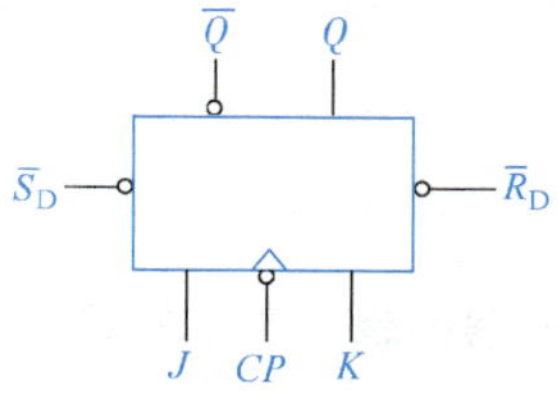

实验图 10-2　*JK* 触发器的逻辑符号

（3）*T* 触发器和 *T'* 触发器　*T* 触发器可以看成是 *JK* 触发器在 $J=K$ 条件下的特例，它只有一个控制输入端 *T*，它的特性方程为 $Q^{n+1}=T\overline{Q}^n+\overline{T}Q^n$，*T* 恒为 1 时的 *T* 触发器称为 *T'* 触发器。

4. 实验内容

（1）集成 *D* 触发器逻辑功能测试

1）74LS74 为集成双 *D* 触发器，其逻辑符号如实验图 10-1 所示。

2）使用 74LS74 芯片中的一个 *D* 触发器进行实验。分别给定 $\overline{R}_D$、$\overline{S}_D$、*D* 的输入状态，测试 Q 和 $\overline{Q}$ 的输出状态，验证异步复位端 $\overline{R}_D$、异步置位端 $\overline{S}_D$ 的功能以及 *D* 的功能，完成实验表 10-1。

实验表 10-1　*D* 触发器逻辑功能测试

	直接置位与直接复位			*D* 功能			
$\overline{S}_D$	0	0	1	1			
$\overline{R}_D$	0	1	0	1			
D	×	×	×	1	0	1	0
Q							
$\overline{Q}$							
功能							

（2）集成 *JK* 触发器逻辑功能测试

1）74LS112 为集成双 *JK* 下降沿触发器如图 10-2 所示。

2）使用 74LS112 芯片中的一个 *JK* 触发器进行实验。分别给定 $\overline{R}_D$、$\overline{S}_D$、J、K 的输入状态，测试 Q 和 $\overline{Q}$ 的输出状态，验证异步复位端 $\overline{R}_D$、异步置位端 $\overline{S}_D$ 的功能以及 *JK* 的功能，完成实验表 10-2。

实验表 10-2　*JK* 触发器逻辑功能测试

直接置位与直接复位				*JK* 功能			
$\overline{S}_D$	0	0	1	1			
$\overline{R}_D$	0	1	0	1			
J	×	×	×	0	0	1	1
K	×	×	×	0	1	0	1
Q							
$\overline{Q}$							
功能							

（3）触发器逻辑功能的转换

1）将 D 触发器转换成 T' 触发器。电路如实验图 10-3 所示，$\overline{S}_D$ 和 $\overline{R}_D$ 端均接高电平“1”，CP 端接上升沿阶跃信号“⎍”，用发光二极管观测 CP 脉冲、Q 和 $\overline{Q}$ 的变化过程，绘出完整的 CP、Q 和 $\overline{Q}$ 的波形。

2）将 *JK* 触发器转换成 T 触发器。电路如实验图 10-4 所示，将 *JK* 触发器的两个输入端连在一起作为 T 输入端。用发光二极管分别观测 $T=1$ 和 $T=0$ 时 CP 脉冲和 Q 的状态变化，并据此画出完整的 CP 和 Q 的波形。

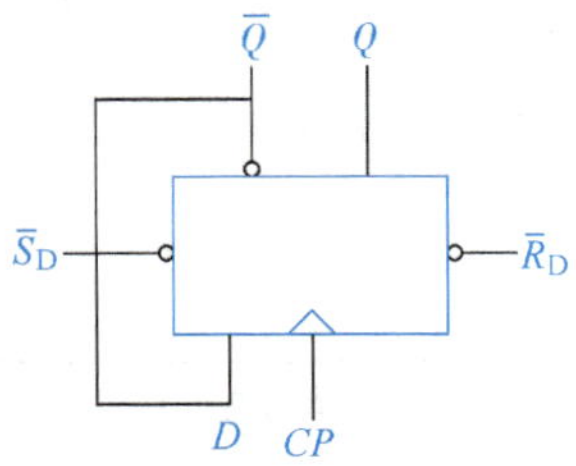

实验图 10-3　T' 触发器

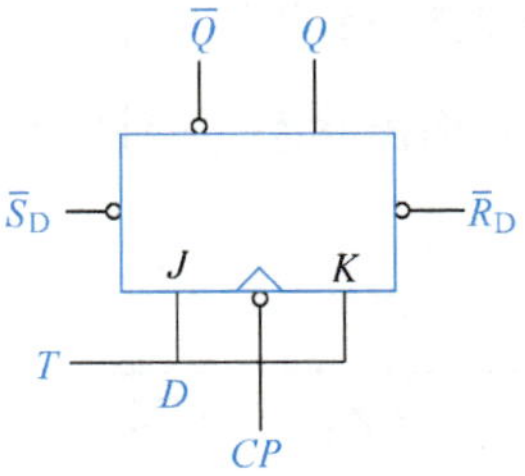

实验图 10-4　T 触发器

5. 实验报告要求

1）画出各实验电路图，整理实验数据，分析实验结果，与理论值比较，看是否相符。

2）画出 T 触发器、T' 触发器的 CP 脉冲和输出信号 Q 的波形。

实验 11　集成计数器的应用

1. 实验目的

1）掌握计数器 74LS161 的功能。

2）掌握计数器的级联方法。

3）熟悉构成任意进制计数器的方法。

4）熟悉数码管的应用。

2. 实验设备

74LS161 四位二进制加法计数器；74LS48 共阴 CBD 七段显示译码/驱动器；电子实验箱。

3. 实验原理

计数器是应用较广的器件之一。它不仅可以用来计脉冲个数，还常用作数字系统的定时、分频器件和执行数字运算及其他特定的逻辑功能。计数器有很多型号，各自完成不同的功能，使用中根据不同的需要选用。本实验选用 74LS161 为实验用器件。

74LS161 是一个 4 位二进制可预置同步加法计数器，引脚图如实验图 11-1 所示。功能表见实验表 11-1。

74LS48 是一共阴极 BCD 七段显示译码/驱动器，实验图 11-2 是其引脚图，A、B、C、D 是译码器的输入端，a、b、c、d、e、f、g 是输出端，$\overline{LT}$是试灯输入端，$\overline{I}_{BR}$是灭零输入端，$\overline{I}_B/\overline{Y}_{BR}$是灭灯输入/灭零输出端。

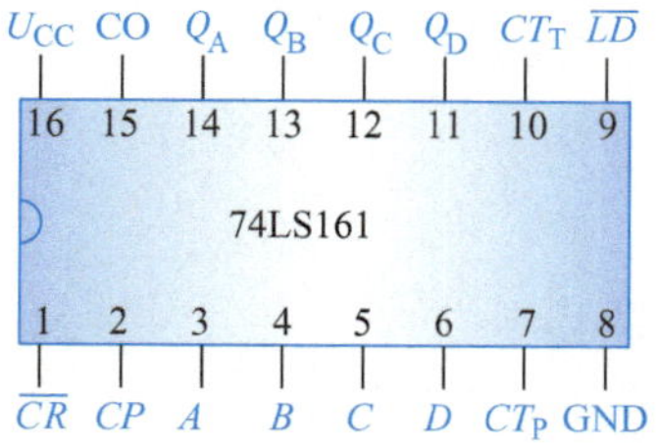

实验图 11-1　74LS161 引脚图

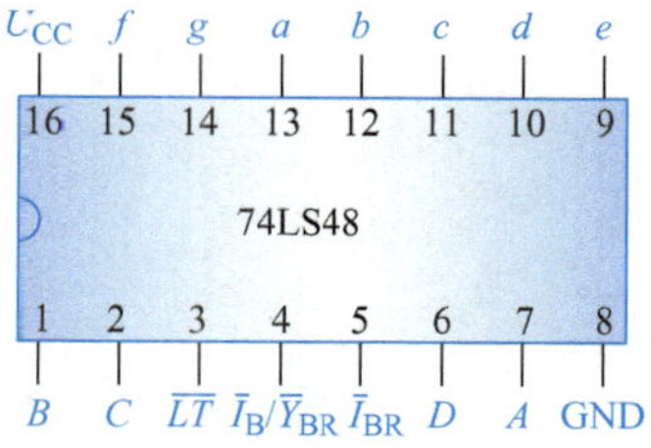

实验图 11-2　74LS48 引脚图

实验表 11-1　74LS161 功能表

输入									输出			
CP	$\overline{CR}$	CT_P	CT_T	$\overline{LD}$	A	B	C	D	Q_A	Q_B	Q_C	Q_D
×	0	×	×	×	×	×	×	×	0	0	0	0
×	1	1	0	1	×	×	×	×	禁止进位			
×	1	0	1	1	×	×	×	×	禁止计数			
×	1	0	0	1	×	×	×	×	禁止计数和进位			
↑	1	×	×	0	d_0	d_1	d_2	d_3	d_0	d_1	d_2	d_3
↑	1	1	1	1	×	×	×	×	加计数			

4. 实验内容

（1）用 74LS161 构成任意进制计数器

1）按实验图 11-3 接线，利用预置数功能实现 N 进制计数器，输入单次脉冲，观察记录输出 Q_D、Q_C、Q_B、Q_A 的状态，分析它是几进制计数器。

2）按实验图 11-4 接线，利用复位功能实现 N'进制计数器，输入单次脉冲，观察记录输出 Q_D、Q_C、Q_B、Q_A 的状态，分析它是几进制计数器。

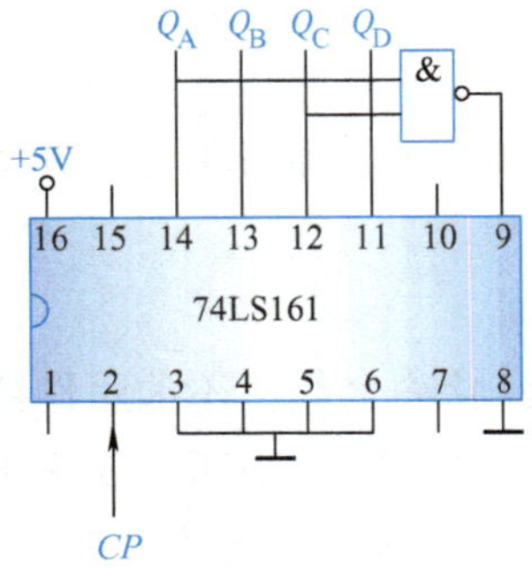

实验图 11-3　N 进制计数器

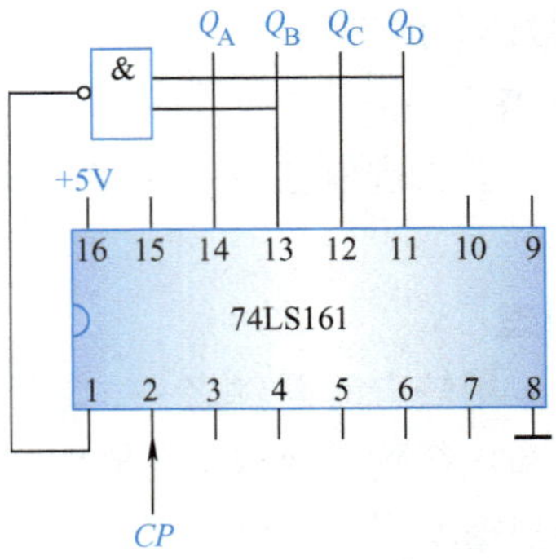

实验图 11-4　N'进制计数器

（2）用两片 74LS161 构成数字秒表即 60 进制计数器　按实验图 11-5 接线，两片 74LS161

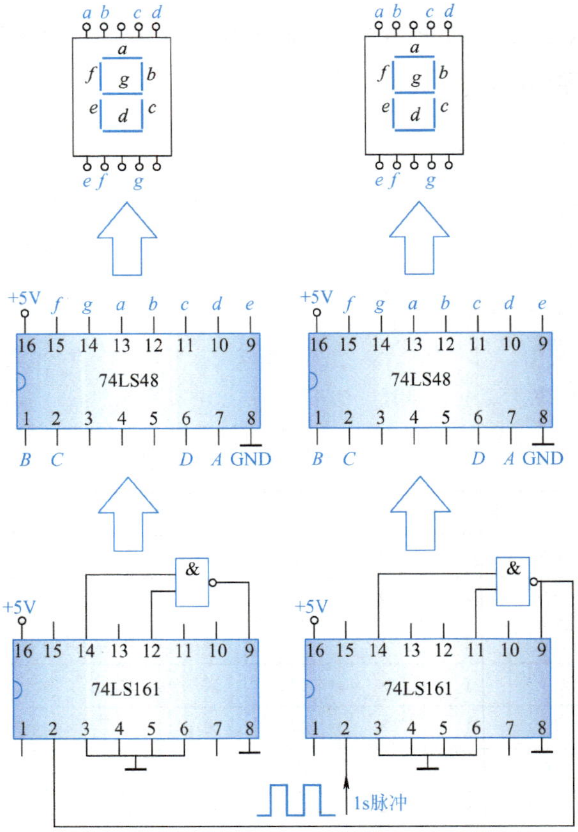

实验图 11-5　60 进制计数器

二进制计数器级联构成60进制计数器，将计数器的输出 Q_D、Q_C、Q_B、Q_A 分别送到两个74LS48的输入端 A、B、C、D，再将译码器的输出 a、b、c、d、e、f、g 对应连接到共阴数码管的输入端，送入频率为1Hz的脉冲，观察记录数码管的显示状况。

5. 实验报告要求

1）整理实验数据。

2）分析结论及实验中遇到的问题，总结主要体会。

——实训部分——

实训 1　三相异步电动机的运行控制

1. 任务提出

电动机是把电能转化为机械能的动力设备，在现代工业领域中应用极其广泛。电动机的运行效率比内燃机要高得多，并且电能传输更方便、费用更低。

目前，在电力传动设备中大约有 90% 的机械使用交流异步电动机。异步电动机具有结构简单，制造、使用和维护方便，运行可靠等优点，而且有较高的运行效率和较好的工作特性，能满足大多数工农业生产机械的传动要求。异步电动机广泛应用于驱动机床、水泵、鼓风机、压缩机、起重卷扬设备、矿山机械、轻工机械、农副产品加工机械等大多数工农生产机械以及家用电器和医疗器械中。

在异步电动机中较为常见的是三相异步电动机和单相异步电动机，其中三相异步电动机是异步电动机的主体。而单相异步电动机一般用于三相电源不方便的地方，大部分是微型和小容量的电动机，在家用电器中应用比较多，例如电扇、电冰箱、空调、吸尘器等。

因此，对三相异步电动机控制电路的理解和掌握，有助于提高学生的实践技能和动手能力，为今后走向工作岗位做好知识储备。

2. 任务目标

通过对三相异步电动机控制电路的分析与连接，使学生能够熟悉交流接触器、按钮、低压断路器和热继电器的使用方法和基本结构；掌握笼型异步电动机的点动、正转、正反转控制电路的接线和操作方法。掌握控制原理，熟悉动作过程，并学会排除电动机控制电路故障的方法。

3. 所需器材

三相笼型电动机 1 台；低压断路器（380V，10A）1 个；交流接触器（CJ10-10/380）2 个；热继电器（JB16-40/3D）1 个；万用表 1 块；若干电源开关、按钮、导线等。

4. 任务分析与任务完成

（1）点动控制电路　点动控制是指电动机瞬时或者断续工作，只要按下按钮电动机就运转，松开按钮电动机就停止运转。工厂中使用的电动葫芦和机床快速移动装置等常使用这类控制方式。点动控制电路如实训图 1-1 所示。

点动控制电路的工作过程如下：

① 闭合电源开关 QS。

② 起动：按下起动按钮 SB→接触器线圈 KM 通电→接触器主触头 KM 闭合→电动机 M 运转。

③ 停止：松开起动按钮 SB→接触器线圈 KM 断电→接触器主触头 KM 分离→电动机 M

停止运转。

（2）具有过载保护的自锁控制电路　为防止电动机长期过载或缺相工作而烧毁电动机绕组，在工厂的动力设备上常采用具有过载保护的自锁控制电路，如实训图 1-2 所示。

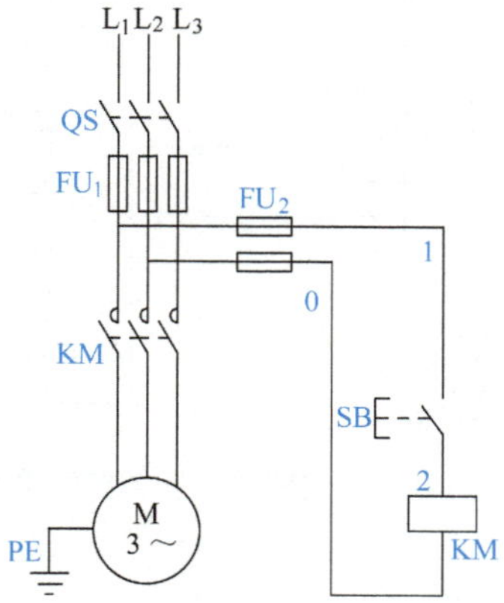

实训图 1-1　点动控制电路

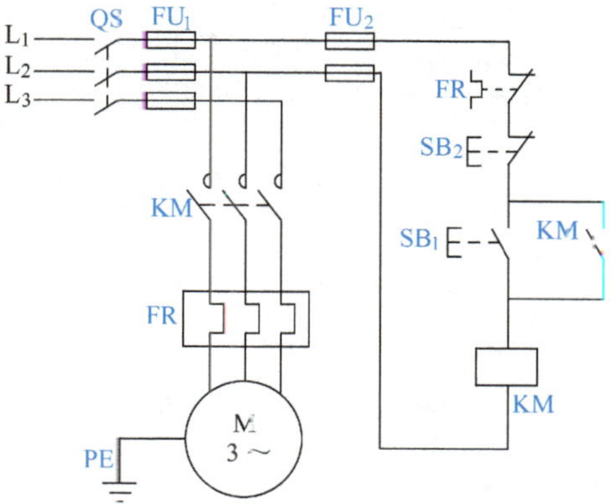

实训图 1-2　具有过载保护的自锁控制电路图

具有过载保护的自锁控制电路工作过程如下：

① 闭合电源开关 QS。

② 起动：按下起动按钮 SB_1→ KM 线圈通电→ KM 主触头闭合（常开触头同时闭合自锁）→电动机 M 运转。

③ 停止：按下停止按钮 SB_2→ KM 线圈断电→ KM 主触头断开（常开触头同时断开）→电动机 M 停止运转。

④ 当电动机过载时：热继电器常闭触头 FR 断开 → 接触器线圈 KM 断电 → KM 主触头断开（常开触头同时断开）→电动机 M 停止运转。

（3）正反转控制电路

1）接触器联锁正反转控制电路如实训图 1-3 所示，接触器联锁正反转控制电路工作过程如下：

① 闭合电源开关 QS。

② 正转：

按下正转按钮 SB_1→KM_1 线圈通电 $\begin{cases} KM_1 \text{ 常开触头闭合自锁} \\ KM_1 \text{ 常闭触头断开→闭锁 } KM_2 \\ KM_1 \text{ 主触头闭合→电动机 M 正转} \end{cases}$

③ 反转：

按下反转按钮 SB_2→KM_2 线圈通电 $\begin{cases} KM_2 \text{ 常开触头闭合自锁} \\ KM_2 \text{ 常闭触头断开→闭锁 } KM_1 \\ KM_2 \text{ 主触头闭合→电动机 M 反转} \end{cases}$

④ 停止：按下停止按钮 SB_3→ 控制电路断电→所有控制电路线圈断电→电动机 M 停止运转。

2）按钮联锁正反转控制电路如实训图 1-4 所示，按钮联锁正反转控制电路工作过程如下：

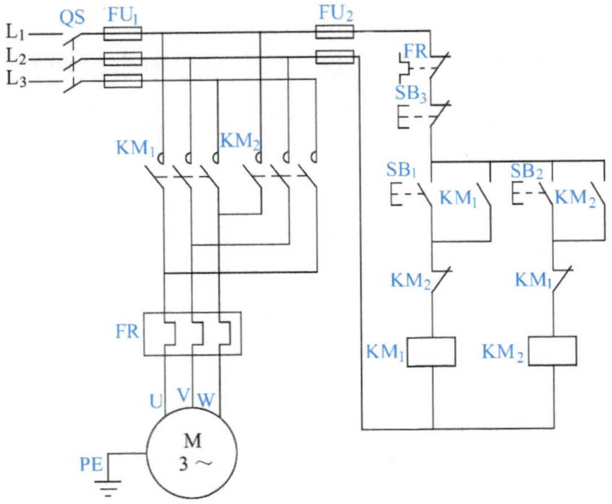

实训图 1-3 接触器联锁正反转控制电路

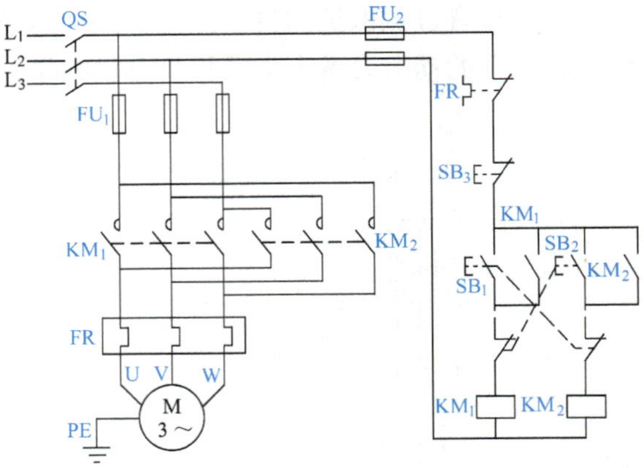

实训图 1-4 按钮联锁正反转控制电路

① 闭合电源开关 QS。

② 正转：

按下正转按钮 SB_1 $\begin{cases} SB_1\text{常闭触头断开→闭锁 } KM_2 \\ KM_1\text{线圈通电→}KM_1\text{ 主触头闭合→电动机 M 正转} \end{cases}$

③ 反转：

按下反转按钮 SB_2 $\begin{cases} SB_2\text{常闭触头断开→闭锁 } KM_1 \\ KM_2\text{线圈通电→}KM_2\text{ 主触头闭合→电动机 M 正转} \end{cases}$

④ 停止：按下停止按钮 SB_3→ 控制电路断电→所有控制电路线圈断电→电动机 M 停转。

实训 2 无线传声器的分析与制作

1. 任务提出

在电视广播、无线通信及工业数据的传输设备中，经常要用到无线发射、接收电路。采用这些无线发射、接收设备具有传送距离远、成本低、保密性强等优点。

本次任务所选用的无线传声器电路，就是无线发射设备的一个典型应用。该无线传声器发射的信号可通过调频收音机接收，发射距离可达十几米远。通过该电路的分析和制作，可使读者掌握无线发射设备的基本工作原理，为今后分析和制作无线发射接收设备打下坚实的基础。

无线传声器电路如实训图 2-1 所示，试分析其工作原理并制作该电路。

2. 任务目标

通过对无线传声器电路的分析与制作，使学生理解和掌握振荡概念及常见的正弦波振荡电路的组成和分析，能按工艺要求独立进行电路装配、测试和调试，并能独立排除装配、调试过程中出现的故障。

3. 任务分析

本任务中的无线传声器电路由三部分组成，其结构框图如实训图 2-2 所示。

如实训图 2-1 所示，传声器 B 先将自然界的声音信号转换成音频电信号，经 C_1、C_2 耦

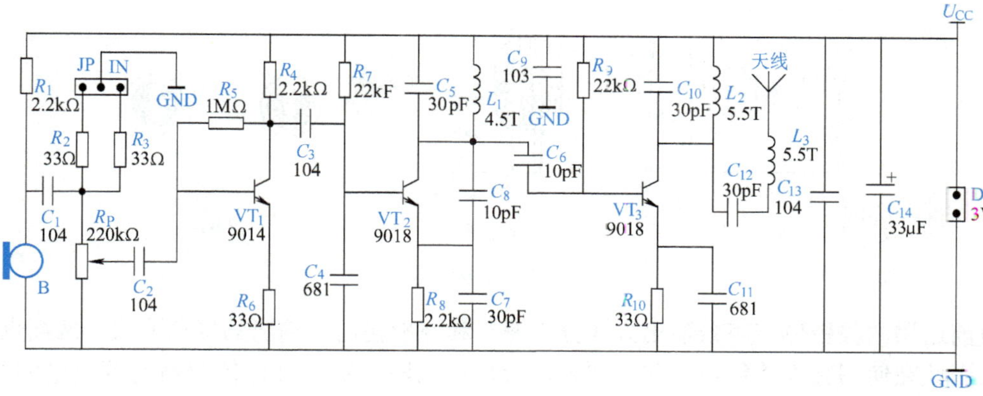

实训图 2-1　无线传声器电路

合给由 VT_1 构成的前置放大器。电阻 R_1 为传声器的偏置电阻，其阻值的大小决定着传声器的灵敏度，取值一般为 2～5.6kΩ。电位器 R_P 用于调节送到前置放大器音频信号的大小，调节 R_P 可改变音量的大小。另外，通过 JP 或 IN 插头也可输入由其他音频设备提供的音频信号。

实训图 2-2　无线传声器电路组成框图

前置放大器由晶体管 VT_1 构成，电阻 R_4、R_5、R_6 构成偏置电路，为 VT_1 提供合适的静态值。R_5 引入电压并联负反馈，可稳定本级放大器的静态值和输出的音频电压信号。放大后的音频信号经 C_3 耦合送至高频振荡器进行 FM 调制。

高频振荡器由 VT_2、C_4、C_5、C_7、C_8、L_1 构成，其接法为电容三点式，R_7 为其偏置电阻。C_4 对高频振荡信号相当于短路。电路的振荡频率由 C_5、C_7、C_8、L_1 及晶体管的结电容决定。当音频信号经 C_3 耦合至 VT_2 的基极上时，VT_2 的基极和发射极之间的结电容会随着音频信号的大小发生同步变化，因而使电路振荡频率随音频信号的变化而发生频率偏移，从而实现频率的调制。调制后的载波信号经 C_6 耦合至功率放大级。

晶体管 VT_3、C_{10}、C_{11}、L_2、R_9、R_{10} 构成调谐功率放大电路，其中 R_9 为偏置电阻。C_{10} 和 L_2 构成选频回路，为了实现对载波信号尽可能地放大，其选频频率应调至载波频率的中点附近。放大后的载波信号经 C_{12}、L_3 和天线发射出去。

4. 任务制作

（1）电子元器件的检测与筛选

1）外观质量检查。电子元器件应完整无损，各种型号、规格、标志应清晰、牢固，标志符号不能模糊不清或脱落。

2）驻极体传声器的识别与测试。驻极体传声器具有体积小、频率范围宽、高保真、成本低和不需额外电源等特点，目前，已在通信设备、家用电器等电子产品中得到广泛应用。

驻极体传声器由驻极体材料、场效应晶体管、二极管等构成，其电路原理如实训图 2-3a 所示。驻极体是一种永久极化的电介质，利用驻极体高分子材料制作振膜（或后极板），因为本身带有半永久性的表面电荷，受振动时，表面电荷极化，产生电压信号，该信号由低噪声的场效应晶体管放大后，输出音频信号。其外形如实训图 2-3b、c 所示。

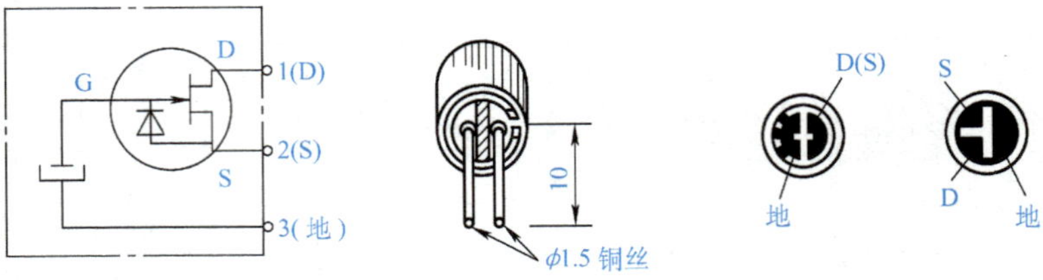

a) 等效电路　　b) 外形　　c) 极点

实训图 2-3　驻极体传声器

目前通用的驻极体传声器输出方式分为漏极和源极输出；输出的接点形式为两接点或三接点。因此在使用驻极体传声器前必须先进行极性判断。由驻极体传声器的等效电路可知，驻极体传声器是由驻极体材料和场效应晶体管组成，并在场效应晶体管的栅极和源极间接有一只二极管。故可用测量二极管正反向电阻的特性来判断驻极体传声器的漏极和源极。具体方法是：将万用表拨至 $R\times1\text{k}$ 档，黑表笔接传声器的任意一点，红表笔接另一点，记下测得的数值；再交换两表笔的接点，比较两次测得的结果，阻值小的一次，黑表笔接的点为源极，红表笔接触的点为漏极。

极性判断后，将万用表拨至 $R\times100$ 档，黑表笔接传声器的漏极，红表笔接传声器的源极和外壳，然后用嘴对着驻极体传声器吹气，观察万用表的指针，若指针无摆动，说明传声器已失效；若指针有摆动，说明该传声器完好，指针摆动越大传声器的灵敏度越高。

（2）元器件和材料清单　本任务所用元器件和材料清单见实训表 2-1。

实训表 2-1　元器件和材料清单

符　号	规格/型号	名　称	符　号	规格/型号	名　称
R_1	2.2kΩ、1/6W	电阻	C_9	103	瓷片电容
R_2	33Ω、1/6W	电阻	C_{10}	30	瓷片电容
R_3	33Ω、1/6W	电阻	C_{11}	681	瓷片电容
R_4	2.2kΩ、1/6W	电阻	C_{12}	30	瓷片电容
R_5	1M、1/6W	电阻	C_{13}	104	瓷片电容
R_6	33Ω、1/6W	电阻	C_{14}	33μF	电解电容
R_7	22k、1/6W	电阻	VT_1	9014	晶体管
R_8	2.2kΩ、1/6W	电阻	VT_2	9018	晶体管
R_9	22k、1/6W	电阻	VT_3	9018	晶体管
R_{10}	33Ω、1/6W	电阻	L_1	4.5T	自制线圈
C_1	104	瓷片电容	L_2	5.5T	自制线圈
C_2	104	瓷片电容	L_3	5.5T	自制线圈
C_3	104	瓷片电容	R_P	470k（500k）	电位器
C_4	681	瓷片电容		2 针	插针
C_5	30	瓷片电容		3 针	插针
C_6	10	瓷片电容		50cm 导线	天线
C_7	30	瓷片电容			传声器
C_8	10	瓷片电容			印制电路板

（3）电路的实现　本任务首先自制印制电路板，然后在印制电路板上完成元器件之间的连接，最后进行电路调试。

实训图 2-4 给出了参考印制电路板。

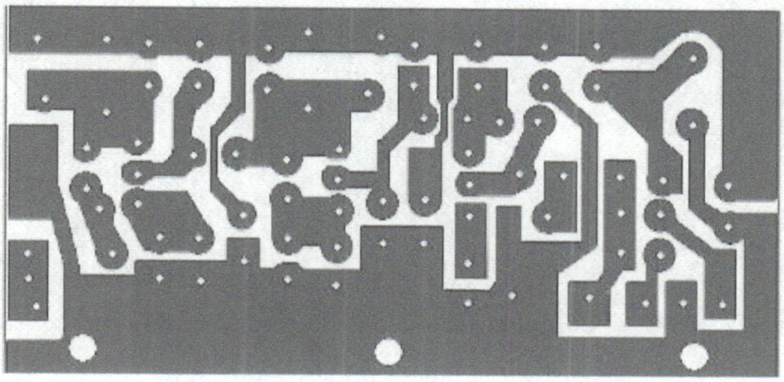

实训图 2-4　参考印制电路板

插装和焊接元器件时应注意的事项：

1）电阻和瓷片电容无极性之分，但插装时一定要注意电阻值和电容量，不能插错。

2）电解电容有正负极性之分，插装时要看清极性。

3）传声器有正负极性之分，一般和铝外壳相连的一极为负极，另一极为正极。不能区分时，可借助万用表来判断。

4）插装晶体管时要注意型号和管脚。

5）电路中的线圈可自制，可用 $\phi 0.5$ 的漆包线在 $\phi 3$ 的骨架上按实训表 2-1 中要求的匝数绕制，绕制完成后抽去骨架成为空心线圈，并适当拉长即可，如实训图 2-5 所示。在装配和调试时，不要把线圈的绝缘漆碰掉。

6）元器件焊接时间最好控制在 2 ~ 3s。

7）元器件的安装力求到位，并且美观。

装配后的印制电路板如实训图 2-6 所示。

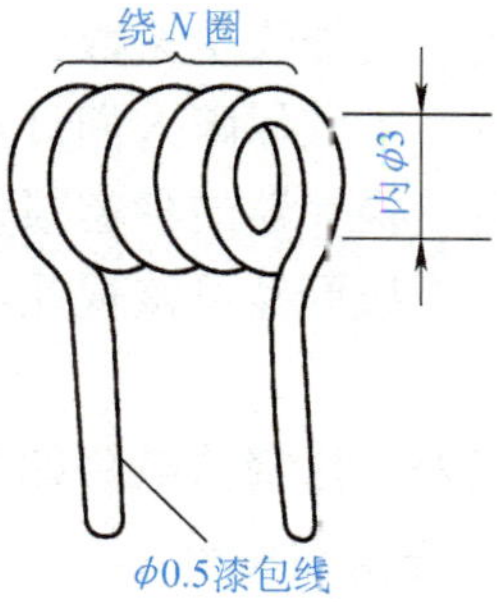

实训图 2-5　绕制好的线圈

（4）电路的调试　调试前，先仔细检查已焊接好的印制电路板，确保装接无误。然后，用万用表电阻档测量正负电源之间有无短路和开路现象，若不正常，应排除故障后再调试。

调试步骤如下：

1）给印制电路板加上 3V 直流电源。

2）打开收音机并置于 FM 波段。

3）一边对着传声器讲话，一边调收台旋钮（或选频键），直到收音机中传出自己的声音为止。

4）如果在整个 FM 频段（即 88 ~ 108MHz）不能收到自己的声音，则应调节振荡线圈 L_1 的稀疏（线圈匝间距离变近，发射频率变低；相反，发射频率变高）。

5）若调整线圈的稀疏后仍不奏效，则应将 L_1 增加一匝或者减少一匝（因电子元件参数的影响），重新焊上后继续上述调整。

实训图 2-6　装配完成后的印制电路板

6）当收音机收到自己的声音后，再慢慢拉开传声器和收音机的距离，同时调节收音机（或印制电路板）的音量旋钮，直到声音最清晰、距离最远为止。

7）将调好的线圈用熔化的蜡烛固定。

在上述调试中，建议将发射频率调至 88MHz、98MHz 或 108MHz 附近，因为在这些频点附近，即使无线传声器发射频率存在较大偏差，收音机往往也能收到。

实训 3　红外线报警器的分析与制作

1. 任务提出

随着电子技术的飞速发展和日益普及，电子报警器已经在人们的日常生活和工农业生产中得到广泛的应用，如防盗报警器、各种监测报警器等。这些报警器的使用不仅可提高监测的精度、增加安全系数，而且还可以降低人的劳动强度。对提高企业的生产效率、减轻工人的繁重劳动及保障人们日常生活的安全有很大的帮助。

电子报警器的种类很多，本次任务从红外线报警器出发，分析报警器的工作原理及制作方法。该报警器可监视几到几十米范围内运动的人体，当有人在该范围内走动时，给出报警信号。

红外线报警器电路如实训图 3-1 所示，试分析其工作原理并制作该电路。

2. 任务目标

通过对红外线报警器电路的分析与制作，使学生理解和掌握集成运算放大器的基本知识和基本应用电路，能按工艺要求独立进行电路装配、测试和调试，并能独立排除装配、调试过程中出现的故障。

3. 任务分析

（1）热释电人体红外传感器简介　热释电人体红外传感器为 20 世纪 90 年代出现的传感器，专用于检测人体辐射的红外能。用它可以做成主动式（检测静止或移动极慢的人体）和被动式（检测运动人体）两种不同的人体传感器，与各种电路配合，广泛应用于安全防范领域及控制自动门、灯、水龙头等场合。

热释电人体红外传感器有多种型号，但结构、外形和电参数大致相同，一般可互换。其

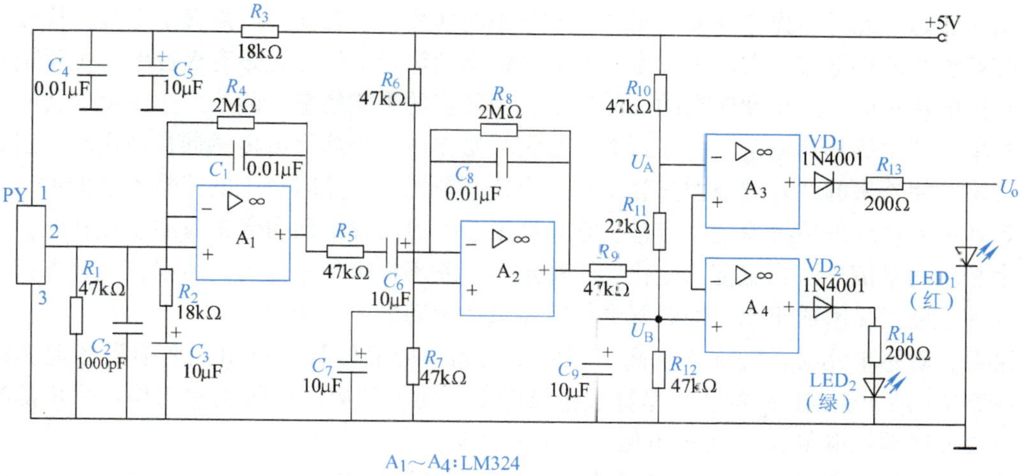

实训图 3-1　红外线报警器电路

典型外形图如实训图 3-2 所示。图中的顶视图中，矩形为滤光窗，两个虚线框为矩形敏感单元。

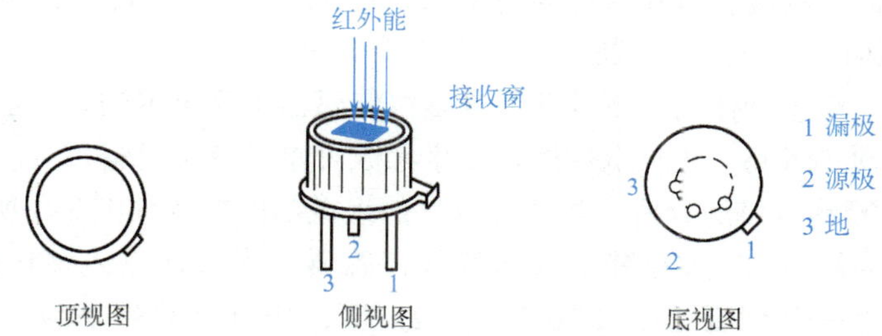

实训图 3-2　热释电人体红外传感器外形图

热释电人体红外传感器的内部结构及原理图如实训图 3-3 所示。该传感器由敏感元件、场效应晶体管（FET）、阻抗变换器和滤光窗等构成，并在氮气环境下封装。

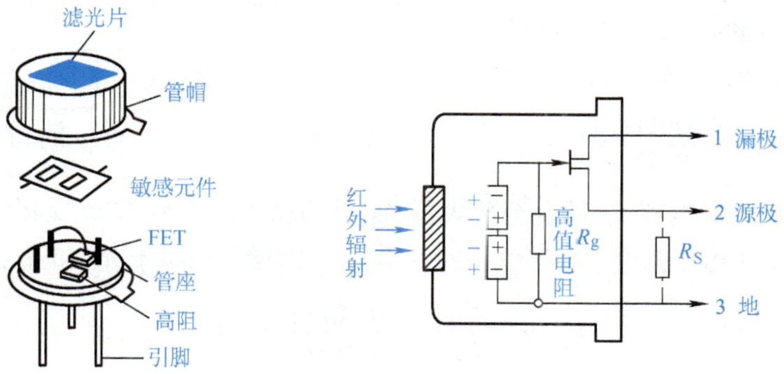

a) 结构图　　b) 电路图

实训图 3-3　热释电人体红外传感器的内部结构及原理图

敏感单元一般采用热释电材料锆钛酸铅（PZT）制成，这种材料在外加电场撤除后，仍然保持极化状态，即存在自发极化，且自发极化强度 P_S 随温度升高而下降。

制作敏感单元时，先把热释电材料制成很小的薄片，再在薄片两面镀上电极，构成两个串联的有极性的小电容，因此由温度的变化而输出的热释电信号也是有极性的。由于把两个极性相反的热释电敏感单元做在同一晶片上，当环境的影响使整个晶片产生温度变化时，两个传感单元产生的热释电信号相互抵消，起到补偿作用；当热释电传感器在使用时，前面要安装透镜，使外来的红外线辐射只会聚在一个传感单元上，这时产生的信号不会抵消。

热释电人体红外传感器的特点是，它只在由于外界的辐射而引起本身温度变化时，才给出一个相应的电信号，当温度的变化趋于稳定后，就不再有信号输出。所以，热释电信号与它本身的温度变化率成正比，即热释电传感器只对运动的人体敏感。

通常，敏感单元材料阻抗非常高，因此要用场效应晶体管进行阻抗变换后才能实际使用。电路中高阻值电阻 R_g 的作用是释放栅极电荷，使场效应晶体管正常工作；采用源极输出时，要外接源极电阻 R_S，源极电压为0.4～1.0V。

制成敏感单元的PZT是一种广谱材料，能探测各种波长辐射。为了使传感器对人体最敏感，而对太阳、电灯光等有抗干扰性，传感器采用了滤光片作为窗口。滤光片使人体辐射的红外线最强的波长正好落在滤光窗响应波长的中心处，所以滤光窗能有效地让人体所辐射的红外线通过，而阻止太阳光、灯光等可见光中的红外线通过，以免引起干扰。

为提高传感器的灵敏度，可在传感器前1～5cm处放置菲涅尔透镜，使探测距离从一般的2m提高到10～20m。在实验室试验时，可不加菲涅尔透镜。

在实际应用中，传感器往往需要预热，这是由传感器本身决定的。一般被动红外探测器需要一分钟左右的预热时间。热释电传感器技术参数可参见有关资料。

（2）红外线报警器电路的分析　本任务电路的组成框图如实训图3-4所示。

本任务电路中采用SD02型热释电人体红外传感器，当人体进入该传感器的监视范围时，传感器就会产生一个交流电压（幅度约为1mV），该电压的频率与人体移动的速度有关。在正常行走速度下，其频率为6Hz左右。

在实训图3-1所示电路中，R_3、C_4、C_5 构成退耦电路，R_1 为传感器的负载，C_2 为滤波电容，以滤掉高频干扰信号。传感器的输出信号加到运算放大器 A_1 的同相输入端，A_1 构成同相输入式放大电路，其放大倍数取决于 R_4 和 R_2，其大小为

$$A_{uf1}=1+\frac{R_4}{R_2}=1+\frac{2000\text{k}\Omega}{18\text{k}\Omega}\approx 112$$

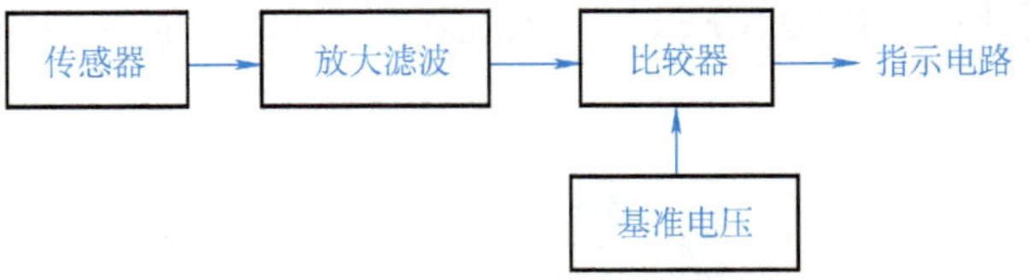

实训图3-4　红外线报警器电路的组成框图

A_1 放大后的信号经电容 C_6 耦合至放大器 A_2 反相输入端，A_2 构成反相输入式放大电路，电阻 R_6、R_7 将 A_2 同相端偏置于电源电压的一半，A_2 的增益取决于 R_8 和 R_5，其大小约为

$$A_{uf2}=-\frac{R_8}{R_5}=-\frac{2000\text{k}\Omega}{47\text{k}\Omega}\approx -42$$

因此，传感器信号经两级运放总共放大了 $A_{uf1}\cdot A_{uf2}=112\times(-42)=-4704$ 倍，当传感器产生一个幅度为1mV交流信号时，A_2 的理论输出值为 -4.704V。

A_3 和 A_4 构成双限电压比较器，A_3 的参考电位为

$$U_A=\frac{22\text{k}\Omega+47\text{k}\Omega}{47\text{k}\Omega+22\text{k}\Omega+47\text{k}\Omega}\times 5\text{V}\approx 3\text{V}$$

A_4 的参考电位为

$$U_B = \frac{47k\Omega}{47k\Omega + 22k\Omega + 47k\Omega} \times 5V \approx 2V$$

在传感器无信号输出时，A_1 静态输出电压为 0.4 ~ 1V；A_2 在静态时，由于同相端电位为 2.5V，其直流输出电平为 2.5V。由于 $U_B < 2.5V < U_A$，故 A_3 输出低电平，A_4 输出低电平。因此，在静态时，LED_1 和 LED_2 均不发光。

当人体进入监视范围时，双限比较器的输入发生变化，波形如实训图 3-5 所示。当人体进入时 $U_{o2} > 3V$，因此 A_3 输出高电平，LED_1 亮；当人体退出时，$U_{o2} < 2V$，因此 A_4 输出高电平，LED_2 亮。当人体在监视范围内走动时，LED_1 和 LED_2 交替闪烁。

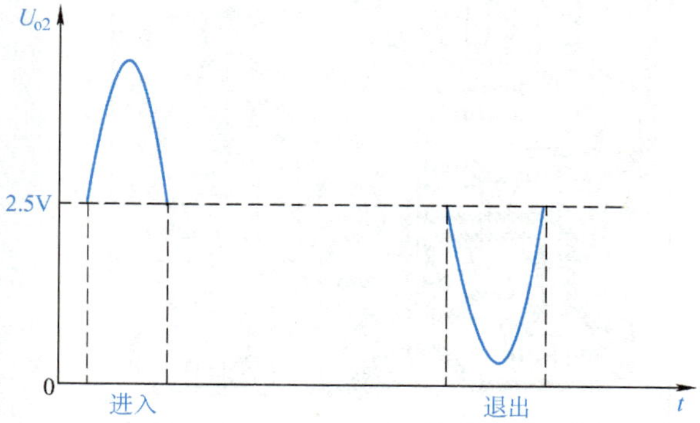

实训图 3-5 双限比较器的输入波形

电路中的 C_7、C_9 为退耦电容。C_1、C_3、C_8 用于保证电路对高频干扰信号有较强的衰减作用，对低频信号有较强的放大作用，当按图中取值时，在 0.1 ~ 8Hz 的频段内具有较好的频率响应曲线，以满足对热释电传感器输出信号的放大要求。

另外，若利用 U_o 信号去控制报警器，还可实现音响报警；若利用 U_O 信号去控制继电器或电磁阀，还可实现自动门、自动水龙头的自动控制。

4. 任务制作

（1）元器件和材料清单　实现本任务所用元器件和材料清单见实训表 3-1。

实训表 3-1　元器件和材料清单

符　号	规格/型号	名　称	符　号	规格/型号	名　称
R_1	47kΩ、1/8W	电阻器	C_1	0.01μF	涤纶或瓷介电容器
R_2	18kΩ、1/8W	电阻器	C_2	1000pF	涤纶或瓷介电容器
R_3	18kΩ、1/8W	电阻器	C_3	10μ/16V	电解电容器
R_4	2MΩ、1/8W	电阻器	C_4	0.01μF	涤纶或瓷介电容器
R_5	47kΩ、1/8W	电阻器	C_5	10μ/16V	电解电容器
R_6	47kΩ、1/8W	电阻器	C_6	10μ/16V	电解电容器
R_7	47kΩ、1/8W	电阻器	C_7	10μ/16V	电解电容器
R_8	2MΩ、1/8W	电阻器	C_8	0.01μF	涤纶或瓷介电容器
R_9	47kΩ、1/8W	电阻器	C_9	10μF/16V	电解电容器
R_{10}	47kΩ、1/8W	电阻器	LED_1	红色	发光二极管
R_{11}	22kΩ、1/8W	电阻器	LED_2	绿色	发光二极管
R_{12}	47kΩ、1/8W	电阻器	PY	SD02	热释电人体红外传感器
R_{13}	200Ω、1/8W	电阻器	A_1 ~ A_4	LM324	集成运算放大器
R_{14}	200Ω、1/8W	电阻器			印制电路板

（2）电路的实现　本任务首先自制印制电路板，然后在印制电路板上完成元器件之间的连接，最后进行电路调试。

实训图 3-6 给出了参考印制电路板。

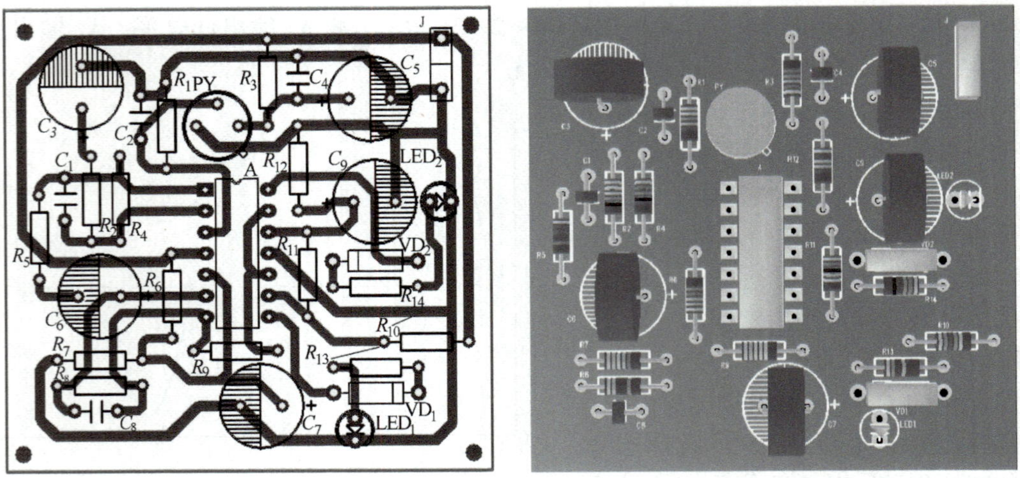

a) PCB 图　　　b) 3D 预览图

实训图 3-6　用 Protel 设计的印制电路板图

1）元器件的检测。

①外观质量检查：电子元器件应完整无损，各种型号、规格、标志应清晰、牢固，标志符号不能模糊不清或脱落。

②元器件的测试与筛选：用万用表分别检测电阻、二极管、电容和集成电路。

2）元器件的引线成型及插装。按技术要求和焊盘间距对元器件进行引脚成型。在印制电路板上插装元器件，插装时应注意以下事项：

① 电阻和涤纶电容无极性之分，但插装时一定要注意电阻值和电容量，不能插错。

② 电解电容和发光二极管有正负极性之分，插装时要看清极性。

③ 插装集成电路和传感器时要注意引脚顺序是否正确。集成运算放大器 LM324 的引脚排列如实训图 3-7 所示。

④ 元器件的安装力求到位，并且美观。

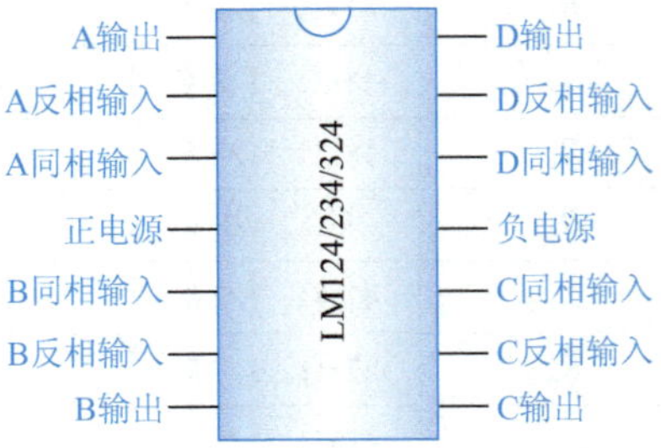

实训图 3-7　LM324 集成运算放大器的引脚排列

3）元器件的焊接。元器件焊接时间最好控制在 2～3s。焊接完成后，剪掉多余的引脚。元器件焊接实物如实训图 3-8 所示。

（3）电路的调试　通电前，先仔细检查已焊接好的印制电路板，确保装接无误。然后，用万用表电阻档测量正负电源之间有无短路和开路现象，若不正常，应排除故障后再通电。

本电路无可调试元器件，只要元器件无损，连接无误，一般都能正常工作。

在实验室试验时，可不必加菲涅尔透镜，直接用 SD02 检测人体运动。将传感器背对人体，用手臂在传感器前移动（注意传感器的预热时间），观察发光二极管的亮暗情况，即可

实训图 3-8 元器件焊接实物图

知道电路的工作情况。

如电路不工作，在供电电压正常的前提下，可由前至后逐级测量各级输出端有无变化的电压信号，以判断电路及各级工作状态。在传感器无信号输出时，A_1 的静态输出电压为 0.4～1V，A_2 的静态输出电压为 2.5V，A_3、A_4 静态输出均为低电平。哪一级有问题，排除该级的故障。

附　　录

常用电气图形符号

名　称	图形符号	文字符号
电阻器		R
电位器	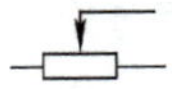	RP
热敏电阻器	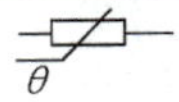	R_T
极性电容器		C
无极性电容器		C
可调电容器		C
电感线圈		L
耳机		B
传声器		B
二极管		VD
稳压二极管	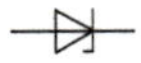	VS
光电二极管	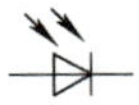	VD
发光二极管		VL
晶体管（NPN）		VT
晶体管（PNP）		VT
熔断器		FU
接地		GND
灯	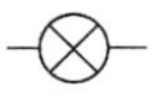	HL，EL

名　称	图形符号	文字符号
电流表	Ⓐ	
电压表	Ⓥ	
功率表	Ⓦ	
电阻表	(Ω)	
电池		E
扬声器		SP
开关		S
天线		W
磁棒线圈		L
接机壳或底板	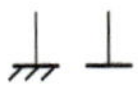	E
中间继电器线圈	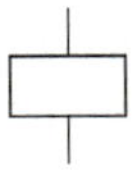	KA
常开触头		相应继电器符号
常闭触头		
三相笼型异步电动机		M
变压器	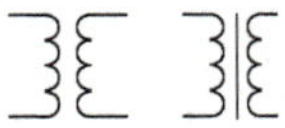	T

（续）

名　　称	图形符号	文字符号	名　　称	图形符号	文字符号
常开按钮	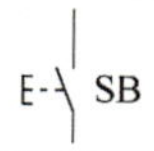	SB	常闭按钮	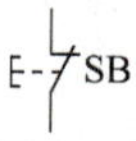	SB
限位开关常开触头		SQ	限位开关常闭触头		SQ
直流发电机		G	热继电器	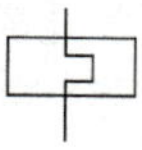 热元件	FR
直流电动机		M		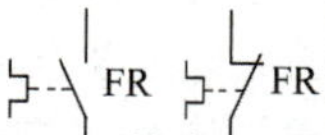 触头	
交流发电机		G			
交流电动机		M			
三相交流电动机		M	交流接触器		KM
插座和插头		XS		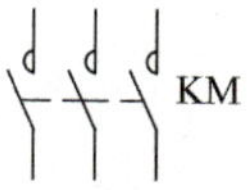 主触头	
三极单投刀开关符号	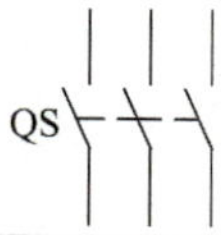	QS		 辅助触头	
复合按钮	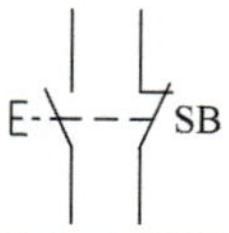	SB			
通电延时型时间继电器		KT	断电延时型时间继电器		KT
	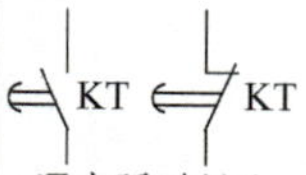 通电延时触头			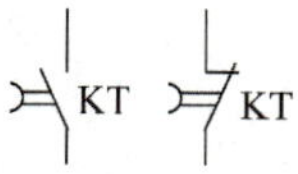 断电延时触头	

参 考 文 献

[1] 徐秀平，等. 电工与电子技术基础 [M]. 北京：机械工业出版社，2015.
[2] 赵京，熊莹. 电工电子技术实训教程 [M]. 北京：电子工业出版社，2015.
[3] 林雪健，陈建国，吴传武，等. 电工电子技术实验教程 [M]. 北京：机械工业出版社，2014.
[4] 王艳红. 电工电子学 [M]. 西安：西安电子科技大学出版社，2015.
[5] 李晶皎，王文辉，等. 电路与电子学 [M]. 5 版. 北京：电子工业出版社，2018.
[6] 秦曾煌. 电工学：上册　电子技术 [M]. 5 版. 北京：高等教育出版社，1999.
[7] 申凤琴. 电工电子技术及应用 [M]. 2 版. 北京：机械工业出版社，2008.
[8] 张清枝，李加升. 电工电子技术 [M]. 北京：北京理工大学出版社，2007.
[9] 邢江勇. 电工电子技术：实验与实训 [M]. 北京：科学出版社，2007.
[10] 杨素行. 模拟电子技术基础简明教程 [M]. 3 版. 北京：高等教育出版社，2006.
[11] 郭永贞. 数字电子技术 [M]. 2 版. 西安：西安电子科技大学出版社，2005.
[12] 任雨民，郭鹏. 电工电子技术基础 [M]. 北京：机械工业出版社，2011.